LA VISITA AL TIRANOSAURIO

ISAAC ASIMOV

LA VISITA AL TIRANOSAURIO

Y OTROS 100 ARTÍCULOS

TIKAL
ediciones

Campezo, 13 - 28022 Madrid (España)
Tlf. 747 21 11 - Fax 747 92 95
Traducción: Dafne Sabanes Plou
Diseño de cubierta: Antonio Tello
Ilustraciones: Debbie Hinks
I.S.B.N. 84-305-7695-9
Printed in Spain

A mi querida esposa, Janet,
que hace de cada día un día feliz.

Sumario

SCIQUEST

«PRÓLOGO DE ISAAC ASIMOV»

CIENCIA-FICCIÓN

PERSONAL

Introducción

Durante cincuenta años mi tarea ha sido poner mis ideas y opiniones por escrito, y hacer que se publiquen para que el mundo las lea (o al menos la parte del mundo que esté interesada en hacerlo).

Durante los primeros tres años en que realicé este esfuerzo, envié lo que salía de mi máquina de escribir a varios lugares distintos con la débil esperanza de que alguien estuviera dispuesto a proporcionarle un hogar. La mayoría de las veces, los textos regresaron a mis manos. Pero algunos se vendieron, y en 1941 publiqué una historia llamada *Nightfall* que resultó un éxito. Con ella debí encontrar mi propia voz, porque los editores dejaron de rechazar mis trabajos.

Durante los primeros catorce años de mi carrera sólo publiqué ciencia-ficción. Nunca he dejado de escribir ciencia-ficción y he continuado haciéndolo, con bastante éxito, hasta el día de hoy, pero a comienzos de la década de los cincuenta también comencé a escribir artículos, primero sobre temas científicos, y luego prácticamente sobre cualquier cosa.

Mi reputación creció como escritor que podía producir material seguro de manera muy rápida y sobre casi cualquier tema. En consecuencia, nunca tuve que enviar trabajos después de *Nightfall*: escribía sólo por encargo. Y con el tiempo eso comenzó a mantenerme perpetuamente ocupado. En este momento llevo publicados más de cuatrocientos libros de todo tipo (incluyendo libros de ciencia-ficción, naturalmente) y más de tres mil textos breves de distintas clases.

La mayoría de las personas que me encargan artículos o ensayos se contentan con textos relativamente cortos, quizá porque sospechan que los lectores son impacientes, con tantas cosas como tienen en la cabeza –desde los deportes hasta la televisión, pasando por los juegos de ordenador–. Como resultado, encontré que había acumulado 101 trabajos con una extensión media de alrededor de 1.200 palabras (algunos más cortos, por supuesto, y otros más largos).

De modo que se me ocurrió juntarlos como una especie de colección en la cual la gente pudiera sumergirse al azar cuando tuviera algunos minutos libres. Como la gente de Prometheus Books* parecía estar dispuesta a dar la bienvenida a una colección de artículos sobre temas diversos salidos de mi pluma, se los envié con el divertido título de *La visita al tiranosaurio*, y aquí los tiene.

He tratado de adaptar los textos de manera que se evite la repetición de ideas, lo que no siempre ha sido posible. No puedo inventar un punto de vista totalmente nuevo para cada artículo; de modo que, si escribo sobre dos temas que de alguna manera están vinculados, existe el riesgo de repetir ocasionalmente algún punto de vista. Por favor, perdóneme si lo hago.

También he tratado de dar una especie de orden a la colección de artículos que, después de todo, escribí sin pensar jamás que podrían colocarse juntos de manera coherente. Naturalmente, el orden que les he impuesto es imperfecto, pero me las he arreglado para acomodarlos en siete categorías. Si, tras reflexionar sobre ello, usted considera que podría haber establecido una ordenación más lógica, probablemente esté en lo cierto.

Pero no diga que no lo he intentado.

* *Nota del Editor:* Prometheus Books es la editorial neoyorquina que publicó en inglés esta recopilación de artículos en 1989.

Primera parte
El futuro

Como ensayista, soy conocido como «futurólogo», de modo que una buena parte de los encargos que recibo están relacionados con algún aspecto del futuro.

No pretendo que mi visión del futuro sea necesariamente correcta. Si tenemos en cuenta los errores cometidos por los futurólogos del pasado, mi visión se revelará probablemente como incorrecta. No obstante, la mantengo y, quién sabe, puede que no esté muy lejos de la verdad.

Por lo general, la gente que desea que escriba sobre el futuro quiere que escriba sobre los temas que les interesan a ellos. Nunca tengo éxito cuando trato de convencerlos de que no sé lo bastante sobre un tema concreto como para escribir sobre él. En primer lugar, se niegan a creerme –probablemente piensan que es un truco para que me aumenten los honorarios... y se equivocan de medio a medio–. Y, en segundo lugar, ¿cómo puedo reconocer mi ignorancia con la fuerza necesaria cuando odio ensombrecer mi reputación de «persona que lo sabe todo»? A pesar de ello, he consolidado mi carrera a partir de ese error.

En definitiva, dejo que me convenzan para escribir ensayos sobre el futuro de la artesanía o de la ingeniería química, a pesar de mi queja piadosa basada en que ni siquiera sé nada sobre el *presente* de la ingeniería química (lo peor fue tener que considerar el futuro del matrimonio).

Dicho sea de paso, cualquiera de ustedes tiene la libertad de criticar cualquier cosa que digo. Y si lo hacen, puede que yo aprenda algo.

El ensayo sobre el futuro de la ingeniería química es el más largo de este libro: 5.000 palabras. No lo hubiera incluido si no me hubiera sentido tan satisfecho de haber podido escribir sobre este tema de todas maneras (la gente que me lo encargó también quedó satisfecha).

El futuro de la educación

¿Cómo será la educación pública en el año 2076, cuando los Estados Unidos cumplan su tercer centenario? Tratemos de imaginar primero cómo será la sociedad.

Quizá nuestra civilización haya llegado al colapso para entonces, bajo el peso de un terrible aumento de la población y la escasez fatal de alimentos y de energía. Habría hambre y miseria. Morirían miles de millones de personas, y los supervivientes se verían forzados a vivir en un medio ambiente que quizá esté dañado para siempre por la agonía de una civilización. La educación pública no existiría, exceptuando lo que algunos podrían buscar en los libros recobrados y atesorados de las ruinas de las ciudades.

Pero en lugar de esto supongamos que la civilización sobrevive. ¿Qué se requiere para que sobreviva? En primer lugar, debemos aprender a limitarnos de alguna manera que no incluya un aumento de la muerte ni de la destrucción. La humanidad debe disminuir el promedio de nacimientos y equipararlo al promedio de fallecimientos o situarlo por debajo de esa cifra.

Si se procediera de ese modo, y si se resolvieran algunos problemas menores, el siglo XXI debería contemplar el progreso de la civilización de la misma manera que continúan avanzando la ciencia y la tecnología.

Pero una sociedad con un bajo promedio de nacimientos producirá un cambio enorme en relación con los hábitos de la humanidad. Podemos esperar la combinación de un bajo promedio de nacimientos con una prolongación del promedio de vida si la ciencia y la medicina continúan avanzando, y es obvio que en el siglo XXI tendremos una población con un porcentaje pequeño de jóvenes y un porcentaje mayor de personas adultas y ancianas, porcentajes que nunca se vieron en la historia. En realidad, el siglo XXI será la primera época histórica en la cual el número de ancianos superará el número de jóvenes.

Es un cambio que ya podemos comenzar a ver. En los Estados Unidos, el aumento creciente y continuo del porcentaje de ancianos ha hecho que los mayores de 65 años consigan un impresionante poder electoral. Lo que es más, nos estamos convirtiendo en una nación que tiene sus finanzas organizadas en función de las pensiones, de los seguros de salud y de la seguridad social, de los cuales tantos disfrutan y que tantos esperan obtener.

Como algunos observadores señalan, parece haber más y más ancianos improductivos mantenidos por el trabajo de una reserva cada vez menor de jóvenes productivos. Estos datos han sido utilizados por aquellos que argumentan contra la disminución del promedio de nacimientos. El argumento considera que se debe mantener el número de jóvenes, porque de lo contrario la civilización sufrirá un colapso bajo el peso de los ancianos.

Pero si se mantiene el número de jóvenes la civilización sufrirá un colapso de todas maneras. Entonces, ¿cuál es la solución? ¿Podremos encontrarla en la educación?

Tradicionalmente, la educación pública se ha limitado a los jóvenes, y si éstos tienen problemas con la escuela lo atribuyen al pecado de ser jóvenes. Se dan cuenta de que una de las grandes recompensas de crecer es liberarse de la escuela que los aprisiona. Su meta no es recibir educación sino acabar con ella, crecer.

De manera similar, los adultos asocian la educación con la infancia, con algo a lo que han conseguido sobrevivir y de lo cual han podido escapar. La libertad de la vida adulta se vería empañada si tuvieran que regresar a los hábitos de vida educativos asociados con la niñez. Como resultado, muchos adultos se hunden en una ignorancia vegetativa. Se sienten tan despreocupados por haber olvidado lo poco de álgebra y geografía que una vez aprendieron como por no tener que usar pañales.

En una sociedad en la cual los mayores de cuarenta años superan en número a los menores de esa edad, no se debería permitir que esa ignorancia vegetativa continuara existiendo. La educación ya no debe limitarse a los jóvenes. Los jóvenes no deben aspirar a que finalice ese período, ni los ancianos deben mirar hacia atrás agradecidos por haber finalizado esa etapa. La educación debe ser considerada por todos como algo necesario a lo largo de toda la vida. El vigor mental y creativo debería acompañar al vigor físico que los avances médicos permitan. Los seres humanos pueden así permanecer «productivos», según nuestra acepción actual del término, hasta una edad avanzada.

Pero ¿es posible este cambio? ¿Llegará el momento en que la gente disfrute tanto de la educación que desee mantenerla durante toda su vida? ¿Por qué no, si pueden aprender lo que les interesa y rechazar lo que alguien les dice que deben aprender tanto si les interesa como si no? Esto significará que la educación dejará de tener un programa fijo para pasar a responder a las preferencias personales.

Después de todo, a medida que pase el tiempo (si la civilización sobrevive), el mundo crecerá en automatización y en computadorización. El trabajo aburrido y repetitivo, tanto físico como mental, será realizado por instrumentos mecánicos, y los seres humanos podrán concentrarse en la tarea de crear. En el mundo habrá más tiempo libre. La educación tendrá que estar orientada hacia el ocio.

Cada vez más, el mundo funcionará solo, y la noción de seres humanos «productivos» e «improductivos» se debilitará. Naturalmente, entonces la gente podrá hacer lo que quiera. Siempre estarán aquellos que querrán aprender informática, o abordar la investigación científica, o diseñar nuevos procedimientos educativos. En cualquier caso, pienso que habría más personas deseosas de ayudar al funcionamiento mecánico del mundo que las necesarias.

¿Y el resto de la gente? Algunos pueden estar interesados en escribir, componer, pintar o esculpir; otros en practicar deportes o viajar; otros en negocios de espectáculos de un tipo u otro; otros en dormir en una hamaca, si pueden soportar el aburrimiento de hacer semejante cosa.

La función de la educación será ayudar a que cada individuo encuentre en su interior la actividad que le hará feliz, y lleve una vida que le interese –seguramente esto contribuirá a la felicidad y el interés de otras personas.

En la educación personalizada, una cosa puede llevar a otra. Un joven que desea aprender béisbol y nada más puede estar interesado en la lectura para aprender cosas acerca de este deporte. O bien puede querer aprender matemáticas para calcular estadísticas en relación con el béisbol –y finalmente descubrir que le gustan más las matemáticas que el béisbol.

En realidad, ¿acaso no esperamos que los intereses cambien con la edad como una cuestión de rutina? A los sesenta años, ¿por qué alguien no puede decidir estudiar ruso, o química, o aventurarse en el ajedrez, o en la arqueología, o en la albañilería? ¿Por qué alguien, a lo largo de su vida, no puede cambiar su interés en coleccionar sellos por el de estudiar física nuclear –o viceversa–? Y a través de todos estos cortes y cambios, ¿por qué la persona no puede tener siempre el derecho inherente a recibir ayuda del sistema educativo público?

Pero, ¿cómo puede funcionar un sistema educativo que sea tan individual, tan personalizado como para permitir que cada persona sea educada de acuerdo con su propia predisposición y deseos, cualesquiera que sean?

Bien, supongamos que los satélites de comunicaciones sean cada vez más numerosos y mucho más versátiles y sofisticados de lo que son hoy. Supongamos que no se trata de microndas sino de rayos láser que tienen más capacidad para llevar mensajes de la Tierra al satélite y de nuevo a la Tierra.

Bajo estas circunstancias, habría lugar para millones de canales separados para voz e imagen, y se podría imaginar fácilmente que cada ser humano de la Tierra tuviera asignada una onda particular, del mismo modo que cada uno puede tener asignado un número de teléfono propio.

Podríamos pensar que cada persona tuviera un dispositivo privado al cual estaría conectado, cuando lo desee, una computadora personal para la enseñanza. Sería una máquina educadora mucho más versátil e interactiva de las que conocemos ahora, debido a que la tecnología informática también habría avanzado en ese lapso de tiempo.

Es razonable esperar que la máquina educadora, programada para un campo de estudio en particular, será sin duda lo suficientemente flexible y versátil como para ser capaz de modificar su propio programa (o sea, «aprender») como resultado de la introducción de datos por parte del estudiante. En otras palabras, el estudiante podrá formular preguntas que la máquina podrá responder, y dar respuestas de manera que la máquina pueda evaluar. Como resultado de los datos que la máquina obtenga, podrá ajustar la velocidad y la intensidad de la instrucción, así como modificarla en una dirección más adecuada a los intereses del alumno.

No debemos suponer que la máquina educadora sea un objeto limitado que se contenga a sí mismo (como, por ejemplo, un aparato de televisión). Es razonable suponer que la máquina tendrá a su disposición cualquier libro, periódico o documento en su vasta biblioteca global, centralizada, codificada y computadorizada, y que podrá utilizar esa información para modificar su programa. Lo que tenga la máquina lo tendrá el estudiante, ya sea directamente en una pantalla o impreso en papel para estudiarlo con más detenimiento.

Naturalmente, podemos suponer que ningún ser humano será necesariamente un receptáculo pasivo de información. Cualquier ser humano, una vez guiado por el camino de sus intereses, cualesquiera que sean, podrá avanzar por sí mismo, con conocimientos que podrán regresar a la máquina, y a través de ella a la biblioteca global, de modo que cada estudiante se convierta a su vez en maestro.

Cuando llegue el tercer centenario (si partimos de la base de que la civilización existirá), la humanidad y las máquinas quizá estarán desarrollando una profunda simbiosis. La humanidad podrá vivir con más plenitud y conocimientos de los que nunca ha alcanzado la mente de una persona sin ayuda. La máquina educadora computadorizada se convertirá en el telescopio mental a través del cual se verán glorias mayores que las que ahora imaginamos.

La laguna mental

En el mundo actual viven cinco mil millones de personas. Exceptuando a los niños pequeños, a los muy ancianos, a los enfermos y a los pocos que son ricos por herencia, el resto trabaja de una manera u otra para vivir del modo más confortable posible.

¿Qué hace posible que un ser humano pueda realizar un trabajo útil? Los músculos y la mente.

Debemos admitir que los músculos humanos, aunque útiles, no son únicos en la naturaleza. Existen músculos que son muchísimo más fuertes. En un mero ejercicio de potencia física, el ser humano no puede competir con el caballo, por no hablar del elefante.

Es por esa razón que los seres humanos, tras aprender a domesticar animales, pusieron a los más grandes a trabajar. Los asnos tiraron de carros y los bueyes de arados. Y cuando se domesticó finalmente al caballo, se convirtió en el animal más valioso y trabajador de todos (en inglés todavía se llama a la persona muy laboriosa *workhorse*, «caballo trabajador»).

Por otra parte, los seres humanos aprendieron a doblegar el mundo inanimado para su utilización, a inventar herramientas que hicieran que sus esfuerzos musculares fueran más efectivos. Se puede llevar agua ahuecando las manos, pero se transportará más cantidad y de manera más efectiva si se utiliza un cubo. Se puede mover una roca con las manos como demostración de fuerza, pero será más fácil si se utiliza una palanca. Se puede arrastrar un tronco a través de un campo, pero la misma tarea puede realizarse sin esfuerzo, en comparación, colocando el tronco sobre un carro.

Hace doscientos años los seres humanos descubrieron nuevas fuentes de energía en la máquina de vapor, el generador eléctrico o el motor de combustión interna. A medida que la maquinaria ha continuado multiplicándose y ha ganado en complejidad, la carga del trabajo muscular ha dejado de estar sobre las espaldas de la humanidad, especialmente en aquellas zonas del mundo que han vivido procesos de industrialización. Hoy en día, en una nación como los Estados Unidos, los músculos humanos se utilizan tan poco que debemos inventarles usos y ejercitación para tratar de mantenerlos en un estado razonable.

La otra herramienta utilizada por los seres humanos en su trabajo es la mente –y aquí, al menos, sí que tenemos algo único–. No existe ningún otro ser vivo, ahora o en el pasado, que haya utilizado la mente de una manera tan efectiva como lo hacemos nosotros. Es debido al uso de la sorprendente mente humana que los seres humanos pueden inventar mecanismos ingeniosos de todo tipo, componer sinfonías, escribir libros, dirigir y coordinar las tareas de otros, mandar ejércitos, tomar decisiones y penetrar en los secretos de la naturaleza.

Ninguna otra forma de vida puede ayudarnos en esta tarea. Estamos en nuestras propias manos.

Podemos utilizar nuestras mentes para procurarnos ayuda inanimada. Podemos inventar la escritura para registrar nuestras experiencias y transmitirlas a la siguiente generación. Podemos inventar el sistema numérico y sistemas de cálculo, desde el ábaco hasta la computadora. Podemos pensar la manera de organizar el alfabeto, escribir libros de referencia, y hacer muchas otras cosas que faciliten el trabajo de la mente humana. Al fin y al cabo, todo eso son herramientas subsidiarias; la esencia del trabajo permanece en la mente.

Si comparamos el cerebro humano con los músculos humanos, es evidente que el primero es más importante. Si permitimos que los músculos humanos se debiliten, seremos seres humanos débiles, pero seres humanos al fin y al cabo. Lo que es más, si no somos demasiado viejos o no hemos caído en una completa decadencia física, un programa de ejercicios puede volver a ponernos en forma.

No obstante, si permitimos que la mente humana se debilite y pierda su función, perdemos algo vitalmente humano. Convertirse en un ser humano estúpido es convertirse en algo menos que un ser humano. Y lo más probable es que nunca podamos recuperarnos de esta pérdida.

Naturalmente, existe un conflicto entre la mente y los músculos. Para comenzar, una vida dedicada exclusivamente al trabajo muscular duro, bajo condiciones que infrautilizan en grado sumo la mente humana, produce letargo, que es otro motivo por el cual es preferible tener animales o máquinas para hacer el trabajo. Es poco probable que los animales sientan hastío, y las máquinas nunca llegan a eso.

El letargo es una enfermedad seria, que puede ser un indicio de mal funcionamiento del proceso mental. Este mal funcionamiento agrava rápidamente el letargo hasta llegar a la atrofia mental. Un cerebro al que nunca se le da la oportunidad de pensar es muy probable que pierda la habilidad para hacerlo. (De ahí el antiguo estereotipo del campesino estúpido, medio animal; no nacía así, sino que se transformaba y empeoraba debido a la falta de estímulos que había en la vida que se veía obligado a llevar. Muchos pensadores creativos de nuestros días son descendientes de estos campesinos; no había ningún error en sus genes.)

En consecuencia, la liberación de los músculos humanos que permite la maquinaria moderna ha dado gran ímpetu a la creatividad humana. A medida que disminuye el porcentaje de personas obligadas a pasar su vida realizando trabajos musculares sin preparación alguna, es probable que aumente el porcentaje de los que pueden contribuir a hacer algo creativo.

No obstante, existe una laguna...

Aún en las sociedades industriales más avanzadas existen trabajos demasiados complejos para que los realicen los animales o las máquinas, y que no obstante infrautilizan seriamente la mente. Sabemos que esta laguna mental existe, pero lo que hemos hecho hasta ahora no basta para llenarla.

Un trabajo en una cadena de ensamble no implica necesariamente una vida de trabajo duro e incesante, pero sí una actividad repetitiva, embrutecedora, sin satisfacciones –y, lo peor de todo, que lo deja a uno sin la necesidad de pensar (¿recuerda a Charlie Chaplin en *Tiempos modernos*?).

Muchos trabajos de oficina son similares. La necesidad de archivar, de localizar y transmitir, de pasar a máquina, de hacer todo tipo de trabajos muy complicados para una máquina pero no lo bastante como para provocar el funcionamiento pleno de la mente humana produce, al comienzo, un infeliz adormilamiento, y luego una vía de escape para esta infelicidad desarrollando una mente anestesiada e incapaz. (Naturalmente, todo esto depende de la naturaleza del trabajo. A medida que el trabajo implica mayor responsabilidad y diversificación, la mente está más ocupada y sufre menos.)

El resultado claro de este fenómeno es que, incluso en las zonas tecnológicamente más avanzadas del mundo, existe una amplia franja de individuos incapaces de cualquier acto creativo que sólo pueden realizar faenas en que se piense poco.

Es fácil que los que somos lo bastante afortunados como para realizar un trabajo creativo rechacemos a la clase inferior anónima diciendo: «Bueno, eso es todo lo que pueden hacer». Sospecho que, a pesar de ello, la verdad es que «esto es todo lo que se les ha permitido hacer».

Pero ahora, en nuestra generación, han aparecido los ordenadores y las máquinas computadorizadas móviles llamadas «robots» (los dos tipos no son esencialmente distintos: ordenador más movilidad es igual a robot).

Las computadoras y los robots representan un avance tan importante como la utilización de los animales para trabajar, la invención de las máquinas y el descubrimiento de nuevas fuentes de energía. Poseemos máquinas que pueden hacer trabajos que hasta ahora las máquinas no podían llevar a cabo. Por primera vez tenemos la oportunidad de llenar la laguna mental, ya que puede no ser necesario que los seres humanos emprendan trabajos mentalmente pesados –del mismo modo que los inventos anteriores hicieron innecesario que se entregaran a trabajos físicamente pesados.

Es fácil darse cuenta de que cualquier cosa que puede hacer un robot es impropia para una persona. Para decirlo de otra manera: si un ser humano hace el trabajo que puede hacer un robot, ese trabajo terminará haciendo que el ser humano se convierta en un robot.

La llegada de los robots representará una gran explosión en la creatividad humana.

¿Se trata de un cambio fácil? ¿O esta afirmación se basa en una sobrestimación de las capacidades humanas realizada por un individuo demasiado optimista? ¿Podemos esperar que los seres humanos sean en general creativos? ¿No es la creatividad un fenómeno raro y precioso que aparece sólo ocasionalmente?

Depende de lo que uno entienda por creatividad. Si hablamos de un genio supremo –como Mozart, Shakespeare o Newton–, entonces sí, se trata de algo sumamente raro. Pero ¿qué pasa con la creatividad moderada? ¿Qué pasa con los músicos que no son Mozart pero que nos deleitan con sus canciones? ¿Qué pasa con los escritores que no pueden compararse con Shakespeare pero que no obstante entretienen y son instructivos? ¿Qué pasa con los científicos que nunca serán Newton ni Einstein pero que ocasionalmente hacen descubrimientos útiles?

¿Esto es pedir demasiado? Cuando miramos a nuestro alrededor, ¿podemos convencernos de que la gran masa de gente no creativa está hecha sólo para eso y que, en un mundo distinto, no existiría?

De hecho, hemos pasado por esta etapa con anterioridad en la historia. Hubo una época, hace no muchos siglos, en que la alfabetización era una rareza. La técnica de realizar signos que indican palabras de manera rápida y prolija, junto con la técnica de mirar esos signos e interpretarlos rápidamente y sin errores, fue algo que sólo podían hacer las mentes más ágiles. La lectura y la escritura hacían destacar a un estudioso, y no se esperaba que los campesinos supieran leer y escribir del mismo modo que no se esperaba que volaran. Incluso la aristocracia, que ocasionalmente podía ser educada y más o menos alfabetizada, rara vez era capaz de leer y escribir bien.

Con la Revolución Industrial, las cosas cambiaron. Hasta entonces, el trabajo en el campo no requería alfabetización; pero, a medida que la gente cambió el campo por la fábrica y fue trabajando con máquinas más complicadas, la alfabetización se convirtió en algo esencial. Por esa razón, el siglo XIX asistió al desarrollo de la escuela pública gratuita para la educación de la población. Y, más aún, aunque leer y escribir continúa siendo difícil para muchos, la alfabetización se ha extendido mucho más de lo que se podría haber soñado un siglo atrás.

En la actualidad, es un escándalo que existan millones de estadounidenses que son analfabetos funcionales. No obstante, nadie cree que esto sea debido a que estar alfabetizado requiera otro tipo de mente. La sensación general es que nuestro sistema educativo está fallando.

Paralelamente, si no viviéramos en una sociedad que requiere que tanta gente lleve a cabo trabajos en los que no es necesario pensar, la creatividad no sería tan escasa.

Revisemos los procedimientos educativos para que el pensamiento creativo sea estimulado, permitamos que las computadoras y los robots hagan el trabajo rutinario, y la creatividad será algo tan común en el siglo XXI como lo es la alfabetización en el siglo XX.

Pero ¿existirán suficientes trabajos creativos para la población mundial? ¿Qué tipo de trabajos creativos podría haber? ¿Cómo los ocuparían los miles de millones de habitantes?

Es extraordinariamente difícil predecirlo en detalle. Retrocedamos por un momento a 1790, cuando los Estados Unidos eran una nación nueva con una población cercana a los cuatro millones. Bastante más del 90% de la población estaba relacionada de una manera u otra con el trabajo rural. Supongamos que alguien, un Isaac Asimov del pasado, mirando hacia el futuro, hubiera predicho que llegaría el momento en que los Estados Unidos tendría una población de 240 millones de habitantes y que sólo el 4% estaría dedicada a las tareas rurales.

Naturalmente, habría surgido la pregunta: «¿Qué van a hacer los otros 230 millones de personas?».

¿Qué hubiera respondido el futurólogo de 1790? ¿Podría haber explicado que algunas mujeres iban a ser azafatas de avión? ¿Que otros harían publicidad? ¿Que otros serían actores de televisión? ¿Que habría fotógrafos? No es probable que pudiera ver la sociedad del futuro con detalles precisos sobre las nuevas tecnologías.

Todo lo que podría decir es que existirían todo tipo de trabajos que no tendrían nada que ver con las tareas rurales –aunque no tuviera la habilidad de ver los detalles–. De la misma manera, habrá trabajo creativo para todo tipo de personas en el futuro, mientras los robots hagan el trabajo rutinario y la tecnología continúe avanzando.

Cada vez más gente estará relacionada con la programación de computadoras, con el diseño de nuevos tipos de programas educativos para las máquinas educadoras. Más personas trabajarán en la investigación espacial y científica, en tecnologías que todavía no han nacido. Y habrá más enseñanza, espectáculo, supervisión y escritura y otras cosas.

No habrá problemas.

Pero ¿cómo llegaremos a esa etapa? Los robots reemplazarán a la gente, y esa gente no se convertirá automáticamente en personas creativas.

Es cierto. Habrá un problema. Toda la experiencia humana muestra que, mientras el avance tecnológico puede destruir puestos de trabajo, también crea empleo y, a largo plazo, estos puestos son mucho más numerosos que los que se destruyen.

Sin embargo, los individuos no siempre pueden esperar tanto. En el futuro próximo, mientras las computadoras y los robots se hagan cargo del trabajo, será necesario iniciar programas de reciclaje y reeducación. Puede que sea necesario que se establezcan proyectos de trabajo público. En síntesis, habrá un período de transición en el cual, debido al interés en la estabilidad social, se ayudará a las personas que no dispongan de medios de ganarse la vida a encontrar un trabajo digno y con sentido.

Esto será costoso, y la angustia creada por la transición deberá ser compartida hasta cierto punto por toda la población. Nadie puede exigir tranquilidad cuando millones de personas sufren trastornos. Al final, no obstante, estos sacrificios serán beneficiosos incluso para los que los sufrieron. ¿Por qué? Una clase social resentida y miserable está dispuesta a emprender una revolución violenta.

Los sacrificios serán transitorios, especiamente si los gobiernos instituyen políticas sabias y humanas. Finalmente, quizá en el período que va de una generación a otra, de los nuevos modos de educación surgirá una población realmente predispuesta a crear, ansiosa y capaz de obtener beneficios de la nueva tecnología.

Pero ¿que ocurrirá en el futuro, más allá del próximo siglo? Con seguridad las computadoras y los robots se convertirán en algo aún más complejo y versátil, aún más capaz de acercarse a la mente humana. ¿No demostrarán entonces ser capaces de realizar más y más trabajos, de desarrollar una creatividad propia, de desplazar a los seres humanos de nuestras ocupaciones, convirtiéndonos en algo obsoleto?

Es posible, siempre que los seres humanos sean incapaces de reconocer este peligro y de prever por sí mismos la creación de sus propios sustitutos.

No creo que esto ocurra. Podemos ser conscientes del peligro. Es cierto que los seres humanos han permitido la producción de armas nucleares, que, a su manera, pueden convertirlos en obsoletos. Esta producción, no obstante, se hizo bajo la presión de rivalidades nacionales y con un sentido imperfecto del verdadero peligro. Cada año, a medida que crece el conocimiento de las consecuencias que pueden tener, la oposición a este tipo de armamentos aumenta. Veinte años atrás, la opinión pública mundial obligó a que se pusiera fin a las pruebas nucleares en la atmósfera, y en 1987, por primera vez, se eliminaron algunas armas nucleares. Pienso que el peligro de los robots demasiado humanos creará temores aún más íntimos y personales que los producidos por las armas nucleares. El peligro será reconocido de inmediato, y las objeciones se harán rápido y a viva voz. El peligro, en realidad, consiste en que la reacción de los seres humanos sea excesiva, y en que éstos lamenten el fin del desarrollo de la robótica cuando, en realidad, la investigación en sí no es peligrosa.

Además, al pensar que las computadoras y los robots reemplazarán a los seres humanos y nos harán obsoletos, estamos asumiendo que existe un solo tipo de inteligencia.

Las computadoras, en este momento, son mucho más inteligentes que los seres humanos si medimos la inteligencia por la capacidad de resolver problemas matemáticos. El ordenador portátil más barato puede ganar a un ser humano muy inteligente a la hora de resolver multiplicaciones y divisiones.

Pero no medimos la inteligencia de ese modo.

La inteligencia es algo más sutil, que no podemos definir fácilmente. Habrá todo tipo de tendencias para desarrollar computadoras y robots que mejoren *su* tipo de inteligencia, en lugar de tratar de dirigirlos hacia *nuestro* tipo de inteligencia. Ocurre como con el automóvil, al que tratamos de mejorar como algo que se mueve sobre ruedas. Nunca aspiramos a desarrollar un automóvil que se mueva sobre piernas.

En síntesis, en las computadoras y los robots tendremos una segunda variedad de inteligencia que, combinada con la nuestra, nos ayudará a afrontar el Universo con más seguridad y efectividad.

La biblioteca global computadorizada

El progreso del conocimiento humano podría estar llegando a su conclusión debido a su propio éxito superlativo. Hemos aprendido tanto que se hace difícil encontrar los temas específicos que necesitamos, aquellos que pueden ser cruciales para los futuros avances.

La suma total del conocimiento humano no posee un índice eficiente.

¿Cómo podemos corregir esta ausencia si no recurrimos a una memoria más que humana para que nos sirva de índice, y a un sistema de recuperación de datos más rápido que el humano para poder usarlo? En síntesis, necesitamos un ordenador.

Suponiendo que nuestra civilización continúe existiendo y avanzando tecnológicamente, la biblioteca computadorizada es inevitable. Se registrará cada vez más información en microfilmes y aumentará la información disponible por ordenador.

Habrá una tendencia a centralizar la información de archivo, de manera que una demanda de temas concretos pueda acceder a los recursos de todas las bibliotecas de la región o de la nación por medio de ordenadores interconectados.

El proceso deberá ser gradual, por lo que es difícil establecer una fecha exacta para este cambio crucial. Pero con seguridad, en cincuenta años como máximo, el proceso estará bien avanzado.

Cada nación o región tendrá, para entonces, una biblioteca nacional o regional computadorizada, que podrá tener acceso eventualmente, si es necesario, a una Biblioteca Global Computadorizada (BGC), en la cual la suma razonable del conocimiento total podrá estar almacenada y de la cual se podrá obtener cualquier tema.

Utilizo la palabra «razonable». A pesar de que las computadoras pueden manejar el material una vez archivado, los seres humanos tendrán que decidir qué información será introducida. Puede que exista el deseo de introducirlo todo, pero una selección inteligente seguramente implicará una mayor eficiencia en el producto final. Siempre puede haber bibliotecas subsidiarias que guarden materiales fuera de uso, textos aparentemente inútiles e información altamente especializada que es difícil que despierte mucho interés. Bastaría con que una BGC, cuando respondiera a demandas de este tipo de materiales, estuviera capacitada para indicar la biblioteca o bibliotecas subsidiarias que pudieran ser de ayuda. Estas bibliotecas subsidiarias de materiales especializados podrían asemejarse a las bibliotecas de hoy en día, con bibliotecarios en el sentido que les damos actualmente. Y, por supuesto, habría muchos bibliotecarios de un tipo totalmente nuevo –expertos que deben estudiar las adquisiciones, mejorar la programación, mantener las computadoras, agregar servicios.

La BGC no será posiblemente una sola computadora, sino más bien un conjunto de computadoras interrelacionadas ubicadas en un centro cultural clave del mundo. Todas serán igualmente capaces de recuperar información, así como de informar sobre cualquier tema, pero cada una lo hará en el idioma de la región.

Y si alguna vez se establece una Lengua Universal (una amalgama de idiomas surgidos espontáneamente de las necesidades del número creciente de estudiosos, hombres de negocios y viajeros en trato continuo unos con otros en todo el mundo), la información también podrá ser proporcionada en ese idioma.

No hay ningún misterio en el modo en que la BGC estará conectada; la técnica ya está en camino. Tenemos satélites de comunicaciones que hacen posible conectar dos puntos cualesquiera en el globo en una fracción de segundo. No obstante, los satélites de comunicaciones actuales dependen de las ondas de radio para su interconexión, y el número de canales posibles que pueden habilitar es limitado.

En las generaciones futuras estos satélites, con rayos láser que utilicen tanto la luz visible como la radiación ultravioleta, se utilizarán para la interconexión. Las ondas serán millones de veces más cortas que las de radio, de modo que los rayos láser puedan transportar millones de canales.

Llegará el día en que cada ser humano tendrá un canal de televisión específico que podrá ser sintonizado por un dispositivo computadorizado, que será su conexión con el conocimiento acumulado del mundo. La sintonización podrá realizarse desde cualquier lugar, ya que la gente podrá llevar consigo un dispositivo portátil. Se podrá preguntar (por la dirección de un camino, por ejemplo) y recibir la respuesta por medio de una voz o de un texto escrito.

Para resultados más elaborados, se necesitarán dispositivos más complicados instalados en el hogar. El equivalente a un aparato de televisión reproducirá el material deseado en la pantalla, en material fílmico o papel –cotización de acciones, noticias del día, artículos rebajados, diarios, revistas o libros enteros.

No hay peligro de que esto acabe con el sector de las publicaciones, que simplemente cambiará su modo de trabajo. Es más: es muy posible que con este cambio adquiera más importancia de la que tiene ahora.

Naturalmente, pueden formularse cuestiones económicas y prácticas. ¿El ciudadano corriente puede aprender a manejar una computadora?

Estoy absolutamente seguro: la gente aprenderá a hacerlo como aprendió a manejar automóviles y televisores. Tendrán deseos de aprender, y la mecánica de la operación será cada vez más simple.

¿Y quién lo pagará? Existen varias posibilidades. El uso de la computadora puede ser un servicio público que se pague con los impuestos. Y a cada individuo o negocio se le puede cobrar según las tarifas. Paralelamente, los pagos a los autores podrían basarse en tarifas estipuladas según los materiales y el número de informaciones consultadas.

La BGC será esencial para los estudiosos y para la investigación, pero este segmento representará sólo una pequeña fracción de su uso –y de su importancia–. Es más: por primera vez la gente tendría un acceso fácil y privado a todo el conocimiento. La BGC hará que la gente aprenda con facilidad. Y la gente desea aprender.

Ésta puede parecer una afirmación dudosa en vista de la amplia resistencia a aprender que existe actualmente en la población. En las escuelas, tal como están constituidas en la actualidad, los estudiantes reciben masivamente ciertas informaciones estereotipadas a un cierto ritmo predeterminado, sin que se tenga en cuenta lo que el individuo desea saber ni el ritmo en que puede absorber la información (en relación con los adultos, sólo recientemente se ha reconocido que la oportunidad de recibir educación es tan importante para ellos como lo es para los niños).

¿Qué ocurriría si, en vez de este sistema, hubiera un dispositivo en el propio hogar que suministrara la información exacta que la persona desea? Por ejemplo: cómo organizar una colección de sellos, cómo reparar un cerco, cómo hacer pan, cómo hacer el amor, detalles de la vida privada de los reyes de Inglaterra o el reglamento del fútbol o la historia del espectáculo... ¿Qué pasaría si todo esto fuera presentado con una paciencia inagotable, repitiendo todo lo que fuera necesario y en el momento y el lugar que elige el que desea aprender?

¿Qué pasaría si, tras absorber algunos conocimientos, el estudiante pide algo más avanzado, o información sobre un tema colindante? ¿Qué ocurriría si alguna información de repente despertara el interés e hiciera que el estudiante se encaminara en una dirección completamente nueva?

¿Por qué no?

Con seguridad, más y más personas utilizarán esta forma fácil y natural de satisfacer su curiosidad. Cada ser humano tiene un kilo y medio de cerebro que debe estar en uso constante para evitar el letargo, y ése sería el antídoto perfecto –la BGC lista en cualquier momento para hablar sobre el tema que le interese a uno.

Cada persona, a medida que se educa siguiendo sus propios intereses, puede realizar contribuciones propias. El hombre o la mujer que tenga un pensamiento o una observación nuevos, de cualquier tipo y en cualquier ámbito temático, puede darlos a conocer, y si no repite información ya almacenada en la BGC, puede guardarse hasta su confirmación y, posiblemente, agregarse al banco de datos común.

Cada individuo será maestro y alumno.

Con esta biblioteca y con esta máquina educadora, ¿perderá el maestro-alumno el interés por mantener contactos humanos?

Por supuesto que no. La BGC no puede reemplazar el contacto humano en todas las áreas. Ninguna cantidad de información podrá reemplazar la práctica de atletismo, las conferencias públicas, el arte dramático, la exploración, el baile, el sexo –a pesar de que la teoría puede mejorarlos–. La gente podrá interactuar, y avanzará y disfrutará más cuando sepa más cosas acerca de lo que está haciendo. Y aprenderá lo bastante con la práctica como para querer aprender todavía más de lo que ofrece la BGC y, a su tiempo, podrá incluso enseñar a la BGC.

Todo ser humano está sujeto al proselitismo cuando un asunto acapara su interés. El entusiasta del ajedrez trata de que otros jueguen, y lo mismo puede decirse de los pescadores, los bailarines, los historiadores, los aficionados a las antigüedades, los practicantes de aerobic –y añada lo que usted quiera.

La persona que se adentra en la BGC y encuentra fascinante hilar, o la historia del vestido, o las monedas romanas, es muy probable que haga esfuerzos por buscar a otras personas con los mismos intereses.

Un mundo de personas que están siendo educadas de acuerdo con su propia dirección y ritmo constituirá un fermento intelectual increíble con distintas áreas de interés. La frustración más frecuente surgirá del hecho de tener que elegir entre esas áreas.

La BGC, a medida que se haga más compleja, puede agregar fermento por sí misma. Mediante la asociación azarosa de materiales en su memoria puede sugerir nuevos campos de interés, nuevas líneas en la investigación, y aun nuevas soluciones hipotéticas a viejos problemas.

Un momento. Si cada persona puede aprender lo que desea, ¿la mayoría no elegirá cosas triviales? ¿Quién se dedicará a aprender las cosas aburridas y difíciles que hacen que el mundo funcione?

En el mundo computadorizado del futuro, no obstante, precisamente las cosas aburridas estarán en manos de la maquinaria automática, y no de los seres humanos. Se reservarán al ser humano los aspectos creativos de la mente conocidos con el nombre de «diversiones».

Siempre habrá personas que encontrarán «divertidas» las matemáticas, la investigación científica, la literatura y el arte, la política y los negocios. Ayudarán a hacer que el mundo «funcione», pero con un tipo de deseo y placer distintos de los que experimenta la gente que prefiere construir jardines de rocalla o inventar recetas de cocina.

¿No estaremos muy separados unos de otros en un mundo de ocio y entretenimiento? ¿La vida va a convertirse en la universalización de las tardes de domingo en los suburbios?

¿Aventura? ¿Riesgo? ¿Peligro? ¿Dónde los encontraremos?

Quizá no encontremos estas cosas en la Tierra del futuro que imaginamos, pero tampoco la Tierra será el único hogar de la humanidad. Ayudada por el rápido avance de la tecnología hecha posible por la BGC, el espacio será explorado, explotado y organizado a una velocidad muy superior a la que ahora parece posible. Será el espacio lo que represente el límite de la humanidad.

Allí fuera, en la nueva frontera, la frontera más grande que haya existido, habrá aventura, riesgo y peligro suficientes para aquellos que encuentren placer en ellos. Para ello contarán con la ayuda de nuevas ramas de la siempre útil BGC.

Será muy difícil para nuestros descendientes tratar de imaginarse cómo era la vida sin la BGC. ¡Qué lástima nos tendrán!

Lo que nunca harán los ordenadores

Si miramos hacia un futuro apacible, es prácticamente seguro que los ordenadores continuarán siendo más potentes y versátiles. No obstante, es arriesgado predecir lo que las computadoras no serán capaces de hacer, porque lo más probable es que uno se equivoque.

El comentario más citado de Arthur C. Clarke es el siguiente: «Cuando un científico distinguido pero anciano dice que algo es imposible, lo más probable es que se equivoque».

Mi distinción quizá pueda ser discutible, pero soy tan anciano como cualquiera y me tomo esa afirmación a pecho. Sin embargo, estoy perfectamente dispuesto a predecir lo que una computadora no hará, aunque pueda hacerlo. Pero quizá sería mejor sostener que estoy dispuesto a predecir para qué tareas no será diseñada una computadora, aun si es posible diseñarla para ello.

Para hacer notar la diferencia entre *no poder* y *no hacer*, recurriré al automóvil. Corre sobre sus ruedas, que giran alrededor de un eje. El sistema de rueda-eje es el primer invento que hicieron los seres humanos para superar a la naturaleza, ya que ningún organismo vivo se mueve sobre ruedas y ejes. Esto puede ser imposible en un organismo debido a la dificultad de alimentar un sistema circulatorio y nervioso y de controlarlo en una rueda viva y móvil.

El resultado es que, mientras que el automóvil se mueve velozmente, los seres humanos estamos condenados a largas caminatas –andando torpemente, a base de levantar primero un pie y luego el otro.

Y no obstante, caminar tiene sus ventajas. Las ruedas necesitan de una superficie razonablemente lisa, mientras que caminando podemos pasar por encima de pequeñas obstrucciones y trepar por las más altas. Podemos caminar por la maleza, a lo largo de senderos angostos, deslizarnos por estrechos pasillos mientras nos sostenemos en laderas rocosas. Estas actividades pueden no resultarnos tan impresionantes como correr a más de 120 kilómetros por hora en una autopista, pero si no pudiéramos hacerlas nos sentiríamos limitados.

Creo que es posible inventar un instrumento mecánico capaz de elevar los pies en lugar de hacer girar ruedas. Si se pusiera tanta energía e inventiva en crear una máquina de caminar como la que se ha puesto en las máquinas de ruedas, diría que podríamos tener unos hermosos «piemóviles». Podríamos subirnos a ellos y caminar a lo largo de un camino rocoso, trepar por un sendero montañoso.

Pero ¿quién sería capaz de diseñar una máquina como ésta? ¿Quién invertiría grandes sumas de dinero para producir algo que los seres humanos pueden hacer fácilmente por sí mismos? Aun reconociendo que caminar produce cansancio, al menos es gratis. Subirse a una máquina sin duda cara para hacer lo mismo y tener que gastar dinero en combustible y en reparaciones para caminar mecánicamente es un tipo de consumo que atraería sólo a los locos. De hecho, la sociedad ha demostrado estar mucho más dispuesta a construir una red carísima de carreteras para que el automóvil sobre ruedas sea útil, que a gastar dinero para producir «piemóviles» que convertirían las autopistas en algo innecesario.

En síntesis, pues, los automóviles están diseñados para hacer lo que los seres humanos no podrían hacer sin ellos o sólo podrían hacer con grandes dificultades. No están diseñados, y nunca lo estarán, para hacer lo que los seres humanos pueden realizar fácil y naturalmente sin ellos.

¿Qué tiene que ver esto con las computadoras?

Estamos muy familiarizados con las computadoras que solucionan problemas matemáticos, y que resuelven las operaciones necesarias a una gran velocidad y con una posibilidad de error casi igual a cero.

Esto es algo que con seguridad los seres humanos no pueden hacer. La mente humana, que es capaz de resolver problemas matemáticos, lo hace de una manera muy lenta y pesada, y con una aptitud frustrante para cometer errores matemáticos o lógicos. Por lo tanto, damos la bienvenida a las computadoras en este sentido y trabajamos para lograr que su labor en esta área sea cada vez más rápida, a la vez que tratamos de que sean capaces de resolver problemas cada vez más complejos.

¿Por qué no? No necesitamos un automóvil para ir de Nueva York a Chicago. Podríamos superar esa distancia caminando –pero nos tomaría mucho tiempo y esfuerzo–. Es mejor usar un automóvil y diseñar autopistas y señales y salidas y motores más económicos para hacer mejor el trabajo.

No estamos abandonando nada vital si permitimos que las computadoras resuelvan operaciones matemáticas. Simplemente cambiamos una herramienta más vieja y defectuosa por una nueva y más eficiente.

Es un error creer que permitir que los ordenadores solucionen problemas «deshumaniza» al ser humano, y que antes de los ordenadores los seres humanos los resolvían orgullosamente por sí mismos.

El ser humano común, aun si es razonablemente inteligente y ha sido bien educado, apenas puede hacer nada en matemáticas por sí solo. Si usted no lo cree así, y se considera inteligente y culto, divida mentalmente 72.647 por 323 con tres decimales. Dudo incluso que lo intente (yo no lo haría), y probablemente pueda caminar de Nueva York a Chicago en menos tiempo del que le tomaría obtener la respuesta correcta. Y no obstante, ése es un problema extremadamente simple.

A través de toda nuestra historia, sólo hemos resuelto los problemas matemáticos, aun los más simples, con ayuda –con los dedos, con lápiz y papel siguiendo reglas mnemotécnicas, con ábacos, reglas de cálculo y calculadoras mecánicas–. Y ahora tenemos la computadora, que es mejor que todas estas ayudas.

Cualquier cosa para la que podamos establecer instrucciones claras y completas, y que los seres humanos pueden hacer sólo con dificultades, si es que pueden hacerla, será realizada por una computadora.

¿Qué pasa con las cosas que, sin embargo, los seres humanos pueden hacer fácilmente y para las cuales es extremadamente difícil elaborar instrucciones claras y completas?

Consideremos un ejemplo límite: el ajedrez.

El ajedrez se juega con treinta y dos piezas de seis tipos diferentes sobre un tablero que contiene sesenta y cuatro cuadrados ordenados en grupos de ocho. Cada ajedrecista tiene una posición determinada al principio de la partida y puede mover las piezas sólo en ciertas formas simples. Todas las reglas están escritas, y sin embargo, a pesar de años de esfuerzo, las computadoras que juegan al ajedrez apenas están llegando al punto en el que pueden enfrentarse con un gran maestro. Las computadoras no pueden ganar a Karpov ni a Kasparov, por no mencionar a Bobby Fisher. Quizá lo hagan algún día, pero todavía no.

¿A qué se debe? A pesar de las posiciones del comienzo de la partida y de las reglas para los movimientos, que resultan fijas y simples sobre un pequeño tablero, el número posible de posiciones y de movimientos totales es increíblemente grande, y todavía no podemos conseguir que una computadora compruebe todas las posibilidades en un tiempo razonable.

Pero entonces, ¿cómo lo hacen los maestros del ajedrez? Ahí está la cuestión. ¡No lo sabemos! Y lo que es más, ¡ni siquiera los propios maestros lo saben!

El idioma inglés posee cientos de miles de palabras, y puede ser que yo utilice fácilmente cinco o diez mil de ellas. Miles de palabras en lugar de unas pocas piezas de ajedrez, y las palabras pueden combinarse según reglas que son enormemente más complicadas que las que rigen los movimientos en el juego del ajedrez. ¿Qué podemos decir entonces sobre el juego de escribir un cuento o un ensayo?

Todos conocemos las mismas palabras, así como las reglas para combinarlas lo bastante bien, y todos hemos leído cuentos y ensayos tantas veces que sabemos cómo son cuando están escritos. Y sin embargo, pocos de nosotros trataríamos de escribir un cuento o un ensayo con la esperanza de que se publique. De aquellos que han hecho este esfuerzo, pocos pueden encontrar un editor que coincida con ellos y que crea que el resultado es publicable.

Y sin embargo yo puedo hacerlo. He escrito y publicado, casi literalmente, miles de cuentos y ensayos, y hasta el momento he publicado más de cuatrocientos libros. Sólo existe una manera de producir este volumen de material, y es escribiendo lo más rápido que puedo y logrando que esté bien a la primera. Hago muy pocas revisiones.

Pueden imaginarse que tengo muy poco tiempo para pensar, y que si me las arreglo para pensar debo hacerlo muy rápidamente.

Entonces, ¿cómo lo hago? La respuesta es fácil: ¡no sé cómo lo hago! ¡No tengo la menor idea! Sólo sé que lo vengo haciendo desde mi adolescencia sin que nadie me haya enseñado.

En este sentido no soy una persona excepcional. Un gran número de personas puede hacer cosas que son extremadamente inusuales. ¿Quién enseñó a Mozart a escribir sinfonías? ¿Quién enseñó a Louis Armstrong a tocar la trompeta? ¿Quién enseñó a Willie Mays a atajar una pelota? Cualquier ser humano con una mente normal puede hacer una u otra cosa muy bien y no es capaz de explicar cómo se las arregla.

Ésa es la gloria de la mente humana: puede hacer cosas para las cuales todavía no hemos sido capaces de escribir las reglas. Puede que el ser humano no sea muy bueno cuando se trata de operaciones matemáticas o visualizaciones gráficas, pero tiene lo que podemos llamar creatividad, intuición, perspectiva, fantasía, imaginación. Puede considerar un problema en el que los datos resulten insuficientes para llegar a una determinada conclusión, y sin embargo adivinar, o sentir, o intuir cuál debería ser la respuesta correcta. Esto ocurre constantemente en el ámbito de los negocios, de la administración, de la ciencia, de la literatura, del arte.

Se puede argumentar que este tipo de creatividad, esta habilidad instintiva, este talento (o genio, si lo prefiere) está limitado a una fracción muy pequeña de la población. Ciertamente, parece estar limitado, pero ¿se trata de nuestro destino irrevocable o es sólo el resultado del tipo de vida que llevamos? Debido a que toda la historia humana ha transcurrido sin computadoras, y en realidad sin ningún tipo de tecnología avanzada, la mayoría de los seres humanos se han visto forzados a pasar sus vidas realizando tareas que no utilizan apenas la mente. Han tenido que realizar trabajo muscular no cualificado, tareas mentales triviales, ocupaciones tediosas para las cuales la mente no está preparada –como, por ejemplo, sumar columnas de cifras.

Sólo una fracción muy pequeña de seres humanos han tenido alguna vez la posibilidad de ejercer su creatividad.

¿Acaso Napoleón habría demostrado su capacidad militar si las circunstancias y la necesidad económica lo hubieran forzado a ser un sastre toda su vida?

En este sentido, la computadora promete ser el invento más humanizador de la historia. Quitará de los hombros y de las mentes de la humanidad todas las tareas que los seres humanos no pueden hacer muy bien, y les dejará las ocupaciones para las cuales la mente está especialmente preparada.

Pero, ¿no sería posible, puesto que las computadoras están diseñadas para ser cada vez más versátiles y capaces de aprender de sus propios errores, que realizaran las tareas que son específicamente humanas?

Sería peligroso afirmar que las computadoras nunca podrán hacerlo, así como sería peligroso decir que un automóvil no puede ser diseñado para caminar. Sospecho, no obstante, que las computadoras nunca harán tareas específicamente humanas.

¿Por qué deberían hacerlo? Una computadora, no importa su costo, es de gran valor si puede hacer lo que los seres humanos no pueden hacer. Sin duda una computadora tendría que ser todavía más costosa si fuera capaz de hacer las cosas para las cuales está preparada la mente humana, y ¿quién la querría si los seres humanos pueden hacer las mismas cosas por mucho menos costo? ¿Querría yo una computadora, diseñada por un costo enorme y siempre con el peligro de que se estropee, simplemente para escribir historias y ensayos, cuando soy capaz de hacerlo yo mismo tan fácilmente (usando sólo lápiz y papel, si es necesario)? ¿Lo haría alguien?

Las computadoras pueden ser una herramienta que me sirva para la tarea de escribir –estoy utilizando un procesador de textos ahora mismo que me ayuda en la tarea mecánica de escribir este artículo–. El procesador de textos forma las palabras y luego las imprime mucho más rápida y pulcramente de lo que yo podría hacer a mano. No obstante, pienso tanto utilizando un procesador de textos como escribiendo con lápiz y papel, y no tendría mayor sentido tener una computadora pensando para mí que tener un automóvil que caminara para mí. Especialmente porque pensar me gusta mucho más que caminar.

Éste es, pues, mi principio para el futuro.

Probablemente se construyan computadoras, y es muy posible que sea así, para hacer todo aquello que la mente humana encuentre difícil o tedioso.

Probablemente sea posible diseñar computadoras para hacer cualquier cosa que la mente humana encuentre fácil o placentero, pero casi con seguridad no se diseñarán.

El futuro de la artesanía

La artesanía es extremadamente antigua, tan antigua como la humanidad.

El primer organismo que apareció en la Tierra y que fue lo suficientemente humano como para ser etiquetado como *Homo* («hombre») fue el *Homo habilis*. La palabra latina *habilis* significa «diestro» o «hábil». Por lo tanto, este antecesor nuestro es llamado «hombre hábil».

Recibió este nombre debido a que fue el primer organismo de cualquier tipo que tomó objetos de su medio y los modificó sistemáticamente para hacerlos más complejos y conseguir herramientas.

Organismos anteriores a él pueden haber utilizado ramas de árboles no modificadas o huesos largos como armas. De hecho, eso hacen ahora los chimpancés. Los chimpancés aún operan con métodos muy simples para modificar los objetos en ocasiones. Por ejemplo, quitan las hojas a las ramas para obtener objetos puntiagudos que puedan introducir en los agujeros de las termitas.

Sin embargo, el *Homo habilis* cruzó una frontera, a la cual nunca antes ningún ser se había acercado, cuando comenzó a trabajar con una piedra, un material mucho menos manejable que un trozo de madera o un hueso, y a cortarla, partirla y pulirla para obtener objetos que pudieran ser utilizados como rastrillo, taladro o cuchillo. Estos procedimientos requerían premeditación e incluso una técnica deliberada, algo que ninguna forma de vida había sido capaz de hacer hasta ese momento.

Los ejemplos más antiguos de *Homo habilis* pueden tener 1.800.000 años de antigüedad. Desde entonces, el *Homo habilis* evolucionó lentamente hasta el *Homo erectus*, que evolucionó hasta el *Homo sapiens neanderthelensis* y finalmente hasta el *Homo sapiens sapiens* (a veces llamado «hombre moderno»). Podemos medir el desarrollo de la mente en el curso de esta evolución humana a partir de la capacidad craneal de los esqueletos. También podemos medir la habilidad creciente de su trabajo manual a partir de la sofisticación sostenida de las armas de piedra encontradas junto a esos esqueletos.

Hacia fines de la edad prehistórica, los seres humanos comenzaron a utilizar nuevos materiales para hacer sus tareas –cuero, por ejemplo, o fibras textiles–. Aprendieron a hacer canastos y zapatos, por no mencionar la ropa, que era liviana y flexible. Empezaron a obtener piedras artificiales, más fáciles de modelar y de manipular que las naturales, con barro cocido, que también era utilizado en la alfarería. En los primeros tiempos de la historia, los hombres llegaron a aislar los metales de su mena y a convertirlos en herramientas –y armas– muy superiores en dureza, resistencia y filo a lo que habían logrado hasta aquel momento. Un avance quizá mayor: aprendieron a construir herramientas que los ayudaran a obtener otras herramientas, como la rueda y el torno de alfarero.

Hasta que la Revolución Industrial cambió totalmente el estilo de vida de las personas hace dos siglos, las herramientas operativas eran las manos humanas.

Los objetos eran manufacturados por personas que poseían amplias habilidades, así como instintos artísticos distintos. No existían objetos iguales del mismo tipo, aunque los produjera el mismo artesano. De hecho, los autores de las herramientas y los adornos agregaban deliberadamente detalles personales a cada pieza, sobre la cual luego firmarían con orgullo.

Es fácil pensar en esas épocas y considerarlas como una edad de oro, en la cual todos los artículos manufacturados eran obras de arte individuales, pero debemos tener cuidado de no idealizar indebidamente esta situación. No todos los artesanos eran verdaderos artistas, y los pocos que lo eran sólo podían realizar una determinada cantidad de objetos en un tiempo determinado. Aquellos que eran ricos y poderosos podían tener los utensilios más simples del hogar realizados de una manera deliciosa, y sin duda únicos en sus proporciones y calidad artística, pero la gran mayoría de la gente sólo poseía objetos toscos, o simplemente nada.

Sin embargo, llegó la hora en que las máquinas estuvieron preparadas para cortar, planchar, estampar y moldear objetos, obteniendo grandes cantidades de artículos exactamente iguales, y este procedimiento sería de utilidad. Por ejemplo, si se rompía alguna de las herramientas en los tiempos anteriores a las máquinas, había que modelar cuidadosamente una pieza sustitutiva para que encajara exactamente en la herramienta. Es innecesario señalar que la pieza sustitutiva tenía que ser construida de la nada para este propósito. Era un proceso lento, y obligaba a realizar varios intentos antes de lograr una pieza útil.

Ese proceso –y por lo tanto el mundo– cambió en 1798. En ese año Eli Whitney obtuvo un contrato para manufacturar diez mil mosquetes para el gobierno. Whitney construyó con máquinas todas las piezas que formaban el mosquete con tal precisión que cualquiera de ellas podía sustituir a cualquier otra de las diez mil. En 1801 Whitney llevó algunos de sus mosquetes para mostrárselos a un funcionario del gobierno. Los desarmó y los tiró a los pies del sorprendido hombre. «Aquí tiene sus mosquetes» le dijo, y juntando las piezas al azar formó un mosquete perfecto.

Desde entonces el proceso se ha extendido y se ha refinado. De hecho, hoy en día las máquinas que construyen herramientas están siendo computadorizadas para que trabajen de manera más rápida y exacta que antes.

Por supuesto, esto tiene sus ventajas. La producción masiva es la única manera práctica de obtener objetos con la cantidad y calidad suficientes como para hacer posible que la población en general mantenga un nivel de vida razonablemente alto. El hecho de que el estadounidense medio pueda obtener cualquier cosa sin dificultades, desde platos hasta lavaplatos, desde zapatos hasta hormas de zapatos, desde automóviles hasta vehículos para circular por la nieve, se debe por completo al hecho de que los artesanos no están trabajando, lenta, individualmente y con el sudor de su frente, sobre estos objetos. Podemos adquirirlos porque los obreros los fabrican con maquinarias veloces y automáticas.

Pero hay dos inconvenientes. Aquellos que crean los objetos son eliminados. Existen máquinas entre el obrero y el producto, y el obrero pierde a menudo la sensación de haber creado el producto por sí mismo. Lo que es más, aunque tratara de sentirse en combinación con su máquina produciendo algo que vale la pena, muchas veces sólo crea parte del producto. Aún más, casi siempre se requiere que el obrero haga su trabajo repitiendo sin fin movimientos esencialmente no significativos, el valor de los cuales no puede percibir inmediatamente. Ajustar una tuerca o encajar una pieza de metal en una ranura no le proporciona la sensación de estar creando un objeto.

La segunda desventaja está relacionada con el consumidor, que se encuentra en posesión de un objeto totalmente desprovisto de carácter personal, debido a que es exactamente igual que cualquiera de los otros objetos que poseen una gran cantidad de personas. Es difícil mantener el sentimiento de orgullo individual de poseer algo en particular bajo esas circunstancias.

A pesar de que pocas personas estarían hoy en día de acuerdo en abandonar la producción masiva y en volver a la época en que un grupo reducido de aristócratas poseían objetos de arte y la gran masa de la población no tenía nada (es probable que usted formara parte de la gran masa), todavía existe una nostalgia comprensible por cosas como el orgullo de poseer un objeto producido individualmente, un artículo único.

Existe prevención acerca de un futuro en el que este paso de la artesanía a la computadorización sólo puede aumentar, acerca de una cultura en la que nada será individual y en la cual todo podrá ser tan reemplazable como las piezas de los mosquetes de Eli Whitney. ¿En qué tipo de «mundo feliz» viviremos entonces?

Y sin embargo, no creo que tengamos que temer en absoluto esta pesadilla, porque existen muchos casos en que el avance de la tecnología ha minimizado la necesidad del trabajo artesanal sin abolirlo totalmente.

Se pensó, por ejemplo, que las formas de grabación cada vez más precisas y exactas terminarían con la necesidad de escuchar a músicos en vivo tocando instrumentos (excepto durante el poco tiempo que les llevaría tocar ante micrófonos hábilmente situados). De hecho, con computadoras capaces de producir cualquier sonido que pueda ser emitido por músicos, y que muchos no pueden lograr, el temor es que ni siquiera necesitaremos a nadie para realizar las grabaciones.

Pero esto no es así. Existe algo en escuchar y mirar una actuación musical en vivo que la tecnología no puede imitar completamente. Incluso la posibilidad de que un músico toque una nota equivocada agrega un elemento de interés al procedimiento. Lo que es más, no hay nada como observar a un músico en vivo reaccionando a su propia música.

Se podrá objetar: sí, pero el número de conjuntos y de orquestas sería mucho menor si no existieran métodos de grabación. ¡No necesariamente! Si sólo hubiera músicos en vivo, su tarifa aumentaría y, como ocurría en el siglo XIX, sólo los muy ricos tendrían sus orquestas, mientras que el resto de la población únicamente podría acceder a un tipo de música tosca, como mucho.

Igualmente, la fotografía parecería haber destruido la pintura y los retratos, pero sabemos que no ha sido así. La fotografía en color puede duplicar la realidad con precisión, pero los ojos del pintor no desean duplicar la realidad. Hacen énfasis en unas cosas y eliminan otras, y deliberadamente alteran otras, de modo que finalmente lo que el artista produce puede asemejarse a la realidad, pero significa mucho más que la realidad. Es más, como la fotografía plasma un realismo que los artistas encuentran difícil imitar para un público cuyo gusto está en general perfilado por la cámara, esos artistas se dedican a distintas formas de impresionismo y pintura abstracta. En lugar de destruirlos, la fotografía libera a los artistas, quienes ya no tienen que limitarse a reproducir una escena.

Y, como sabemos, la fotografía en manos de un artista se ha convertido en un arte por sí mismo.

Pasemos a otro ámbito. El hecho de que la tecnología haya eliminado la necesidad de realizar esfuerzos musculares pesados, de que haya reemplazado la pala por la excavadora mecánica, el pico por la perforadora eléctrica, el serrucho por la sierra mecánica, los pies por las ruedas, no significa necesariamente que nuestros músculos dejen de ser utilizados y se debiliten. Ciertamente, esto puede ocurrir en algunos casos. Pero aquellos que valoran su propia figura reemplazan el trabajo forzado por la actividad voluntaria. Hay quienes practican aerobic y footing, están los entusiastas de la gimnasia y del tenis. De hecho, a pesar de que todos tenemos la oportunidad de ver practicar deportes a profesionales con una habilidad y precisión que sabemos que no podemos emular, ello no es ningún obstáculo para que juguemos por la simple diversión de ganar (o de perder).

En síntesis, la artesanía no es algo que se practique sólo por dinero. Consiste en hacer algo individualmente, con la mente y con las manos; significa producir algo que se pueda asemejar a uno mismo y formar parte de la propia personalidad –aunque sólo se haga por entretenimiento–. De hecho, es difícil que algo sea más entretenido que eso. Se trata de algo que uno no puede dejar fácilmente y en el que se encuentra atractivo. El hecho de que no haya que hacerlo para ganar dinero no impide que uno lo haga por placer.

Lo que cuenta es que estamos entrando en una era de ocio precisamente debido a que el mundo estará tan automatizado y computadorizado que será una recompensa hacer algo que dé un significado a la vida. La artesanía de uno u otro tipo es el camino lógico. Puede tratarse de algo científico o artístico (la investigación química, la composición musical, la creación literaria), las cosas que los científicos, los artistas y los escritores hacen ahora. Puede tratarse de algo simplemente constructivo: trabajo en madera, en alfarería, crear las propias herramientas, aplicar nuestro arte personal a todos los objetos que queremos que nos rodeen.

Por esa razón, cualquier artesanía, no importa cuán antigua sea o pasada de moda esté, puede servir para pasar el tiempo de manera agradable, puede representar la vía de expresión del impulso artístico. Si queremos, también podemos esculpir herramientas de piedra.

Y habrá otros que, incluso en una era de perfección automatizada, querrán algo individual, algo que salga de lo común, algo artístico. Si están aquellos que producen, estarán aquellos que consumen. En una era de perfección automatizada, habrá más artistas de todo tipo, y más arte, y más demanda de arte que la que pudo haber en una época en que sólo unos pocos tenían tiempo libre.

Pero no es demasiado emocionante mirar hacia un futuro en el cual continuaremos haciendo lo de siempre, sólo que en una escala mayor. ¿Habrá algo nuevo?

Por un lado, estaremos saliendo al espacio, y allí podrá existir un nuevo campo artesanal. No sé exactamente lo que puede hacer la gente con el vacío, con una gravedad cero, o con temperaturas extremas, pero son herramientas y condiciones que los seres humanos con mente imaginativa y artística pueden utilizar para producir objetos que serán completamente diferentes, quizá, de los que se hacen en la Tierra.

Y también está la propia computadorización.

El ordenador es mera y puramente un esqueleto. El auténtico meollo es el programa, y cada nuevo programa debe ser escrito y diseñado. El programa es algo que debe realizarse artesanalmente. Es en sí mismo una pieza de artesanía.

Me parece que la tarea más importante de los ordenadores del futuro será la de convertirse en nuevas fuentes para la educación. Tendrán que diseñarse programas mucho más complejos que los que existen ahora para que se conviertan en una forma increíblemente flexible de transmitir información, entrar en una biblioteca computadorizada, hacer disponible cualquier libro, revista, o un programa informático que esté relacionado con palabras o frases clave. Los programas permitirán que las computadoras pregunten y hagan preguntas. La educación será algo en lo que todos podrán participar plenamente, tanto adultos como niños, y todo dependerá de la programación.

Seguramente habrá muchas personas trabajando en este tipo de programas, y habrá artistas educativos (si así lo desea) que abrirán caminos que serán la gran artesanía del futuro: la revolución de la educación, la versatilización total de la raza humana.

Podemos avanzar, a través de la artesanía, hacia una humanidad adulta. Mirando hacia atrás en la historia dentro de un siglo o más, nos parecerá que toda la historia humana, desde el *Homo habilis* hasta el nacimiento de la artesanía computadorizada, habrá sido sólo la infancia de la raza humana.

El futuro de la ingeniería química

Cuando escribo acerca del futuro, debo enfatizar, para mi propia comodidad y reputación, que no predigo lo que sucederá.

Los asuntos de la humanidad son tan complejos, son tantas las motivaciones, sus circunstancias están tan interrelacionadas, que es imposible para la mente humana penetrar en el futuro pensando en un lapso de tiempo prolongado o con una gran seguridad. La perspectiva más clara e inevitable que podamos tener del avance tecnológico puede terminar en nada si mañana se produce una guerra termonuclear, y la predicción más certera del desastre que seguramente sucederá a una guerra de este tipo no tendrá ningún significado si la humanidad se retira del abismo al que se dirige.

Todo lo que podemos hacer, pues, es predecir lo que pasaría, lo que concebiblemente *podría* ocurrir. Únicamente puedo seleccionar una imagen de la gran cantidad que tengo ante mí y presentarla como algo que encuentro interesante.

Y aun así, puedo equivocarme en algunos detalles que, revisándolos más tarde, pueden parecer divertidos.

Quizá la predicción tecnológica más sorprendente que hemos registrado son las claras ideas de Roger Bacon, escritas hace unos siete siglos. Al describir su visión de las maravillas tecnológicas que seguirían al avance de la ciencia, dijo:

> Las máquinas para navegar pueden hacerse sin remos, de modo que los barcos más grandes en los ríos o mares serán movidos por un solo hombre y con mayor velocidad que si fuera lleno de hombres. También se harán coches que se moverán a una rapidez increíble sin animales.

Muy bien. Ustedes pensarán que Roger Bacon había llegado al siglo XIII desde el futuro y en realidad habia visto barcos con motor y automóviles (los escritores de ciencia-ficción así lo han sugerido).

Bacon describió asimismo los aviones:

> También pueden construirse máquinas voladoras, de modo que un hombre se siente en el centro de la máquina y encienda un motor por medio del cual alas artificiales golpeen el aire como un pájaro volador.

En esencia, muy bien una vez más, pero Bacon no apreció el hecho de que las alas de los pájaros existen para sostenerlos y para propulsarlos, y que si la propulsión la suple algún motor, entonces las alas sólo existen como sostén y no se mueven: no tienen que batir. Leonardo da Vinci también obvió este extremo. Y, de hecho, no fue hasta mediados del siglo XIX, cuando George Cayley fundó la ciencia de la aerodinámica, que fue posible dejar de lado la noción de máquinas de volar con alas móviles.

De modo que, teniendo en cuenta estas advertencias, trataré de considerarlo lo que ocurrirá en el próximo siglo en el campo de la ingeniería química.

* * *

Todos los campos de la tecnología implicarán de alguna manera la amplia manipulación de átomos y moléculas, y ello corresponderá, inevitablemente, a la ingeniería química.

Por ejemplo, el siglo XXI bien podrá ver la llegada del poder nuclear de fusión para uso práctico y controlado. El poder de fusión debería demostrar que tiene ciertas ventajas por encima del poder de fisión nuclear que se utiliza actualmente. Su combustible básico será el deuterio más que el uranio o el plutonio (el deuterio es mucho más fácil de obtener en cantidades lo suficientemente grandes como para ser útil a los seres humanos durante todo el tiempo que quieran permanecer en la Tierra o simplemente con vida). La fusión no requerirá un mínimo de «masa crítica» de combustible, como ocurre con la fisión, y se podrá trabajar con cantidades microscópicas, de modo que no habrá pérdidas imprevistas. La fusión tampoco producirá productos radioactivos en la cantidad e intensidad con que lo hace la fisión.

La energía de fusión será utilizada para todos los propósitos para los cuales se utiliza ordinariamente la energía, pero con una aplicación bastante simple, que la convertirá en algo singular. Podemos imaginarnos un «soplete de plasma», un chorro supercaliente de gas alimentado con energía de fusión nuclear, lo bastante caliente como para hacer evaporar cualquier material y descomponer cualquier molécula en los átomos que la constituyen.

El valor de todo esto sería que existiría una unidad de recogida universal de residuos. Ahora vivimos en un mundo en el cual los residuos son un problema casi sin solución. Los residuos fisiológicos comunes son biodegradables y pueden ser reciclados de manera útil en la biosfera. Sin embargo, muchos residuos químicos son tóxicos y perduran durante mucho tiempo, y algunos residuos sólidos no son biodegradables. Hemos alcanzado el punto en el que los residuos tóxicos amenazan nuestros suministros de agua y de aire y ponen en riesgo la propia viabilidad del planeta, mientras nos quedamos rápidamente sin lugar donde poner las montañas de basura sólida que aumentan constantemente.

El soplete de plasma puede consumir toda la basura que no puede ser manipulada de modo natural y, al descomponerla en sus elementos, hacer que se pueda reinsertar en los ciclos naturales geológicos y biológicos.

Por supuesto, esto no es tan fácil (después de todo, ¿qué cosa lo es?). Si el soplete se gasta, se produce una mezcla de gases elementales, algunos de los cuales son corrosivos y, por lo tanto, tóxicos. Podemos imaginar una cámara de soplete realizada con materiales inertes, junto con dispositivos para producir, tan rápido como sea posible, todas las reacciones químicas que podrán anular la toxicidad y la corrosión. No vamos a dejar que los vapores de sodio o de cloro duren mucho tiempo, y preferiremos que se conviertan en cloruro de sodio lo antes posible.

Tampoco sería deseable acabar produciendo chatarra compleja de uso limitado. La cámara de soplete debería estar diseñada de manera que los productos pudieran acumularse en compartimentos separados. Sería útil acumular los metales ferrosos por un lado, los no ferrosos por otro, y los silicatos más allá.

Idealmente, los productos tendrían que estar separados hasta el punto de poder ser purificados aún más, y muchos de ellos reutilizados. La presión que sufren los recursos minerales de la Tierra se vería así muy aliviada. En realidad, no consumimos los recursos elementales de la Tierra, pero comenzamos a hacerlo en zonas donde los procesos geológicos han concentrado ciertos elementos, y terminamos haciéndolo en zonas con los elementos mezclados y de difícil recuperación.

El procedimiento del soplete de plasma, diseñado correctamente por ingenieros químicos imaginativos, nos ofrecería una manera de separar los elementos y reutilizarlos una y otra vez, indefinidamente. Este procedimiento implica el gasto de mucha energía, porque estamos forzando una pérdida de entropía local al separar los elementos. Pero, existiendo la fuerza de fusión, esa energía debería estar fácilmente disponible.

De hecho, sueño con una aplicación en particular del soplete de plasma que puede tener una importancia mayor que cualquier otra.

A través de la historia, desde el descubrimiento del fuego, los seres humanos han obtenido la parte del león en la energía que han utilizado quemando madera, carbón, combustible o gas. En cada caso, esto ha significado la combinación de moléculas orgánicas, que contenían átomos de carbón y de hidrógeno, con oxígeno para formar el dióxido de carbono y el agua.

Este proceso no es drásticamente peligroso en sí mismo, debido a que el mundo vegetal combina de nuevo el dióxido de carbono y el agua para formar moléculas orgánicas y oxígeno, y así mantener el equilibrio (a expensas de la energía solar).

Sin embargo, en el transcurso de este siglo, el uso de combustible ha aumentado hasta superar la capacidad del mundo vegetal para restaurar el medio ambiente. La pequeña cantidad de dióxido de carbono que está presente de modo natural en la atmósfera (cerca del 0,03%) ha aumentado lentamente.

La gran cantidad de dióxido de carbono que existe en el aire no interfiere para nada en nuestra respiración. Pero el dióxido de carbono tiende a ser opaco respecto a la radiación infrarroja, lo que significa que interfiere en la pérdida de calor hacia el espacio exterior que la Tierra experimenta por la noche. En otras palabras, el dióxido de carbono adicional trae aparejado un ligero aumento en la temperatura de la Tierra. Este cambio puede provocar que se derritan los hielos y que se produzca un marcado cambio (que sería desfavorable) en el clima de la Tierra (este proceso ha sido denominado «efecto invernadero»).

No obstante, si obtenemos energía por fusión, seguramente disminuirá el uso de combustible de origen fósil. Además, ¿no sería posible que el aire pasase sin problemas por una cámara de soplete, que descompusiera las moléculas de dióxido de carbono, liberara el contenido de oxígeno y acumulara carbono gradualmente? En efecto, podríamos fabricar de nuevo el carbón, y la tarea de los ingenieros químicos consistiría en lograr que el proceso fuera lo más rápido y efectivo posible.

No es probable que de esta manera podamos retirar el dióxido de carbono tan rápidamente como es lanzado a la atmósfera hoy en día, pero en una sociedad donde apenas se forme este gas, la construcción de estas cámaras de soplete puede bastar para ayudar a anular el efecto invernadero.

La ingeniería química deberá asumir un gran desafío debido al próximo aumento del radio de acción del hombre.

En la segunda mitad del siglo XX, la humanidad hizo sus primeras incursiones en el espacio, enviando astronautas a la Luna y naves sin tripulación a la superficie de Marte, Venus, así como a las proximidades de Mercurio, el cometa Halley, Júpiter, Saturno y Urano (en 1989 el *Voyager 2* envió información desde Neptuno).

En el siglo XXI, si las naciones de la Tierra pueden reducir sus odios y recelos mutuos y aprender a cooperar en gigantescos proyectos no militares, sería posible avanzar en el espacio de manera permanente para colonizarlo además de explorarlo.

El primer paso serán sin duda las estaciones espaciales con tripulaciones permanentes (que se turnarán, por supuesto), quienes podrán, entre otras cosas, llevar adelante la construcción de estructuras en el espacio. Éstas pueden incluir estaciones de energía solar, observatorios, laboratorios, fábricas y, sobre todo, asentamientos, cada uno de los cuales se convertirá en el hogar más o menos permanente de diez mil seres humanos.

Naturalmente, es difícil imaginar que los materiales con que se construirán estas estructuras se extraerán de los agotados recursos de la Tierra y serán llevados desde su superficie al espacio por la enorme fuerza de los cohetes propulsados con combustible químico.

Bien puede ser que el mayor paso, después de las estaciones espaciales, sea el establecimiento de estaciones mineras en la Luna. Los seres humanos retornarán al satélite para descansar.

La superficie de la Luna está, en este momento, completamente sin uso. Se trata de un mundo totalmente sin vida, de modo que ni siquiera nuestros idealistas más nobles pueden argumentar que hay formas de vida nativas. Se trata de un gran mundo con una superficie igual a las áreas de todo el continente americano, y no obstante es considerablemente más pequeña que la Tierra, por lo que su velocidad de movimiento es de sólo 1,5 millas por segundo –comparada con las 7 millas por segundo de la Tierra.

Esto significa que el material de la superficie de la Luna puede ser lanzado al espacio con un costo de energía mucho menor del necesario en la superficie de la Tierra. La Luna también presenta otras ventajas, como la ausencia de una atmósfera que ofrezca resistencia y de las vicisitudes del clima.

De hecho, se han realizado muchos estudios teóricos que indican que se supone que pueden lanzarse materiales desde la superficie de la Luna por medio de la propulsión magnética (los llamados *mass-drivers* alimentados con energía solar, que se obtiene en grandes cantidades en la superficie de la Luna).

El material lunar podría fundirse en el espacio para producir metales para estructuras, como aluminio, hierro, tungsteno, titanio y otros. Con otro tipo de tratamiento, los materiales podrían producir cemento, hormigón, vidrio y oxígeno. Los únicos elementos muy necesarios que no se encuentran en la Luna son el carbón, el hidrógeno y el nitrógeno; la Tierra puede proveerlos sin problemas hasta que se encuentren alternativas.

Al fundir y por lo tanto tratar los materiales lunares, no obstante, debemos realizar procesos químicos a gran escala en el espacio, el diseño de los cuales estaría en manos de los ingenieros químicos. Sin duda, estos diseños serían notablemente distintos a los de estructuras similares en la Tierra, debido a que en el espacio hay gravedad cero, un vacío total y una gran radiación proveniente del Sol.

Esto ocurriría en todas las otras estructuras del espacio, cada una de las cuales crearía nuevos problemas a los ingenieros químicos.

Las estaciones de energía solar, por ejemplo, requerirían millas cuadradas de células fotovoltaicas capaces de convertir la luz en electricidad, que tendrían que formarse en el espacio. Fundir y soldar en el espacio podría dar como resultado sustancias más libres de impurezas debido al vacío, hecho que en la Tierra sólo se puede lograr temporalmente, con un volumen reducido, y a cambio de gastar mucha energía. El resultado podría ser que las células fotovoltaicas durasen más, fueran más baratas y eficientes. No podremos juzgar el valor de las estaciones de energía solar en el espacio hasta que sepamos de qué manera los ingenieros químicos pueden aprovechar las propiedades del espacio para producir los materiales necesarios.

Naturalmente, el espacio también tiene sus inconvenientes. Es un lugar polvoriento, con partículas de arenisca viajando a millas por hora, de modo que las colisiones pueden ser una característica (de hecho, las incursiones humanas en el espacio ya han producido gran número de satélites y piezas inutilizados, y también veloces partículas de pintura y herrumbre, que pueden provocar daños). Una buena parte de las técnicas de la ingeniería química deberían dedicarse a diseñar las células de manera que minimizaran el daño provocado por la colisión de partículas superatómicas, o por el impacto de la energía cargada con partículas subatómicas del «viento solar» que siempre produce el Sol.

Una tarea aún más difícil será la de diseñar fábricas en el espacio. Hasta ahora, nuestras plantas industriales se han establecido forzosamente en la superficie de la Tierra. Esto significa que cualquier peligro que pueda acompañar a la industrialización (fuegos, explosiones...) debe tener lugar en medio de la vida terrestre. Aun si las industrias se establecen en lugares alejados de los centros poblados, pueden dañar la vegetación, el suelo, el agua y la atmósfera, y la vida humana depende de estos recursos. De hecho, los residuos químicos en particular amenazan con envenenarnos a todos. Incluso pequeñas cantidades de estos residuos pueden tener consecuencias aterradoras; mencionemos solamente la conversión de humo industrial en lluvia ácida, y el efecto del carbono de clorofluor en la capa de ozono.

Naturalmente, no es razonable abandonar nuestras industrias y «retornar a la naturaleza». Desgraciadamente, la población de la Tierra ha llegado a los 5.000 millones de habitantes. No obstante, antes de que el mundo se industrializara era capaz de sostener apenas a mil millones de personas, y con un nivel de vida no muy alto. Una desindustrialización deliberada equivaldría a decir a 4.000 millones de personas que abandonaran la Tierra, y en la confusión que provocaría decidir quiénes formarían parte de estos 4.000 millones, moriríamos todos.

La alternativa razonable es transferir tantas industrias como sea posible fuera de la biosfera de la Tierra; o sea, fuera de la Tierra y en órbita. De esta manera, la industria desaparecería de nuestro medio (o, al menos, parte de ella), aunque no del todo. Simplemente estaría a unos miles de millas por encima de nosotros.

Podemos prever fábricas que estarán perfectamente automatizadas y robotizadas, supervisadas en su mayor parte a larga distancia (como lo están los cohetes ahora), y que raras veces requerirán atención humana sobre el terreno.

Han sido muchas las especulaciones sobre la posibilidad de que los nuevos avances tecnológicos provengan de las inusuales propiedades del espacio. La ausencia de efectos gravitacionales perceptibles haría posible producir rodamientos de bolas casi perfectos, por ejemplo. La presencia de fuertes radiaciones provenientes del Sol (que no alcanzan la superficie de la Tierra debido al efecto de filtro que realiza la atmósfera) puede hacer que algunos procesos (como las reacciones fotoquímicas) sean más fáciles, y otros (como mantener la estabilidad de moléculas complejas) más difíciles.

No obstante, todas las posibilidades requerirán procesos a gran escala, sólidos y rápidos, antes de convertirse en algo como lo descrito. Podemos tener una visión de «la ingeniería química orbital» como una rama nueva y amplia, en la cual los ingenieros tendrán que enfrentarse con situaciones y problemas totalmente nuevos. Podemos esperar, con toda seguridad, que lograrán alcanzar nuevas soluciones que harán que el siglo XXI sea tan distinto del siglo XX como lo es éste del siglo XIII de Roger Bacon.

* * *

Pero si la ingeniería química orbital promete ser uno de los temas de moda en el siglo XXI, la ingeniería bioquímica seguramente no le andará a la zaga.

De las moléculas con las que deben trabajar los químicos y los ingenieros químicos, ningunas son tan complejas, y en ocasiones tan delicadas, como las que se encuentran en el tejido vivo. Y de estas «moléculas orgánicas», ningunas son tan complejas, y en ocasiones tan delicadas, como las proteínas y los ácidos nucleicos.

Cada una de estas dos clases de moléculas son polímeras, largas cadenas construidas sobre unidades relativamente pequeñas que se repiten a sí mismas a lo largo de esta cadena desde docenas hasta miles de veces. En el caso de las proteínas, las unidades corresponden a veinte aminoácidos diferentes; en el caso de los ácidos nucleicos, a cuatro nucleótidos distintos.

Si consideramos primero las proteínas, cada aminoácido se construye sobre una cadena de tres átomos, uno de nitrógeno y dos de carbono (N-C-C). El carbono central está vinculado a una cadena lateral, y la cadena lateral de cada aminoácido es diferente. Algunas cadenas laterales son pequeñas, mientras que otras son grandes. Algunas llevan una carga eléctrica, otras no. Y cuando hay una carga eléctrica, algunas son positivas y otras negativas.

Una vez que los aminoácidos se combinan, se pliegan en una molécula tridimensional, y las cadenas laterales forman una superficie con protuberancias e irregularidades, con cargas eléctricas de ambos tipos esparcidas aquí y allá. Cada disposición distinta de los aminoácidos produce una superficie con su propia forma característica, y no estamos en condiciones de concebir el número de diferentes disposiciones posibles.

Si comenzamos con sólo uno de los veinte tipos diferentes de aminoácidos, podríamos alinearlos en más de 2,4 x 1.018 disposiciones, y cada una de ellas produciría una molécula de una forma apenas distinta.

Sin embargo, las moléculas de las proteínas consisten en realidad en más de veinte aminoácidos, con una amplia variedad de integrantes en cada uno de ellos. La molécula de la hemoglobina puede tener sus aminoácidos alineados en 10^{640} disposiciones (un número tan grande que no existe nada en el universo material con que pueda ser comparado), y sólo una de estas disposiciones trabajará a la perfección.

Algunas proteínas son sustancias estructurales, que sostienen el cabello, la piel y los tejidos conectivos. Las más importantes son las enzimas –o sea, catalizadores–. Cada enzima tiene una superficie característica de un tamaño tal que una pequeña molécula en particular encaja perfectamente sobre cierta porción de su superficie. La molécula se combina con la enzima y es mantenida en su lugar de manera que pueda combinarse fácilmente con otra molécula y someterse a un cambio químico –cambio que se hará muy lentamente o no se hará si las moléculas no están sobre la superficie de una enzima–. Una vez que se ha obtenido el cambio químico, los productos de la reacción ya no encajan en la superficie y son liberados –con lo que queda espacio para otra molécula.

Cada célula viva tiene miles de enzimas diferentes, y cada una de ellas es capaz de producir alguna reacción química. Con todas estas enzimas, la célula es como una colmena de reacciones rápidas e interrelacionadas, el conjunto de las cuales mantiene la química de la vida normal.

La cantidad de enzimas posibles es enorme. Las distintas combinaciones de estas enzimas hacen que una especie sea tan distinta de otra y que un total de entre diez y veinte millones de especies hayan evolucionado en la Tierra a través de los tiempos. Es debido a estas diferencias en las enzimas que hoy en día existen dos millones de especies distintas, y que millones más puedan evolucionar en el futuro. Es debido a la existencia de diferencias menores entre las enzimas y a las combinaciones de las enzimas que cada individuo de una especie sea diferente y que no haya dos seres humanos parecidos (salvo los gemelos idénticos).

Las enzimas características de una especie (y de un individuo) son producidas porque cada célula contiene moléculas de ácido desoxirribonucleico (ADN), que tienen la habilidad de producir réplicas exactas de sí mismas cada vez que se dividen. La disposición de los nucleótidos en distintas porciones (genes) de estas moléculas de ADN contiene la información sobre la disposición de los aminoácidos en las enzimas. Cada gen guía la producción de una enzima en particular.

Las enzimas son mucho más complicadas de lo necesario para realizar su función catalítica. Es la porción activa de la superficie, una zona formada por unos pocos aminoácidos, la que hace el trabajo. El resto de la posiblemente enorme molécula se asegura de que sólo un tipo de molécula encaje en su superficie, de que la enzima concuerde con todas las otras enzimas, o de que haga su trabajo en coordinación con todo el sistema.

Es posible diseñar una pequeña molécula que imite la forma del centro activo de una enzima. Una pequeña molécula de este tipo puede duplicar la actividad catalítica de la enzima. La pequeña molécula puede no trabajar a la velocidad de la enzima, y puede no ser tan delicadamente selectiva como una enzima pero, por otro lado, resultaría más estable que una enzima y podría soportar un trato más duro.

En 1987, tres químicos, Donald J. Cram, Charles J. Pedersen y Jean Marie Lehn, recibieron el premio Nobel por su trabajo en estas moléculas que imitan enzimas. Queda pendiente su aplicación a gran escala, comercialmente, en procesos catalíticos, y en eso consistirá el trabajo de los ingenieros químicos. Diseñarán docenas, quizás cientos de reacciones, utilizando catalizadores orgánicos en lugar de los polvos y ácidos metálicos que se utilizan hoy en día. Los procesos serán más rápidos y baratos que los actuales, y podrían haber muchos procesos que se desarrollaran catalíticamente a gran velocidad y que en la actualidad no cuentan con catalizadores apropiados.

Todavía es más delicado trabajar con los genes. Los químicos están aprendiendo a establecer la ubicación de los genes a lo largo de moléculas de ADN enormemente largas que conforman los cromosomas individuales del núcleo de una célula. Las características físicas particulares pueden ser asociadas a genes particulares en ubicaciones especiales. Lo que es más importante, las enfermedades innatas, sobre todo las metabólicas, pueden ser atribuidas a ciertos genes defectuosos. Los cambios cancerígenos son responsabilidad de ciertos «oncogenes» ubicados en determinados lugares.

Cada vez más, a medida que se sabe más acerca de estos genes, es posible determinar qué deficiencias pueden existir en un niño en estado fetal.

Los químicos también están aprendiendo a determinar la naturaleza y el orden de los nucleótidos tal como se presentan en un gen para aprender su estructura completa, átomo por átomo. Esta investigación abre la posibilidad de averiguar no sólo cuando un gen en particular es defectuoso, sino también de saber que el defecto reside en ciertos nucleótidos que faltan, o sobran, o están desordenados, o mal formados. Esto, a su vez, hace posible suponer que llegará el momento en que los genes podrán ser corregidos o alterados, y sus efectos posiblemente aliviados si se trata de algo incurable.

Podría parecer que todo esto no se prestará a los métodos de la ingeniería química; un gen defectuoso debe ser corregido cuidadosamente, uno cada vez; y eso deberá ajustarse a cada individuo.

Sin embargo, podemos imaginar una situación más general.

El número de genes distintos que existen en todas las células de los organismos vivos que han vivido alguna vez es simplemente enorme. Incuestionablemente, usted tiene genes que no son iguales a los de ningún otro organismo, y lo mismo ocurre conmigo, con él, con ella, con los conejos, con los robles, con una brizna de césped.

No obstante, todos los genes distintos que existen y que han existido y que han funcionado bien en un organismo u otro suman un número submicroscópico si lo comparamos con todos los genes que podrían existir (pensemos en la molécula de la hemoglobina).

Puede ser que la mayor parte de los genes, si decidimos juntar los nucleótidos al azar, produzcan moléculas de proteínas que no tengan propiedades enzimáticas. Sin embargo, han existido suficientes genes que han trabajado para producir millones de especies e innumerables cuatrillones de individuos distintos entre sí –aunque a veces de manera imperceptible.

En consecuencia, debe de haber un enorme número de genes que producirán enzimas que, bajo una condición u otra, pueden trabajar y ser útiles, y que todavía no han aparecido –o han aparecido brevemente y han muerto demasiado rápido como para poder tener un lugar en la evolución.

Sería interesante tratar de construir alguno de estos genes. ¿Qué formarían sus enzimas? ¿Qué reacciones, si las hubiera, catalizarían estas enzimas? Obviamente, no existe la posibilidad de estudiar todos los genes. Si cada átomo en el Universo fuera un científico investigador, y si cada uno pudiera formar y estudiar una nueva disposición nucleótida cada segundo durante toda la existencia del Universo hasta ahora, el número total no sería nada comparado con la suma de genes existentes.

Estudiar los genes, sin embargo, nos puede enseñar que grupos de estas sustancias tienen grandes posibilidades de trabajo. Podemos detectar las cargas más ricas, por así decirlo, y estudiar no sólo los genes individuales, sino las variaciones con que se disponen (los genes tienen efectos unos sobre otros y el orden también es importante, lo que hace que todo sea aún más complicado).

A la gente podría preocuparle el peligro de producir un gen que fuera, de una manera u otra, peligroso, y que «dominara» y creara una enfermedad o una anormalidad que nunca pudiera ser erradicada. En realidad, las posibilidades de que surja peligro de un solo gen son nulas, y debemos recordar que aparecen nuevos genes constantemente a través de los procesos de mutación natural.

Por otro lado, este tipo de cosas pueden ser –cada vez más– reducidas a una simulación realizada con un ordenador. Un gen puede ser construido en la pantalla del ordenador y ser convertido en una enzima siguiendo las reglas conocidas para producir la conversión. La superficie de la enzima puede ser estudiada tridimensionalmente para poder determinar si una molécula encaja o no.

Puede que sea posible aprender lo suficiente sobre los genes y las enzimas como para crear nuevas especies en la computadora, para trabajar sobre la apariencia física y las propiedades bioquímicas y fisiológicas de un organismo que tendrá una cierta cantidad de genes, algunos de los cuales –o todos– no existen en la realidad, o existen pero nunca han recibido esta disposición.

De esta forma podemos computadorizar la evolución y seguir sus posibles pasos en las direcciones que nos parezcan útiles.

Hasta el momento, la evolución ha continuado durante 3.500 millones de años, si calculamos más o menos el momento en que se formaron las primeras células primitivas. Han ocurrido mutaciones al azar, y las fuerzas de la selección natural han elegido entre ellas e impulsado la vida a lo largo de las numerosas ramas que ha tomado... pero sólo en la dirección que han permitido las mutaciones disponibles.

Quizá sea éste el proceso que continuará hasta que se alcance un punto en el que alguna forma de vida sea lo bastante inteligente y tecnológicamente avanzada como para guiar la evolución conociendo el camino deseado, para elegir las mutaciones con un objetivo premeditado (el camino puede ser mal elegido y terminar en un desastre, y con seguridad ese fin no es inevitable. Sin embargo, existe la posibilidad de que seamos sabios y hagamos las cosas bastante bien).

Esta situación puede compararse con algo que ya ha sucedido en la historia de la humanidad. Durante millones de años después de que los homínidos se levantaron por primera vez sobre sus extremidades traseras, poco a poco avanzaron tecnológicamente siguiendo el método empírico. Finalmente, cuando se desarrolló la ciencia moderna, la humanidad fue capaz de avanzar a sabiendas a lo largo de los caminos tecnológicos elegidos. Llevó cerca de dos millones de años, quizá, avanzar desde la primera piedra tallada hasta la máquina de vapor, y luego sólo doscientos años para avanzar desde la máquina de vapor hasta la nave espacial posándose sobre la Luna. Podemos preguntarnos si hemos seguido tontamente el camino de la destrucción con las armas nucleares, pero seguramente nada nos obliga a ello. Todavía podemos elegir ser cuerdos.

De la misma manera, si alguien mira hacia atrás en la historia desde un punto en el futuro lejano, podrá ver a la especie humana alcanzando finalmente la madurez en nuestra época actual, comenzando su avance a través de parajes que apenas podemos ver hoy.

Pero ¿cuál es el papel de la ingeniería química en esta obra? Seguramente llevará mucho tiempo antes de que lleguemos al nivel de computadorizar la evolución y estudiarla en una pantalla tridimensional. Antes de alcanzar este punto, debemos aprender mucho más acerca de los genes.

Cada vez más debemos convertir en estudios a gran escala el análisis de los genes, la síntesis de nuevos genes, la conversión de genes en enzimas, y la investigación detallada del funcionamiento de enzimas nuevas y potenciales. Esta es la ingeniería bioquímica a la que me refiero.

No tengo la menor idea de cómo se hará todo esto, pues no soy un ingeniero químico. Espero que en los días futuros, los ingenieros químicos diseñen métodos para realizar estudios genéticos a gran escala y sienten las bases para su computadorización.

Los cambios que acabo de describir puede que no se alcancen a finales del siglo XXI (en realidad, tenga la cauta corazonada de que no se lograrán para ese entonces). Pero al menos será un inicio, y comenzará a perfilarse con fuerza una ingeniería bioquímica elemental.

El matrimonio

El matrimonio está basado en el hecho de que existen dos seres humanos bien diferenciados biológicamente, tanto hoy en día como en el pasado.

En primer lugar, las mujeres tienen hijos y los hombres no. Esto significa que, cuando la humanidad dependía de los frutos de la tierra para vivir, las mujeres periódicamente pasaban nueve meses embarazadas, y durante los últimos tres meses eran menos ágiles y más vulnerables de lo corriente. El embarazo y la lactancia consumen tanta energía que las mujeres, en comparación con los hombres, necesitan más protección del mundo exterior.

Otra diferencia biológica, tan cierta hoy como lo ha sido siempre, es que los hombres, por término medio (a pesar de que esto no suceda en cada caso específico), son más grandes y fuertes físicamente que las mujeres. Esto, junto al hecho de que están liberados del embarazo y del amamantamiento, les capacitó para extender su protección a las mujeres y responsabilizarse de la tarea de colaborar para que ellas pudieran tener sus hijos con relativa comodidad y tranquilidad.

Esta protección no fue otorgada a cambio de nada. En contrapartida, era razonable que el hombre esperara contar con una pareja adecuada para las relaciones sexuales, y un suministro de hijos que lo ayudarían a trabajar el campo y cuidarían de él cuando envejeciera.

Todo esto forzó la división del trabajo. La mujer, atada por niños a los cuales se sentía más vinculada emocionalmente que el hombre debido al embarazo, el parto y la lactancia, tendió de forma natural a confinar su actividad al hogar. El hombre, quien debía proporcionar comida y protección, tendió a aventurarse en el exterior, cazando o trabajando la tierra.

No se trata de una diferencia biológica, sino de una distinción social que fue estimulada por una diferencia biológica. La división del trabajo no tiene por qué ser muy diferenciada. No había nada que impidiera que una mujer compartiera las tareas en la granja o que un hombre realizara las tareas del hogar, y esto seguramente fue así. Pero aún hoy en día, el sistema familiar tradicional sitúa a la mujer en el hogar y al hombre en el mundo exterior.

Al formar pareja, la mujer estaba vendiendo su sexualidad y fertilidad, y el hombre su fuerza y potencia. Sin embargo, se trataba de un mercado que debía ser comercializado por las mujeres, ya que el hombre podía, después de todo, tener sexo a la fuerza si así lo deseaba y no dar nada a cambio. Por lo tanto, correspondía a las mujeres hacer la publicidad necesaria. Aún hoy, la tendencia es que son las mujeres las que se visten con ropa diseñada para revelar o enfatizar sus características sexualmente deseables, y son las mujeres las que se pintan artificialmente el rostro.

Existe aún otra diferencia biológica que no puede borrarse. Las mujeres pueden tener hijos sólo cuando son jóvenes. Después de los cuarenta, tener un hijo se hace primero difícil y después imposible. Los hombres, no obstante, pueden tener hijos aun siendo ancianos.

Esto significó que las mujeres debían enfatizar su juventud lo más posible, de modo que hasta el día de hoy es la mujer la que suele teñir su cabello, se preocupa por mantener su piel fresca y demás. Y por tradición, se esperaba que mintiera acerca de su edad.

Otra diferencia biológica más es que la mujer sabe que un hijo es suyo desde el momento en que sale de su vientre. El hombre no tiene la misma seguridad. Si un hombre deseaba asegurarse de que el hijo de una mujer también era suyo, probablemente se encargaba de que su esposa no estuviera disponible para otros hombres. Las esposas se mantenían recluidas y vigiladas de cerca por este motivo.

La consecuencia natural es una doble moral. Los hombres podían galantear libremente porque ninguna mujer puede recibir como resultado a un hijo que no sea suyo. A las mujeres no les era permitido ser infieles, sin embargo, porque ello podía cargar sobre su esposo un hijo que no fuera de él. Por la misma razón, la poligamia (un hombre con varias esposas) es común en sociedades pequeñas, mientras que la poliandria (una mujer con varios maridos) es muy rara.

¿Y cómo han cambiado las cosas hoy en día? Las diferencias biológicas permanecen. Las viejas tradiciones basadas en esas diferencias, también. Sin embargo es evidente que han cambiado varios factores en la sociedad.

Por ejemplo, tener hijos no es tan importante como antes. En épocas primitivas, la mortalidad infantil era tan alta que las mujeres estaban virtualmente obligadas a tener muchos hijos para garantizar que alguno de ellos sobreviviera lo bastante como para ayudar y atender a sus padres. En la actualidad, la mortalidad infantil es bastante baja en las regiones avanzadas del mundo, y dos o tres hijos son suficientes para asegurar la continuidad de una familia bajo condiciones normales.

En las épocas primitivas la mujer deseaba tener bebés desde el momento en que ésta era prácticamente la única contribución que se le permitía hacer a la sociedad. Si no tenía hijos, era inútil tanto para su esposo como para su comunidad. Lo que es más, la culpa de la falta de hijos recaía totalmente sobre la mujer. El esposo suministraba la semilla y la mujer era la tierra fértil sobre la cual la semilla crecía. Si la semilla no prosperaba se debía a que la tierra era estéril, y así eran llamadas las mujeres que no tenían hijos, aunque tuvieran vida sexual: «estériles».

Se suponía a menudo que las mujeres estériles eran castigadas por los pecados que habían cometido, lo que hacía que su situación empeorara. En la Biblia, Sara y Raquel no tuvieron hijos durante un largo tiempo y como resultado se sentían miserables, temiendo ser rechazadas y no queridas nunca jamás por nadie. La madre de Sansón y la de Samuel fueron estériles durante un tiempo y se sintieron infelices. Y cuando Mikal, la primera esposa del rey David, fue impúdica con su marido, recibió como castigo ser estéril por el resto de su vida.

En la actualidad, se reconoce que el hombre y la mujer contribuyen de igual manera a la formación de un niño, y que la imposibilidad de tener hijos se debe a algún problema que puede ser tanto del hombre como de la mujer. Lo que es más, se trata de un fracaso biológico y no moral.

De hecho, desde que hay 5.000 millones de personas en la Tierra, con lo que la superpoblación se ha convertido en un gran peligro para todos nosotros, se está intentando que las familias en muchas partes del mundo tengan menos hijos.

Todos estos cambios significan que ha llegado a ser completamente aceptable que una mujer tenga pocos hijos, o ninguno, si así lo desea o si las circunstancias lo aconsejan (la familia tradicional continúa teniendo muchos hijos, por supuesto, ya que la tradición nunca acepta el cambio). Esto, a su vez, significa que las mujeres tienen tiempo para desempeñar otras funciones dentro de la sociedad. En realidad, puede irse más allá: no sólo se debería permitir a las mujeres que desempeñaran otros roles además del de «madre» en la sociedad, sino que deberían ser animadas a hacerlo. De lo contrario, pueden verse forzadas a depender de la procreación como forma de obtener prestigio, y ya no podemos afrontar un promedio de nacimientos tan elevado.

También se han abandonado algunos aspectos de la doble moral. Siempre ha sido posible que un joven soltero sea sexualmente activo, desde el momento en que no sufría las consecuencias del embarazo como resultado y, si era lo suficientemente desaprensivo, no necesitaba preocuparse por el embarazo de la mujer. Sin embargo, una joven soltera corría el riesgo del embarazo en cualquier relación sexual realizada sin anticonceptivos y, si quedaba embarazada, tenia que cargar con la culpa y la deshonra (después de todo, se esperaba que un hombre «aprovechara su juventud»).

Hoy en día, no obstante, las mujeres cuentan con la píldora y otros métodos con que evitar el embarazo. Como resultado, ahora pueden ser sexualmente activas con una relativa impunidad, y la reprobación social se ha debilitado considerablemente. Ha llegado el momento en que una mujer soltera puede tener un hijo sin sufrir el ostracismo (sin embargo, nuestra sociedad está organizada de tal manera que una mujer soltera con un hijo recibe poca ayuda económica, de modo que por lo general se ve condenada a la pobreza –así como también su hijo).

Debido a los cambios sociales, por lo tanto, las mujeres pueden obtener trabajo con más facilidad y con más posibilidades de elección. Están lejanos los días en que la única alternativa a morir de hambre para la mujer soltera eran trabajos como dama de compañía, institutriz, costurera y empleada doméstica, trabajos que le proporcionaban salarios bajos y explotadores y en los cuales era tratada como basura. En la actualidad, si la mujer puede sobrevivir al odio de sus compañeros de trabajo, puede ser abogada o bombera o trabajar en la sanidad.

Lo que es más, puede tener una vida sexual activa y evitar los hijos. El resultado es que no existe una gran presión para que se case. En épocas pasadas, a una mujer sin marido sólo le quedaba la pobreza y la deshonra de ser una «solterona». Por lo tanto, las mujeres sentían fuertes deseos de casarse, de casarse con cualquiera, sólo por desesperación. Pero hoy en día, la mujer puede permitirse el lujo de elegir y casarse con alguien con quien desea vivir, o permanecer soltera sin sentirse avergonzada de ello.

Naturalmente, el matrimonio tradicional del «hasta que la muerte nos separe» se ha convertido en una especie en peligro de extinción. Después de todo, hasta hace un siglo y medio, el promedio de vida, aun en las sociedades avanzadas, era cercano a los 35 años, de modo que el matrimonio medio finalizaba con la muerte de una de las partes tras diez o quince años de convivencia. No era muy difícil que un matrimonio durara ese tiempo.

Hoy en día el promedio de vida de las personas ha llegado a los setenta y cinco años, y los matrimonios pueden llegar a durar medio siglo si no hay divorcio. Debido a que se hace difícil pensar en pasar cincuenta años con una persona cuyos defectos están demasiado a la vista tras cinco años de convivencia, el divorcio se ha convertido en algo común y puede ser perdonado sin mucha reprobación social.

Esto es difícil para los hijos que deben vivir en un «hogar destrozado», pero en épocas pasadas los hogares destrozados eran tan frecuentes como ahora, sólo que los destrozaba la muerte más que el divorcio. Y se comprende bien que los hijos sufran mucho, o quizá más, cuando forman parte de una familia en la que la madre y el padre viven juntos odiándose porque no pueden divorciarse a causa de motivos religiosos o económicos.

¿Qué ocurre con los hombres en relación con el matrimonio? Creo que la liberación de las mujeres también libera a los hombres.

En los viejos tiempos era frecuente que las mujeres no recibieran educación formal (¿para qué la precisaban?). También se suponía que el cerebro de las mujeres era biológicamente muy inferior al del hombre. Como resultado, el hombre asumía que debía ser más brillante que su esposa y que sería insoportablemente humillante que ella mostrara señales de ser más inteligente que él. Ése fue el origen de la idea (que todavía prevalece hoy, gracias a la tradición) de que una mujer joven debe esconder su inteligencia y pretender ser tonta o aun estúpida, porque si no «ningún hombre le prestará atención». La tontería en una mujer es usualmente considerada como un «encanto». Y, por supuesto, si una mujer nunca usa su cerebro debido a estas razones, finalmente ya no será capaz de utilizarlo.

Debido a este tipo de cosas, se suponía que el hombre debía vivir con una mujer estúpida. El sexo pronto pierde su atractivo cuando se convierte en una actividad rutinaria, y la convivencia con una mujer tonta no es ningún placer. Al poco tiempo los esposos se cansaban unos de otros y vivían vidas que Thoreau llamó «desesperadas» o se divorciaban.

En la actualidad, las mujeres reciben educación formal, y un hombre puede esperar que su esposa sea tan inteligente como él y, en algunos aspectos, incluso más. Si puede romper con la reverencia tradicional por la estupidez femenina, tendrá una compañera más considerada y la apreciará durante mucho más tiempo (la compatibilidad mental dura más que la compatibilidad física y es, finalmente, más placentera). Las mujeres, a su vez, estarán más satisfechas con un marido que no desconfíe de su inteligencia.

En síntesis, el matrimonio puede convertirse en una verdadera pareja, revelando delicias que están escondidas para la mayoría de los que viven conforme a la tradición. De hecho, este tipo de «nuevos» matrimonios puede hacer mucho más por dar estabilidad a la familia que los tradicionales.

Si la mujer asume más responsabilidades fuera del hogar, el hombre se encuentra presionado para tener más responsabilidades dentro del mismo. Naturalmente, esto produce resistencia. Las tareas del hogar tienden a ser rutinarias y agotadoras (motivos por los cuales los hombres insistieron en dejárselas a las mujeres); pero los hombres muchas veces pueden disfrutar cocinando, por ejemplo, si no lo consideran una humillación. Además tienen la oportunidad de cocinar algo que les guste a ellos, en lugar de estar condenados para siempre a comer lo que la esposa prepara para su propio deleite.

Otras tareas son mucho más fáciles de compartir –y tienen la virtud adicional de intensificar el vínculo entre marido y mujer. (Me apresuro a decir que no soy un gran ejemplo en este aspecto. Mi mujer, una psiquiatra retirada y ahora una escritora a tiempo completo por derecho propio, hace la mayor parte de las tareas domésticas –aunque no todas–. Como escritor «prolífico», trabajo setenta horas a la semana y ella lo comprende. El día que me encuentre con una lata de cerveza mirando un partido de fútbol recibiré una aspiradora.)

También la mayor actividad de las mujeres fuera del hogar obliga a que los padres compartan más la tarea de cuidar a los hijos. ¿Por qué no? Es mejor. Los vínculos familiares pueden ser más estrechos, y también se puede poner fin al rol tradicional del padre como ogro distante («Espera a que llegue tu padre a casa. Él te castigará»).

Los hombres pueden ver estos cambios desde una perspectiva egoísta. ¿Por qué no pueden gozar de la intimidad con sus hijos? ¿Por qué su esposa es la única que se lo pasa bien? En realidad, si la familia se disolviera, estaría mejor situado para defender su derecho a visitar a sus hijos y quizá tendría las mismas oportunidades de obtener la custodia.

Para decirlo brevemente, el matrimonio entre iguales es mucho más valioso que el que tiene lugar entre dos personas distintas. Somos lo suficientemente afortunados como para vivir en una época y en una sociedad en las que esto es posible. Deberíamos tener en cuenta esta bendición y luchar para que esta posibilidad se mantenga en el futuro.

Segunda parte
El espacio

Los nueve artículos de esta sección también guardan alguna relación con el futuro, pero con el futuro relacionado particularmente con el espacio. En su mayor parte fueron escritos después del desastre del *Challenger* en enero de 1986, cuando mucha gente que había depositado sus esperanzas en el espacio atravesó un doloroso período de pesimismo. Yo me mantuve optimista, no obstante, y el éxito maravilloso del *Discovery* elevó la moral de todos nosotros; me di cuenta de que estaba en lo cierto.

Sin embargo, el optimismo también puede perdernos. Mi artículo «Todos a bordo hacia Fobos», sobre las dos sondas soviéticas enviadas a los satélites de Marte, fue retocado después de haber sido publicado, cuando surgieron problemas en las sondas.

«¿Otra vida inteligente?» (un artículo moderadamente largo para este libro) quizá fue también demasiado optimista. Desde que se publicó he notado cierta disminución del entusiasmo entre los astrónomos en relación con la posible existencia de civilizaciones extraterrestres. Sin embargo, me aferro a la esperanza de que existen, y por lo tanto incluyo este artículo en el libro, quizá como un pequeño gesto de desafío.

El artículo de esta segunda parte del cual estoy más orgulloso es «El teléfono en el espacio». Cuando me encargaron que tratara el tema, respondí: «¿Un teléfono en el espacio? Nunca oí hablar de tal cosa ni he pensado nunca en ello». Sin embargo, la gente de la empresa telefónica que quería el artículo fue obstinada e insistente, de modo que me senté a pensarlo y el resultado fue el ensayo que incluyo. Finalmente quedé bastante satisfecho de lo que produjo mi imaginación.

El atractivo de la exploración

Las primeras criaturas humanas vivieron en el sur de África hace unos cuatro millones de años. Poco a poco ellas y sus descendientes se propagaron por la faz de la Tierra. Este desplegamiento fue lento al comienzo, y luego cada vez más rápido, hasta que ahora, cada continente (incluso la Antártida), cada isla (aun las más aisladas), han conocido la huella del pie humano.

Los seres humanos no sólo han atravesado las superficies secas. También se han zambullido por debajo de los océanos, hasta los abismos más profundos. Han volado por los aires y aun más lejos. Doce seres humanos han caminado por la Luna.

¿Cuál es el atractivo de la exploración? ¿Qué provoca que los seres humanos se adentren más y más en lo desconocido?

Al principio no había nada misterioso en la exploración: la gente buscaba comida y agua. Las sequías o el aumento de la población hacían difícil encontrar suficiente comida y bebida, de modo que tenían que salir en busca de lo que necesitaban.

O pudo ser por temor. Pudiera ser que se vieran invadidos por animales depredadores o, peor que eso, por seres humanos que buscaban comida y bebida. Los seres humanos que vivían en el lugar eran expulsados y tenían que buscar otro.

Pero cualquiera que haya sido el motivo, también debió existir la emoción de encontrar nuevas tierras, la belleza de nuevos paisajes, el placer de hallar un lugar que podía convertirse en un nuevo hogar.

Y así, poco a poco, los cazadores de mamutes de Siberia siguieron las manadas migratorias por el estrecho de Bering (tierra seca por ese entonces) y se introdujeron en el continente americano, hace unos 25.000 años, y luego se dirigieron hacia el sur hasta que llegaron a Tierra del Fuego, la isla en la que acaba América del Sur. Del otro lado del mundo, los seres humanos hicieron su camino de isla en isla por el vasto archipiélago de Indonesia hasta que llegaron a Australia y, más allá, a la lejana isla de Tasmania. Todavía más tarde, los seres humanos se adentraron en barcos primitivos por las vacías y solitarias extensiones del Pacífico, el océano más grande de la Tierra, y poblaron la enorme isla de Nueva Zelanda y todas las pequeñas islas que se esparcen ampliamente a su alrededor.

Sabemos poco o nada acerca de la epopeya de esas exploraciones, excepto que tuvieron éxito. No sabemos quiénes fueron los arriesgados individuos que dirigieron los equipos de exploración, qué peligros temían, qué dificultades tuvieron que vencer, cuántas muertes sufrieron –pero con seguridad hubo peligros, dificultades y muertes.

Tampoco en la historia más reciente de Europa y del Oriente Medio, que conocemos mucho mejor, sabemos demasiado de las primeras exploraciones. Fueron los fenicios, que vivían en la costa de lo que ahora es el Líbano, los primeros exploradores del mar en tiempos históricos, cerca de 1.000 años antes de Cristo. Sus marinos aprendieron a navegar guiándose por las estrellas y de esa manera pudieron alejarse de la costa (un ejemplo primitivo de cómo el desarrollo del conocimiento aumentó la seguridad). Sus barcos surcaron todo el Mediterráneo y encontraron el océano Atlántico. Buscando los materiales que precisaban, los fenicios localizaron aluminio, necesario para fundir el bronce, en las islas Tin (lejos de la costa de lo que hoy es Inglaterra). Incluso hay relatos acerca de una expedición que zarpó en el siglo VI a.C. y dio la vuelta a África en un viaje que duró tres años.

A partir del año 800 de nuestra era, los vikingos de Escandinavia salieron de su península –áspera y sacudida por los vientos–, para recorrer las costas de Europa y establecerse en las islas Británicas, el norte de Francia, el sur de Italia y a lo largo de los ríos de Rusia. Encontraron también nuevas tierras –Islandia, Groenlandia e incluso las costas del norte de América.

Sin embargo, la edad de oro de la exploración comenzó en el siglo XV, con la pequeña nación portuguesa en primer lugar. Los barcos europeos, utilizando todas las posibilidades de la brújula, podían navegar incluso cuando los cielos estaban cubiertos por nubes y cuando ni el Sol ni las estrellas eran visibles para dar una idea de la dirección que llevaban. Cruzaron los océanos de costa a costa, fundaron nuevas naciones en las Américas, en Australia y en el sur de África, y llegaron a dominar las tierras ya pobladas de África y de Asia. Durante un período de cuatro siglos y medio la Tierra se hizo cada vez más europea. Sólo en nuestra época las naciones sometidas han logrado liberarse.

Los objetivos que impulsaban las exploraciones eran aún muy prácticos. Europa necesitaba seda, azúcar, especias y otros productos que provenían de

Oriente. No obstante, las rutas por tierra eran dificultosas y, además, estaban bloqueadas por las tierras musulmanas enemigas de Europa. Lo que se necesitaba era una ruta por mar directa a Oriente que evitara los musulmanes.

En este proceso, los exploradores llevaron a cabo viajes heroicos y se enfrentaron con los peligros con fuerza y resolución. Sin duda existían nuevos peligros, aparte de los antiguos relacionados con las tormentas y las zonas de calma ecuatoriales.

En 1497, el explorador portugués Vasco da Gama emprendió un viaje que en nueve meses lo llevó alrededor de África hasta la India –fue el primer europeo que llegó a Asia por mar–. Durante el viaje, no obstante, los marineros enfermaron de escorbuto, como resultado de una dieta que no incluía vitamina C, que se encuentra en la fruta y en los vegetales frescos –aunque nadie lo sabía en esa época–. Durante siglos, el escorbuto continuó siendo el flagelo de los viajes largos, y muchos marineros murieron a causa de él.

En 1519, el marinero portugués Fernando Magallanes (pagado por España) zarpó con cinco barcos y 230 hombres para alcanzar el Lejano Oriente viajando hacia el oeste. Al circunnavegar el mundo por primera vez, estos hombres tuvieron que soportar el tormentoso paso por el estrecho de Magallanes y los noventa y nueve días que le sucedieron, cruzando el Pacífico sin ver tierra; murieron casi todos cuando se quedaron sin comida. A pesar de que trajeron gran cantidad de especias, que hicieron que el viaje tuviera beneficios, el costo fue muy alto. Murieron 212 hombres. El propio Magallanes fue asesinado en una lucha con los habitantes de las islas Filipinas. En realidad, sólo dieciocho hombres, viajando en un solo barco, vivieron para ver España nuevamente.

No obstante, ni las enfermedades ni la muerte detuvieron a los exploradores. El éxito proporcionaba beneficios, pero más que eso era la atracción por lo desconocido lo que llevaba a la gente a enfrentarse con todas las dificultades. Los dieciocho supervivientes del viaje de Magallanes estaban bajo el mando de Juan Sebastián Elcano. Uno podría pensar que tuvo suficiente con ese viaje, pero cuatro años más tarde emprendió viaje hacia el Pacífico, donde murió.

Tampoco eran unos pocos aventureros duros los que desafiaban todos los peligros. Miles de europeos cruzaron el Atlántico no en busca de oro ni especias ni ganancias, sino para encontrar nuevos hogares donde vivir en paz. El costo era alto. En 1587, cien ingleses, junto con veinticinco mujeres y niños, zarparon de la isla de Roanoke hacia la costa de América del Norte.

Murieron todos en cuatro años. No sabemos lo que les sucedió, pero probablemente los mataron los indios.

En 1607, la colonia inglesa de Jamestown en Virginia tuvo más éxito. Aun así, en los diez años que van de 1607 a 1617 una cantidad estimada en 11.000 personas llegaron a Virginia, pero la población de la colonia en 1617 era sólo de mil almas. Las otras diez mil habían muerto.

Cerca de cien peregrinos arribaron a Plymouth, Massachusetts, a fines de 1620, pero sólo unos pocos sobrevivieron a ese invierno.

Pero nada detuvo el impulso indomable de dirigirse a lo desconocido; y, poco a poco, la gente aprendió a aumentar su conocimiento y, con él, su seguridad. Se construyeron mejores barcos y se desarrollaron dietas para prevenir el escorbuto. Así, en la década de 1770, el capitán James Cook cruzó el océano Pacífico a lo ancho y a lo largo y exploró el sur, llegando a las aguas del Antártico tres años después, y perdiendo un solo hombre debido al escorbuto. Sin embargo, en 1779 Cook murió del mismo modo que Magallanes, en una lucha con los pueblos que vivían en las islas Hawai.

En el siglo siguiente, cuando la población de los Estados Unidos se dirigió en oleadas hacia el oeste para repoblar las tierras que más tarde estarían bajo el control estadounidense, pagó un elevado costo en vidas debido al hambre y la violencia.

Mientras tanto, se organizaron las primeras grandes exploraciones de investigación científica, a medida que los seres humanos comenzaron a internarse en el Ártico y la Antártida.

Al principio, los hombres exploraron a lo largo del Ártico en un intento de encontrar otra ruta marítima hacia Oriente, y las primeras exploraciones de la Antártida se llevaron a cabo porque los barcos buscaban focas y ballenas para cazar. Sin embargo, todas estas mercancías fueron olvidadas cuando la gente se interesó por los polos magnéticos, por estudiar el medio polar y por la hazaña de llegar a los polos. (Los científicos también estaban ocupados explorando el resto del mundo, buscando nuevos tipos de plantas y animales, por no mencionar otro tipo de información científica. Charles Darwin desarrolló su teoría de la evolución como resultado de lo que aprendió en el curso de un viaje de exploración. Mientras duró, estuvo constantemente mareado, pero no dejó que eso lo detuviera.)

Muchas personas murieron en las exploraciones polares. Henry Hudson, quien descubrió el río Hudson en 1609, murió dos años más tarde en la bahía de Hudson. Vitus Bering, quien descubrió el estrecho que lleva su nombre y fue el primer europeo en llegar a Alaska, murió en una isla del norte del Pacífico. Son sólo dos de cientos de casos similares.

La historia más trágica tuvo como protagonistas a dos hombres que intentaban ser los primeros en llegar al polo Sur en 1911. Uno era el inglés Robert Falcon Scott, y el otro el noruego Roald Amundsen. La historia muestra qué diferencia puede implicar una preparación cuidadosa.

Scott utilizó ponis para que lo ayudaran a transportar sus pertrechos por los campos helados de la Antártida. Fue un error. Los ponis comen heno, y esto significó cargar con toneladas de ese alimento. Cuando el heno se acabó, los ponis murieron. En las últimas etapas, los propios hombres tuvieron que tirar de los trineos.

Amundsen utilizó perros, que comían lo mismo que los hombres. Además, cuando comenzó a escasear la comida, se sacrificó a los perros más débiles para alimentar a los más fuertes. Como resultado, algunos de los perros hicieron todo el viaje y Amundsen se lo pasó mejor. Cuando Scott llegó al polo Sur, descubrió que Admunsen ya estaba allí desde hacía seis semanas. Scott y sus hombres, fracasados y desanimados, murieron en el camino de regreso debido a una feroz tormenta de nieve.

Amundsen retornó sano y salvo, y continuó con las exploraciones polares hasta que murió en 1928 cuando buscaba a los supervivientes de un naufragio en las aguas del Ártico.

No se llegó nuevamente por tierra al polo Sur hasta 1958, con Edmund Hillary. Sin embargo, no tuvo problemas porque utilizó transporte motorizado. Con la tecnología desapareció la mayor parte del temor a la exploración polar.

Pero ni siquiera ahora, cuando la humanidad ha alcanzado un alto grado de desarrollo tecnológico, deja de haber peligro, incluso en aparatos que nos son familiares. Los accidentes aún inutilizan submarinos en el fondo del mar, y destruyen aviones en pleno vuelo. Los titulares anuncian la muerte de cientos de personas en el mar, de miles de personas en el aire, y de cientos de miles de personas en las autopistas y carreteras de todo el mundo.

Así pues, ¿qué debemos esperar de las nuevas exploraciones, que llegan más allá de todo lo que la humanidad ha sido capaz de lograr en el pasado? Los seres humanos llegan más allá de la atmósfera y regresan, en un viaje en el que atraviesan un mar de nada que comparado con el enorme Pacífico éste no es más que la mancha de una mosca.

Aun así, por lo general lo hacen con seguridad, y sus riesgos son mucho menores que los que corrieron Colón, Magallanes o Scott. Casi todos los hombres y mujeres que han explorado el espacio en el último cuarto de siglo han estado en contacto gracias a la radio y la televisión. No pierden la comunicación desde el momento en que pierden la tierra de vista, como ocurría con los grandes exploradores del pasado. Lo que es más, los exploradores del espacio saben realmente hacia dónde se dirigen, mientras que los antiguos viajeros de los océanos no tenían la menor idea de lo que les esperaba. Los exploradores del espacio no sienten miedo de formas de vida que les sean hostiles. Sea lo que sea lo que les suceda, saben que no serán asesinados como Magallanes y Cook.

Pero el peligro no ha desaparecido del todo. La tecnología puede fracasar a veces. Los seres humanos no son infalibles y cometen errores. Los ordenadores pueden funcionar mal. El combustible puede explotar.

El 28 de enero de 1986, el transbordador *Challenger* explotó. Murieron cinco hombres y dos mujeres.

El golpe fue brutal y, en cierto modo, sin precedentes. Por primera vez en la historia de las exploraciones, una catástrofe como ésta dio lugar a que muchas voces cuestionaran si era prudente continuar con esta aventura humana, sugirieron abandonar la empresa.

¿Por qué?

Por una parte, nos habíamos acostumbrado al éxito. En veinticinco años de exploración espacial, ningún estadounidense había muerto en el espacio. En parte esto era debido al uso de ordenadores, que en determinadas ocasiones detuvieron los lanzamientos cuando faltaban pocos segundos porque constataron que algo andaba mal; en parte a las precauciones extremas adoptadas por la NASA, con una larga cuenta atrás que pretendía mantenerlo todo bajo control. Esta tragedia repentina fue peor, porque nadie se la esperaba.

Por otra parte, representó una pérdida de dinero público. En la historia de las exploraciones, los gastos han sido sufragados por organizaciones privadas, y si lo hacía el Estado las cantidades eran reducidas. En este caso, una sola explosión significó que los ciudadanos que pagan sus impuestos perdieran un vehículo valorado en miles de millones de dólares. Pocas personas pensaron en eso cuando la trágica muerte de los siete valientes llenó nuestros corazones y nuestra mente, pero poco a poco esta reflexión se fue abriendo paso.

Pero el hecho más vital fue que esta catástrofe sucedió ante nuestros propios ojos. Millones de personas que no estaban mirando en directo o a través de la televisión cuando la explosión ocurrió, vieron innumerables repeticiones del hecho que ocuparon la pantalla de la televisión toda la tarde y noche.

Nadie pudo ver desde su casa a la tripulación de Magallanes muriéndose de hambre, ni a Scott y sus compañeros congelándose, pero todos vimos cómo morían los siete astronautas.

Fue más de lo que se podía soportar, y sin embargo...

La humanidad es más que sus miembros. Estamos embarcados en una gran aventura que comenzó hace cuatro millones de años. Nos estamos desplegando por el Universo, y todavía no hemos llegado a nuestros límites. Ningún desastre nos ha detenido hasta ahora, y ningún desastre lo hará. El mensaje al Universo ha sido siempre, y continuará siendo:

¡Allá vamos!

Nuestro segundo mundo

¡Silencio!

El selenita permaneció en la oscuridad eterna dentro del cráter, en el polo sur de la Luna, y pensó que el silencio era lo más característico y tranquilizador –y también amenazador– de la Luna. Por supuesto, todavía no era un auténtico selenita. Había venido de la Tierra. Y cuando finalizara su tarea, retornaría a la Tierra y trataría de ajustarse a su gravedad.

No había ningún movimiento en ninguna parte, ningún sonido producido por organismo vivo alguno. Había luz en la cima del cráter, tan perpetua como la oscuridad de aquella parte del fondo. Más allá, a lo largo de los contornos suaves y ondulados del suelo, en dirección al lado opuesto del cráter, también había luz del Sol.

El selenita miró en esa dirección, y el vidrio de su escafandra se oscureció una vez más. La línea entre la oscuridad y la luz osciló lentamente hacia él y se alejó por un ciclo de cuatro semanas. Nunca podría alcanzar el punto en el que él permanecía, ni tampoco quedar fuera de su vista. Si se movía unas millas dentro de la luz, podría ver al Sol despuntando por el borde del cráter a lo largo del horizonte pero, por supuesto, la escafandra se volvía prácticamente opaca si accidentalmente miraba en esa dirección. A intervalos podía ver la Tierra, o una porción de ella, por encima de la pared del cráter. Su corazón siempre latía con fuerza cuando la miraba.

Trató de no pensar en la Tierra. Por ahora, estaba en la Luna. Podía distinguir la línea de células fotovoltaicas a la luz del Sol y sabía que la energía solar, infinita, daba fuerza al mundo que estaba bajo sus pies –que era todavía muy pequeño–. Docenas de seres humanos vivían allí, y durante su vida seguramente llegarían a centenares. Se habían establecido una granja experimental, un laboratorio químico para estudiar el suelo lunar, una fundición para obtener pequeñas pero preciosas cantidades de sustancias volátiles que se obtenían de los minerales apropiados.

No había una única base en la Luna. Existía una mucho más grande cerca del ecuador lunar, donde la tierra era extraída y llevada al espacio para realizar construcciones. Otra base mucho más especializada estaba situada en el lado lejano de la Luna, donde se construía un enorme telescopio con radio, aislado de las interferencias radiofónicas de la Tierra por 2.000 millas de Luna sólida.

El selenita pensó: es el año 2026 y la Luna se convertirá en nuestro segundo mundo.

* * *

Pero ahora estamos en 1989. Hemos visitado la Luna seis veces entre 1969 y 1972 y doce hombres han caminado por su superficie, pero fueron sólo visitas. Llegamos, dimos una vuelta y nos fuimos –el tiempo total que los seres humanos han pasado en la Luna no llega a dos semanas–. En los últimos diecisiete años no hemos regresado allí.

Pero hemos estado perfeccionando nuestros recursos técnicos en el espacio, y cuando retornemos será para quedarnos.

La NASA ya está planeando bases en la Luna. Del 23 al 27 de abril de 1984, por ejemplo, unos cincuenta científicos, ingenieros, industriales y especialistas se reunieron para discutir sobre temas científicos, industriales y sociológicos relacionados con esas bases.

Pero ¿por qué preocuparse? La Luna es un satélite muerto y desolado, sin aire ni agua. En el enorme superdesierto del Sahara, ¿qué es lo que puede atraernos y hacernos desear viajar hasta allí?

Sea como el superdesierto del Sahara o no, la Luna podría sernos de utilidad, incluso vital, de muchas maneras. Algunas no son materiales. Por ejemplo, está la cuestión del conocimiento. La Luna no ha sido seriamente alterada durante la primera mitad de los 1.000 millones de años de existencia del sistema solar (algo que no es cierto en relación con la Tierra). Hemos estudiado las 800 libras de rocas que trajeron los astronautas –pero el solo hecho de traerlas a la Tierra las contaminó, y los astronautas sólo pudieron investigar las inmediaciones de sus naves–. Si podemos estudiar la Luna en la Luna, cada porción de su superficie durante determinados períodos de tiempo, podríamos aprender mucho acerca de la historia antigua de la Luna –y por lo tanto también de la Tierra.

La Luna es una plataforma maravillosa para las observaciones astronómicas. La ausencia de atmósfera haría que el telescopio obtuviera una visibilidad más aguda. El lado lejano de la Luna permitiría que los telescopios radiales trabajaran sin la interferencia de productos humanos como la luz y las ondas de radio. La lenta rotación de la Luna permitiría que los objetos del cielo fueran seguidos, sin la interferencia de nubes ni brumas, durante dos semanas cada vez. Los neutrinos y las ondas de gravedad, junto a otras manifestaciones exóticas, podrían ser detectadas y estudiadas fácilmente. Y los telescopios radiales de la Luna y la Tierra podrían hacer observaciones combinadas, que nos permitirían estudiar con gran detalle, por ejemplo, los centros activos de las galaxias, incluyendo los centros activos de nuestra propia Vía Láctea.

La Luna también puede ser utilizada como sede para experimentos que no nos atreviríamos a realizar en medio de la abundante vida de la Tierra. Pensemos en la ingeniería genética, en las formas de vida experimentales que podríamos diseñar. Podríamos obtener energía en cantidades copiosas para usar no sólo en la Luna, sino para transferir a las estructuras espaciales e incluso para utilizar en la Tierra. Pensemos en las centrales de energía nuclear que podríamos construir (de fisión y, eventualmente, de fusión), en un lugar donde las consideraciones sobre seguridad no serían tan rigurosas. Pensemos en la eficacia de las estaciones de energía solar que podríamos construir sin la interferencia de una atmósfera que esparce, absorbe u oscurece la luz del sol.

No hay que pensar en la Luna como en un lugar completamente desolado. El suelo lunar, virgen y nunca tratado, puede ser utilizado como escudo contra la radiación no sólo en la Luna sino también en las grandes estructuras espaciales dentro de las cuales los seres humanos podrían vivir y trabajar. La ausencia de una atmósfera protectora en el espacio hace que las partículas de rayos cósmicos sean un riesgo siempre presente, y ninguna forma de protección sería más barata que el suelo lunar.

La mayor parte del suelo lunar está formado por varios tipos de vidrios. Si se compactan y refuerzan, podrían convertirse en un excelente material para construcción. También se puede obtener cemento y hormigón del suelo lunar. Lo que es más, también pueden conseguirse elementos individuales. La corteza de la Luna está formada en un 40% por oxígeno. Naturalmente, se halla combinado con otros elementos, pero puede ser aislado. Un mineral común en la Luna es la «ilmenita», o sea óxido de hierro de titanio. El tratamiento con hidrógeno puede hacer que el oxígeno de ilmenita se combine con el hidrógeno, formando agua, y el agua puede ser descompuesta en hidrógeno y oxígeno.

Pero ¿de dónde obtendríamos el hidrógeno? Las porciones de la Luna que hemos estudiado no contienen estos elementos ligeros y vitales: hidrógeno, carbono y nitrógeno. Parece ser que estos «gases volátiles» tendrán que ser importados de la Tierra (que dispone de ellos en abundancia), pero puede haber lugares en la Luna donde se encuentren en pequeñas cantidades, especialmente en las regiones polares, donde el Sol rara vez brilla –si es que lo hace en alguna ocasión–. El hidrógeno lunar podría así ser utilizado para obtener oxígeno, y el nitrógeno lunar podría ser usado para diluirlo –y ya tenemos atmósfera. (Tanto el hidrógeno como el nitrógeno pueden ser reciclados.)

Otros elementos, particularmente el hierro, el aluminio y el titanio –todos ellos muy útiles para construir estructuras– son comunes en la corteza lunar y pueden ser tomados del suelo. Además, puede obtenerse silicio para los chips de las computadoras. Para empezar, la Luna puede ser una base minera activa. Se puede extraer suelo lunar por medio de un *mass-driver* que funcionara a partir de un campo electromagnético alimentado con energía solar. Esto no sería difícil, ya que la Luna es relativamente pequeña y tiene una fuerza gravitacional mucho más débil que la de la Tierra. En comparación, para extraer la misma cantidad de materia, se necesita un 5% de energía menos en la Luna que en la Tierra.

Una vez en el espacio, el suelo lunar puede ser fundido y utilizado para construir los objetos que harán que el espacio (y no sólo la Luna) sea importante para la humanidad. La construcción de observatorios y fábricas en el espacio –y, finalmente, asentamientos espaciales artificiales capaces de albergar a miles de seres humanos– daría sentido al uso de los materiales lunares. Sería mucho más barato que obtener materiales similares en la Tierra, especialmente desde que los recursos terrestres son muy necesarios para la creciente población que aloja nuestro planeta.

Debido a la menor gravedad de la Luna, sería un lugar particularmente útil para construir y lanzar naves espaciales. Como se requeriría mucha menos energía para elevar una nave desde la superficie lunar que para hacerlo desde la Tierra, se necesitaría menos combustible y oxígeno, y un porcentaje mucho mayor del peso podría dedicarse a la carga útil.

Finalmente, cuando se construyan asentamientos espaciales, pueden convertirse en lugares aún más eficaces para construir y lanzar naves espaciales. De hecho, la Luna proporcionará otra serie de ventajas. En primer lugar, será un mundo con grandes espacios libres y no tendrá la imagen claustrofóbica de los asentamientos espaciales. En segundo lugar, la gravedad lunar, a pesar de ser débil, será constante. En los asentamientos espaciales, un campo seudogravitacional basado en efectos centrífugos puede ser tan intenso como la gravitación de la Tierra en determinados lugares, pero este campo podrá complicar las cosas a los colonos al variar considerablemente de un lugar a otro de los asentamientos.

Como la Luna existe y ya está construida –por decirlo de algún modo–, seguramente pueden desarrollarse primero y más tarde experimentar en ella ecologías artificiales. Una vez que el colono lunar descubre cómo crear una ecología equilibrada basada en un número limitado de especies vegetales y animales (y esto puede llevar un tiempo), ese conocimiento puede ser utilizado para hacer viables los asentamientos espaciales.

Finalmente, por supuesto, la gran Luna, con su enorme suministro de materiales, puede establecerse como un sistema autosuficiente, completamente independiente de la Tierra. Con seguridad, esto será posible antes de que los asentamientos espaciales más pequeños puedan obtener una auténtica independencia.

La Luna, como satélite independiente, puede marcar un cambio decisivo en la historia humana. La humanidad tendrá un segundo mundo, y esto significará que si la Tierra sufriera una catástrofe inesperada desde el exterior, como el choque con un cometa similar al que posiblemente exterminó a los dinosaurios unos cinco o seis millones de años atrás; o si la propia insensatez de la humanidad arruinara la Tierra con una guerra nuclear o algo similar; entonces existiría un segundo mundo en el cual sobrevivir y en el cual la historia humana, su conocimiento y su cultura, serían recordados y preservados.

* * *

Pero ¿cuándo ocurrirá todo eso? Por supuesto, no lo podemos adivinar. En gran parte no depende de la capacidad tecnológica sino de factores económicos y políticos impredecibles.

Para el año 2005 se debería establecer la primera base; y en el 2015 ya existiría una base lunar ocupada de manera permanente. Más tarde, podría ser que los colonizadores de la Luna desarrollaran su propio mundo hasta el punto de independizarse de la Tierra hacia fines del siglo XXI.

Todos a bordo hacia Fobos

Los soviéticos enviaron dos sondas en dirección a Marte. Su objetivo no era el propio Marte sino sus dos pequeños satélites, Fobos y Deimos.

Puede parecer extraño. Ahí está Marte, un planeta con 4.220 millas de ancho: dos veces la anchura de la Luna, y la mitad de la de la Tierra. Marte tiene una superficie de unos cincuenta y seis millones de millas cuadradas, que es mucho más que la superficie sólida de la Tierra (nosotros tenemos océanos, Marte no). Lo que es más, Marte posee enormes volcanes, uno de los cuales es mucho mayor que cualquier cosa en la Tierra. Tiene un enorme cañón que hace que nuestro propio Gran Cañón parezca un arañazo. Tiene marcas de ríos secos. Tiene cascos polares de hielo y dióxido de carbono congelado. Todos los datos sobre Marte son fascinantes.

¿Qué tienen Fobos y Deimos en comparación? Son pequeños objetos, con toda la superficie montañosa. Su forma irregular recuerda a una patata. Esta similitud está reforzada por el hecho de que cada satélite está salpicado de cráteres, los más grandes de los cuales se parecen exactamente a los «ojos» que hay en la corteza de las patatas.

Fobos mide dieciséis millas en su diámetro más extenso, mientras que Deimos sólo mide ocho millas. ¿Por qué, pues, deberíamos preocuparnos de esos guijarros anodinos teniendo a Marte tan cerca?

Fobos y Deimos son tan pequeños que no fueron descubiertos hasta 1877, mucho después de que fueran detectados los satélites de Júpiter y de Saturno. Los descubrió el astrónomo estadounidense Asaph Hall, quien aprovechó el hecho de que en 1877 Marte estaba en una zona de su órbita inusualmente cercana a la Tierra (sólo treinta y siete millones de millas de distancia). Se dio cuenta de que, como hasta aquel momento no se habían descubierto satélites en Marte, si existían debían de ser muy pequeños y estar muy cercanos a Marte. Buscó en las inmediaciones de Marte noche tras noche sin resultado y finalmente decidió abandonar su tarea, ya que le parecía indudable que no había satélites. Sin embargo su esposa, Angelina Stickney Hall, le dijo: «Prueba una noche más, Asaph».

Lo adivinó. La noche siguiente fue la decisiva. Y dos de los grandes cráteres de estos satélites se llaman Hall y Sickney.

Jonathan Swift y Voltaire habían conjeturado satíricamente en el siglo XVIII que, como la Tierra tiene un satélite y Júpiter tiene cuatro, entonces Marte, el planeta que está entre ellos, debía de tener dos. Este razonamiento era falaz, pero la conjetura resultó correcta, de modo que otros dos cráteres se llamaron Swift y Voltaire.

Estos dos satélites todavía son como montañas perdidas girando alrededor de Marte. La pregunta sigue vigente: ¿por qué alguien podría interesarse por ellos?

Ah, pero hay algo que Marte no tiene. Dos sondas *Viking* enviadas por los Estados Unidos en 1976 demostraron que en el suelo de Marte no existía materia orgánica ni nada que contuviera átomos de carbono –nada en absoluto–. No puede existir vida sin material orgánico, y eso parece demostrar que Marte es un planeta muerto. Por supuesto, las sondas sólo investigaron dos puntos en una vasta superficie, pero las posibilidades de que hubiera vida, aunque fuera algo como una simple bacteria o un virus, parecieron muy pequeñas después de la visita de las sondas *Viking*.

Pero si no existe vida en Marte, ¿cómo se puede esperar encontrarla en Fobos o en Deimos? Bueno, no podemos esperar eso, pero hay algo que sí podríamos encontrar, y para ver de qué se trata, regresemos a la Tierra por un momento.

El espacio que existe entre los planetas está lleno de residuos sólidos de todo tipo, una gran cantidad de partículas de polvo y arenisca. También hay gran cantidad de guijarros, algunos cantos rodados y unos pocos pedazos grandes de materia que pueden llegar a medir unas dos millas de ancho.

Parte de este material es constantemente barrido por la Tierra mientras se desplaza a lo largo de su órbita. La arenisca se calienta a medida que atraviesa rápidamente el aire, se pone blanca con el calor y desaparece en el aire. Son las «estrellas fugaces» tan familiares o los «meteoros» que pueden verse de vez en cuando en cualquier noche oscura cuando miramos el cielo con paciencia. Algunas veces la Tierra pasa a través de una nube que transporta cierta cantidad de residuos y ocurre lo que se denomina «lluvia de meteoros».

La mayor parte de estas estrellas fugaces no sobreviven a un viaje a través de la atmósfera, pero unos pocos pedazos más grandes sí lo hacen: se las arreglan para chocar contra la superficie de la Tierra y se conocen como «meteoritos».

En tiempos antiguos, a la gente le fascinaban los meteoritos porque parecían caer del cielo y por lo tanto eran considerados objetos divinos. A los astrónomos modernos les fascinan porque representan las únicas muestras de materia extraterrestre que pudieron estudiar antes del inicio de la era espacial.

Existen distintos tipos de meteoritos. La más común son los «meteoritos de piedra», que no son muy distintos, si se observan de modo superficial, de las rocas que hay en la superficie de la Tierra. Esto significa que, a no ser que se vean caer, los meteoritos de piedra no suelen ser descubiertos excepto si aterrizan en una región donde el suelo esté relativamente libre de piedras (podrían ser fácilmente detectados en un lugar como Kansas, por ejemplo, o en la Antártida).

Un 8-9% de los meteoritos son «meteoritos de hierro». Se reconocen fácilmente porque las protuberancias metálicas de hierro no se encuentran de modo natural (a no ser que hayan sido fabricadas por seres humanos). En tiempos antiguos, antes de que la gente aprendiera los métodos para fundir hierro de su mena, los meteoritos de hierro eran las únicas fuentes posibles de este metal. Lo que es más, los meteoritos no eran de hierro puro sino de una mezcla de níquel y hierro. Eran mucho más duros y firmes que cualquier otro metal conocido, y encontrar uno de ellos era muy similar a dar con una mina de oro.

El hecho de que existan estos dos tipos hace pensar que los meteoritos pueden ser residuos de un planeta destruido. Después de todo, los planetas como la Tierra, Venus y Mercurio están formados por un núcleo de hierro rodeado por un caparazón de rocas. Los meteoritos de hierro bien pueden haber sido el núcleo de un planeta, y los meteoritos de piedra, parte de un caparazón rocoso. En ese caso, ¿podría haber meteoritos que fueran parte de la superficie planetaria?

Existe un tipo muy raro de meteorito llamado «condrito carbonáceo». Es de color negro, distinto a otros meteoritos, frágil y se puede romper con facilidad. Lo más inusual es que contiene carbono. Entre un 2 y un 4% de su peso puede ser carbono; por eso se le llama «carbonáceo».

El carbono es un elemento característico de la vida. Podemos especular sobre la posibilidad de que exista vida sin carbono, pero nunca hemos observado que exista vida sin carbono en la Tierra, y los bioquímicos no se sorprenderían si no existiera vida sin carbono en otras partes del Universo.

Sin embargo, no podemos realizar esta argumentación a la inversa. La ausencia de carbono elimina la posibilidad de vida, pero la presencia de carbono no implica que deba haber vida. El carbono puede estar presente pero sin mezclarse nunca con las moléculas supercomplejas que son características de la vida. Sin embargo, si existen meteoritos que contienen una parte sustancial de carbono, los científicos desean saber qué forma adopta este carbono.

Sólo se han visto caer unos veinte meteoritos del tipo «condrito carbonáceo» y ya han sido recogidos. Una caída importante ocurrió el 28 de septiembre de 1969, cuando un objeto explotó sobre la ciudad de Murchison, en Australia, y provocó una lluvia de fragmentos sobre un área de catorce millas cuadradas. Se recogieron 182 libras de fragmentos. En 1950 se había producido una caída de menor importancia cerca de Murray, en Kentucky.

Estos fragmentos, recogidos antes de que se contaminaran con la atmósfera de la Tierra, fueron estudiados cuidadosamente, y se descubrió que contenían carbono, grasas y aminoácidos.

Las grasas y los aminoácidos son característicos de los tejidos vivos, pero su mera existencia no indica que la vida esté presente en los meteoritos o lo haya estado alguna vez. Las grasas y los aminoácidos pueden formarse a lo largo de procesos que no tienen nada que ver con la vida, y existen maneras de determinar si una grasa o un aminoácido en particular son el resultado de procesos vivos o no. Parece claro que las sustancias de estos meteoritos habían sido producidas sin vida.

Esto no es tan terriblemente sorprendente. En los últimos veinte años, los astronautas han localizado indicios sobre la existencia de compuestos de carbono en las enormes nubes de polvo que existen entre las estrellas, y allí también parece bastante seguro que en los procesos de formación no intervino la vida.

Pero aun así, la existencia de estos compuestos es importante. Si supiéramos de manera exacta cómo llegaron a formarse estos compuestos, podríamos saber qué ocurrió en los océanos y en el aire de la Tierra en sus primeros años de existencia, antes de que la vida hubiera hecho su aparición. En otras palabras, podríamos aprender cómo evolucionó la vida sobre la Tierra.

Por lo tanto, es muy frustrante que haya tan pocos condritos carbonáceos para estudiar. Puede ocurrir, por supuesto, que estos objetos no sean realmente pocos, sino que haya muchos de ellos desplazándose por el espacio. Desgraciadamente, son objetos frágiles, y si chocan contra la atmósfera de la Tierra tienden a romperse mucho más fácilmente que otros tipos de meteoritos. Incluso aquellos que llegan a la superficie de la Tierra en pedazos lo suficientemente grandes como para ser estudiados pueden sufrir cambios sustanciales en el proceso abrasador que atraviesan al entrar en la atmósfera de la Tierra. Por lo tanto, aun si los condritos carbonáceos son comunes en el espacio, ello no debería ser óbice para que fueran raros en la superficie de la Tierra.

Lo que en realidad deseamos es estudiar los condritos carbonáceos *antes* de que entren en la atmósfera terrestre, o sea, cuando están todavía en el espacio. Es muy probable que los meteoritos se hayan estado desplazando a través del espacio durante 4.500 millones de años sin ninguna alteración perceptible, y si los estudiáramos en el espacio tendríamos la maravillosa oportunidad de aprender algo acerca del sistema solar en los días anteriores a su formación.

Pero ¿cómo hacerlo? Bien, entre las órbitas de Marte y Júpiter existe un «cinturón de asteroides» que contiene un vasto número de pequeños cuerpos planetarios, el más grande de los cuales, Ceres, mide solamente seiscientas millas de ancho. Existen unos 100.000 asteroides que miden al menos una milla de ancho. Han sido estudiados durante casi doscientos años y, poco a poco, hemos aprendido más cosas acerca de ellos. Por ejemplo, a mediados de la década de 1970 se comprobó que algunos asteroides reflejaban más luz que otros. Esto no es sorprendente. Los planetas con atmósferas turbias reflejan la mayor parte de la luz que reciben. Venus, por ejemplo, con su capa de nubes perpetua, refleja tres cuartas partes de la luz solar que recibe. Se dice entonces que esta reflexión o «albedo» es del 0,75.

Un cuerpo que no tiene atmósfera expone su superficie rocosa desnuda a la luz del sol, y tiende a absorber la mayor parte de ésta. La Luna, por ejemplo, que no tiene ni aire ni agua, refleja sólo cerca de una catorceava parte de la luz que recibe. Su albedo es apenas de 0,07 (si la Luna tuviera una hermosa atmósfera ancha y turbia sería diez veces más brillante; en el momento de la luna llena, la Tierra permanecería bajo una especie de crepúsculo).

Curiosamente, se descubrió que algunos asteroides reflejaban aún menos luz que la Luna. Por ejemplo, Ceres, el asteroide más grande, refleja sólo una decimonovena parte de la luz que recibe su superficie, es decir, que su albedo es de apenas 0,053.

¿Por qué las rocas de la superficie de Ceres reflejan menos luz que las rocas de la superficie de la Luna? Obviamente, la superficie de Ceres debe consistir en una roca más oscura que la de la superficie de la Luna. Una de las cosas que puede oscurecer las rocas es la presencia de carbono. Como ya hemos dicho, los condritos carbonáceos son de color negro. ¿Podría ser que Ceres fuera un gran condrito carbonáceo, o que su superficie, al menos, tuviera características de condrito carbonáceo?

Quizá. Algunos asteroides reflejan la luz aún mucho menos que Ceres. En realidad, unos pocos reflejan sólo una cincuentava parte de la luz que reciben y tienen un albedo de sólo 0,02. Los astrónomos piensan que muchos asteroides tienen superficies de condrito carbonáceo, y que no puede decirse que sean raras. De los doce asteroides más grandes, no menos de ocho son sospechosamente oscuros. Por supuesto, estos asteroides están muy lejos de nosotros. Ceres, por ejemplo, en su momento orbital más cercano, está a 165 millones de millas de nosotros: setecientas veces más lejos que la Luna.

No obstante, nuestro objetivo no debe ser Ceres. Pueden existir asteroides útiles que estén más cerca que Ceres, lo que nos hace regresar a Fobos y Deimos.

Júpiter, Saturno y Neptuno, tres de los planetas gigantes del sistema solar, tienen uno o más satélites que están particularmente distantes del planeta, son especialmente pequeños y tienen órbitas extrañas o que dan saltos. Los astrónomos sospechan que en estos casos, los satélites inusuales son en realidad asteroides capturados.

Parece poco probable que Marte (un planeta muy pequeño comparado con los gigantes) haya capturado asteroides. Pero también está en el mismo límite del cinturón de asteroides, y tendría más oportunidades de capturarlos de lo que se puede sospechar. En consecuencia, muchos astrónomos creen que Fobos y Deimos eran originariamente asteroides que pasaron tan cerca de Marte que fueron capturados.

La marcada diferencia entre la apariencia de Marte y la de sus satélites es un punto a favor de la hipótesis de los asteroides capturados. Marte es un planeta brillante con una superficie rojiza. Los asteroides son oscuros.

Es esa diferencia la que sugiere que, por más interesante que sea Marte, sus satélites no deben ser ignorados. Marte es un planeta de arena y rocas comunes con un gran contenido de hierro, que provoca su aspecto rojizo –o, con más precisión, herrumbroso–. No contiene materiales orgánicos que pudieran ser detectados por las sondas *Viking*, lo que significa que su contenido de carbono es muy bajo. Los asteroides, sin embargo, al ser oscuros, bien pueden tener superficies con condrito carbonáceo. Pueden ser ricos en carbono y compuestos de carbono.

Marte ha sufrido muchos cambios en el curso de su historia. Debe de haber tenido un núcleo caliente capaz de provocar volcanes, y estos volcanes al vomitar lava derretida han cambiado drásticamente la superficie. Existen indicios de que hubo ríos en el pasado. Ahora están secos, pero en algún momento el agua que corría cambió el paisaje. Todavía hoy existe una atmósfera tenue que en cualquier caso es capaz de crear tormentas de arena en todo el planeta.

Los dos satélites, no obstante, no han cambiado. Son rocas que nunca fueron expuestas al aire ni al agua; que no tienen ningún calor interno que los altere. Son sin duda tan viejos como el sistema solar, y pronto fueron golpeados por otros pedazos de roca, iluminados por el energético Sol, y destrozados por el fuerte viento solar. Estos efectos tempranos pueden haber producido fascinantes moléculas orgánicas que han estado descansado desde entonces... esperando a ser descubiertas por los humanos.

Y lo que es más, Fobos y Deimos son los objetos más cercanos que conocemos que son al mismo tiempo menos montañosos y muy probablemente ricos en carbono. En su momento orbital más cercano están a 35 millones de millas de distancia, apenas un poco más de una quinta parte de la distancia de Ceres. Y puede llegarse a ellos teniendo en cuenta que se ha llegado al propio Marte en varias ocasiones y que, desde el punto de vista de la astronomía, los satélites están situados en el mismo punto que Marte.

Existe, pues, una gran expectación por ver qué ocurre a comienzos de 1989 cuando las dos sondas soviéticas lleguen a Fobos (si la primera tiene éxito en sus estudios de Fobos, la segunda será dirigida hacia Deimos). Podemos encontrar un conjunto rico de materias orgánicas. Podemos encontrar evidencias sobre las cuales basar nuevos conocimientos sobre la convertibilidad de una materia inanimada en animada. Podemos encontrar páginas de la historia primitiva del sistema solar que serán totalmente sorprendentes para nosotros y nos forzarán a revisar algunas de nuestras nociones básicas sobre cómo se formaron los planetas.

Y naturalmente, por otro lado, podemos desilusionarnos. Las sondas pueden fracasar* o, incluso si tienen éxito, pueden demostrar que la superficie de los satélites no ofrece sorpresas ni arroja luz sobre nada nuevo.

Debemos esperar y ver.

* Desgraciadamente, eso fue lo que ocurrió.

Creo que aunque no encontremos riquezas orgánicas en la superficie de los satélites, es extremadamente improbable que no encontremos nada nuevo. En casi todos los casos, nuestra historia de la exploración espacial nos ha sorprendido y nos ha abierto la puerta a muchas cosas inesperadas.

Hemos descubierto el viento solar, las rotaciones de Marte y Venus, el calor de Venus, los volcanes muertos de Marte y los volcanes vivos de Io, el mundo glaciar de Europa, la atmósfera espesa de Titán, el paisaje confuso de la pequeña Miranda. Más allá del sistema solar, hemos descubierto cuasares, pulsares, agujeros negros, galaxias muy distintas y muy activas, e incluso galaxias en explosión. Casi todo esto fue recibido con sorpresa.

¿Por qué no habríamos de sorprendernos también esta vez?

¿Y qué haremos después? Si esas misiones a los satélites de Marte tienen éxito, ¿qué hacemos después?

Particularmente, opino que no importa lo buenos que puedan ser nuestros instrumentos: no pueden igualar la versatilidad ni la excelente intuición de la mente humana. Tarde o temprano tendremos que enviar seres humanos a Marte.

No hay duda de que existe un peligro en todo esto. Una sonda que no lleva seres humanos puede perderse, funcionar mal o explotar; y sólo perdemos dinero y esfuerzo. Si hay seres humanos a bordo, perdemos sus valientes vidas –la reacción emocional sería extrema y nos encontraríamos ante algo similar al desastre del *Challenger*.

Y no obstante, debemos arriesgarnos.

Sería mejor, según mi opinión, que esperásemos hasta establecer una base firme y cercana en el espacio. Ello requiere una estación espacial en funcionamiento, una estación minera en la Luna, la construcción de varias estructuras importantes con materiales lunares, y el desarrollo de una reserva de seres humanos acostumbrados al espacio y a la idea del viaje espacial.

También podemos esperar que esta expansión de la humanidad por el espacio cercano vaya acompañada de un aumento gradual de la cooperación entre las naciones, en especial entre las naciones más avanzadas en la tecnología espacial.

En ese caso, en la primera mitad del siglo XXI podría haber algunas expediciones humanas preparadas para visitar Marte y quizá, con el tiempo, para colonizarlo y establecer estaciones científicas en sus satélites.

Esto representaría el primer desplegamiento de la especie humana más allá del sistema Tierra-Luna y marcaría el comienzo de algo que, en el siglo XXII, hará que sea frecuente realizar viajes de vacaciones a Marte y sus alrededores, por el cinturón de asteroides.

Sé que esto parece fantasioso, pero pensemos en lo que hemos logrado en los primeros treinta años de la era espacial. Comenzamos con un solo objeto sondeando su propio camino alrededor de la Tierra en 1957, y ahora tenemos una sonda compleja que ha explorado Urano y sus satélites con éxito y que explorará Neptuno, el más lejano de los planetas grandes, dentro de un año.

Doce hombres ya han caminado sobre la Luna. Varios han permanecido en el espacio durante casi un año y han sobrevivido. Y se están realizando planes importantes que, treinta años atrás, hubieran sido rechazados por ser considerados sueños infantiles, imposibles de realizar.

¿Dónde estaremos dentro de treinta años? ¿Y dentro de cincuenta? ¿Y dentro de cien?

¿Qué es lo siguiente que haremos en el espacio?

¿Qué es lo siguiente que haremos en el espacio? ¿Hacia dónde vamos? El desastre del *Challenger* ha minado la voluntad de los estadounidenses y ha destruido parte de la confianza que tenían en sí mismos. Esperamos retornar al espacio, pero si lo hacemos debemos hacernos varias preguntas: ¿qué es lo siguiente que haremos? ¿Hacia dónde vamos?

Una respuesta posible: no haremos nada ni iremos a ninguna parte. Las exploraciones espaciales cuestan mucho dinero, y mientras las naciones del mundo gasten miles de millones de dólares al año en guerras y en preparativos para las guerras, habrá poco dinero disponible para el espacio. Y si el dinero disponible se gasta en convertir el espacio en otro campo de batalla, entonces no se dejará prácticamente nada para la exploración pacífica.

Pero supongamos (simplemente supongamos) que comienza a aumentar la paz y la cooperación en el mundo, que finaliza la carrera de armamentos –o al menos disminuye– y que el espacio se convierte en un proyecto mundial. Habría entonces la cantidad apropiada de dinero, así como de tiempo, esfuerzo y recursos. En ese caso, ¿qué hacemos y hacia dónde vamos?

Pensemos en ello.

Necesitamos una base desde donde lanzar nuestras naves al espacio. Tenemos una, la Tierra, pero no es satisfactoria. La gravedad en su superficie es, por definición, igual a uno, y la velocidad de salida es de siete millas por segundo. Sólo existen cinco cuerpos en el sistema solar que tengan un campo gravitacional más intenso y una velocidad de salida más alta: el Sol, Júpiter, Saturno, Urano y Neptuno. A pesar de que pueden ser explorados por naves sin tripulación, no hay esperanzas de que en un futuro cercano los seres humanos aterricen en estos cuerpos ni se acerquen a ellos. Así, de todos los cuerpos que es concebible que podamos utilizar como base en el futuro, la Tierra tiene el «pozo de gravedad» más profundo y es el que plantea más dificultades para el lanzamiento.

La Tierra tiene una atmósfera y un clima. Las tormentas impiden los lanzamientos; incluso la atmósfera clara ofrece resistencia. El único cuerpo que no ha sido dejado de lado por la gravedad y que tiene una atmósfera más espesa que la Tierra es Venus (y posiblemente Titán, el satélite de Saturno). La temperatura de Venus es tan elevada que resulta poco probable que los seres humanos aterricen allí algun día, y Titán está tan lejos que es probable que no logremos llegar a él hasta el próximo siglo.

Una vez más, de todos los cuerpos que están a nuestro alcance, y sobre los cuales podemos aterrizar, la Tierra es la base más difícil.

Lo que necesitamos es un cuerpo que pueda ser manejable, más pequeño que la Tierra –de manera que pueda tener una velocidad de salida menor–, y que no posea atmósfera. Tal como lo ha dispuesto el destino, el cuerpo astronómico más cercano a nosotros está idealmente provisto para esta función. Se trata de la Luna, que tiene un diámetro de 2.160 millas, una velocidad de salida de 1,5 millas por segundo y, con los cohetes actuales, puede llegarse a ella en tres días. En realidad, los seres humanos ha alunizado seis veces hasta el momento.

De ello se sigue que si vamos a salir al espacio asiduamente, debemos estar en condiciones de utilizar la Luna como una base –que será mucho más satisfactoria que la Tierra.

Pero ¿cómo llegamos a la Luna? Ya hemos estado allí, es cierto, pero eso fue sólo el comienzo. Llegamos, nos quedamos unas pocas horas, recogimos unas cuantas rocas y realizamos un retorno espectacular –pero aquí terminó todo.

Debemos volver a la Luna a gran escala y establecer una base permanente en ella. Y lo tenemos que hacer en distintas fases.

Debemos construir una estación espacial en órbita alrededor de la Tierra, lo bastante cerca de ella como para que su órbita no se debilite y produzca choques que se pueden prolongar durante millones de años. Si establecemos una estación espacial permanentemente ocupada, con astronautas que se turnen, podemos reunir naves para alcanzar la Luna. Estas naves podrían ser lanzadas a una velocidad de salida baja (al estar más lejos de la Tierra) y sin las interferencias de la atmósfera. De esta manera, podemos llegar a la Luna en dos etapas y, a largo plazo, de manera más barata y conveniente que si todos los viajes debieran hacerse desde la Tierra.

Podría parecer que si construimos una estación espacial, eso nos proporcionaría al mismo tiempo nuestra base, de manera que no necesitaríamos la Luna. No es así. La estación espacial, por más lejos que lleguemos en su construcción, sería pequeña y ofrecería poco lugar. Lo que es más, todos los pertrechos de cualquier tipo tendrían que provenir de la Tierra, donde los recursos son escasos.

La Luna es un mundo con una superficie similar a todo el continente americano. De su superficie podemos obtener una gran variedad de metales, por no mencionar el hormigón, el cemento, el vidrio y el oxígeno. En realidad, las estaciones mineras en nuestra base lunar nos proporcionarían todo lo que necesitamos para las construcciones en el espacio, con excepción de los elementos ligeros, el carbono, el nitrógeno y el hidrógeno. Estos pueden ser transportados desde la Tierra, que también debe proveer a los seres humanos.

Utilizando la Luna como una base para materiales, y la Tierra como una reserva tecnológica, el espacio entre la Tierra y la Luna puede llenarse de estructuras (estaciones de energía solar, estaciones de energía nuclear, observatorios, laboratorios, fábricas). Deberíamos poner todas las plantas industriales de la Tierra que podamos en órbita, para aprovechar las propiedades inusuales del espacio (el vacío, la microgravedad, las temperaturas extremas). Este tipo de transferencia tendría otro incentivo: la biosfera sería utilizada como reserva para residuos. Lo que es más, pueden construirse asentamientos espaciales en los cuales el medio ambiente de la Tierra pueda ser imitado lo mejor posible y dar alojamiento a diez mil personas. (Naturalmente, habrá problemas. Por ejemplo, existe la denominada «basura espacial» en forma de innumerables pedazos y partículas en desorden en las proximidades de la Tierra que tendrán que ser consideradas.)

Idealmente, este desplegamiento de la especie humana debería ser global y estar bajo control internacional. La triste historia de las luchas entre naciones en la Tierra no debe ser imitada en el espacio. En realidad, a medida que los asentamientos en la Luna y en el espacio se hagan más populosos, el control internacional debería relajarse, y los nuevos mundos deberían convertirse en unidades regionales autogobernadas de la Unión Federal Humana.

Puede que lleve un siglo o más habituarse a que el sistema Tierra-Luna sea un hogar mundial y plural para la humanidad, pero sólo entonces estaremos listos para dar un paso más grande hacia Marte. Podemos, si queremos, lanzar una misión soviético-americana* a Marte tripulada por hombres den-

* *Nota del Editor:* Este artículo fue publicado en 1986, antes de la desaparición de la Unión Soviética. En otros artículos de este libro, al lector le puede sorprender que Isaac Asimov se refiera a la Unión Soviética como si ésta todavía existiera. Por fidelidad al original, hemos mantenido estos anacronismos, que no eran tales en el momento de la publicación de los textos.

tro de un cuarto de siglo, pero sería un viaje muy limitado, difícil de realizar, de alto riesgo y sin consecuencias importantes –como los primeros viajes a la Luna.

Si, en lugar de esto, esperamos hasta que el sistema Tierra-Luna se establezca con solidez, viajar a Marte se convertirá en algo relativamente simple porque no será llevado a cabo por los terrícolas. Fueron los europeos los que colonizaron la costa este, lo que hoy son los Estados Unidos, pero fueron los estadounidenses, los descendientes de esos colonos, y no los europeos, los que más tarde exploraron y colonizaron el oeste. Por ese motivo, fueron los estadounidenses y no los europeos los que llegaron primero a la Luna.

No deberían ser los terrícolas, pues, los que viajen a Marte. Deberían ser los selenitas o los colonos del espacio. Estarán mucho mejor preparados para la tarea, mucho más acostumbrados a la idea de realizar viajes espaciales, debido a que fue a través de estos vuelos que sus hogares llegaron a existir. Deberían estar mucho más acostumbrados a la poca gravedad y a la variación de gravedad, así como a vivir dentro de un mundo que fuera de él –como en la Tierra–. Serían más conscientes de la necesidad de reciclar ajustadamente el aire, la comida y el agua.

En resumen, cuando un terrícola entra en una nave espacial, está entrando en un mundo que es extraño y distinto en todos los aspectos posibles a la Tierra. Cuando un selenita o un colono entra en una nave espacial, es más pequeña que su hogar, pero en otros aspectos es similar. No tiene que cambiar su punto de vista.

Un selenita o un colono estará mejor preparado físicamente, y lo que es más importante, psicológicamente, para el largo viaje a Marte. Y, como será lanzado desde una base con gravedad baja (posiblemente microgravedad), la necesidad de combustible será menor y permitirá dejar más lugar para la conducción y el sector destinado a la vivienda.

Marte será el primer planeta conocido por la humanidad (aparte de la Tierra) que contendrá cantidades sustanciales de elementos ligeros como carbono, nitrógeno e hidrógeno. Esto podría hacer que la Luna y los asentamientos se independizaran económicamente de la Tierra, si no es que para ese entonces los selenitas y los colonos han desarrollado técnicas adecuadas para capturar pequeños cometas que a veces pasan no lejos del sistema Tierra-Luna. Estos cometas serían reservas significativas de elementos ligeros.

Una vez que se haya establecido en Marte, la humanidad se propagará hacia el cinturón de asteroides, donde existen cien mil pequeños mundos, muchos de los cuales (¿la mayoría de los cuales?, ¿todos los cuales?) pueden ser preparados para recibir asentamientos o utilizados para operaciones mineras.

Y estos asentamientos de asteroides, una vez equipados con mecanismos propulsores avanzados, pueden ser dirigidos hacia vastas extensiones más allá del sistema solar. Nadie que hiciera estos largos viajes tendría consciencia de abandonar su hogar, porque estaría llevando su casa consigo. La humanidad avanzaría hacia una lenta exploración y colonización de la galaxia por medio de un proceso parecido al de las semillas de la flor llamada diente de león, que son llevadas por el viento.

Aventuras en el espacio

La era espacial tiene treinta años de existencia. En ese tiempo hemos pasado de colocar primitivos satélites en órbita a lanzar dispositivos complejos y sofisticados para estudiar la Tierra y el cielo, satélites meteorológicos o que sirven de ayuda para la navegación y repetidores de comunicación.

Los hombres han salido al espacio y seis cohetes han transportado seres humanos a la Luna por separado. Sondas de larga distancia han fotografiado todos los planetas, de Mercurio a Urano, y naves construidas por el hombre se han posado sobre el suelo de Venus y de Marte.

¿Hemos hecho todo lo que podemos? ¿Ha terminado la aventura?

En absoluto. Si somos serios en nuestros esfuerzos por llevar a los seres humanos y expandir el conocimiento humano más allá de la superficie de la Tierra, y aun más allá de la Luna, tenemos un Universo increíblemente grande que nos reclama.

No podemos quedarnos para siempre en el sistema Tierra-Luna. Más allá está Marte.

I

De todos los planetas del sistema solar, Marte es el más similar a la Tierra. En realidad, sería mucho más fácil de explorar que la Luna. Marte tiene un período de rotación similar al de la Tierra –y no un día de dos semanas y una noche de dos semanas como la Luna–. Tiene algo de atmósfera y de agua, mientras que la Luna carece de ellas. Cuenta con una gravedad en la superficie igual al 40% de la de la Tierra, pero un 250% más poderosa que la de la Luna. La atmósfera de Marte proporciona la misma protección contra los meteoritos y las altas radiaciones, y en cualquier caso el planeta está más lejos del Sol y por lo tanto menos sujeto a sus radiaciones que la Luna.

¿Las desventajas? Bueno, también existen. Marte, aun en su momento orbital más cercano, está 140 veces más lejos de nosotros que la Luna. Mientras que un viaje a la Luna en cohete lleva tres días, uno a Marte puede implicar muchos meses. La atmósfera de Marte no es sólo demasiado tenue como para respirar, sino que no contiene oxígeno. Aún más: se trata de un mundo frío, con temperaturas tan bajas como las de la Antártida, o incluso más.

Aun así, los astronautas provistos de trajes espaciales serán capaces de recorrer ese tipo de mundo con facilidad. Y construyendo una estructura subterránea hermética, podrán quedarse allí durante largos períodos.

No hay duda de que la aventura del espacio no se logra sin costos; ninguna aventura es gratuita. El desastre del *Challenger* descorazonó a los Estados Unidos, y durante un año y medio el programa espacial se ha visto frenado. Los estadounidenses serán más cautos en el futuro cercano, al menos en lo que respecta a proyectos arriesgados.

No obstante, existe otra nación interesada en la exploración arriesgada del espacio a mayor escala, y es la Unión Soviética. También ha tenido fracasos fatales en algunas ocasiones, pero parecen ser más estoicos al respecto.

De cualquier modo, los soviéticos están planeando un gran programa en conexión con Marte. Poseen lanzadoras gigantescas equipadas para lanzar al espacio objetos mayores de los que ellos o los americanos han lanzado hasta ahora, y si todo va según lo programado, planean enviar un artefacto espacial sin tripulación a Marte en junio de 1988.

El aparato tardará cuatrocientos días en llegar a los alrededores de Marte, pero éste no será su verdadero objetivo, sino el pequeño satélite marciano llamado Fobos. Es un cuerpo pequeño y lleno de cráteres, con unos veinticinco kilómetros de ancho en su región más extensa.

¿Por qué preocuparse por este pequeño satélite si podemos llegar a Marte? Porque Fobos es, probablemente, un asteroide capturado muy distinto a Marte en su composición. Mientras que Marte es un mundo «ligero» formado por rocas con herrumbre, Fobos es muy oscuro, probablemente parecido a ciertos meteoritos llamados «condritos carbonáceos» que ocasionalmente caen sobre la Tierra. Esto significa que quizá Fobos contenga agua y materiales orgánicos que pueden darnos una pista sobre los componentes químicos simples que se originaron en la Tierra hace cuatro mil millones de años, y que permitieron el desarrollo de la vida.

Los soviéticos preven dejar caer una sonda a unos cincuenta metros del pequeño Fobos. Luego, durante 1990, esperan colocar vehículos sobre Marte, que se moverán a lo largo de unas veinte millas al principio. Los modelos más avanzados se moverán más tarde a lo largo de cientos de millas. De esta manera los científicos podrían, dentro de ciertos límites, dirigir los vehículos hacia los objetos que parezcan tener un interés particular. Podrían dejar de tener que confiar en la suerte de aterrizar en el lugar adecuado para determinar lo que pueden encontrar y estudiar.

Los soviéticos no se limitan a la superficie de Marte, sino que se dejan llevar por sueños de investigaciones tridimensionales. Puede que sea posible diseñar globos ligeros que puedan ser sostenidos incluso por la tenue atmósfera de Marte. Los vientos marcianos podrían llevarlos a miles de millas de distancia, de modo que podrían enviar una serie de imágenes prácticamente interminables del escenario marciano. También existe la posibilidad de mandar pequeñas máquinas excavadoras que cavarían de dieciocho a treinta metros por debajo de la superficie y proporcionar un tipo totalmente nuevo de información acerca del planeta. Hacia fines de 1990, los soviéticos esperan enviar sondas que traigan muestras de rocas marcianas a la Tierra.

Esto son sólo planes, por supuesto, y muchos pueden ser equivocados. El desarrollo político y económico de la Tierra puede forzar a la Unión Soviética a retrasar sus proyectos –o puede fallar un lanzamiento, o pueden producirse problemas inesperados en algunos de los componentes clave de las sondas.*

No obstante, sería acertado, en mi opinión, que los Estados Unidos (y, en realidad, todas las naciones) cooperaran en los proyectos de tal envergadura. En ese caso, los proyectos serían menos caros para toda nación. Y cualquier parte del programa que tenga éxito puede proporcionar a las naciones participantes un sentimiento de satisfacción y contribuir a una mayor cooperación y amistad –que, en este peligroso mundo, necesitamos desesperadamente.

Sobre una base global puede ser posible enviar una expedición conjunta con tripulación a Marte. Ésa sería la mayor aventura de nuestro horizonte inmediato.

II

Detrás de Marte está Júpiter, el planeta gigante de nuestro sistema planetario. Cerca del 70% de toda la masa planetaria, que tiene su órbita alrededor del Sol, se concentra en este único planeta.

* Desafortunadamente, las dos primeras sondas fracasaron.

El diámetro de Júpiter es once veces el de la Tierra, y su masa es unas 318 veces más grande que ella. Su composición es totalmente distinta, y está cinco veces más lejos del Sol. En lugar de ser un cuerpo rocoso con un centro metálico, está formado en su mayor parte por dos de los átomos más simples: los gases hidrógeno y helio. Por este motivo, Júpiter y los planetas similares son llamados «gigantes de gas».

Un masa tan enorme, lejos del Sol y con una composición tan característica, está destinada a despertar mucha curiosidad, y los astrónomos están ansiosos por saber todo lo que puedan sobre ella. Júpiter tiene una capa de nubes que marca su superficie visible y que es desgarrada por monstruosas tormentas. Vemos la mayor de estas tormentas como «el Gran Punto Rojo», un gigantesco tornado que ha estado dando vueltas durante siglos y que es tan grande que la Tierra entera podría hundirse en su embudo sin tocar los lados. Júpiter también tiene un gran campo magnético, que hace que el espacio que lo rodea sea mortal en un millón y medio de kilómetros a la redonda. Un anillo de residuos, invisible desde la Tierra, da vueltas sobre el ecuador y hace que el lugar sea aún más inhóspito. Éstos son fenómenos fascinantes, y hay mucho más por descubrir en los cuatro enormes satélites del planeta.

Muchos de los detalles que conocemos ahora acerca de Júpiter los aprendimos en los últimos doce años, gracias a las sondas espaciales. ¿No es suficiente? ¿Qué queda por aprender?

Una sonda llamada *Galileo* (que, desgraciadamente, ha sido retrasada indefinidamente tras el desastre del *Challenger*) fue programada para ir más allá de lo que habían logrado las sondas anteriores. Recogería datos sobre los alrededores de Júpiter no durante unas pocas semanas, sino durante casi dos años. *Galileo* aprovecharía la fuerza proporcionada por los satélites que se mueven en distintas órbitas alrededor de Júpiter y, en el proceso, se acercaría a ellos más que las sondas anteriores. En algunos casos incluso podría echar una ojeada a unos 1.500 kilómetros o menos.

Galileo podría estudiar el enorme glaciar Europa, los volcanes activos de Io, los cráteres de Ganímedes y Calisto con mucho más detalle del que han logrado las sondas anteriores. Puede ser capaz de distinguir objetos desde veinte metros de distancia, mientras que las sondas anteriores sólo podían hacerlo desde cinco quilómetros de distancia.

Naturalmente, la sonda *Galileo* también estudiaría al propio Júpiter. En particular dejaría caer un «paquete» instrumental a través de la superficie de nubes visibles en la atmósfera de Júpiter –sería la primera vez que un objeto construido por el hombre entraría en la atmósfera de este gigante de gas–. Este paquete continuaría cayendo durante cierto tiempo, por supuesto, ya que la atmósfera tiene varios miles de millas de espesor. No podemos estar seguros de que exista una superficie líquida o sólida en algún lugar bajo esas nubes, pero a lo mejor podemos decidirlo una vez que obtengamos la información que el paquete envíe.

Mientras el paquete descienda, sin embargo, la temperatura y la presión de la atmósfera irán creciendo. Poco más de una hora después de desaparecer a través de las nubes, probablemente se destruya y se derrita por completo. No obstante, durante una hora o más enviaría una información de valor incalculable sobre la temperatura y la presión de la parte superior de la atmósfera –y también sobre su composición química.

No hay duda de que, si todo va bien, obtendríamos más información acerca de Júpiter y su sistema de satélites en los casi dos años que *Galileo* estuviera activo que en toda la historia anterior.

Como es sabido, se cree que Júpiter tiene la misma composición que el Sol cuando se formó. Por lo tanto, podría ser que la información que transmitiera *Galileo* a la Tierra nos permitiera comprender más acerca del Sol, o incluso acerca de la formación del sistema solar.

Como regalo, pudiera ser que *Galileo*, al pasar a través del cinturón de asteroides en su camino hacia Júpiter, tomara un rumbo que lo llevara cerca del asteroide llamado Amfitrita, de considerable tamaño. Sería la primera oportunidad que tendrían los astrónomos de ver un asteroide a una distancia cercana.

III

Más allá de Júpiter hay planetas aún más distantes, que también están siendo explorados. La sonda planetaria *Voyager 2* ha tomado fotografías de Saturno y Urano y se dirige hacia Neptuno, el más lejano de los planetas grandes conocidos, donde llegará dentro de un par de años. En el momento en que la sonda ordene a Neptuno que sonría para las fotos, habrá viajado a través del espacio durante más de una década.

Después de dejar Neptuno, *Voyager 2* continuará hacia delante por tiempo indefinido, más alla de los planetas que nos son familiares a través del vacío del espacio interestelar. Por supuesto que no tendrá ningún objetivo en particular. Será simplemente un objeto errante.

No obstante, los astrónomos especulan acerca de la posibilidad de lanzar una sonda que fuera útil aun después de haber penetrado más allá del último planeta. Esta sonda dejaría la Tierra a una velocidad comparativamente baja y contendría alrededor de doce toneladas y media de xenón congelado (un gas raro que se encuentra en la atmósfera terrestre). Este gas sería calentado hasta que sus átomos se descompusieran en fragmentos con carga eléctrica (iones). Los iones serían expulsados poco a poco, de modo que la sonda podría acelerar lentamente en la dirección opuesta por un período de diez años.

Al finalizar los diez años de aceleración, el xenón se habría consumido por completo, pero en ese momento la sonda se estaría moviendo a una velocidad de 360.000 kilómetros por hora, es decir, a cien kilómetros por segundo. Entonces estaría a unos 9.500 millones de kilómetros de la Tierra, o sea a más del doble de la distancia de Plutón, ese pequeño planeta tan lejano.

En ese momento los tanques de combustible se desprenderían, y la misma sonda, de unos 50.000 kilos de masa, continuaría moviéndose a una velocidad que disminuiría lentamente debido a la débil atracción ejercida por el lejano Sol. La sonda continuaría su marcha durante otros cuarenta años hasta haberse apartado 160.000 millones de kilómetros del Sol. Estaría a una distancia mil veces mayor de la que separa a la Tierra del Sol.

La sonda tendría a bordo un enorme telescopio. Su trabajo: enviar fotos de las estrellas, tomadas a distancias cada vez mayores de nosotros, hasta llegar finalmente a 163.000 millones de kilómetros de distancia. Después de todo eso, una vez que la sonda se haya quedado sin abastecimiento de energía, continuará hacia delante indefinida e inútilmente.

¿Qué utilidad tendrán estas fotografías lejanas de las estrellas?

Cuando se observa las estrellas desde distintas posiciones, las más cercanas parecen cambiar de lugar en relación con las más lejanas. Este cambio se llama «paralaje». Cuanto mayor es el cambio, más cercana está la estrella. Midiendo el tamaño del cambio, podemos calcular la distancia de la estrella.

Desgraciadamente, incluso las estrellas más cercanas están tan lejos que el cambio en posición es demasiado pequeño, aunque vaciemos nuestra posición todo lo posible. Podemos tomar fotografías de las estrellas, por ejemplo, cuando la Tierra está en un punto particular de su órbita, y otra vez cuando está en el lado opuesto. Estos dos puntos están separados por trescientos millones de kilómetros.

Esta diferencia en la posición nos permite medir la distancia de las estrellas hasta valores de cien años luz (900 billones de kilómetros). Estas distancias sirven como base para la estimación de las distancias de objetos más lejanos por medio de métodos menos seguros.

Las fotografías de las estrellas que enviaría la sonda en su largo viaje las mostraría a una distancia de nosotros que sería unas quinientas veces mayor que la anchura máxima de la órbita de la Tierra. Comparando las fotografías con las que tomamos desde la Tierra, observaremos cambios superiores en el paralaje y podremos medir con precisión las distancias de distintos cuerpos hasta 50.000 años luz de distancia. Como resultado, perfeccionaremos en gran manera nuestro conocimiento de las dimensiones del Universo.

Por supuesto, esperar cincuenta años es mucho, y es previsible que muchas de las personas que presencien el lanzamiento no vivirán para cuando lleguen las últimas fotos. Sin embargo, en el pasado la humanidad ha estado dispuesta a esperar siglos para completar sus grandes proyectos (pensemos, por ejemplo, en las grandes catedrales medievales). Esta es una catedral de otro tipo y valdrá la pena esperar.

IV

Una sonda que se separe 160.000 millones de millas del Sol sólo habrá recorrido cerca de la distancia de 1/270 hasta la estrella más cercana. Alcanzar la estrella más cercana puede llevar toda una vida, y no es probable que nadie viva lo suficiente como para sobrevivir a un viaje de ida y vuelta. Este viaje podría llevar unos ochenta años, aunque utilizáramos métodos avanzados de propulsión que todavía no tenemos.

Sin embargo, pudiera ser que llegara un momento en el futuro cercano en que los asentamientos espaciales se establezcan en la órbita de la Luna, o aun entre los asteroides.

¿No sería posible que uno de estos asentamientos se independizara y, utilizando métodos avanzados de propulsión, pudiera lanzarse al espacio y alejarse del Sol indefinidamente? Podría utilizar la fusión controlada como fuente de energía, y abastecerse de combustible a partir de los cometas.

Cualquier asentamiento capaz de moverse sería una nave interestelar, con diez mil o más seres humanos en su interior. Sería un auténtico mundo en miniatura. Los tripulantes no habrían abandonado su hogar, sino que lo llevarían consigo.

Una generación tras otra podría vivir en un mundo como éste y viajar a través del espacio durante miles de años antes de llegar a otros mundos que tienen su órbita alrededor de otros soles –mundos que podrán explorar y colonizar–. Quizá podrán encontrarse con otras inteligencias, con las cuales podrían intercambiar información antes de seguir adelante buscando mundos adecuados sin inteligencias nativas.

Así los seres humanos, de manera lenta pero inexorable, colonizarían toda la galaxia, e incluso todo el Universo si dispusieran de millones de años.

¡Colonizar el Universo! ¡Ésa sería la aventura final!

Vuelos a larga distancia

Pienso que nuestro objetivo tendría que ser que los terrícolas abandonaran los viajes espaciales. No estamos realmente preparados para ellos. Vivimos una vida anormal, pegados al exterior de nuestra nave espacial, la Tierra. Nos ha echado a perder la gravedad constante, y una ecología tan vasta que no somos conscientes de los ciclos del aire, de la comida y del agua.

El resultado es que una nave espacial común o una estación espacial nos parecen un entorno extraño. El alojamiento apretado dentro del armazón, la fuerza gravitacional anormal y el ciclo ajustado de necesidades son muy difíciles de soportar.

Por supuesto, podemos arreglárnoslas para viajar a la Luna; el viaje de ida y vuelta dura menos de una semana. Y podemos permanecer en el espacio durante al menos un año, siempre que estemos lo bastante cerca de la Tierra como para permanecer en contacto y asegurarnos un rescate sin complicaciones en caso de emergencia.

Pero ¿qué podemos decir de los vuelos a gran distancia? ¿De los vuelos a Marte y más allá? No estamos preparados para ello, y no estoy seguro de que logremos estarlo. ¿Qué hacemos, pues?

Quisiera que nos concentráramos en el sistema Tierra-Luna durante una primera etapa. Construyamos estaciones espaciales en la órbita alrededor de la Tierra, y estaciones mineras en la Luna. Construyamos observatorios, laboratorios, incluso fábricas en el espacio entre nosotros y la Luna. Establezcamos asentamientos espaciales en los que vivan miles de seres humanos en un entorno similar al de la Tierra (no obstante, la seudogravedad producida por un sistema rotatorio instalado en el asentamiento produciría efectos no demasiado terrestres).

Puede llevarnos un siglo de mucho trabajo y esfuerzos concentrados, pero a medida que nos acerquemos al año 2100 deberíamos tener una sociedad centrada en el espacio y que trabajara sin problemas en el sistema Tierra-Luna. Tomaría energía del Sol y materiales (excepto carbono, hidrógeno y nitrógeno) de la Luna. Los asentamientos exportarían comida y energía a la

Tierra y supervisarían las fábricas, que aprovecharían las peculiares propiedades del espacio.

Lo que es más, los colonos espaciales tendrán un entorno adecuado para los vuelos espaciales. No sólo estarán acostumbrados al espacio, sino que vivirán en una especie de gran nave espacial. Vivirán dentro de ella, estarán sujetos a una gravedad variable, y serán conscientes de ajustarse al ciclo del aire, de la comida y del agua.

Podrán realizar largos viajes en naves espaciales más pequeñas. Estarán preparados psicológicamente para hacerlo, al contrario que los terrícolas. No experimentarán los cambios radicales de entorno que experimentaríamos nosotros en una nave espacial.

Por lo tanto, estos colonos espaciales serán los grandes navegantes del futuro, los nuevos fenicios, vikingos y polinesios. Serán ellos los que llegarán a Marte, a los asteroides, a los cuerpos más pequeños de las vastedades del sistema solar exterior.

No seremos nosotros. No seremos los habitantes de la Tierra con nuestra vida anormal, que nos ata y nos hace prisioneros.

El teléfono en el espacio

En la opereta *Princess Ida*, de Gilbert y Sullivan, los tres jóvenes héroes se burlan de una princesa diligente que ha fundado un instituto para mujeres. Confeccionan una lista satírica de los planes a largo plazo de las mujeres, y la primera línea de la canción dice lo siguiente:

> Quieren enviar un telegrama a la Luna – a la Luna...

Por supuesto, eso es imposible. Hacer llegar cables a la Luna para comunicaciones telegráficas o telefónicas es totalmente impracticable por cuatro motivos:

1. Un cable que partiera de la Tierra y llegara a la Luna pesaría cerca de un millón de toneladas, y el costo y el esfuerzo de instalarlo superarían todos los resultados positivos que pudiera comportar.

2. La distancia entre la Tierra y la Luna oscila, durante el mes, entre 221.000 y 252.000 millas. Si el cable fuera lo suficientemente largo como para alcanzar la Luna en su punto más lejano, un tramo de 31.000 millas colgaría sobre la Tierra durante las dos semanas siguientes.

3. Las superficies de la Luna y de la Tierra están en movimiento en relación una con otra. La Tierra efectúa una rotación cada veinticuatro horas, de modo que el cable tendría que establecer un contacto corredizo con su superficie, y su trazado tendría que dar la vuelta a la Tierra.

4. Podemos comunicarnos con la Luna, y no necesitamos un cable para hacerlo. Utilizamos ondas de radio.

Pero pensemos ahora en la Luna. Supongamos que hemos establecido una serie de bases en la Luna y la hemos colonizado. Tenemos ciudades que crecen cubiertas por cúpulas, mejor aún, que son subterráneas, cada una con sus atmósferas autocontroladas, con reservas de agua, fuentes de energía, abastecimiento de comida y demás. ¿Cómo se van a comunicar?

Por supuesto que tendrán radio, pero supongamos que quieren enviar una comunicación por cable para mantenerla en privado, para transportar una densidad mayor de mensajes, o por la variedad de posibilidades que supondría.

En algunos aspectos, será más fácil establecer un sistema de cables en la Luna que en la Tierra. La superficie de la Luna tiene un área cercana a los quince millones de millas cuadradas, parecida al área de toda América. Sin embargo, no hay ríos ni océanos que los cables deban sortear. Se trata de tierra firme en un cien por ciento. Naturalmente hay montañas, pero con una gravedad en la superficie equivalente a una sexta parte de la existente en la Tierra, no suponen de ninguna manera las mismas barreras que en nuestro planeta.

Lo que es más: en la Luna no hay campos helados, ni tormentas, ni clima tal como lo entendemos nosotros. Con seguridad, existen temperaturas extremas de calor y de frío, con una superficie que se calienta hasta el punto de ebullición del agua hacia la mitad de su día de dos semanas de duración, y que se enfría a niveles inferiores a los de la Antártida hacia el final de su noche de dos semanas. Sin embargo, estas temperaturas se dan únicamente en la superficie.

Podríamos pensar en tender los cables durante la noche (es más fácil mantenerse caliente en el frío que fresco en el calor), y en colocarlos unos pies bajo la superficie, donde la temperatura es siempre la misma. Esta medida los protegería de las temperaturas extremas, de la alta radiación del Sol, e incluso del polvo y la arenisca que siempre bombardean la superficie de la Luna debido a que no cuenta con una atmósfera que la proteja (tampoco habría ninguna vida salvaje nativa que interfiriera inconscientemente los cables; ni terremotos, dado que la Luna está casi tan muerta geológicamente como biológicamente).

Lo único que dañaría la red de cables sería el impacto de un meteorito grande, fenómeno que se produciría muy de vez en cuando.

Si imaginamos que el sistema telefónico de la Luna va a estar totalmente computadorizado y en contacto con la comunicación de radio cuando sea necesario, entonces cada individuo en la Luna tendrá su propia longitud de onda, así como su propio número de teléfono. Se establecería contacto con una persona, no con un lugar. Se contactaría con la persona dondequiera que estuviera, siempre que quisiera recibir mensajes en ese momento. Lo que es más, nadie podría perderse, porque una solicitud de ayuda enviada en una onda característica informaría enseguida al mundo del lugar donde se encontrara la persona perdida y de su identidad.

Todas las funciones subsidiarias de la red telefónica se usarían plenamente. Se combinarían con dispositivos informáticos para obtener noticias, hacer las compras y estar al día en todas las cosas programadas para la Tierra en cuanto al futuro telefónico. Lo más importante es que las bibliotecas estarían completamente computadorizadas y la educación podría llegar a los hogares, por lo que todo ser humano podría obtener información sobre cualquier campo de su interés (ver mi artículo «La biblioteca global computadorizada»).

Todo eso se ha pronosticado y sin duda comenzará a ser aplicado en la Tierra mucho antes de que existan los asentamientos en la Luna. Pero estos avances deberán extenderse lentamente en la Tierra, de las sociedades tecnológicamente avanzadas a las que lo están menos, y dentro de cada sociedad de los que gozan de una posición próspera a los que no tienen nada. La Luna, a pesar de que comience más tarde, estará poblada menos densamente y tendrá una sociedad mucho más homogénea, que contará con alta tecnología desde sus comienzos. Por lo tanto es posible pensar que la Luna adelante a la Tierra, así como los Estados Unidos, entre 1800 y 1920, sobrepasaron a Europa. Para el año 2100, la Luna será el líder tecnológico, por delante de la Tierra.

La próxima área de bienes raíces que la humanidad tendrá posibilidades de colonizar es Marte. Puede que no sean los terrícolas los que lleguen y colonicen Marte, sino los selenitas. Los colonos de la Luna estarán acostumbrados a los viajes espaciales y a la baja gravedad. En síntesis, gozarán de un nivel tecnológico más alto y estarán, por lo tanto, en condiciones de afrontar largos vuelos hacia Marte.

Marte es en algunos aspectos preferible a la Luna. Es más grande, con una superficie tres veces mayor que la de la Luna e igual a la superficie de la Tierra. No tiene ríos ni océanos, pero cuenta con pequeños cascos polares que pueden ser evitados fácilmente. Posee una atmósfera tenue (en la que no se puede respirar) y existen tormentas de arena, pero está más lejos del Sol y no sufre calor. En realidad, su clima es más antártico, pero se trata de un fenómeno que sólo se da en la superficie. La gravedad de la superficie es 2,5 veces superior a la de la Luna, pero sólo dos quintos de la existente en la Tierra.

Debido a la distancia del sistema Tierra-Luna, Marte sin duda quedará rezagado en relación con la Luna durante un largo tiempo en lo que respecta a la tecnología. No obstante, su mayor tamaño, sus recursos de elementos como carbono y nitrógeno, y su menor exposición al calor lo convertirán, con el tiempo, en el cuerpo de más alta tecnología dominado por la humanidad.

Además de los tres grandes astros (Tierra, Luna y Marte), seguramente habrá objetos complementarios ocupados por seres humanos, sobre todo en el sistema Tierra-Luna. Estaciones espaciales circularán alrededor de la Tierra en una órbita bastante cercana, y servirán como plataformas a partir de las cuales establecer bases en la Luna. Estas plataformas pueden ser laboratorios y observatorios que aprovecharán las propiedades únicas del espacio. También podrían ser estaciones de energía solar, invernaderos automáticos para hacer crecer plantas, fábricas de todo tipo, etcétera.

Pueden haber asentamientos espaciales aún mayores, con un medio ambiente artificial similar al de la Tierra, capaces de albergar a 10.000 seres humanos. Es probable que estos asentamientos se sitúen en la órbita lunar 60 grados antes de la Luna o 60 grados detrás de ella. Son las llamadas posiciones «L4» y «L5» y cuentan con estabilidad gravitacional.

Una de las cuestiones pendientes tiene que ver con la comunicación entre los mundos. En principio, el problema es similar al existente en la comunicación entre un barco y la costa, una combinación de cable y ondas radiales. Lo hemos visto funcionar en nuestra casa y en nuestro propio televisor, en directo, con los astronautas en la Luna.

Existe un problema que no puede solucionarse. La comunicación de cualquier tipo no puede realizarse a una velocidad superior a la de la luz. Esta velocidad es de 186.282 millas por segundo, pero eso no nos preocupa en la Tierra. Las corrientes eléctricas y las ondas de radio pueden cubrir la distancia de Nueva York a Tokio en la dieciochoava parte de un segundo, de modo que podemos conversar fácilmente entre ambas ciudades.

Sin embargo, las ondas de radio tardan 1,28 segundos en viajar de la Tierra a la Luna, y otro tanto para regresar. Esto significa que si estamos hablando con alguien que esté en la Luna, diremos «hola» y tendremos que esperar dos segundos y medio para oír que nos respondan «hola». Ese intervalo no puede ser acortado por nada. Forzosamente, la gente tendrá que acostumbrarse a ello.

Habrá un intervalo similar si la conversación tiene lugar entre personas situadas en la posición L4 y la Luna o la Tierra. Si alguien situado en la posición L4 quiere hablar con alguien en la posición L5 (a 412.000 millas de distancia), el viaje de ida y vuelta de la comunicación será de 4,4 segundos –y nada puede acortar ese intervalo.

El verdadero problema surgirá en relación con Marte. Cuando Marte y la Tierra se encuentran al mismo lado del Sol, pueden estar separadas por una distancia de 35 millones de millas. Marte está unas 150 veces más lejos de la Tierra que la Luna. Cualquier tipo de comunicación tardaría 3,12 minutos en ir de la Tierra a Marte, y un tiempo similar para volver. Cuando hayamos dicho algo a un colono marciano, tendremos que esperar 6,25 minutos para recibir la respuesta, y nada puede acortar ese intervalo.

Esto ocurrirá cuando la Tierra y Marte estén en su punto más cercano. Cuando se encuentren a distintos lados del Sol, estarán separados por 250 millones de millas de distancia, y el intervalo entre un mensaje y su respuesta será de cuarenta y cinco minutos. En realidad, debido a que el Sol estará entre ambos planetas y puede causar interferencias, las comunicaciones tendrán que realizarse por medio de satélites que circulen alrededor del Sol en los ángulos rectos de las órbitas de la Tierra y Marte. Esto hará que el camino sea más largo y retrasará la respuesta. Con seguridad va a haber que esperar casi una hora para obtener la contestación.

La situación empeora, en este sentido, a medida que penetramos en el sistema solar, más allá de Marte, y ningún avance tecnológico que pueda imaginarse podrá ayudarnos. Lo siento.

El ciudadano medio como astronauta

¿Viajar en el espacio? ¿Podrá hacerlo cualquiera que compre un pasaje?

Todavía nos parece imposible. Hace treinta y dos años que los seres humanos pusieron un objeto en órbita alrededor de la Tierra, y veinte años desde que caminaron por primera vez por la Luna. Pero el ciudadano medio no parece estar más cerca que antes de ser astronauta si realmente desea serlo.

Además, aunque pudiéramos viajar en el espacio según nuestra voluntad (comprando un pasaje en un puerto espacial y despegando), ¿adónde iríamos?

El único objeto cercano en el espacio es la Luna. Lleva sólo tres días llegar allí. Pero, francamente, una vez que se ha visto un cráter y un paisaje lunar, se han visto todos. Todo es simplemente desolación sin aire y sin agua.

¿A qué otros sitios se puede ir? Mercurio es como la Luna, sólo que mucho peor si tenemos en cuenta el calor y las radiaciones del cercano Sol. Y Venus, a pesar de que está más lejos del Sol que Mercurio, es aún más caliente y peor: su atmósfera de dióxido de carbono es noventa veces más espesa que la nuestra, su temperatura es lo bastante alta como para derretir el plomo y sus nubes son ricas en ácido sulfúrico. El infierno de Dante se parece a Palm Springs en comparación.

Si miramos en la otra dirección, Marte es mejor que la Luna, a pesar de que no resulte exactamente un lugar donde vivir, pero está a nueve meses de viaje con el actual estado de las investigaciones. Podemos tratar de encontrar maneras de llegar allí más deprisa, pero es difícil creer que un turista normal y corriente considere que vale la pena hacerlo. Si nos referimos a cualquier cosa que esté más lejos de Marte eso significaría un viaje que duraría años.

Podríamos capturar un cometa o un asteroide ocasional durante el vuelo, mientras pase rápido por el sistema Tierra-Luna, pero, honestamente, no habría mucho que ver.

Entonces, ¿debemos dejarlo todo en manos de los astronautas profesionales y de sondas sin tripulación?

¡Ciertamente que no! El espacio no va a permanecer como está, y el cambio lo producirá el *shuttle* o transbordador espacial.

* * *

El transbordador o lanzadera espacial es una nave que puede ser reutilizada. Es como un caballo de carga o un camión en el vacío. Puede llevar seres humanos y materiales hasta la órbita y volver a buscar más. Con el número suficiente de transbordadores, podemos llevar material al espacio para construir, por ejemplo, una estación diseñada para recoger energía solar, convertirla en microondas y reflejar éstas sobre la Tierra para convertirlas en electricidad.

Todo eso comportará una enorme inversión inicial, sobre todo porque necesitaremos docenas de esas estaciones, pero la energía que obtengamos hará que el complejo sea pronto autosuficiente y proporcione enormes beneficios. Ni siquiera tendremos que tomar de la Tierra los metales y otros materiales que necesitaremos para construir esas estaciones. Gracias al transbordador espacial y a sus sucesores mejorados y más sofisticados, seremos capaces de establecer una estación minera en la Luna.

Los materiales de la Luna serán lanzados al espacio con un *mass-driver* (mecanismo de impulsión de grandes masas): no es ciencia-ficción, sino una herramienta que puede utilizarse con el nivel actual de conocimientos electromagnéticos. En el espacio, los materiales lunares podrán convertirse en tierra fértil, hormigón, vidrio y distintos metales.

Se construirán observatorios y laboratorios en el espacio para estudiar el Universo y llevar a cabo experimentos que harán uso de las especiales propiedades del espacio (temperaturas altas y bajas, una fuerte radiación, el vacío, la gravedad cero).

Por ese motivo, pueden construirse fábricas automatizadas en el espacio de modo que la mayor parte de los procesos industriales más contaminantes de la Tierra puedan ser suprimidos de la superficie y colocados en el espacio, lo que nos permitirá gozar de los beneficios de la industrialización sin peligro. (En vistas de lo que ocurrió con el *Skylab*, debemos hacer énfasis en colocarlas todas en órbitas lo bastante altas como para asegurar que permanecerán en el espacio durante muchos millones de años.)

Para construir y mantener esas estructuras del espacio será aconsejable establecer colonias autosuficientes en el espacio, quizá con varias millas de circunferencia y capaces de dar cabida a una cantidad de personas que oscile entre las diez mil y los diez millones.

Estos asentamientos probablemente estarán en la órbita de la Luna, o un cuarto de millón de millas por delante de su movimiento alrededor de la Tierra, o un cuarto de millón de millas por atrás, ya que éstas son dos las posiciones más estables.

Si miramos hacia el año 2080, no veremos el espacio cercano como es ahora (la Tierra, una Luna vacía y nada más). En lugar de eso veremos una Luna habitada y activa, con decenas de asentamientos espaciales por delante y detrás de ella, junto a cientos de estaciones energéticas, observatorios, laboratorios, fábricas, todos ellos en la órbita entre la Tierra y la Luna.

* * *

¿Ocurrirá esto realmente?

Sí, a no ser que los seres humanos decidan deliberadamente no hacerlo, ya sea por su falta de perspectiva ya sea porque fracase su arrojo.

Estarán aquellos que querrán «resolver primero los problemas de la Tierra». Pero esos problemas no tienen solución a no ser que nos movamos hacia el espacio. La Tierra está agotada y superpoblada, ya no puede abastecernos. A no ser que expandamos nuestro horizonte y obtengamos recursos de otros lugares, llegaremos al colapso y la civilización entrará en decadencia y morirá.

Pero incluso si intentamos hacerlo, ¿podremos lograrlo en sólo un siglo?

¡Sin duda alguna! Imaginemos que estamos en el año 1869, cuando la mayor maravilla tecnológica era el cable que cruzaba el Atlántico. La luz eléctrica llegaría al cabo de diez años, el automóvil al cabo de veinte, y el avión al cabo de treinta y cinco. Sin embargo, si contamos a partir de 1869, en cien años, un solo siglo, vemos al hombre sobre la Luna (y hoy en día nos movemos aún más rápidamente).

* * *

Si el mundo del año 2080 es tal como yo lo veo, los ciudadanos podrán relacionarse tanto como quieran con la astronáutica (siempre que puedan reservar un asiento en la nave espacial y comprar el pasaje).

Con la energía solar del espacio dispondremos de una amplia cantidad de electricidad para convertir el agua en hidrógeno y en oxígeno. Si el hidrógeno es utilizado como combustible se recombinará con el oxígeno para formar agua de nuevo. Así nuestras naves espaciales podrán funcionar, y todo lo que utilizaremos será la luz del Sol, que durará millones de años.

¿Y adónde iremos?

Una vez que hayamos explorado y colonizado el espacio, no nos faltarán destinos. La Luna ya no será una mera desolación. Con seguridad, todavía no tendrá aire ni agua, pero llegará un momento en que tendrá aspecto de Tierra y se convertirá en un mundo donde poder vivir –pero esto no ocurrirá en el año 2080.

Sin embargo, aunque no tenga aire ni agua, será una estación minera eficaz. Los turistas serán transportados en grandes vehículos herméticos por la superficie lunar para ver las minas, la maquinaria automatizada en funcionamiento y los *mass-drivers*.

Sin duda, habrá hoteles equipados bajo la superficie lunar, donde los turistas se encontrarán muy confortables en un ambiente que simule el de la Tierra, con escenas de la Tierra convenientemente proyectadas. Pero habrá una diferencia en la gravedad. La gravedad de la superficie lunar equivale a una sexta parte de la gravedad de la Tierra y pasará mucho, mucho tiempo, antes de que se pueda hacer algo al respecto –quizá nunca se pueda hacer nada.

Pero la baja gravedad no es necesariamente mala, en especial si uno es un visitante y debe acomodarse a ella sólo temporalmente. Habrá lugares donde se podrá hacer ejercicios gimnásticos de una belleza nueva y extraña, donde la gente podrá columpiarse más lentamente, donde los artistas del trapecio podrán hacer más saltos y los bailarines de ballet podrán arriesgarse a probar pasos más espectaculares.

Todo el mundo, en cierto sentido, se moverá más despacio.

Sin embargo el visitante no podrá, ni deberá, tratar de llegar demasiado lejos en poco tiempo. Se debe aprender a manipular objetos y el propio cuerpo en una situación de baja gravedad. El peso disminuye, pero no la masa, y la ilusión de ser una pluma no evitará que uno se rompa un tobillo si aterriza mal.

Pero habrá sesiones de instrucción, por supuesto, y los visitantes asistirán a ellas con entusiasmo, porque no habrá nada similar en la Tierra. El simple hecho de bailar en un salón puede incluir pasos gimnásticos que no podrían ser emulados en nuestro planeta. A pesar de que un medio ambiente con baja gravedad puede parecer una tentación que permita evitar el uso de los músculos, lo divertido de todo esto puede ser alentar a la gente a perder peso y afirmar sus músculos.

Podrá llegar el momento en que «Póngase en forma en la Luna» sea el eslogan de los mejores cuerpos del siglo XXI.

* * *

Pero la Luna no será el único destino. Habrá sin duda un flujo constante de visitantes a las fábricas automatizadas (o laboratorios u observatorios) del futuro, donde sistemas guiados automáticamente llevarán a la gente por las cavernas sin aire en las que tendrán lugar todas las tareas en silencio: desde la llegada a la Luna de materias primas, o de componentes sofisticados procedentes de los asentamientos espaciales (porque las maquinarias deben ser mantenidas y reparadas), hasta la carga de productos en grandes transbordadores para ser llevados a la Tierra, todo ello sin intervención de las manos humanas, pero bajo una intensa supervisión humana realizada por medio de un circuito cerrado de televisión tridimensional.

Sin embargo, no cabe duda de que el lugar de mayor interés de todas las aventuras espaciales que vivan los visitantes procedentes de la Tierra serán los propios asentamientos espaciales.

Para el año 2080, es muy probable que existan docenas de asentamientos por delante y detrás de la Luna, que albergarán a los laboriosos habitantes del espacio del futuro. Los colonos del espacio controlarán las operaciones mineras en la Luna y tendrán a su cargo las instalaciones para el turismo. Serán ellos los que construirán las fábricas, los observatorios y los laboratorios en órbita y los harán automáticos, y también los que construirán nuevos asentamientos espaciales.

Cada asentamiento espacial será como una isla distinta en el océano. Cada uno tendrá su propio modo de vida, su propia cultura, su propia personalidad.

Un asentamiento espacial puede ser diseñado para imitar a la Tierra de muchas maneras distintas, según el gusto de los primeros colonos. Uno podrá parecerse a un barrio estadounidense, otro a un paisaje holandés, o africano, o español – habrá idiomas, costumbres, actitudes y diversiones distintas.

Será una delicia para la humanidad que estos mundos pequeños y aislados se agreguen a la diversidad cultural humana, y por lo tanto al interés, la sorpresa y la aventura de los viajeros.

Sin duda los distintos terrícolas tendrán sus asentamientos favoritos, pero siempre les interesará probar nuevos manjares, conocer un nuevo ritmo musical o un nuevo paisaje (aunque un asentamiento esté a unas pocas millas de distancia siempre habrá paisajes nuevos).

Los asentamientos espaciales serán rotatorios, de modo que el efecto centrífugo sobre la superficie interior tienda a dar la sensación de gravedad terrestre. La luz del sol reflejada a través de las ventanas se ajustará para que el día y la noche se sucedan como en la Tierra. El paisaje se parecerá a la Tierra de una manera u otra. No obstante, las cosas no se parecerán *demasiado* a la Tierra.

No importa cómo sea la geometría del asentamiento espacial (cilíndrico, esférico, toroidal...): siempre habrá lugares en los que la fuerza seudogravitacional será menor que la de la Tierra. La gravedad no será siempre igual a la de la Luna, es decir, una sexta parte de la de la Tierra. Puede ser cualquiera, si se elige la posición con cuidado, de 1 (la gravedad de la Tierra) a 0. Eso significa que habrá lugares en cualquier asentamiento espacial donde se podrá hacer la gimnasia que es posible hacer en la Luna.

Es muy probable que algunos asentamientos sean diseñados deliberadamente para ofrecer grandes superficies donde se construyan montañas (de gran tamaño) por el placer de escalar. Algunas de las incomodidades habrán desaparecido. En el asentamiento espacial cerrado, el aire estará presente en todas partes con una densidad casi constante, de modo que cuando se escalen montañas, uno no se verá sujeto a los peligros del aire débil ni, por el mismo motivo, a la baja temperatura. Lo que es más, si la montaña está ubicada de manera apropiada, cuanto más alto se suba, más baja será la fuerza gravitacional y más fácil, por lo tanto, seguir escalando.

En contrapartida, una caída podría llevarlo a uno a zonas de mayor gravedad, de modo que la consecuencia del descuido o el accidente podría ser la muerte (presumiblemente, el verdadero escalador de montañas no querrá que se elimine todo el sabor del peligro).

También podrá haber grandes superficies que estén razonablemente niveladas, pero donde el efecto gravitacional sea prácticamente cero. En ese caso sería posible usar membranas de plástico livianas y duras extendidas sobre un esqueleto flexible de cañas de plástico como si fueran «alas» para volar. No sería el tipo de vuelo que se logra sentado en una máquina; sería un vuelo personal utilizando los músculos de los brazos para la propulsión y los músculos de las piernas para marcar el rumbo.

No será tan fácil como parece, porque manipular y dirigir las alas debe ser como mínimo tan difícil como aprender a ir en bicicleta –pero quizá no más difícil si uno está interesado únicamente en flotar en el aire–. Para convertirse en un experto, para remontarse y zambullirse, y para planear y girar con facilidad se requerirá una práctica considerable.

Viajar por el espacio tendrá otra dimensión una vez que uno se halle en un asentamiento. En la Tierra está el problema de un campo gravitacional fuerte, y para superarlo se requiere una maquinaria poderosa y una aceleración incómoda.

Los asentamientos espaciales estarán sometidos a la gravedad de la Tierra, pero como estarán en órbita, y por lo tanto en «caída libre», no la notarán. La fuerza gravitacional en los asentamientos equivaldrá prácticamente a cero, y para viajar de un asentamiento a otro y permanecer aproximadamente a una misma distancia de la Tierra no se necesitará prácticamente energía.

Para alejarse de un asentamiento espacial no se requerirá más que el empujón que se da a un bote de remos para salir del muelle; y no conllevará esfuerzo detenerse en otro asentamiento. Entre ellos habrá un período de gran calma, rodeada de la vastedad sin límites del espacio. Los colonos del espacio serán algo así como navegantes espaciales, y la gente de la Tierra seguramente se deleitará con la aventura.

Eso será peligroso. Tendrá que haber partes climáticos. No habrá grandes vientos ni mares tempestuosos, pero estará el Sol y será una fuente de partículas con cargas subatómicas que saldrán en todas las direcciones: el viento solar. Por lo general, el viento solar no es peligroso, pero el Sol tiene sus tormentas. Ocasionalmente aparecerán llamaradas en su superficie, que lanzarán ríos de partículas cargadas de energía a gran velocidad que en ocasiones alcanzarán el nivel de los rayos cósmicos. Si estas corrientes se dirigen a la Tierra, el viento solar normal podrá convertirse en una ventolera o en un temporal. No lo sentiremos ni nos daremos cuenta de su existencia, pero podría dañar fatalmente nuestro cuerpo.

Es improbable que una nave espacial ligera esté lo bastante protegida contra las llamaradas, pero en el año 2080 sabremos lo suficiente sobre el Sol como para poder pronosticar su comportamiento mucho mejor de lo que hacemos ahora. Cuando una tormenta se proyecte en el viento solar, las naves espaciales desaparecerán del espacio hasta que amaine.

* * *

Y, por supuesto, llegará el momento, no mucho después del 2080, en el que todos los asentamientos espaciales tendrán un exceso de población y comenzarán a hacer planes para alcanzar y colonizar los vastos espacios del cinturón de asteroides (más seguros, porque están más lejos del Sol).

Pero eso está más allá del siglo próximo, y también del alcance de este artículo.

¿Hay otras vidas inteligentes?

A lo largo de la historia, la gente ha supuesto que si existían otros mundos, cada uno de ellos contaría con vida inteligente –por lo general, una vida bastante humana en apariencia.

Por ejemplo, en el segundo siglo de nuestra era, el escritor sirio Luciano de Samosata escribió la primera novela interplanetaria de la que tenemos noticia, sobre un barco que fue llevado a la Luna por una tromba marina. ¿La Luna estaba habitada por seres inteligentes semejantes a los humanos? Naturalmente que sí, y ellos también estaban en guerra. Sus enemigos eran seres inteligentes provenientes del Sol, y el motivo de la pelea era las ambiciones conflictivas por la colonización de Venus.

No fue hasta el siglo XVII y la llegada del telescopio que los astrónomos pudieron mostrar, de una manera bastante definitiva, que la Luna no tenía aire ni agua y, por lo tanto, no podía albergar vidas semejantes a las nuestras. Fue entonces cuando surgió el concepto de «mundo muerto».

Los descubrimientos astronómicos posteriores demostraron finalmente que, más allá de toda duda, la Tierra es el único planeta del sistema solar que alberga algún tipo de vida, por simple que sea, sin entrar en si es inteligente o no.

* * *

Pero ¿qué hay de los vastos espacios fuera de nuestro sistema solar? Después de todo, el Sol es sólo una estrella, y existe una cantidad increíble de otras estrellas. ¿No podría haber vida, incluso vida inteligente, asociada con alguna de ellas? No tenemos ninguna evidencia a favor o en contra, pero quizá podamos tener en cuenta las posibilidades que existen. Intentémoslo.

En primer lugar, podemos preguntarnos cuántas estrellas existen en el Universo. De ese modo podríamos tener alguna idea de cuántos lugares posibles existen donde podría desarrollarse la vida inteligente.

Las estrellas se reúnen en grandes grupos, llamados galaxias. Nuestro Sol es parte de la galaxia de la Vía Láctea, pero existen otras. Algunas son vastos conjuntos de billones de estrellas (1.000.000.000.000), y otras son «enanas» que apenas tienen cinco mil millones de estrellas (5.000.000.000). La Vía Láctea es una galaxia intermedia: junto con las Nubes de Magallanes (sus pequeñas galaxias satélites) contiene un total de 140.000 millones de estrellas (140.000.000.000).

No sabemos cuántas galaxias existen en total. Nuestros mejores telescopios pueden detectar cientos de millones, pero debe haber muchas otras más allá. Algunos astrónomos estiman que pueden haber cien mil millones (100.000.000.000) en todo el Universo.

Si es así, y si nuestra propia galaxia es de un tamaño medio, el total de estrellas existentes debe de ascender aproximadamente a unos 14.000 trillones.

Ese, sin embargo, es un número calculado bastante al azar, debido a que en realidad no sabemos cuál es el total de las galaxias. Además, las otras galaxias se encuentran en cualquier lugar a miles de billones de años luz de distancia, mientras que las estrellas de nuestra propia galaxia están a unos 150.000 años luz. Es mucho más probable que si existe vida inteligente en el espacio, sea la de nuestra propia galaxia la que nos interese, en lugar de la de galaxias lejanas.

Por lo tanto, calculemos cuánta vida inteligente podría haber en nuestra galaxia. De ese modo podremos suponer (como media) cuánta habrá en cada galaxia. Por lo tanto, comenzamos con nuestra primera cifra:

1. Número de estrellas en la galaxia: 140.000.000.000

Una estrella es esencial para la vida: es la fuente de energía que permite su desarrollo y que la mantiene a lo largo de toda su existencia. Sin embargo, no todas las estrellas son útiles bajo ese punto de vista.

La mayor parte de las estrellas de cualquier galaxia son objetos relativamente pequeños, de luz tenue y color rojizo, llamadas «enanas rojas». Para que la vida reciba suficiente energía de una estrella así, el mundo en el cual exista esa vida tendría que estar en la órbita más cercana a la estrella. El planeta recibiría entonces la energía suficiente, pero también estaría sujeto a los efectos de la marea, que disminuirían la velocidad de su rotación y harían que mostrara siempre la misma cara a la estrella. Por lo tanto, una cara estaría demasiado caliente como para albergar vida, y la otra, demasiado fría.

Existen estrellas más grandes y calientes que el Sol, pero cuanto más grande y caliente sea la estrella, más pronto explotará y volará en pedazos, y más corto será el tiempo en que permanecerá como un objeto estable proporcionando calor de un modo constante como la vida lo requiere. Si nuestra experiencia de vida en la Tierra es la normal (esto debemos suponerlo, porque no podemos hacer ningún tipo de cálculo), el desarrollo de la inteligencia implica largo tiempo. Las estrellas grandes y calientes no ofrecen el tiempo suficiente. Es concebible que los planetas que giran alrededor de estas estrellas puedan desarrollar una delgada capa de vida primitiva en los océanos, pero no es eso lo que buscamos.

Lo que buscamos son estrellas como el Sol, que no sean inferiores a un cuarto ni superiores a una vez y media la masa del Sol. Estas estrellas semejantes al Sol no son muy comunes, pero afortunadamente tampoco son tan raras. Es razonable estimar que el 10% de las estrellas de nuestra galaxia son como el Sol; de modo que llegamos a nuestra segunda cifra:

2. Número de estrellas semejantes al Sol en la galaxia: 14.000.000.000

Sin embargo, la naturaleza de la estrella no es todo lo que cuenta. También importa su ubicación.

Hasta hace poco, parecía que eso no tenía importancia, pero en los últimos veinte años la nueva ciencia de la radioastronomía nos ha enseñado que el Universo es un lugar mucho más violento de lo que imaginamos (esta afirmación se refiere particularmente a los núcleos de las galaxias, donde las estrellas están muy apretadas).

Los núcleos de las galaxias parecen tener una tendencia a las explosiones, que esparcen una energía inconcebible al espacio circundante. Los misteriosos quasares, que arden con la luz de cientos de galaxias, parecen ser núcleos galácticos tan violentamente brillantes que pueden ser vistos a miles de millones de años luz de distancia. Existe una fuerte sospecha de que en el centro de las galaxias existen agujeros negros que consumen materia con rapidez y que, en este proceso, liberan flujos de rayos X.

Existe un punto caliente en el centro de nuestra galaxia, por ejemplo, que podría ser un agujero negro equivalente a una masa de cientos de millones de estrellas.

Si esto es así, las regiones centrales de una galaxia no serían un lugar adecuado para un fenómeno tan frágil como es la vida; existe demasiada radiación. Podría ser que sólo en la periferia de una galaxia –en los brazos de la espiral de nuestra propia galaxia, por ejemplo, donde está situado nuestro Sol– hubiera la suficiente tranquilidad como para que la vida surja y crezca.

Las regiones centrales de una galaxia contienen la mayoría de las estrellas. Se estima que un 90% de todas las estrellas de nuestra galaxia están en el núcleo y sólo el 10% en los brazos de la espiral.

Si las estrellas semejantes al Sol están distribuidas de ese modo (¿y por qué no?), sólo el 10% de ellas se encuentra en una región en la que es posible la vida, y así llegamos a nuestra tercera cifra:

3. Número de estrellas semejantes al Sol
en la periferia de las galaxias: 1.400.000.000

Un estrella, por más adecuados que sean su tamaño y su situación, no contiene vida, por supuesto. Debe ser un planeta que gire a su alrededor el que contenga esa vida. ¿Podemos estar seguros de que una estrella determinada posee un sistema planetario?

Durante los primeros cuarenta años del siglo XX, la idea clave del pensamiento astronómico era que los sistemas planetarios no eran abundantes. Se argumentaba que la diseminación natural de una masa original de gas y polvo debida a la fuerza de su propia gravitación podía formar sólo una estrella. Para que se formaran los planetas, la estrella debía sufrir posteriormente algún hecho catastrófico, como un choque con otra estrella, que separaría materia de su cuerpo central y formaría los planetas.

Pero estos hechos catastróficos tendrían tan pocas posibilidades de suceder que sería dudoso que ocurriera siquiera una vez en la vida de una galaxia en particular. Bajo esas circunstancias, se pensaba que nuestro Sol era la única estrella de la galaxia que poseía una cadena de planetas (además, quizá, procedentes de la estrella desconocida que estuvo a punto de chocar con el Sol, que pudo haber dado origen a algún planeta en ese violento encuentro).

No obstante, a comienzos de 1944 los astrónomos comenzaron a cambiar de opinión. La manera en que las nubes de polvo y gas se condensaban para formar una estrella y la función que tenían las fuerzas magnéticas, hacían pensar que la diseminación de materia era turbulenta en lugar de suave. Esta turbulencia formaría planetas en la periferia de manera automática, aunque la estrella se formara en el centro.

Si esta nueva idea es cierta, prácticamente cada estrella tendría su sistema planetario. ¿Podemos decidir entre ambas perspectivas?

Podríamos hacerlo. Cuando un planeta se mueve alrededor de una estrella, la estrella se mueve ligeramente de un lado a otro como respuesta. Cuanto más pequeña sea la estrella y más grande el planeta, mayor será este movimiento. Y si la estrella está lo bastante cerca, ese movimiento puede ser tan grande como para ser detectado. Durante el último cuarto de siglo, media docena de estrellas pequeñas que están relativamente cerca de nosotros han mostrado estos movimientos.

Descubrir tantos casos entre las estrellas cercanas nos hace pensar que es muy probable que los sistemas planetarios sean extremadamente comunes y que la nueva teoría sea correcta.

Pero una nube condensada de polvo y gas puede formar algunas veces dos estrellas en lugar de una. En realidad, la mitad de las estrellas de la galaxia pueden ser parte de un «binario» (un binario puede estar asociado con una sola estrella o con otro binario a una gran distancia).

Si las estrellas de un binario están separadas por una gran extensión, cada una puede desarrollar un sistema planetario sin ser molestada por la otra. Por otro lado, si las estrellas de un binario están cerca, como es el caso de muchas, sería imposible que hubiera órbitas planetarias estables del tipo que produce vida. Puede que estas estrellas tengan planetas, pero no del tipo que nos interesaría.

Supongamos, pues, que la mitad de los binarios, o un cuarto de todas las estrellas de la periferia de las galaxias que son semejantes al Sol, no forman sistemas planetarios del tipo que nos interesa. Esto nos permite pensar que alrededor de tres cuartos de ellas son potencialmente adecuadas, con lo que llegamos a nuestra cuarta cifra:

4. Número de sistemas planetarios en la galaxia: 1.000.000.000

Dado un sistema planetario, ¿qué probabilidades existen de que al menos uno de los planetas que lo forman sea adecuado para el desarrollo de la vida?

No todos los planetas son adecuados. En nuestro sistema planetario, sólo lo es la Tierra. Venus, que es prácticamente igual a la Tierra en tamaño y composición, está más cerca del Sol y es demasiado caliente. Marte, que se parece bastante a la Tierra en algunos aspectos, está un poco más lejos del Sol y es más pequeño, y estas características lo eliminan. La Luna, que está a la misma distancia del Sol que nosotros, es mucho más pequeña y por lo tanto está muerta.

En síntesis, lo que precisamos es un planeta que se parezca a la Tierra en tamaño, composición y temperatura. Además, su órbita no debe ser demasiado elíptica, ni su rotación demasiado lenta, ni su eje demasiado inclinado, ya que cualquiera de estas características hará que el tiempo cambie extremadamente como para obtener vida, aunque la temperatura media sea la adecuada.

No hay forma de establecer qué probabilidades existen de que todas estas condiciones tan precisas coincidan en un sistema planetario determinado. Sólo conocemos en detalle las nuestras y bien pudiera ser que no seamos un buen ejemplo. Podemos pensar que las condiciones apropiadas son tan difíciles de reunir que sólo la concatenación más afortunada de circunstancias ha producido la Tierra que conocemos, y que éste es el único planeta de su tipo en el Universo.

Sin embargo, esta opinión nos parece de un pesimismo profundo nada probable. Podemos pensar en algún equilibrio razonable como intuición. Podemos calcular que a lo mejor un sistema planetario de cada diez puede incluir un planeta como la Tierra, adecuado para el desarrollo de la vida, y eso nos da nuestra quinta cifra:

5. Número de planetas similares a la Tierra en la galaxia: 100.000.000

Dado un planeta semejante a la Tierra apto para la vida, ¿qué posibilidades existen de que la vida se desarrolle realmente?

La propia vida puede parecer un desarrollo tan milagroso que es fácil suponer que existe debido a una creación sobrenatural; o bien, que si comenzó a existir por azar, es muy improbable que la Tierra sea el único planeta con vida de los cien millones de planetas potenciales que pueden contener vida y que existen en la galaxia.

Sin embargo, en los comienzos de la década de 1950, la creencia científica en la probabilidad de que surgiera vida sufrió una revisión drástica. Se realizaron experimentos de laboratorio a pequeña escala con una mezcla de compuestos simples del tipo de los que podrían haber estado presentes en la Tierra antes de que surgiera vida. La mezcla fue sometida a la clase de energía que se esperaba obtener de un Sol primitivo o del calor volcánico de la Tierra, o de su luz, así como de su radioactividad.

El resultado fue una combinación bastante rápida de los compuestos simples en otros más complejos. Comenzando con estos más complejos y repitiendo el experimento se llega a la producción de otros aún más complejos.

Los compuestos más complejos que se formaron en el laboratorio de ese modo están muy lejos de representar siquiera la forma de vida más simple concebida, pero apuntan en la dirección correcta. Y si eso puede lograrse a pequeña escala en un laboratorio durante un período de semanas, piense en lo que pudo haber ocurrido en un océano de materiales durante millones de años.

En la década de 1970, se encontraron compuestos bastante complejos, indudablemente formados a partir de simples precursores mediante procesos que no tienen nada que ver con la vida, en meteoritos y en las vastas nubes de polvo que se encuentran entre las estrellas –y eso también apunta en dirección a la vida.

Según indicios importantes, la vida es una consecuencia muy natural si se comienzan a mezclar productos químicos comunes en un medio ambiente similar al de la Tierra. En realidad, existen signos en las rocas de que la vida comenzó en la Tierra sólo unos pocos cientos de millones de años después de haber logrado su forma actual. Si consideramos la cantidad de tiempo total durante el cual la Tierra ha sido capaz de contener vida, es decir, unos diez mil millones de años, la vida se desarrolló cuando sólo había transcurrido una veinteava parte de ese período.

Parece ser que el 95% de los planetas similares a la Tierra y adecuados que existen en la galaxia son lo bastante antiguos como para haber desarrollado vida, y con esto llegamos a la sexta cifra:

6. Número de planetas con vida en la galaxia: 95.000.000

A simple vista parece una cifra tremenda, pero en realidad no lo es mucho. Según nuestra argumentación, sólo una estrella de cada 1.500 en la galaxia ilumina algún tipo de vida.

Pero entonces, una vez garantizada la existencia de planetas con vida, ¿en cuántos de ellos evolucionan especies inteligentes? Específicamente, ¿en cuántos de ellos existe una civilización tecnológica capaz de realizar viajes interestelares?

Una vez más, tenemos sólo nuestro mundo para comparar, y no podemos decir cuán típico puede llegar a ser. El desarrollo de la inteligencia podría ser algo tan azaroso que, aunque la galaxia sea rica en vida, pudiera ser que fuéramos los únicos con inteligencia. Pero este tipo de pesimismo no tiene fundamento, y tiene más sentido suponer que el ejemplo de la Tierra es típico.

Nuestro Sol ha mantenido su etapa actual durante cerca de 5.000 millones de años y continuará manteniéndola por otros 5.000 millones, creemos, antes de que consuma suficiente combustible como para pasar a la etapa de «gigante rojo» y convertir a la Tierra en un planeta inhabitable. Por esta razón he dicho unos párrafos antes que la historia completa de la Tierra como planeta con vida sería de 10.000 millones de años.

Por lo tanto, ha sido necesaria la mitad de la historia de la Tierra como planeta con vida para desarrollar una civilización tecnológica. En realidad, todavía no dominamos el viaje interestelar, pero seremos capaces de hacerlo dentro de pocos siglos. Aunque nos llevara algunos miles de años lograrlo, o un millón, sería una parte muy pequeña del total de la historia de la Tierra como planeta con vida, y todavía podríamos decir que una civilización tecnológica capaz de realizar viajes interestelares surgió hacia la mitad de la historia de nuestro planeta.

Si ésta es una consecución media, y no tenemos más remedio que asumirla, entonces la mitad de las estrellas similares al Sol en la galaxia han alcanzado este punto medio o lo han superado, y la mitad de ellas deben de haber dado lugar al desarrollo de civilizaciones más avanzadas que la nuestra. Con esto llegamos a nuestra séptima cifra:

7. Número de civilizaciones extraterrestres
que surgen en nuestra galaxia: 47.500.000

La idea de la existencia de todas estas civilizaciones capaces de realizar viajes interestelares nos induce a pensamientos complicados. ¿Cada una de ellas desarrolla misiones colonizadoras? ¿Qué ocurre cuando se encuentran? ¿Luchan por dominar y el vencedor destruye al vencido? ¿Las civilizaciones que se formaron primero se apropian de antemano de los planetas adecuados y evitan que surjan nuevas civilizaciones?

Bien, sigamos.

Supongamos que existe una civilización tecnológica. ¿Cuántos años puede durar?

Una vez más, sólo podemos estudiar nuestro caso. Nos encontramos en las primeras fases de la civilización tecnológica. Sólo hemos llegado a otro mundo, nuestra propia Luna, y el viaje interestelar está todavía fuera de nuestros planes –con todo, existen posibilidades de que dentro de medio siglo nuestra civilización se destruya.

Esta destrucción podrá ser provocada por una guerra nuclear, por la polución o por la superpoblación. En cualquier caso, significará que nunca llegaremos al viaje interestelar.

¿Ésta es una regla general? ¿La inteligencia es un callejón sin salida y suicida en la evolución? ¿Todas las civilizaciones tecnológicas se destruyen tan pronto como se desarrollan?

Con seguridad, éste es otro ejemplo de pesimismo sin fundamento. Con casi cincuenta millones de civilizaciones tecnológicas que están comenzando a existir, ¿es probable que una de cada millón alcance la etapa de los viajes interestelares sin destruirse? Si esto es así, continuarán existiendo durante todo el tiempo en que el planeta permanezca habitable y, en realidad, existen en este mismo momento. Esto nos lleva a nuestra octava y última cifra:

8. Número de civilizaciones extraterrestres avanzadas de larga vida en nuestra galaxia: 50

Estas cincuenta civilizaciones serán con seguridad una raza especial. Sobrevivir significará superar los impulsos existentes en su interior que podrían llevarlas a la destrucción. Serán civilizaciones humanistas, no inclinadas a la violencia y respetuosas con la vida.

Creo que podrán colonizar a los planetas aptos para la vida de manera pacífica, estableciendo esferas de influencia amistosamente, evitando los planetas en los que se desarrollen inteligencias propias, e incluso formando una Liga Galáctica de Civilizaciones.

Y aunque haya sólo cincuenta, o sólo un par, podrían –si han existido durante tiempo suficiente– haber ocupado los planetas aptos para la vida de la galaxia. En otras palabras: aunque el número de civilizaciones existentes es pequeño, puede haber muchos planetas en los cuales se desarrollen.

* * *

¿Cómo podemos saber si todas las ideas que he enunciado en este artículo son ciertas?

No podemos salir a comprobarlo, ya que no contamos con viajes interestelares, ni los tendremos durante una considerable cantidad de tiempo. Tampoco podemos enviar una señal, porque todavía no hemos alcanzado la fase de desarrollo tecnológico en la cual podemos alcanzar la energía necesaria para enviar una que sea lo bastante potente.

Por supuesto, podemos esperar. Si existen civilizaciones en el exterior, seguramente alguna nave extraterrestre llegará hasta nosotros.

El hecho de que ninguna lo haya hecho hasta ahora podría indicar lo siguiente: *a)* después de todo, no existen civilizaciones en el exterior; *b)* existen, pero la galaxia es enorme y todavía no nos han encontrado; *c)* nos han encontrado, pero nos abandonan en nuestras propias manos para ver si podemos superar nuestras dificultades, desarrollar los viajes interestelares y ganarnos un lugar valioso por nuestro propio mérito en la Liga Galáctica.

(Hay gente que cree que en este momento están llegando naves extraterrestres, como platillos volantes, o que ya llegaron en tiempos prehistóricos, pero las evidencias de ello no convencen a nadie, salvo a los entusiastas ciegos.)

Puesto que no sabemos cuándo nos encontrarán, ni cuándo pensarán que valemos la pena, sólo nos queda una cosa por hacer si no soportamos la espera: buscar sus señales. Es poco probable que nos envíen señales directamente, pero pueden estar haciéndolo de manera accidental, sin advertirlo, en su vida cotidiana. Si detectamos, por ejemplo, microondas que no son absolutamente regulares ni absolutamente azarosas, contendrán «información», y tendremos indicios importantes de que detrás de ellas hay inteligencia.

Desde 1960, los astrónomos han examinado el cielo ocasionalmente apuntando hacia ciertas estrellas similares al Sol, en busca de señales de origen inteligente, y no han encontrado nada. La NASA propone ahora dedicar cinco años y veinte millones de dólares a escuchar a cada estrella similar al Sol en un radio de algunos cientos de años luz de nosotros.

Puede que oigamos algo.

Tercera parte
Ciencia

Escribo artículos sobre temas científicos desde hace casi cuarenta años. Comencé de esta manera:

En 1953 ya había decidido que no tenía aptitudes para la investigación científica, pero sin embargo necesitaba mis artículos sobre ciencia si quería seguir en la escuela de medicina donde enseñaba.

De modo que tuve una idea brillante. Podía escribir artículos sobre ciencia para el *Journal of Chemical Education*. Serían trabajos míos, no comprometerían la investigación y sería divertido hacerlos. Escribí una media docena.

Más tarde, en 1955, tuve una idea aún más brillante. Podía escribir el mismo tipo de artículos, pero en un estilo más informal y placentero, para revistas de ciencia-ficción, y obtener dinero a cambio. Después de todo, tenía una esposa, un hijo y un segundo hijo en camino, y podía utilizar ese dinero.

De modo que comencé a escribir artículos científicos profesionalmente, y esto dio resultados, sin duda. Mi reputación creció y comencé a recibir encargos de revistas que no eran de ciencia-ficción (y que pagaban mejor que las de ciencia-ficción) para que escribiera artículos, y estuve de acuerdo.

Por lo tanto, incluyo aquí la docena del fraile (o sea, trece) de artículos recientes sobre astronomía, física, química y biología. Espero que les resulten útiles y entretenidos.

El gigante Júpiter

La Tierra es uno de los cinco planetas que giran bastante cerca del Sol, en el llamado «sistema solar interior».

Mercurio, Venus y la Tierra están formados por materiales rocosos envueltos en una gran esfera de níquel y hierro. Marte y la Luna están formados sólo por rocas.

Mucho más allá de Marte, sin embargo, hay cuatro planetas totalmente diferentes de la Tierra y de sus vecinos. Ocupan el «sistema solar exterior» y se llaman Júpiter, Saturno, Urano y Neptuno.

Estos cuatro planetas son gigantes, y cada uno de ellos es mucho mayor que la Tierra. De hecho, tomados en conjunto, estos planetas forman el 99,5% de la masa de todos los objetos que circulan alrededor del Sol. La Tierra y los otros planetas del sistema solar interior, más los distintos satélites, asteroides, meteoros y cometas, suman en conjunto el otro 0,5%.

Los cuatro planetas gigantes son totalmente diferentes de la Tierra y de sus planetas vecinos en estructura y composición química. Puede que haya esferas rocosas en el interior de los gigantes, pero las regiones exteriores están hechas de materiales normalmente gaseosos bajo tanta presión que se convierten en líquidos muy calientes –a miles de grados de temperatura.

Estos gigantes son tan distintos de nuestros planetas cercanos que los científicos sienten naturalmente curiosidad por saber todo lo posible acerca de ellos. Desgraciadamente, están tan lejos de la Tierra que se hace difícil conocer muchos detalles.

De estos cuatro planetas enormes, el mayor y el más extraño es Júpiter: tiene 2,5 veces la masa de los otros tres gigantes juntos, y 318,4 veces la masa de nuestra Tierra. Su diámetro en el ecuador es de 142.900 kilómetros, mientras que el de la Tierra es de 12.757 kilómetros.

La superficie visible de Júpiter es una capa nebulosa que flota sobre una atmósfera enorme de hidrógeno y helio. Pero si nos imaginamos su superficie real, resulta 125 veces mayor que la de la Tierra. La superficie de la Tierra extendida sobre Júpiter ocuparía lo mismo que India y Paquistán sobre la Tierra.

Si hubiera sólo un planeta gigante que pudiéramos estudiar en detalle, ése sería seguramente Júpiter, precisamente el que está más cerca de nosotros. Por supuesto, este «más cerca» no significa mucho. Júpiter nunca está más cerca de la Tierra que a 630 millones de kilómetros: es decir, está 1.650 veces más lejos de nosotros que la Luna; dieciséis veces más lejos que Venus en su punto más cercano, y doce veces más lejos que Marte en su punto más cercano.

Aún más: no podemos viajar a Júpiter en línea recta. Tanto la Tierra como Júpiter giran en órbitas casi circulares alrededor del Sol. Esto significa que un cohete que despegue de la Tierra también se moverá en una órbita alrededor del Sol, y deberá tomar el tipo de órbita que, comenzando en la Tierra, dé una curva hacia el exterior hasta que intercepte la órbita de Júpiter en el punto donde esté el planeta. La longitud de la curva es considerablemente mayor que la distancia en línea recta.

Aun así, los seres humanos han enviado cohetes sin tripulación, llamados sondas, a Júpiter: el *Pioneer 10*, el *Pioneer 11*, el *Voyager 1* y el *Voyager 2*. Cada una de ellas tuvo que viajar a través del espacio durante casi dos años antes de llegar a su destino. La primera llegó a las cercanías de Júpiter en diciembre de 1973, y la cuarta lo hizo en julio de 1979. Cada sonda estaba equipada con cámaras que podían enviar fotografías del planeta y de sus satélites, y con instrumentos que podían transmitir información.

El resultado es que ahora sabemos mucho más acerca de Júpiter que antes de que se enviaran las sondas.

¿Podemos esperar que naves espaciales con seres humanos a bordo puedan acercarse a Júpiter algún día e intentar conocer más acerca de él que lo que pueden conocer los instrumentos manejados a control remoto?

Sería un viaje largo (quizá de cuatro años de duración, ida y vuelta), pero no es impensable. La primera circunnavegación de la Tierra duró tres años, y los avances logrados en materia de cohetes pueden acortar el viaje a Júpiter en las próximas décadas.

Por supuesto, aun si llegamos a Júpiter, hay algunas cosas que es probable que no hagamos en el futuro cercano.

Por ejemplo, no podemos aterrizar sobre la «superficie» de Júpiter porque, como ya he dicho, no se trata de una superficie en el sentido que damos a esa palabra. Es meramente una capa de nubes. Una nave que tratara de aterrizar en ella simplemente se hundiría cada vez más en la atmósfera del planeta.

La temperatura de Júpiter en su capa de nubes visible es de -135 grados, cosa que no nos sorprende considerando que Júpiter está cinco veces más lejos del Sol que nosotros y que recibe sólo el 4% de la luz y del calor que recibe la Tierra. Sin embargo, a medida que la nave se hundiera bajo la superficie visible, la temperatura y la presión crecerían rápidamente y la nave se destruiría.

Por supuesto, podemos imaginar que evitamos el aterrizaje sobre Júpiter situando la nave en órbita alrededor del planeta justo sobre la capa de nubes. Júpiter, debido a su gran masa, tiene un campo gravitacional mucho más poderoso que el de la Tierra; pero si la nave está en órbita, se encuentra en «caída libre» –y el campo gravitacional de Júpiter no se sentirá como un «peso».

Aun así, después de que la nave realizara todas las observaciones necesarias, ¿cómo saldría de allí? Justo sobre la capa de nubes, la fuerza gravitacional de Júpiter es 2,5 veces la de la Tierra. Para que una nave pueda escapar de la fuerza de la Tierra en su superficie tiene que lograr una velocidad de 11,3 kilómetros por segundo. Para escapar de la fuerza de Júpiter en su capa de nubes, una nave tendría que desarrollar una velocidad de 60,5 kilómetros por segundo. La energía necesaria para obtener esa velocidad sería enorme, y el problema de transportar suficiente combustible para obtener esa energía sería todavía mayor.

Hay otras dos dificultades para entrar en la órbita justo por encima de la capa de nubes. Sobre esa capa hay jirones de gas lo bastante gruesos como para presentar resistencia al movimiento de la nave. Esta resistencia puede hacer que la órbita de la nave decaiga y que ésta se zambulla en la atmósfera.

Aún peor: las sondas han mostrado que Júpiter tiene un campo magnético veinte o treinta veces mayor que el de la Tierra. Ese campo acumula tantas partículas subatómicas cargadas que la intensidad de la radiación de Júpiter puede ser cientos de veces superior a la necesaria para matar a seres humanos.

Entonces, si no podemos aterrizar en Júpiter ni movernos en órbita sobre él a una distancia cercana, ¿podremos aterrizar en uno de sus enormes satélites y utilizarlo como base para observar a Júpiter?

Júpiter tiene dieciséis satélites. Cuatro de ellos son muy pequeños (de menos de cien kilómetros de diámetro) y están demasiado cerca de Júpiter; tres de ellos fueron descubiertos por las sondas. Existe también un delgado anillo de pequeñas partículas que gira a poca distancia del planeta. No obstante, todos estos cuerpos están demasiado cerca de Júpiter como para servir de pista de aterrizaje.

Más allá encontramos cuatro grandes satélites que pueden observarse con unos simples binoculares. De menor a mayor distancia, son Io, Europa, Ganímedes y Calisto. Io es del tamaño de nuestra Luna; Europa es algo más pequeño y Ganímedes y Calisto son un poco más grande.

Ganímedes, el mayor de los cuatro, tiene 5.270 kilómetros de diámetro y es el satélite más grande de nuestro sistema solar. En realidad es más grande (pero con menos masa) que el planeta Mercurio. Mercurio está compuesto de rocas y metal, y por lo tanto su masa es superior a la de Ganímedes, que está compuesto de roca y hielo.

Estos satélites están lo bastante lejos de Júpiter como para mantenerse fuera de su atmósfera, y no tienen atmósfera propia. Ganímedes, por ejemplo, está a 1.070.000 kilómetros de Júpiter, una distancia tres veces superior a la que separa la Luna de la Tierra. La gravedad de Júpiter no es peligrosa a esa distancia, y tampoco lo es la fuerza gravitacional de Ganímedes, relativamente pequeña.

Sin embargo, también debemos tener en cuenta el campo magnético de Júpiter. Es lo bastante grande como para llegar a los satélites y representar un peligro constante. Calisto, el más lejano de los satélites grandes, es el que está más seguro, pero aun en este caso permanecer tan lejos puede convertirse en un riesgo a largo plazo.

Pero más allá de Calisto existen otros ocho pequeños satélites de Júpiter que probablemente son asteroides capturados. Tres de ellos giran alrededor de Júpiter a una distancia media de 11 a 12 millones de kilómetros, y los cinco restantes están a una distancia media de 21 a 24 millones de kilómetros. Todos ellos permanecen fuera del campo magnético de Júpiter y ofrecen posibilidades de ser utilizados como estaciones espaciales.

Estos pequeños satélites están fuera de Júpiter, pero no demasiado lejos. Desde ellos, Júpiter resulta tan grande como la Luna nos lo parece a nosotros.

Además, desde las estaciones espaciales en los satélites exteriores se podrían enviar sondas a los satélites interiores y al propio Júpiter con más frecuencia y facilidad. En este momento se están haciendo planes (que se han visto retrasados por el desastre del *Challenger*) para enviar una sonda a la atmósfera de Júpiter. Esta misión podría realizarse de manera mucho más eficiente desde uno de los satélites exteriores de Júpiter.

Una sonda que se hundiera en la atmósfera de Júpiter podría detectar la temperatura, presión y otras propiedades: entre la capa superior, muy helada, y las más profundas y calientes debe de haber una región con temperaturas moderadas, donde puede existir agua en estado líquido.

En realidad, incluso es concebible que exista allí algún tipo de vida, flotando en la atmósfera, desplazándose con las corrientes hacia arriba o hacia abajo para mantenerse en la capa media.

Cada uno de los satélites grandes podría, a su vez, ser sondeado. Sondas sin tripulación podrían colocarse en órbita alrededor de cada uno de ellos, mientras que otras podrían aterrizar en la superficie. Cada satélite tiene sus propios puntos de interés. Cuanto más cerca están de Júpiter, por ejemplo, mayores son los efectos de marea que produce la fuerza gravitacional de Júpiter y mayor es el calor que se genera en el satélite como resultado de este efecto.

El satélite Calisto es casi mitad hielo y mitad roca. Está lleno de cráteres producidos por impactos de meteoros en el comienzo de su historia. La gran distancia que lo separa de Júpiter significa que Calisto ha recibido poco calor y que ha permanecido casi sin cambios durante los últimos 4.000 millones de años. Ganímedes, el segundo satélite más lejano de Júpiter, está también helado pero tiene menos cráteres. La gran influencia que ejerce Júpiter sobre este satélite ha provocado cambios que han dado lugar al nacimiento de cadenas montañosas y valles.

El satélite más interior, Io, ha recibido un fuerte calor, por lo que es completamente seco. En realidad, su interior es tan caliente que existen volcanes activos en su superficie, los únicos que sabemos que existen en el sistema solar fuera de la Tierra. Los volcanes de Io lanzan sulfuro, haciendo que toda la superficie del satélite sea amarilla y naranja y llenando casi todos los cráteres.

El satélite más interesante es Europa, el más pequeño, situado entre Io y Ganímedes y cubierto por una suave capa de hielo. Los impactos de los meteoritos han provocado grietas en el glaciar, pero no forman cráteres, posiblemente debido a que el calor que emana Júpiter mantiene líquidas las capas interiores, formando el único océano de agua conocido en el sistema solar fuera de la Tierra. Puede que el agua líquida suba a las regiones quebradas del glaciar y las congele otra vez.

Sería muy interesante enviar una sonda al glaciar de Europa, para intentar quebrarlo y penetrar en el agua líquida que hay debajo. No podemos dejar de preguntarnos si se han desarrollado formas de vida en ese océano oculto.

De una cosa podemos estar seguros. Si llegamos a Júpiter y a sus satélites y los estudiamos con cierto detalle, nos encontraremos ante todo tipo de fenómenos interesantes e inesperados.

Plutón, la sorpresa constante

A comienzos de este siglo, algunos astrónomos pensaron que podría haber un planeta más alla de Urano y Neptuno, debido a algunas pequeñas irregularidades en sus movimientos. Quizá alguna fuerza gravitacional desde un planeta distante que no podía verse.

La masa de Júpiter es 318 veces superior a la de la Tierra, y Saturno, que está más lejos, es sólo cinco veces mayor que nuestro planeta. Más allá se encuentra Urano, que tiene quince veces la masa de la Tierra, y Neptuno, cuya masa es diecisiete veces mayor. Si existiera un planeta aún más distante sería más pequeño que éstos, pero seis o siete veces mayor que la Tierra.

Durante toda una generación los astrónomos trataron de descubrir dónde podría estar este planeta en el cielo, ya que producía efectos gravitacionales observables. Finalmente, en 1930, un joven astrónomo estadounidense, Clyde Tombaugh, lo encontró. Lo llamó Plutón, porque estaba tan alejado en la oscuridad que parecía encajar con el nombre del antiguo dios del mundo subterráneo.

Pero luego vino la primera sorpresa. Se trataba de un mundo oscuro. Los astrónomos pensaron que si era tan grande como esperaban, y tan distante, sería de una magnitud diez, pero en realidad era de una magnitud catorce. Tenía sólo una catorceava parte del brillo que debería haber tenido. ¿Por qué? Quizá estaba más lejos de lo que los científicos creían. Lo observaron a medida que se movía lentamente a lo largo del cielo; y a partir de su velocidad y de la dirección de su movimiento calcularon su órbita. Plutón tarda 247,7 años en dar una vuelta alrededor del Sol, por lo que su distancia media del Sol es de unos 5.900 millones de kilómetros. Es decir, 1,3 veces más lejos de Neptuno, que hasta entonces era el planeta más lejano conocido; pero Plutón estaba todavía más cerca de lo esperado.

Para explicar su oscuridad, los científicos tuvieron que suponer que era más pequeño de lo que creían. Quizá no más grande que la Tierra.

Hubo más sorpresas. Mientras se continuaban observando sus movimientos, se hizo evidente que su órbita es mucho más elíptica que la de cualquier otro planeta. En su punto más lejano (ahelio), Plutón está a 7.375 millones de kilómetros del Sol. En su punto más cercano (perihelio), está sólo a 4.425 millones de kilómetros del Sol –un poco más cerca del Sol de lo que está Neptuno.

Cuando se descubrió Plutón, se estaba acercando lentamente al perihelio. En 1979, Plutón cruzó la órbita de Neptuno, y permanecerá veinte años dentro de ella. En este momento no es el planeta más lejano del Sol, sino que lo es Neptuno. Pero cuando llegue el año 2000, Plutón se deslizará detrás de Neptuno y se dirigirá hacia el exterior. Entonces, continuará siendo el planeta más lejano durante otros 220 años, cuando nuevamente se acerque al perihelio.

¿Esto significa que Plutón puede llegar a chocar con Neptuno? No, ya que la órbita de Plutón no es igual a la de los otros planetas. Está inclinada 17 grados en relación con el plano de la órbita de la Tierra. Si se hiciera un molde exacto del sistema solar y de las órbitas planetarias y se pusiera en el envase de una pizza, la órbita de Plutón saldría de él. Como resultado, cuando Plutón se acerca al Sol más que Neptuno, o se aleja hacia el exterior, nunca está a menos de 1.300 millones de kilómetros por encima o por debajo de Neptuno.

¿Y de qué está hecho Plutón? Si se trata de un planeta pequeño, no puede tener una atmósfera profunda ni una capa gruesa de nubes, como los planetas gigantes. Debe de estar hecho de roca, de hielo o de una mezcla de ambos. En cualquier caso, debe de haber roca clara y oscura, o roca desnuda y roca helada. Sus distintas regiones pueden tener brillos diferentes.

En 1954, el astrónomo canadiense Robert H. Hardie y su colaborador Merle Walker midieron el brillo con mucha precisión y descubrieron que cada 6,4 días era un poco más brillante o un poco más oscuro. Decidieron que esto significaba que Plutón rotaba sobre su eje cada 6,4 días, y que un hemisferio era un poco más oscuro que el otro.

Mientras tanto se estaban realizando grandes esfuerzos para determinar exactamente el tamaño de Plutón. Quizá con telescopios nuevos y más grandes, Plutón podría ser medido directamente. En 1950, el astrónomo estadounidense de origen holandés Gerard Peter Kuiper asumió la tarea con un nuevo telescopio gigante (cuya lente era de 508 centímetros) en el monte Palomar, y calculando su órbita descubrió que el diámetro de Plutón era de 6.100 kilómetros, es decir, la mitad del diámetro de la Tierra y un poco menos que el diámetro de Marte.

Los astrónomos quedaron muy sorprendidos. No podían creer que Plutón fuera tan pequeño.

Pero existe otra manera de determinar el tamaño de Plutón. De vez en cuando, mientras se mueve lentamente a lo largo del espacio, Plutón pasa cerca de una estrella oscura. Si pasa por delante de ella (lo que se llama una «ocultación»), la estrella titilará durante un período. A partir de ese período de tiempo podemos hacernos una idea del diámetro de Plutón.

El 28 de abril de 1965, Plutón se movía hacia una estrella oscura en la constelación de Leo. Si Plutón fuera tan grande como la Tierra o siquiera como Marte, el planeta pasaría lo bastante cerca de la estrella como para esconderla con su borde. Pero no hubo ocultamiento al pasar Plutón. La pequeña esfera de Plutón desapareció. Para que esto ocurriera, debía estar a 5.790 kilómetros de distancia, o incluso menos. Esto hizo pensar que Plutón era considerablemente más pequeño de lo que Kuiper había calculado. Su tamaño estaría, como máximo, a mitad de camino entre Mercurio y Marte, los dos planetas más pequeños conocidos.

Incluso si Plutón estuviera hecho de roca, tendría una masa de sólo una dieciseisava parte de la Tierra, y quizá menos.

Pero luego ocurrió algo totalmente inesperado, la mayor sorpresa que tenía reservada Plutón.

En junio de 1978, el astrónomo americano James Christie estaba estudiando fotografías de Plutón tomadas en excelentes condiciones. Mientras observaba las fotografías muy aumentadas, le pareció ver un bulto en Plutón.

Miró otras fotografías y todas tenían ese bulto. Es más: Christie vio que el bulto no estaba en el mismo lugar en todas las fotos. Al estudiar cada foto descubrió que el bulto se movía alrededor de Plutón cada 6,4 días, el período de rotación de Plutón.

O había una gran montaña en Plutón, o éste tenía un satélite cercano. En 1980 el astrónomo francés Antoine Labeyrie, observando desde el Mauna Kea en Hawai, descubrió que había un espacio entre Plutón y su bulto. Plutón podría ser un mundo pequeño mas, para sorpresa de los astrónomos, ¡tenía un satélite!

Christie llamó Caronte al satélite, por el conductor de la barca que, según la mitología antigua, llevaba las almas de los muertos a través de la laguna Estigia al mundo subterráneo de Plutón.

En 1980, Plutón pasó cerca de otra estrella. Plutón no la ocultó, ¡pero sí Caronte! Como resultado de este ocultamiento, tal como fue visto desde

Sudáfrica por un astrónomo llamado A.R. Walker, se descubrió que Caronte tenía un diámetro mínimo de 1.170 kilómetros.

Midiendo la distancia aparente entre Caronte y Plutón, y conociendo la distancia de ambos a nosotros, los astrónomos calcularon que Caronte estaba a 19.700 kilómetros de Plutón (sólo una veinteava parte de la distancia de la Luna a la Tierra).

A partir de la velocidad con que Caronte giraba alrededor de Plutón era posible calcular la masa de Plutón, y resultó que Plutón tenía, como máximo, sólo cerca de 1/500 de la masa de la Tierra. En realidad tenía, como mucho, sólo un poco más de una sexta parte de la masa de la Luna, y diez veces la masa de Caronte.

Plutón era aún más pequeño de lo que todos suponían –una vez más había sorprendido a los astrónomos.

Se supuso que Plutón era tan pequeño que no podía estar hecho de roca, ya que en ese caso sería demasiado pequeño como para tener el brillo que parecía tener. La roca no reflejaría suficiente luz. Plutón debía de ser un cuerpo de hielo, ya que el hielo es más voluminoso que la roca y refleja más luz. Un Plutón helado sería por lo tanto lo bastante grande y capaz de reflejar el brillo tal como lo hace.

Según las últimas mediciones, Plutón es aún más pequeño. Actualmente consideramos que Plutón tiene sólo 2.280 kilómetros de diámetro, y sólo una décima parte de la masa de nuestra Luna (o 1/800 de la masa de la Tierra). Caronte tiene sólo 1.290 kilómetros de diámetro y 1/100 de la masa de nuestra Luna.

La combinación de Plutón y Caronte bate un récord. Por lo general, los satélites de un planeta son mucho más pequeños que el propio planeta. Ganímedes, el satélite mayor de Júpiter, tiene sólo 1/10.000 de la masa de éste, por ejemplo. Pero nuestra Luna tiene una masa igual a 1/81 de la de la Tierra. La Luna es un satélite muy grande para un planeta tan pequeño como la Tierra, de manera que la relación Tierra-Luna era lo más cercano a un «planeta doble» dentro de nuestro sistema solar. Pero la masa de Caronte es una décima parte de la de Plutón, de manera que la relación Plutón-Caronte se acerca más a un doble planeta que la de la Tierra-Luna.

Caronte gira alrededor de Plutón de tal manera (visto desde la Tierra) que cada 124 años se mueve durante cinco años por delante de Plutón, y luego por detrás. Atraviesa este período de eclipse en el punto en que Plutón está más lejos del Sol, y otra vez en el punto más cercano al Sol.

Caronte fue descubierto justo antes de que comenzara este período de cinco años de eclipses, de modo que ahora los astrónomos están observando ávidamente estos efectos. Es más: Plutón está ahora en su perihelio, más cerca del Sol y de nosotros –justo cuando puede ser mejor estudiado–. Si Caronte hubiera sido descubierto sólo quince años más tarde, los astrónomos habrían perdido esta oportunidad y tendrían que haber esperado dos siglos y medio para ver los eclipses desde un punto cercano (para entonces, seguramente, habríamos enviado cohetes más lejos de Plutón).

Cuando dos mundos están cerca, los efectos de la marea disminuyen la velocidad de sus rotaciones. Así, los efectos de la marea de la Tierra han disminuido la velocidad de rotación de la Luna hasta el punto que muestra sólo un hemisferio hacia la Tierra a medida que gira a su alrededor. La rotación de la Tierra también se hace más lenta debido al efecto de marea de la Luna, pero el tamaño de la Tierra ha hecho que la disminución de velocidad haya sido sólo parcial hasta ahora.

Plutón y Caronte, sin embargo, están tan cerca que el efecto de marea aumenta sobre cada uno de ellos. Los dos cuerpos son tan pequeños que disminuyen su velocidad de manera fácil y rápida. El resultado es que ambos han visto disminuir su velocidad hasta el punto que sólo se muestran un hemisferio mutuamente. Están encarados permanentemente uno frente a otro, y dan vueltas sobre sí mismos como si formaran una sola pieza. Son los únicos cuerpos del sistema solar que dan vueltas sobre sí mismos de este modo.

Es posible estudiar la luz infrarroja que se refleja en Plutón y Caronte. Cuando Caronte está detrás de Plutón, sólo vemos el reflejo infrarrojo de Plutón. Cuando Caronte sale de detrás de Plutón, vemos reflejada la luz de ambos, y si restamos el reflejo de Plutón, obtenemos únicamente la luz reflejada de Caronte.

A partir de esa luz reflejada, en 1987 los astrónomos estudiaron la naturaleza química del planeta.

Así, descubrieron que la superficie de Plutón parece rica en metano, una sustancia que en la Tierra es la mayor parte del gas natural que utilizamos como combustible. El metano se congela a temperaturas muy bajas, de modo que incluso bajo la temperatura de Plutón, que puede ser de -240º C, parte de éste se evaporará y se convertirá en gas. Parece ser, pues, que Plutón posee una atmósfera de gas metano con una densidad de alrededor de 1/900 de la de la Tierra (equivalente a casi una décima parte de la densidad de la tenue atmósfera de Marte).

Naturalmente, la temperatura es más baja en Plutón a nivel de los polos, por lo que allí hay más metano congelado. Plutón puede tener casquetes polares de metano congelado, que aumentan de tamaño a medida que se aparta del Sol.

Los astrónomos se sorprendieron al descubrir que la luz que reflejaba Caronte era bastante distinta a la de Plutón. Como Caronte es más pequeño que Plutón, su efecto gravitacional es menor. No puede retener tan bien las moléculas del metano gaseoso, por lo que el metano se ha ido escapando de Caronte durante los miles de millones de años de existencia del sistema solar.

Lo que queda en Caronte es agua helada, que no se evapora a las temperaturas que allí existen y, por lo tanto, no se pierde. Así, Caronte podría tener una atmósfera. La tenue atmósfera de Plutón se expande desde la baja gravedad del planeta, que no basta para retener el gas atmosférico cerca de la superficie. El metano, por lo tanto, se expande más allá de la órbita de Caronte, de modo que ambos cuerpos pueden tener una atmósfera común. Esto significa que Caronte se mueve a través del metano, y que la resistencia del gas disminuye gradualmente y lo atrae hacia Plutón. Es posible que los dos choquen y se unan un día, y ésa quizá sea la sorpresa final.

Pero no podemos confiar en Plutón. Puede guardar más sorpresas en la manga. Por ejemplo: es demasiado pequeño como para producir efectos gravitacionales como los que hemos observado en Urano y Neptuno. Entonces, ¿qué los provoca? ¿Existe un planeta más grande y aún más lejano en alguna parte?

Un agujero en el cielo

A principios del siglo XIX un astrónomo inglés, William Herschel, descubrió una mancha negra en la Vía Láctea. Alrededor de ella brillaban innumerables estrellas, pero dentro de la mancha no había nada. Herschel estaba sorprendido. Pensó que se trataba de una región en la que no existían estrellas, una especie de túnel a través de estrellas cuya entrada apuntaba hacia nosotros.

«Seguramente –dijo–, existe un agujero en el cielo.»

Pero a medida que pasaron los años se descubrieron otras manchas negras y pareció increíble que tantos túneles apuntaran hacia nosotros. En cambio, los astrónomos decidieron (correctamente) que estas manchas eran nubes de gas y polvo que bloqueaban la luz de las estrellas que estaban al otro lado (de modo similar a la manera en que el humo negro de un gran incendio puede oscurecer los objetos que están detrás).

Durante un tiempo desapareció la idea de que hubiera agujeros en el espacio. Finalmente, los astrónomos se dieron cuenta de que las estrellas formaban un cuerpo en forma de lente, llamado la galaxia de la Vía Láctea. Contiene como mínimo 200 billones de estrellas, que están esparcidas a lo largo de ella –junto con nubes ocasionales–. No existen agujeros.

Sin embargo, alrededor de 1920 se hizo evidente que la galaxia de la Vía Láctea no era la única que existía. Había otras galaxias, la mayoría de las cuales eran más pequeñas que la nuestra, pero algunas todavía más grandes. La más cercana, la galaxia de Andrómeda, está a 2.300.000 años luz de nosotros y probablemente contiene el doble de estrellas que la Vía Láctea (su distancia es tal que la luz, viajando a una velocidad de 186.282 millas por segundo, tardaría 2.300.000 años en viajar desde nuestra galaxia a la de Andrómeda: eso es lo que queremos decir cuando hablamos de «años luz»). En realidad, nuestra galaxia es miembro de un «grupo local» que contiene unas dos docenas de galaxias, incluyendo Andrómeda. Este Grupo Local mide unos 3.000.000 de años luz.

Más allá del Grupo Local existen otras galaxias, millones de ellas –miles de millones–. Existen otros grupos de galaxias, algunos de ellos mucho mayores que el Grupo Local, e incluso algunos contienen miles de miembros.

Si se echa un vistazo a las galaxias a través del telescopio, éstas parecen estar por todas partes del cielo (cuando no están oscurecidas por nubes de polvo o por grupos particularmente espesos de estrellas cercanas). Al principio, era lógico pensar que estaban esparcidas por el espacio, así como las estrellas están esparcidas por la galaxia.

Sin embargo, cuando los astrónomos aprendieron a determinar las distancias entre galaxias individuales, pudieron construir modelos tridimensionales en los cuales situar las diferentes galaxias en la dirección y con la distancia relativa correctas. Entonces se descubrió que las galaxias formaban líneas curvas y planas, de modo que el Universo se asemejaba a una masa de burbujas de jabón. Las galaxias se concentran a lo largo de la película de las burbujas o en sus alrededores y dentro de ellas hay poco o nada, o sea, «espacios vacíos». Estos huecos son como agujeros en el espacio, como los que Herschel creyó haber visto; pero aparentemente son agujeros auténticos, y mucho mayores de lo que pudo imaginar Herschel.

El mayor espacio vacío encontrado hasta ahora (se descubrió por primera vez en 1981) está ubicado en la constelación de Bootes, el Boyero. Por lo tanto se llama «el vacío de Bootes». Está a unos 600.000.000 de años luz de nosotros, es decir, 260 veces más lejos que la galaxia de Andrómeda.

El vacío de Bootes es bastante esférico y tiene 300.000.000 de años luz de diámetro. Es difícil imaginarse la enormidad de este vacío. El volumen de esta «cuasi nada» es de más de 5.000 billones de veces el volumen de nuestra galaxia. Podemos imaginarnos muchos billones de galaxias entrando en ese hueco si se las comprimiera. Por supuesto, las galaxias no están comprimidas. Se encuentran lejos unas de otras, con una media de cientos de miles de años luz de espacio entre ellas. Aun así, el vacío de Bootes podría contener tranquilamente más de mil galaxias esparcidas de manera normal.

Si el vacío de Bootes no contuviera nada, ya sería lo bastante interesante, pero existen unos pocos cuerpos que en 1987 fueron observados dentro del vacío. Se trata de «galaxias emisoras de líneas», particularmente energéticas y mantenidas a temperaturas muy altas. Estas galaxias no son comunes: sólo una de cada quince a veinte es de este tipo. Y sin embargo las pocas galaxias que han sido vistas en el vacío de Bootes son todas de esta extraña clase.

He aquí un problema fascinante para los astrónomos que crea una larga serie de enigmas. Veamos.

Cuando el Universo se formó en la Gran Explosión (Big Bang), hace unos 15.000 millones de años, se cree que era un cuerpo pequeño y homogéneo; o sea, no tenía irregularidades (los científicos no han pensado ninguna explicación sobre las irregularidades en el comienzo).

Los astrónomos todavía no han llegado a una explicación clara sobre cómo se podrían haber formado las galaxias. Algunos piensan que quizá los agujeros negros se formaron aquí y allá durante los primeros días de existencia del Universo y que sirvieron de núcleos alrededor de los cuales se formaron las galaxias –pero se trata sólo de una suposición.

Entonces, aunque se suponga simplemente que las galaxias se formaron, ¿por qué lo hicieron como si fueran burbujas de jabón, dejando vacíos de varios tamaños entre ellas? Éste es el enigma que los astrónomos no aciertan a resolver. Posiblemente existieron «pequeñas explosiones» dentro de la Gran Explosión, que formaron burbujas y huecos, pero eso es sólo una presunción.

Finalmente, surgió una gran pregunta. Aunque se crea simplemente que las galaxias se formaron como burbujas y dejaron huecos entre ellas, ¿por qué sólo existen galaxias del tipo emisor en el vacío mayor? ¿Qué significa esto? He aquí el enigma dentro del enigma. Hasta el momento, por supuesto, los astrónomos no tienen la respuesta.

Nuestra percepción del Universo

En 1900 se creía que las estrellas que veíamos en el cielo a simple vista y con el telescopio formaban un grupo enorme en forma de torta, que se llamaba galaxia. La estimación más atrevida sobre su tamaño lo fijaba en 20.000 años luz de longitud (un año luz es igual a 5.880.000.000.000 millas). Se suponía que la galaxia contenía entre 2.000 y 3.000 millones de estrellas.

Los astrónomos consideraban que la galaxia equivalía a todo el Universo.

A decir verdad, eso bastaba, teniendo en cuenta los largos siglos durante los cuales se pensó que el sistema solar era todo lo que existía, y que estaba rodeado de un caparazón delgado de unos cuantos miles de estrellas. Pero los avances realizados desde 1900 han empequeñecido rápidamente esta supuesta «gran» imagen.

Por un lado, los astrónomos aprendieron nuevas formas de medir la distancia de las estrellas: en 1920 las verdaderas dimensiones de la galaxia fueron calculadas por hombres como Harlow Shapley. Resultó que la longitud de la galaxia es de 100.000 años luz, y que contiene un número de estrellas entre 200 y 300 miles de millones. La galaxia era cien veces más grande de lo que parecía veinte años antes.

Aún más, esta galaxia terriblemente aumentada no era todo lo que había en el Universo.

Se localizaron unas pequeñas manchas nubosas en el cielo, las llamadas «nebulosas», que brillaban pero que parecían no contener estrellas. ¿Era posible que estuvieran tan lejos que las estrellas que contuvieran fueran demasiado pequeñas como para ser individualizadas con un buen telescopio? En ese caso, tendría que haber conglomeraciones enormes para parecer tan brillantes: otras galaxias. Durante los años veinte, el astrónomo Heber D. Curtis localizó evidencias para considerar las nebulosas como otras galaxias, y finalmente los astrónomos se convencieron.

Por primera vez, los astrónomos reconocieron que el Universo era lo que parece ser: una colección de galaxias, cada una de las cuales posee entre millones y miles de millones de estrellas.

Lo que es más, el astrónomo Edwin P. Hubble fue capaz de demostrar de manera bastante convincente, a finales de la década de 1920, que el Universo no era estático. Las galaxias formaban grupos que se separaban unos de otros, de modo que la distancia entre ellas crecía rápidamente. En otras palabras, el Universo se estaba expandiendo.

Hubble y otros astrónomos calcularon medios de determinar las distancias de las otras galaxias. Las más cercanas estaban a millones de años luz de distancia. En la década de los cincuenta se detectaron algunas galaxias muy oscuras que estaban a unos mil millones de años luz de distancia.

Más tarde, en la década de 1960, se descubrió que ciertos objetos que parecían estrellas opacas en nuestra propia galaxia estaban en realidad muy lejanas. Se las llamó «quasares»: galaxias tan distantes que sólo puede detectarse su brillante región central, como si fuera una estrella. El quasar más cercano está al menos a mil millones de años luz de distancia; hasta este momento se han detectado quasares que están al menos a diez mil millones de años luz de distancia.

Si comparamos la situación astronómica de 1989 con la de 1900, parece que el Universo, tal como es percibido hoy, es un millón de veces más grande de lo que se creía entonces. En lugar de la galaxia única que los astrónomos conocían en 1900, ahora se cree que pueden existir hasta cien mil millones de ellas.

* * *

¿Cuánto hace que existe el Universo?

En 1900, los astrónomos no tenían ni idea. Quizá el Universo había existido desde siempre, o quizás había sido creado unos pocos miles de años atrás por alguna acción divina. No había ninguna manera de saberlo estudiando las estrellas.

Sin embargo, una vez que se descubrió que el Universo se expandía, se hizo evidente que si mirábamos hacia atrás el Universo parecía que se contraía. Cuanto más atrás en el pasado, más contraído podía estar, hasta un tamaño muy pequeño, y ése representaría su comienzo.

El astrónomo Georges E. Lemaitre fue el primero en sugerir esta idea a finales de la década de 1920. Pensaba que un objeto muy pequeño había explotado para formar el Universo, y que el Universo todavía se expandía hoy debido a la fuerza de esa explosión. En la década de 1940, el físico

George Gamow llamó a esta teoría la «Gran Explosión» (Big Bang) y el nombre hizo fortuna.

¿Cuándo tuvo lugar esa gran explosión?

Eso depende de cuán lejos estén las galaxias y de cuán rápidamente se separen. Una vez conocidas esas cifras, los astrónomos pueden calcular hacia atrás y averiguar cuánto tiempo hace que todas las galaxias estaban en un solo lugar.

Según las mejores estimaciones, la Gran Explosión tuvo lugar entre 12.000 y 15.000 millones de años luz atrás, que es cuando nació el Universo.

La luz tarda 1 año en viajar 1 año luz. Cuando miramos hacia un quasar muy lejano, que puede estar a 10.000 millones de años luz de distancia, la luz ha tardado 10.000 millones de años luz en llegar hasta nosotros, y la vemos cómo era 10.000 millones de años antes, cerca de los comienzos de la existencia del Universo. No podemos esperar ver nada mucho más lejos, porque nos acercaremos al momento de la Gran Explosión, cuando las galaxias todavía no estaban formadas.

* * *

¿Cómo son las estrellas?

En 1900 se creía que eran como el Sol, algunas más grandes y brillantes, otras más pequeñas y opacas, pero no sabíamos nada más. En la década de 1930, Hans A. Bethe calculó la fuente nuclear de la energía de las estrellas.

Con este conocimiento se podía comprender la naturaleza de la evolución de las estrellas: cómo se formaron, cómo permanecían estables durante largos períodos, y finalmente cómo comenzaban a quedarse sin combustible nuclear, convirtiéndose en «gigantes rojos», para llegar al colapso final.

En la primera década del siglo XX se descubrieron las «enanas blancas», pequeñas estrellas calientes, no más grandes que la Tierra, pero con toda la masa del Sol apretada en un cuerpo pequeño. Se supuso una forma que resultaba del colapso natural de estrellas relativamente pequeñas.

Las estrellas gigantes explotaban como «supernovas» antes de llegar al colapso, y luego se encogían hasta hacerse aún más pequeñas que las enanas blancas. En la década de 1960 se descubrieron las «estrellas de neutrones», objetos de no más de ocho millas de diámetro que aun así contenían toda la masa de una estrella como nuestro Sol. Los científicos creen que las estrellas muy grandes tendrán nuevos colapsos hasta llegar a ser objetos más pequeños con tal gravedad en la superficie que nada podrá escaparse de ellos, ni siquiera la luz. He aquí los «agujeros negros».

Es muy difícil observar los agujeros negros, pero en la década de 1980 los astrónomos confiaban en que los agujeros negros grandes podrían existir en el centro de las galaxias, incluso en la nuestra. La presencia de estos agujeros negros puede ser una explicación para las explosiones que tienen lugar en el centro de muchas galaxias, que hacen que el Universo sea un lugar mucho más violento de lo que cualquier astrónomo pudo haber soñado a comienzos de siglo.

* * *

Los astrónomos poseen hoy día instrumentos que no existían en 1900. En esa época había telescopios, espectroscopios y cámaras, pero todos estos instrumentos trabajaban exclusivamente con luz común. No parecía haber nada más con que poder trabajar.

Pero en la década de 1930 se descubrió que flujos de ondas de radio bombardeaban la Tierra desde las estrellas. En la década de 1950 se construyeron radiotelescopios para estudiar y analizar estas ondas, y con ayuda de ellos se pudo estudiar objetos muy distantes con un detalle que hubiera sido imposible lograr con telescopios comunes. Sin el radiotelescopio no se habría descubierto nunca los quasares, las estrellas de neutrones, los agujeros negros y otros objetos.

En el año 1900 ningún hombre había dejado jamás el suelo para un vuelo importante. Sólo existían los globos. Pero ese año voló el primer dirigible, y en 1903 lo hizo el primer aeroplano. En la década de 1920 se lanzó el primer cohete con combustible líquido. En la década de 1950 se puso en órbita el primer cohete artificial. Y en 1969 los seres humanos caminaron por primera vez sobre el suelo de un cuerpo que no era la Tierra (la Luna).

Mientras tanto, cohetes y sondas comenzaron a aumentar nuestra visión del sistema solar, más allá de la imaginación de los astrónomos de principios de siglo.

La Luna fue fotografiada de cerca y se confeccionaron mapas detallados –no sólo del lado que vemos, sino también del lado oculto, que hasta fines de la década de 1950 no había visto nadie.

También se confeccionaron mapas de Mercurio, de Marte y de las dos lunas marcianas. Se demostró que en Marte no había canales (contra el parecer de algunos astrónomos de principios de siglo), pero sí cráteres y volcanes muertos. Incluso se confeccionó un mapa de Venus, atravesando sus nubes con un radar.

Las sondas tomaron fotografías cercanas de Júpiter y Saturno, mostrando detalles inesperados de los anillos de este último planeta. Se exploraron satélites distantes. Io tiene volcanes activos, Europa está cubierto por una capa de hielo, Titán está rodeado de una atmósfera muy espesa. Por otra parte, se descubrieron pequeños satélites.

* * *

¿Dónde estaremos a fines del siglo XX?

Los astrónomos tienen la esperanza de continuar con las exploraciones espaciales y creen que en el curso de la próxima década se producirán descubrimientos sorprendentes acerca de nuestro sistema solar.

Además, los astrónomos esperan poder lanzar pronto al espacio un enorme telescopio que les permita observar el Universo sin la interferencia de la atmósfera terrestre. Este telescopio debería ser capaz de observar cuerpos distantes con mucho más detalle para que sepamos, quizá, si el Universo se expandirá para siempre... o si algún día iniciará de nuevo su colapso. También podrá ser posible aprender con mayor detalle cómo evolucionó el Universo.

Durante este siglo ha habido grandes momentos para la astronomía, y seguramente también le esperan grandes momentos en el futuro.

¿Qué es el Universo?

La palabra *universo* proviene de un término latino que significa «convertirse en uno». Todo es considerado como una unidad: toda la materia y la energía que existe.

Tenemos el inconveniente de estudiar el Universo desde dentro. Podemos ver las partes que están más cercanas a nosotros, pero las más lejanas se hacen progresivamente débiles y borrosas. Aun con todos nuestros instrumentos, buena parte del Universo está demasiado distante y oscuro como para poder observarlo –siquiera sin fijarnos en los detalles.

A partir de lo que vemos, sin embargo, podemos llegar a algunas conclusiones. Supongamos que estamos viendo el Universo desde fuera bajo unas condiciones que nos permiten ser conscientes de todo su funcionamiento (esto es imposible, por supuesto, ya que no puede existir un lugar «fuera del Universo», pero imaginémoslo de todos modos).

Veríamos el Universo como una mezcla tridimensional de trazos finos de luz, con espacios vacíos entre sí. Habría muchos espacios vacíos pequeños, un número algo menor de espacios grandes y un número aún menor de espacios más grandes. En relación con las líneas de luz, se agruparían aquí y allí en pequeños nudos y racimos de luz, con un pequeño número de nudos más brillantes.

El Universo se asemejaría a una esponja hecha de luz. Las líneas curvas y los trazos de luz estarían constituidos por cerca de cien mil millones de puntos de luz (algunos considerablemente más brillantes que otros). Cada uno de estos puntos es una galaxia.

El Universo tal como lo vemos sería muy notable por su calma. Aparentemente, no ocurriría nada. La razón es que ningún cambio progresivo, lo bastante grande como para ser percibido desde nuestra perspectiva universal, puede ocurrir a una velocidad mayor que la de la luz. La velocidad de la luz (186.282 millas por segundo) puede ser inimaginablemente rápida para nosotros, pero a escala del Universo como una totalidad, la luz puede considerse prácticamente inmóvil.

Supongamos, por ejemplo, que como resultado de este hecho inimaginable, el punto central de una de las galaxias del Universo deja de emitir luz. Se pone negro. Supongamos que una oleada de esta oscuridad se esparce hacia el exterior de este punto central en todas las direcciones a la velocidad más rápida posible, la de la luz. Nosotros, mirando desde el exterior del Universo, podremos ver que la galaxia (para nosotros tan visible como un punto de luz) comienza a oscurecerse lentamente, pero necesitará decenas de años antes de que se apague por completo. Pasarían cientos de miles de años antes de que la oscuridad se extendiera a otros puntos vecinos. Tardaría unos 12.000 millones de años, como mínimo, para oscurecer todo el Universo.

Si comenzamos a observar en cualquier nivel de este oscurecimiento universal no veremos absolutamente ningún cambio en el curso de nuestra vida, y muy poco en el curso de cien vidas (lo mismo ocurriría, por cierto, si el Universo fuera oscuro al comienzo y empezara a aclararse desde un punto central: la influencia se esparciría a la velocidad de la luz).

Somos tan prisioneros de nuestro tiempo y espacio como todo lo demás. No podemos, bajo ninguna de las circunstancias que conocemos, ir más deprisa que la velocidad de la luz. A esa velocidad, nos llevaría unos 160.000 años ir hasta el último punto de nuestra propia galaxia y regresar, y 4.600.000 años viajar a la galaxia de Andrómeda, nuestro vecino grande más cercano, y regresar. En realidad, yendo a la velocidad de la luz, la teoría de la relatividad de Einstein nos dice que el paso del tiempo llega a cero, y a los que viajásemos nos parecería que el tiempo se detiene. Sin embargo, en la Tierra, cuando retornásemos, descubriríamos que han pasado 160.000 años mientras estábamos visitando el punto más distante de la galaxia, o que han pasado 4.600.000 años mientras volábamos a Andrómeda y regresábamos.

Sin embargo, no es probable que podamos viajar a la velocidad de la luz. La velocidad máxima más práctica podrá llegar a ser una quinta parte de la velocidad de la luz, en cuyo caso la disminución relativa del tiempo es insignificante para el viajero. En tiempo real, el astronauta tardaría 800.000 años en visitar la otra punta de la galaxia y regresar, y 23 millones de años en ir y volver de Andrómeda.

Puede ser, pues, que con la mejor buena voluntad del mundo, un hombre pueda llegar a visitar únicamente las estrellas más cercanas, y desde la perspectiva universal esa distancia sería esencialmente igual a 0.

No obstante, considerando el Universo como una totalidad, supongamos que superamos su falta de movimiento aumentando nuestra velocidad un millón de veces. O, como alternativa, supongamos que una especie de «superser» ha tomado una fotografía detallada del Universo cada cien mil años y que ahora tenemos la oportunidad de pasar la película por un proyector a dieciséis fotografías por segundo.

A esta velocidad, las galaxias sufren cambios rápidos. Cada una de ellas gira rápidamente alrededor de su centro. Si tiene forma de espiral, su brazo puede aparecer y desaparecer. Ninguno de estos cambios sería visible desde nuestra perspectiva universal, por supuesto. Los puntos de luz continuarían siendo sólo puntos de luz.

A esta velocidad, algunas galaxias explotarían en un estallido de luz, otras se desarrollarían en agujeros negros que crecerían enormemente y devorarían millones de estrellas en cuestión de segundos. Otras galaxias chocarían y producirían una lluvia increíble de ondas de radio y otras radiaciones. Ninguna sería individualmente visible. Algunos de los puntos de luz de nuestra visión del Universo podrían brillar un poco más y otros un poco menos, pero probablemente no lo notaríamos si no realizáramos mediciones precisas.

En ese caso, ¿aumentar la velocidad del tiempo no alterará la inmutabilidad del Universo? No necesariamente. Existe un cambio que nos abruma en relación con el Universo.

A medida que miramos la película notaremos que el Universo se expande de manera visible. Los agujeros en la estructura de esponja aumentan lentamente, y las curvas y descensos de la luz se aclaran y se esparcen lentamente, de modo que la intensidad de la luz en cualquier punto será débil. En síntesis, la esponja del Universo crecerá cada vez más y su luz se irá debilitando.

También podemos pasar la película hacia atrás. En este caso el Universo se contraerá. Los agujeros en la estructura esponjosa se harán cada vez más pequeños, y las curvas y descensos de la luz se irán espesando y apretando. En síntesis, la esponja se hará cada vez más pequeña y brillante.

Si continuamos pasando la película hacia delante indefinidamente, el Universo se expandirá y se oscurecerá indefinidamente, hasta que sea demasiado oscuro como para ser visto. Y si continuamos mirando la película hacia atrás, existe un límite de tiempo durante el cual podemos hacerlo, ya que al final el Universo se encogerá hasta convertirse en la nada.

De hecho, si comenzamos con el presente y miramos la película hacia atrás, representando 100.000 años por cada dieciseisava parte de un segundo, en unas dos horas veremos un Universo contraído en un pequeño punto insoportablemente brillante y caliente, que se apagará en la nada.

Si comenzamos en ese punto en que no existe nada y miramos la película hacia delante, el punto aparecerá con su brillo y su calor insoportables y rápidamente se expandirá y se enfriará. Ésa es la Gran Explosión en la que, según sospechan ahora los astrónomos, se formó de la nada toda la materia y la energía del Universo, según las reglas peculiares de la teoría del cuanto.

La Gran Explosión plantea un problema fascinante a los astrónomos. En el momento de la Gran Explosión, el punto original de luz debía de ser homogéneo. Todo debía de estar completamente mezclado, y también a medida que se expandió. La totalidad del Universo actual debería de ser, pues, un enorme gas, siempre en expansión y siempre disminuyendo su espesor, que sería el mismo en todas las partes del Universo.

En lugar de ello, si mantenemos nuestra visión universal, tenemos ante nosotros un Universo terriblemente irregular. La materia y la energía se ha coagulado en unos puntos que denominamos galaxias, y éstas a su vez se han agrupado en líneas y curvas de luz que dan al Universo su apariencia de esponja. ¿Cómo puede el Universo transformarse en una esponja a partir de un punto de luz? Los cosmólogos todavía están discutiéndolo y comprobando distintas teorías.

Otro problema es el siguiente: ¿el Universo se expandirá siempre?

El Universo se está expandiendo contra la fuerza de su propia gravedad y, como resultado, su promedio de expansión disminuye. Pero este efecto de freno que ejerce la gravedad, ¿es suficiente para detener completamente la expansión algún día y comenzar una contracción?

Eso depende de la cantidad de materia que haya en el Universo, ya que la materia es el origen de la fuerza de la gravedad. En este momento, la cantidad de materia que podemos detectar no parece sobrepasar el 1% de la cantidad necesaria para detener la expansión algún día. No obstante, existen algunos indicios de que la expansión se detendrá algún día. Ello significaría que hay por lo menos cien veces más materia en el Universo que la que hemos podido detectar hasta ahora.

Los cosmólogos lo llaman «el misterio de la masa perdida» y discuten acaloradamente acerca de ello.

La revolución de un solo hombre

Si Albert Einstein hubiera vivido el 14 de marzo de 1979, habría celebrado su centenario. También habría visto cómo el mundo de la ciencia se ha revolucionado como resultado de su trabajo.

Einstein nació en 1879 en Alemania, y no hubo indicios en su juventud de que fuera a provocar una revolución intelectual en solitario. Cuando era joven no prometía nada en particular. De hecho, fue tan lento en aprender a hablar que hubo quien creyó que podía ser retrasado. Le iba tan mal en latín y griego en el instituto que un profesor le aconsejó dejar de estudiar con estas palabras: «Usted nunca llegará a nada, Einstein».

Logró seguir estudios superiores en Suiza, con dificultades, y consiguió graduarse, con dificultades. No podía encontrar un puesto como profesor, y en 1901, gracias a la influencia del padre de un amigo, logró un trabajo como funcionario de la Oficina de Patentes de Berna, en Suiza.

Allí comenzó su trabajo, para el cual, afortunadamente, sólo necesitaba lápiz, papel y su profundo conocimiento de las matemáticas.

En 1905, cuando tenía veintiséis años, alteró el mundo científico de su época con importantes artículos sobre tres temas diferentes.

Un artículo estudiaba el efecto fotoeléctrico, por medio del cual la luz que reciben ciertos metales estimula la emisión de electrones. En 1902 se había descubierto que la energía de los electrones emitidos no dependía de la intensidad de la luz. Una luz brillante de un tipo determinado puede provocar la emisión de un número mayor de electrones que una luz débil del mismo tipo, pero no de electrones con más energía. Esto confundía a los físicos de la época.

Einstein aplicó al problema la teoría del cuanto desarrollada cinco años antes por Max Planck. Para explicar el modo en que los cuerpos emitían radiación a diferentes temperaturas, Planck había postulado que la energía se emitía en unidades diferenciadas, a las que llamó «cuantos». Si la frecuencia de la luz es más alta (y más corta la onda), hay más energía en el cuanto.

La teoría del cuanto no resultaba muy persuasiva en esa época, ya que Planck parecía estar jugando con los números para que su ecuación diera resultado. Incluso el propio Planck dudaba de que el cuanto existiera realmente –hasta que Einstein adoptó el concepto.

Einstein demostró que se necesitaba un cuanto con una cierta cantidad de energía para expulsar un electrón de un metal dado. Por lo tanto, la luz con una frecuencia por encima de un valor dado expulsaría electrones, y la luz con una frecuencia por debajo de ese valor no lo haría. Una luz muy débil con una frecuencia lo bastante alta expulsaría unos pocos electrones; una luz muy fuerte con una frecuencia insuficiente de electrones no expulsaría nada. Cuanto más alta fuera la frecuencia de la luz y mayor el cuanto, más energía tendrían los electrones expulsados.

Una vez que se descubrió que la teoría del cuanto era útil en una dirección totalmente inesperada, los científicos tuvieron que aceptarla. La teoría del cuanto revolucionó todos los aspectos de la física y de la química. Su aceptación marca el límite entre la «física clásica» y la «física moderna», y Einstein tuvo tanto que ver en la demarcación de esta línea divisoria como Planck.

Por este descubrimiento, a Einstein se le otorgó el premio Nobel de Física en 1921. No obstante, el efecto fotoeléctrico no era la dirección en la que Einstein obtendría sus mejores resultados.

En su segundo artículo de 1905, Einstein elaboró un análisis matemático del movimiento browniano, observado por primera vez tres cuartos de siglo antes. Se había descubierto que todos los pequeños objetos suspendidos en el agua, como los granos de polen o los pedacitos de tintura, se movían desordenadamente de un lado a otro sin motivo conocido.

Einstein sugirió que las moléculas del agua tenían un movimiento desordenado y que de vez en cuando unas moléculas golpeaban al pequeño objeto y lo enviaban hacia una dirección u otra. Einstein obtuvo una ecuación para representar este movimiento, en la cual, entre otras cosas, figuraba el tamaño de las moléculas del agua.

Los átomos y las moléculas habían formado parte del pensamiento de los químicos durante casi un siglo hasta aquel momento, pero no había evidencias de que existieran. Por lo que podía suponer un químico, eran ficciones meramente convenientes que le permitían comprender las reacciones químicas –y nada más–. Algunos científicos, como F.W. Ostwald, insistían en considerar los átomos como ficciones y se esforzaban por interpretar la química sin ellos.

Pero, una vez publicada, la ecuación de Einstein ofreció la oportunidad de realizar una medición directa de las propiedades atómicas. Si todos los valores de la ecuación estaban determinados, excepto el tamaño de la molécula del agua, era posible calcular el tamaño de esta molécula.

En 1913, J.B. Perrin lo hizo. Calculó el tamaño de la molécula del agua. A partir de ese cálculo se pudo conocer el tamaño de otros átomos. Ostwald abandonó sus objeciones y, por primera vez, los átomos fueron reconocidos universalmente como objetos reales cuya existencia no debía aceptarse sólo por fe.

Tras establecer la existencia tanto del cuanto como de los átomos, Einstein podría haber considerado que ya tenía suficiente por ese año, pero sus grandes logros todavía estaban por llegar.

También en 1905, Einstein publicó un trabajo que establecía una nueva visión del Universo, visión que reemplazaba la antigua visión de Isaac Newton, vigente sin discusión durante los últimos dos siglos y cuarto.

Según la antigua visión newtoniana, las velocidades se agregan estrictamente. Si una persona viaja en un tren que se mueve a veinte millas por hora en relación con el suelo y, de pie sobre el techo, arroja una pelota hacia delante a veinte millas por hora en relación con el tren, la pelota viajará a veinte más veinte millas por hora, o sea a cuarenta millas por hora en relación con el suelo. Esto era considerado tan cierto y tan exacto como el hecho de que veinte manzanas más veinte manzanas suman cuarenta manzanas.

Einstein partió de la idea de que la velocidad medida de la luz es siempre constante, sin que importe cualquier movimiento relativo que pueda sufrir su fuente en relación con la medición individual de la luz.

Así, la luz de un reflector en un tren parado se movería hacia delante a la velocidad de 186.282 millas por segundo en relación con el suelo. Si el reflector estuviera en un tren que avanzara a veinte millas por hora, la luz del reflector continuaría viajando a 186.282 millas por segundo en relación con el suelo. Si el reflector estuviera en un tren que avanzara a 100.000 millas por segundo, o a 186.000 millas por segundo, la luz del reflector viajaría hacia delante a 186.282 millas por segundo en relación con el suelo.

Esto parece ir en contra del sentido común, pero lo que llamamos «sentido común» está basado en nuestra experiencia con velocidades muy inferiores a las de la luz, que en realidad se suman –o casi–. Einstein, a partir de su presuposición de la velocidad constante, desarrolló una fórmula para sumar velocidades que demostró que incluso con velocidades comunes la suma no es totalmente aritmética y que veinte más veinte no son siempre cuarenta. Cuanto mayores son las velocidades, menos pueden ser calculadas por medio de una simple suma aritmética, hasta que al llegar a la velocidad de la luz no hay suma posible.

De este punto de partida surgieron todo tipo de consecuencias aparentemente peculiares. Resultó que nada que tuviera masa podía viajar más ligero que la velocidad de la luz en el vacío. Resultó que con la velocidad, la longitud en la dirección del movimiento disminuía, la masa aumentaba y el tiempo corría más despacio. También resultó que la luz no tenía por qué considerarse necesariamente como la vibración de una sustancia misteriosa llamada «éter»: la luz podía viajar atravesando el vacío en forma de partículas diferenciadas, similares a los cuantos, que recibieron el nombre de «fotones».

Todas las ecuaciones de Einstein se reducían a las ecuaciones de Newton si la velocidad de la luz se tomaba como algo infinito. Puesto que la velocidad de la luz es tan alta, las ecuaciones de Newton funcionan bastante bien cuando se aplican a velocidades bajas como las que se utilizan en los cohetes. Pero puesto que la velocidad de la luz no es infinita, las ecuaciones de Newton no son precisas a altas velocidades, como las relacionadas con partículas subatómicas.

Ésta es la razón por la cual las teorías de Einstein sobre la relatividad del movimiento tuvieron que ser aceptadas a pesar de sus peculiares consecuencias. Las ecuaciones de Einstein funcionaban allí donde no lo hacían las de Newton. Por ejemplo, los aceleradores de partículas no funcionarían sin la teoría de Einstein, y sin ellos hubiéramos sido incapaces de aprender más que los aspectos más simples de la física subatómica.

Las ecuaciones de Einstein también demostraron que la masa era una forma de energía muy concentrada y que ambas estaban relacionadas (la famosa $E=mc^2$). Einstein obligó a reinterpretar la conservación de la energía y llevó a la comprensión del significado de la energía nuclear. Esa comprensión, a su vez, condujo directamente al desarrollo de la bomba nuclear y de los reactores nucleares –para bien o para mal.

La teoría de Einstein se aplica sólo en el caso especial del movimiento relativo uniforme no acelerado en relación con un observador, de modo que fue llamada «teoría especial de la relatividad». En 1915 la extendió al movimiento acelerado y expuso la «teoría general de la relatividad».

Fue esta teoría general la que sentó las bases de la moderna cosmología y cosmogonía. Hizo posible por primera vez que se consideraran racionalmente las propiedades del Universo como totalidad, y el modo en el que pudo haber comenzado su existencia.

Las ecuaciones calculadas por Einstein en conexión con la relatividad general explicaban el concepto del perihelio de Mercurio, algo que la teoría de Newton no había conseguido explicar. Estos cálculos predecían que la luz formaba una curva en su camino al pasar por el campo gravitacional, lo que fue confirmado en 1919 cuando la posición de las estrellas cercanas al Sol fue medida durante un eclipse total. Las ecuaciones de Albert Einstein predecían que la luz perdería energía al moverse contra la fuerza gravitacional, extremo que fue confirmado en 1925 al estudiar la luz de la enana blanca compañera de Sirio. Ésa fue, incidentalmente, la prueba final sobre la existencia de cuerpos como la enana blanca.

Las ecuaciones de la relatividad general predijeron que el Universo se estaba expandiendo, algo que fue demostrado en la década de 1920. También predijeron la existencia de olas gravitacionales y de agujeros negros.

En 1917 Einstein consideró que los átomos y las moléculas ganaban y perdían un cuanto de energía cada vez. Einstein demostró que si una molécula ganaba energía y era golpeada por un fotón que contenía energía en una cantidad exactamente igual a la energía que había ganado, la molécula despediría esa energía ganada. La molécula emitiría un fotón de un tamaño exactamente igual al fotón que la había golpeado, y este fotón se movería en la misma dirección. Un fotón entraba, y dos fotones idénticos salían.

Treinta y cuatro años después, este principio fue utilizado por C.H. Townes para diseñar el «máser». Y, diez años después, T.H. Maiman lo utilizó para diseñar el láser.

El láser, un objeto que produce rayos comprimidos de luz monocromática coherente, puede ser particularmente crucial en el avance de las comunicaciones en el futuro cercano, ya que reemplaza a las ondas de radio. Los lásers también pueden ser utilizados para producir la fusión de hidrógeno y hacer posible, de esta manera, el desarrollo de la fusión de energía controlada, que bien puede resolver la crisis energética mundial.

Y también esto surgió de un concepto de Einstein.

Hubo una contribución tardía. En 1940, un grupo de jóvenes científicos deseaban que el presidente F.D. Roosevelt destinara dinero del gobierno para desarrollar una bomba nuclear antes de que lo lograran los alemanes o los japoneses. Se pidió a Einstein que firmara la carta con la demanda al presidente. Sólo Einstein tenía prestigio como para hacerlo.

Sin embargo, en aquella época, Einstein estaba fuera de la línea central de la evolución de la física. En 1929 W.K. Heisenberg había calculado el «principio de incertidumbre», que demostraba que ciertas propiedades físicas fundamentales, como el momento y la posición, podían ser medidas sólo con una precisión particularmente definida, incluso como principio. De algunas cosas sólo se podía hablar en términos de probabilidades y de estadísticas.

Einstein no pudo aceptarlo. Este concepto era demasiado incómodo para él. «No puedo creer que Dios juegue a los dados con el Universo», dijo.

Desgraciadamente, es el principio de la probabilidad lo que explica muchos aspectos importantes del Universo tal como es, y cuando Einstein lo rechazó quedó atrás en el avance de la ciencia. Por ello, sus logros fueron escasos durante el último tercio de su vida.

Pero no importa. En el primer tercio de su vida ya había llegado lo bastante lejos.

La quinta fuerza

Existen cuatro fuerzas conocidas en el Universo, cuatro fuerzas que hacen que los objetos se muevan hacia otros objetos o, en algunos casos, se aparten de ellos. Existen cuatro fuerzas de atracción y/o de repulsión.

La primera es la «fuerza gravitacional», que nos mantiene contra el suelo y que nos hace caer si no tenemos cuidado. La segunda es la «fuerza electromagnética», que mantiene unidos los átomos y las moléculas y que, en el interior del átomo, mantiene unidos los electrones cerca del núcleo. La tercera es la «fuerza fuerte», que mantiene juntas las partículas dentro del núcleo central atómico. La cuarta es la «fuerza débil», que permite que algunos núcleos atómicos se separen, produciendo radioactividad, y que hace que el Sol brille.

Estas cuatro fuerzas son absolutamente esenciales en el Universo tal como lo conocemos. Sin la labor de estas cuatro fuerzas trabajando como lo hacen, la materia no podría existir, las estrellas y los planetas no podrían existir, *nosotros* no podríamos existir.

Pero ¿existe una quinta fuerza? Hasta épocas recientes, los científicos estaban bastante convencidos de que no. Las cuatro fuerzas conocidas parecían explicarlo todo, y una quinta fuerza no era necesaria.

Pero observemos las cuatro fuerzas más de cerca. No tienen la misma potencia. La más potente es la fuerza fuerte. Cuando dos protones entran en contacto, la fuerza fuerte los acerca, mientras que la fuerza electromagnética los separa. Sin embargo, la fuerza fuerte es más de cien veces superior a la fuerza electromagnética, por lo que los protones permanecen juntos y puede existir el núcleo atómico. La fuerza débil es la menos potente de estas tres: la fuerza fuerte es cien billones de veces más potente que la fuerza débil.

La fuerza gravitacional es la que hace que la Tierra nos mantenga contra su superficie e impida que nos desprendamos de ella; la Tierra también mantiene a la Luna en su órbita, y el Sol mantiene a la Tierra en su órbita. Esto nos puede llevar a suponer que la fuerza gravitacional es superpotente. Pero no es así. La fuerza gravitacional es con mucho la más débil de las cuatro. La fuerza fuerte es alrededor de diez trillones de cuatrillones más potente que la fuerza gravitacional.

Entonces, ¿por qué tienen tanta influencia los efectos gravitacionales en el Universo? La respuesta es que la fuerza fuerte y la fuerza débil tienen un espectro de acción muy corto. Su potencia decae tan rápidamente con la distancia que simplemente no pueden notarse a partir de la billonésima parte de una pulgada. Sólo pueden notarse en el interior del núcleo.

La fuerza electromagnética y la fuerza gravitacional, sin embargo, poseen un enorme espectro de acción. Su potencia disminuye tan lentamente con la distancia que puede hacerse sentir durante varios años luz. La fuerza electromagnética, no obstante, tiene un efecto de atracción y uno de repulsión, y ambos están equilibrados de manera casi exacta. Por lo tanto, la fuerza electromagnética se hace sentir sólo cuando una u otra, la atracción o la repulsión, tiene un margen muy pequeño. De modo que puede ser ignorada a grandes distancias.

Pero la fuerza gravitacional produce sólo una atracción. A pesar de que es tan débil, aumenta con la cantidad de materia (de masa) que existe en el cuerpo. Es raro que dos rocas se atraigan, ya que tienen muy poca masa. Ni siquiera los asteroides tienen mucha gravitación. Sin embargo, masas grandes como la Tierra y la Luna se mantienen juntas con mucha potencia. La fuerza gravitacional, terriblemente débil, se concentra en gran cantidad debido a esa gran masa. La fuerza gravitacional del Sol es más grande, y la fuerza gravitacional de toda una galaxia de estrellas es aún mucho mayor. Por lo tanto, es la fuerza gravitacional la que mantiene al Universo unido.

La masa que produce la gravedad se llama «masa gravitacional». La masa también resiste los cambios en su movimiento. Es fácil golpear una ligera pelota de ping-pong y enviarla a otro lugar, pero una pelota de platino del mismo tamaño y moviéndose a la misma velocidad tendría mucha más masa y sería mucho más difícil golpearla para hacerla pasar al otro lado de la red. Esta resistencia a cambiar el movimiento se llama «inercia», y debido a que aumenta con la masa, hablamos de masa «inerte». Tanto la fuerza gravitacional como el efecto de inercia pueden utilizarse para determinar la masa de un objeto, y siempre parecen proporcionar la misma respuesta.

Cuando Isaac Newton calculó la ley de la gravedad, supuso que la masa inerte y la masa gravitacional eran siempre iguales. Lo mismo hizo Albert Einstein cuando mejoró la teoría de Newton. Debido a que son iguales, un objeto con más masa es más «resistente» a la caída, pero recibe una fuerza mayor de la gravedad. Los dos efectos están equilibrados, y los objetos de masa diferente caen a una misma velocidad creciente.

Los científicos han medido con precisión la manera en que los objetos caen y la manera en que responden tanto a la inercia como a la gravedad, y parece que las dos son iguales hasta la proporción de 1 por billón.

Sin embargo, algunos científicos no están totalmente seguros. Los dos fenómenos, inercia y gravedad, parecen tan diferentes uno del otro que no se puede dejar de preguntar por qué estas dos formas distintas de medir la masa siempre dan el mismo resultado. ¿Es posible que en realidad no sea así?

En el transcurso del último año más o menos, los científicos han estado realizando mediciones muy precisas, y algunos parecen creer que la masa gravitacional y la masa inerte no son exactamente lo mismo. Existe una diferencia muy pequeña.

Una manera de explicar esta diferencia es suponer que existe una quinta fuerza que es aún más débil que la gravedad, unas cien veces menos. Lo que es más, tendría efecto a una escala bastante corta, de modo que sólo podría notarse a una distancia inferior a media milla, quizá. Además, en lugar de ser una fuerza de atracción, que empujara a los objetos a unirse, esta nueva fuerza sería de repulsión: los separaría. Finalmente, su potencia dependería no de la masa total sino de la masa de los distintos núcleos atómicos, de modo que su efecto sería diferente, por ejemplo, en el caso del hierro o del aluminio.

Todas estas propiedades son tan extrañas que la mayoría de los científicos se muestran reacios a aceptar esta idea. Lo que es más, los experimentos realizados son tan sutiles y producen efectos tan pequeños que no parecen demasiado fiables. No obstante, un activo grupo de científicos están diseñando experimentos aún más refinados, y dentro de un año sus resultados pueden llegar a revelar definitivamente si se trata o no de una quinta fuerza. Si existe tal cosa, los científicos tendrán que dar muchas explicaciones, y las cosas pueden resultar muy interesantes.

Dos a la vez

El núcleo atómico más simple está formado por un solo protón. Todos los otros núcleos atómicos contienen neutrones además de protones. Existen unas 265 combinaciones posibles de protones y neutrones que son estables, y los núcleos atómicos formados por cualquiera de estas combinaciones permanecerán indefinidamente tal como están. Toda la materia común del Universo, incluyéndonos a usted y a mí, está formada por varias de estas combinaciones estables.

Existen miles de combinaciones de protones y neutrones, pero no obstante algunas no son estables, se dividen en otras para formar combinaciones estables. Algunas de estas divisiones ocurren rápidamente, otras muy despacio y algunas ocurren a cualquier velocidad.

Estos núcleos inestables son creados, en primer lugar, por hechos violentos, como las explosiones del tipo «supernova», y los únicos núcleos producidos de este modo que existen en la Tierra son aquellos que se desintegran, una vez formados, a una velocidad muy lenta. Cantidades considerables de uranio o de torio tardan miles de millones de años en desintegrarse, por ejemplo, lo que explica que todavía existan átomos de uranio y de torio en la corteza terrestre.

Algunos núcleos inestables son producidos continuamente por los rayos cósmicos o por el bombardeo de los núcleos realizado por aceleradores de partículas fabricados por seres humanos. Estos núcleos casi siempre son inestables y se desintegran en pocos días, o incluso en pequeñas fracciones de segundo. Sin embargo, pueden ser estudiados en ese momento, lo que ha servido para calcular las reglas de esta desintegración.

Cuando un núcleo se desintegra espontáneamente para convertirse en otro, ocurre porque el segundo núcleo requiere menos energía para permanecer unido. El núcleo que se desintegra despide energía, en otras palabras, y se establece como una combinación con menos energía. Es como una pelota que rodara cuesta abajo.

Un núcleo no puede desintegrarse espontáneamente para formar otro que contenga más energía; eso equivaldría a una pelota que rodara cuesta arriba. Una pelota no rodará cuesta arriba a no ser que la empujen, y un núcleo no se desintegrará para transformarse en una forma con más energía a no ser que se le inyecte energía (lo que requiere supernovas, rayos cósmicos o aceleradores de partículas).

Un núcleo puede desintegrarse de varias maneras. Cuando ninguna de estas formas transforma al núcleo en uno con menos energía, el núcleo simplemente no se desintegra: se mantiene estable. Los 265 núcleos estables que he mencionado más arriba son los que no pueden desintegrarse en combinaciones con menos energía.

Una forma común de desintegración tiene lugar cuando el núcleo posee demasiados neutrones. En ese caso, un neutrón es capaz de transformarse espontáneamente en protón. Este cambio casi siempre disminuye el contenido de energía del núcleo y produce una combinación estable.

Sin embargo, un neutrón no tiene carga eléctrica. Existen dos tipos de cargas eléctricas, una positiva y otra negativa, pero el neutrón tiene la misma cantidad de ambas, y por lo tanto es «neutral» (de ahí su nombre).

El protón, naturalmente, tiene carga positiva. Para que un neutrón se convierta en protón, por lo tanto, tiene que perder la parte negativa de la carga que lleva. Esta carga negativa se emite como un electrón veloz (también llamado «partícula beta»).

Tomemos el caso del núcleo conocido como selenio-82, que está formado por treinta y cuatro protones y cuarenta y ocho neutrones (lo que suma un total de ochenta y dos partículas, de ahí su nombre). Si el selenio-82 libera una partícula beta, uno de los neutrones se convierte en protón y termina teniendo treinta y cinco protones y cuarenta y siete neutrones, que es el bromo-82. Pero el bromo-82 contiene más energía que el selenio-82, de modo que el selenio-82 no puede liberar una partícula beta. Sería como rodar cuesta arriba si lo hiciera; y como no puede hacerlo, es estable.

El bromo-82 sí es inestable, porque libera una partícula beta, y uno de sus neutrones cambia a protón. Termina teniendo treinta y seis protones y cuarenta y seis neutrones, lo que es el criptón-82, que contiene menos energía que el bromo-82.

La cuestión es, de todos modos, que el criptón-82 también tiene un poco menos de energía que el selenio-82. Si el selenio-82 libera *dos* partículas beta al mismo tiempo, se convertirá en criptón-82. Esto sería una «pérdida doble de beta», y es difícil que suceda. Un neutrón determinado del núcleo del selenio-82 puede estar preparado para liberar una partícula beta, pero no puede hacerlo. U otro podría, y no puede. Sólo muy raramente dos neutrones están preparados para explotar en la misma pequeña fracción de segundo.

Pero, en física subatómica, como en la Alemania nazi, cualquier cosa que no esté prohibida es obligatoria. Para el núcleo del selenio-82, pasar a ser un núcleo de criptón-82 es como ir cuesta abajo; y como ir cuesta abajo no está prohibido, es obligatorio. El núcleo de selenio-82 *debe* liberar dos partículas beta, aunque esto ocurra rara vez.

En 1974, un físico de la Universidad de California, Michael K. Moe, hizo pruebas con rocas muy antiguas que contenían átomos de selenio-82. En mil millones de años o más, algo del selenio-82 debió de haberse transformado en criptón-82, y debía de haber pequeños restos de criptón-82. Buscó el criptón-82 (que es un gas) y encontró pequeñas muestras.

Esto significó que la desintegración del tipo doble beta ocurre. Era sólo cuestión de detectarla. Si Moe pudiera reunir en un lugar tanto selenio-82 como fuera posible, quizá podría registrar un núcleo en el momento de liberar dos electrones.

Juntó alrededor de media onza de selenio-82 y durante años trató de captar el momento en que se producía la desintegración.

El problema era que ocurrían toda suerte de cosas distintas. Había rayos cósmicos y bombardeo de neutrones y radioactividad común aquí y allá. No en mucha cantidad, pero suficiente como para impedir la desintegración ocasional del tipo doble beta.

Moe y sus colaboradores trabajaron para reducir el «ruido» y diseñaron mecanismos detectores que fueran sensibles sólo a la desintegración doble beta. Finalmente, en 1986, comenzó a detectar la emisión del doble electrón. Sucede tan raramente que la mitad de cualquier cantidad de selenio-82 se desintegraría sólo en cien trillones de años –la «media vida» más larga que se haya medido–. Pero aun así, Moe estudiaba tantos cuatrillones de núcleos que obtendría una desintegración de esta índole una vez cada tres o cuatro días. Después de todo, no está prohibido. De modo que es obligatorio.

Ozono

Cada molécula de oxígeno está compuesta por dos átomos de oxígeno. Se podría llamar al ozono «oxígeno y medio», debido a que cada molécula de ozono está formada por tres átomos de oxígeno.

Se requiere energía para forzar ese tercer átomo de oxígeno en la combinación y, una vez que se ha formado la molécula de ozono, es fácil que pierda ese átomo extra y se desintegre en oxígeno común una vez más. El ozono se forma en presencia de energía superflua, como en los alrededores de una máquina que genera electricidad.

No llega a concentrarse mucho porque tiende a desintegrarse tan pronto como se forma. Es una suerte, porque el ozono es venenoso.

El ozono se forma principalmente en las alturas de la atmósfera superior. Allí, los rayos cargados de energía del Sol forman constantemente moléculas de ozono a partir del oxígeno. Una vez más, el ozono tiende a desintegrarse, pero entre la formación y la desintegración se alcanza un equilibrio, y se forma así una capa de ozono que se mantiene en la atmósfera superior, a unas quince millas sobre la superficie.

No se trata realmente de una capa, puesto que el aire es muy ligero en esa zona, pero es importante –extremadamente importante.

El ozono es opaco a la luz ultravioleta. La parte ultravioleta de la luz solar es detenida por la capa de ozono y es muy poca la que logra atravesarla, mientras que las ondas más largas de luz común la penetran casi sin problemas.

Esto significa que cuando tomamos el sol, las ondas de energía ultravioletas han sido filtradas en gran parte. Lo que queda es suficiente como para broncear nuestra piel (o quemarla, si es usted muy blanco), pero casi siempre podemos caminar bajo el sol con cierta impunidad.

En la Tierra primitiva, no había oxígeno en la atmósfera, ni nada a partir de lo cual se pudiera formar el ozono. Sólo había la acción gradual de las pequeñas plantas verdes del océano, a medida que evolucionaban, para formar el oxígeno, que finalmente existió en cantidad suficiente como para permitir que se formara una capa de ozono.

Puede ser que hasta cuatrocientos millones de años atrás, cuando la Tierra ya tenía cuatro mil millones de años de existencia, no se juntara la cantidad suficiente de oxígeno como para hacer posible la producción de una capa de ozono lo bastante gruesa en la atmósfera superior como para proteger a la Tierra. Una capa de agua absorbía los rayos ultravioletas y protegía la vida en el mar, pero la energía ultravioleta que bañaba la tierra desierta desintegraba la compleja química de los seres vivos y la mantenía estéril. Por lo tanto, la vida no llegó a la Tierra hasta que se formó la capa de ozono.

Pero ¿que sucedería ahora si apareciera algo en la atmósfera superior que ayudara a desintegrar las moléculas de ozono? Se rompería el equilibrio actual, y la capa de ozono se haría más delgada hasta desaparecer por completo.

A comienzos de la década de los setenta, dos científicos de la Universidad de California sugirieron que los fluor-cloro-carbonos o CFC podían representar un peligro. Estos CFC no se queman, no son venenosos y se pueden utilizar con seguridad. Se licuan con facilidad y se evaporan, por lo cual pueden ser utilizados para transferir el calor de un lugar a otro. Como resultado, después de la Segunda Guerra Mundial, estos productos químicos fueron utilizados cada vez más en aparatos refrigeradores y de aire acondicionado –y también en aerosoles, donde, bajo presión, hacían que el contenido saliera a través de pequeños orificios.

Llega un momento, sin embargo, en el que todos los CFC abandonan sus envases y penetran en la atmósfera, donde cada día aumenta su proporción. Millones de toneladas ya se han evaporado en el aire y cada día se agregan más. Cuando llegan a la atmósfera, permanecen allí. No se diluyen por efecto de la lluvia, ni son modificados por ningún producto químico. Simplemente se dirigen continuamente hacia arriba, hacia la capa de ozono.

Una vez que el CFC llega a esa capa, la energía ultravioleta de los rayos solares es lo bastante fuerte como para desintegrar sus moléculas y liberar un gas llamado cloro. El cloro, a su vez, tiende a descomponer el ozono en oxígeno... y a disminuir el grosor de la capa de ozono.

Cuando se descubrió este efecto, los Estados Unidos, para preservar la capa de ozono, prohibieron el uso de los CFC en los aerosoles y comenzaron a utilizarse otros gases en su lugar. No obstante, los CFC son utilizados en aerosoles fuera de los Estados Unidos. Lo que es más: no existen buenos sustitutos para los CFC en los aparatos refrigeradores y de aire acondicionado.

Están los que argumentan que los CFC no afectarán seriamente a la capa de ozono, pero es posible que ahora se demuestre que están equivocados.

En 1985 se descubrió un pequeño punto o agujero en la capa de ozono justamente sobre la Antártida. No lo habríamos sabido a no ser por los datos que nos proporcionan nuestros satélites. Una vez que los datos del satélite, referentes tanto al presente como al pasado, fueron estudiados en detalle, se descubrió que el agujero se había formado en esa zona a lo largo de años y que crecía paulatinamente. La cantidad de ozono en la atmósfera superior puede haber descendido considerablemente en los últimos catorce años, y a este ritmo no tardará mucho en llegar el momento en que la capa de ozono se torne peligrosamente delgada.

Eso será peligroso. La radiación ultravioleta que llega hasta nosotros, a pesar de la capa de ozono, es una de las causas del cáncer de piel. A medida que aumenta el número de rayos ultravioleta que penetran y llegan hasta nosotros, este cáncer aumentará, especialmente entre las personas de piel blanca. Durante los próximos ochenta años más o menos, pueden darse cuarenta millones de casos de cáncer de piel únicamente entre los estadounidenses, y 800.000 muertes. También aumentarán las cataratas en los ojos y otras enfermedades.

Si hubiera peligro sólo para la piel, tendríamos que quedarnos en el interior de los edificios todo el tiempo posible y llevar sombrillas al salir –pero eso no es todo.

¿Qué ocurrirá con los otros tipos de vida que existen en la Tierra?

Para protegerse a sí mismos, las plantas superiores y los animales tienen pelos, plumas, escamas, cutículas, piel, caparazones y demás. Pero las formas de vida microscópicas del suelo y de las capas superiores del mar no están tan protegidas. La luz del Sol se convertiría en algo tan amenazador para ellos como lo fue antes de que se formara la capa de ozono, cuatrocientos millones de años atrás. Y si estos microorganismos mueren, los organismos que dependen de ellos ecológicamente también se verán afectados de manera adversa. En síntesis, puede ser que se quiebre la propia estructura de la vida.

¿Qué hacemos? A todos los peligros de superpoblación, contaminación ambiental, drogas, terrorismo, guerra nuclear, ahora debemos sumarles nuestra preocupación por la capa de ozono. Los dirigentes científicos y gubernamentales se toman cada vez más en serio la capa de ozono.

Los estragos de la naturaleza

El 19 y el 20 de septiembre de 1985 dos terremotos gemelos sacudieron la ciudad de México, la más grande del mundo.

Murieron unas 20.000 personas, 40.000 sufrieron heridas y 31.000 se quedaron sin vivienda. Ese mismo año, otro importante terremoto ocurrido el 3 de marzo en Chile dejó a 150.000 personas sin vivienda; afortunadamente, sólo se produjeron 177 muertes. Otros terremotos sacudieron China y la Unión Soviética.

Durante la noche del 13 de noviembre de 1985, un volcán que había dormido durante largos años en Colombia despertó rugiendo y sepultó en barro caliente una ciudad que estaba a sus pies, matando a 25.000 personas que dormían tranquilamente. Más de 60.000 supervivientes sufrieron heridas o perdieron su hogar.

En el nordeste de los Estados Unidos, el 31 de mayo de 1985, docenas de tornados se arremolinaron sobre la superficie de la Tierra, en su peor manifestación conocida. Mataron a 88 personas, hirieron a cientos y destruyeron pueblos enteros.

Si añadimos a esto corrimientos de tierras, avalanchas, tifones y huracanes asesinos, y un número récord de desastres aéreos, es como si la naturaleza estuviera siempre desbandada. ¿Puede ser que por alguna razón nuestro planeta haya perdido su equilibrio tras estar tanto tiempo dominado por los seres humanos? ¿O quizá algún poder sobrenatural está enojado con nosotros?

¿Continuarán aumentando y empeorando estas catástrofes? ¿O acaso los desastres naturales son cíclicos y ocurre que estamos sufriendo el final malo de un ciclo?

En realidad, si consideramos cuidadosamente estos asuntos, parece bastante claro que los desastres naturales nos atacan de manera fortuita. Eso no significa que lo hagan de manera equilibrada y que cada año ocurra lo mismo. Hay años malos y años buenos. Y, puesto que ocurren de manera fortuita, de vez en cuando podemos tener períodos de relativa calma, y luego, inesperadamente, períodos turbulentos durante varios años. Hasta ahora no existe ninguna manera de predecir los años malos ni de prevenirlos.

Sin embargo esta sospecha sobre lo azaroso de los desastres no *parece* correcta. La gente de mi edad recuerda años pasados en los que rara vez ocurrían desastres, y no todos los días como ahora. ¿Por qué?

La respuesta es que se trata de una ilusión debida al avance de la tecnología humana.

En esta época, nuestros satélites de comunicación, que giran en órbita alrededor de la Tierra, y los aparatos de televisión en cada hogar, nos dan detalles de cada desastre en el momento en que ocurre. Durante días y días vimos a los fatigados equipos de salvamento luchando para rescatar a un bebé de una pila de escombros después de las sacudidas que sufrió la ciudad de México. Podíamos ver el daño, ojos asustados y desesperados, y ser totalmente conscientes de la magnitud del desastre.

Sin embargo, ése no fue el peor terremoto de la historia. El 23 de enero de 1556, un terremoto hizo temblar los acantilados del norte de China, y bajo la tierra que cayó quedaron sepultadas y murieron 830.000 personas en cinco minutos. Los europeos de la época no se enteraron de la catástrofe. La conocemos sólo por los documentos chinos.

En otra ocasión, el 27 de agosto de 1883, la pequeña isla volcánica de Krakatoa, entre Java y Sumatra, explotó y provocó una ola gigantesca (*tsunami*) que ahogó a 36.000 personas en las costas cercanas. La gente de Europa y América oyó hablar de ello después con pocos detalles y (por supuesto) sin imágenes de televisión. La vida continuó en Occidente como si Krakatoa no hubiera explotado.

Pero cuando el monte Santa Helena, al noroeste de los Estados Unidos, sufrió en comparación una pequeña erupción el 18 de mayo de 1980, en la que murieron unas pocas docenas de personas, vimos los hechos durante la noche por televisión, la columnas de humo y ceniza que subían, el flujo crujiente de la lava, y el polvo que caía en Portland, Oregón. A los estadounidenses les debió de haber parecido que el monte Santa Helena era un desastre mucho peor que el de la distante y poco conocida Krakatoa, ocurrido mucho tiempo atrás.

Por otra parte, tendemos a medir la intensidad del desastre por la cantidad de personas muertas o por los millones de dólares perdidos en propiedades destruidas, y eso también tiende a hacer que las catástrofes que ocurren en la actualidad parezcan mucho peores que las del pasado. Después de todo, hay mucha más gente en la Tierra hoy que la que hubo en el pasado, y está mucho más apretada, por lo que están destinadas a morir más personas que en catástrofes similares que tuvieron lugar hace un siglo o más.

Además, estructuras humanas de todo tipo (fábricas, puertos, plantas de producción de energía, pisos a gran altura) pueblan la Tierra como nunca en el pasado, y son mucho más caras que cualquier cosa que haya existido antes. Cualquier catástrofe que ocurra hoy está destinada a destruir mucha más propiedad que la que hubiera destruido en el pasado. Por ejemplo, el terremoto más terrible que ha sacudido a los Estados Unidos en toda su historia no ocurrió en California. Tuvo lugar en el aparentemente tranquilo y estable Medio Oeste, con una serie de temblores que comenzaron el 6 de diciembre de 1811 y llegaron a su punto culminante con un feroz terremoto el 7 de febrero de 1812. Tuvo su epicentro cerca del río Misisipí en el lugar donde ahora se levanta New Madrid, en Missouri.

El temblor se escuchó desde un lugar tan lejano como Boston, y se destruyeron 150.000 acres de tierra forestal. Cambió el curso del Misisipí en varios lugares, formó nuevos lagos y secó algunos pantanos. Y sin embargo, no sabemos de una sola persona que perdiera su vida en este enorme desastre. Después de todo, la región apenas estaba poblada en aquella época. Por otro lado, si un terremoto de la misma intensidad tuviera lugar allí hoy en día, seguramente morirían miles de personas y se destruirían muchos millones de dólares en propiedades. Incluso un pequeño terremoto en el mismo lugar haría hoy más daño que el monstruoso terremoto ocurrido entre 1811 y 1812, y la gente seguramente tendría la impresión de que los terremotos están empeorando.

Sin embargo la humanidad se ha salvado de los mayores desastres de todos, desastres que podrían ser cíclicos. En la actualidad, los científicos argumentan apasionadamente acerca de la posibilidad de que, una vez cada cierto tiempo, una lluvia de cometas cruce el sistema solar interior y que algunos de ellos, por casualidad, choque contra la Tierra.

Un solo choque de un cometa, con un radio de unas pocas millas, formaría un cráter de cientos de millas de ancho y arrojaría tanto polvo a la atmósfera superior que la luz del sol desaparecería durante semanas o meses. Moriría mucha vida vegetal, y también la vida animal que dependiera de ella. Se supone que un choque como éste, hace 65 millones de años, borró de la faz de la Tierra a todos los dinosaurios, junto con muchos otros tipos de plantas y animales. Y eso no fue lo peor. Hace unos 230 millones de años, cerca del 90% de todos los tipos de plantas y animales vivos fueron borrados por un choque semejante. En cualquiera de esos dos casos (y hasta el momento) la vida continuó, pero cambió drásticamente, ya que sólo los supervivientes se multiplicaron y volvieron a poblar la Tierra.

Algunos científicos creen que esa «gran mortandad» ocurre cada 26 millones de años. La última parece haber ocurrido hace 13 millones de años, de modo que nos quedan otros 13 millones hasta que ocurra la próxima. Eso nos da mucho tiempo, y quizá si los seres humanos o sus descendientes todavía viven para ese entonces, puedan contar con la tecnología adecuada para prevenirla.

Mientras tanto, podemos detectar la llegada de los huracanes por medio de nuestros satélites climáticos; estamos desarrollando métodos para predecir los terremotos y las erupciones volcánicas; y, en general, tratamos de que los grandes desastres no nos cojan desprevenidos. Eso debería mejorar las cosas.

El doble descubrimiento de la evolución

Todo el mundo sabe que el naturalista inglés Charles R. Darwin fue el primero en formular la teoría de la evolución, pero la mayoría de la gente no está familiarizada con el tiempo que dedicó a esta tarea.

La noción de un desarrollo evolutivo de la vida de las criaturas más simples a las criaturas más complejas estaba en el aire a comienzos del siglo XIX, pero nadie hacía propuestas convincentes sobre la fuerza que guiaba la evolución. ¿Qué era lo que provocaba que las formas de vida cambiaran sus características?

Algunos creían que los organismos evolucionaban a base de pruebas. Los antílopes que estiraban el cuello para alcanzar las hojas de los árboles transmitieron sus cuellos más largos a los más jóvenes, y a lo largo de generaciones algunos antílopes se convirtieron en jirafas. El problema era que se demostraba con facilidad que esta característica adquirida no era heredada.

Darwin comenzó a pensar en la evolución durante su viaje en el barco inglés *Beagle*, realizado entre 1831 y 1836. Sus investigaciones de varias formas de vida lo convencieron de que había tenido lugar una evolución. Pero se preguntaba cómo habría sido.

Más tarde, en 1838, casualmente dio con un libro escrito cuarenta años antes por Thomas Malthus. Malthus sostenía que la población humana aumentaba siempre más deprisa que sus alimentos, de modo que la población siempre tenía que disminuir por el hambre, la enfermedad o la guerra.

Sucedió que Darwin pensó enseguida que esto mismo debía ocurrir a todas las especies de los seres vivos. Todos crecían más que sus alimentos, y sólo los que estaban mejor adaptados a su medio sobrevivían. Era esta «selección natural» la que elegía a los mejor adaptados en cada generación y lo que producía una lenta evolución hacia una mejor adaptación a lo largo de millones de años.

Darwin comenzó a recoger las evidencias que necesitaba. No tenía prisa: sabía que su teoría de la «evolución por selección natural» levantaría una gran tormenta y que sería denunciado por blasfemo y por ateo al negar la creación según la recoge la Biblia. Darwin quería reunir todas las evidencias posibles para que nadie pudiera argumentar en su contra.

Pasó años trabajando. En 1858, veinte años después de que Malthus le hubiera dado su respuesta, todavía estaba recogiendo datos. Leyó parte de sus estudios a sus amigos y ellos le urgieron a publicarlos, pero Darwin estaba tenazmente dedicado a buscar más evidencias.

Mientras tanto, otro naturalista inglés, Alfred R. Wallace, también estaba explorando regiones lejanas de la Tierra y observando la manera en que las formas de vida diferían unas de otras. También él comenzó a especular acerca de la evolución. Y también se preguntaba cuál sería la fuerza que la impulsaba.

Wallace estaba en Borneo y se vio inmovilizado por un tiempo debido a un ataque de malaria. Disponía de mucho tiempo; llegó a sus manos un ejemplar del libro de Malthus y lo leyó. La misma idea relacionada con la selección natural tomó forma para Wallace, tal como antes lo había hecho para Darwin.

En realidad, Wallace estaba lejos del nivel al que había llegado Darwin. Wallace leyó el libro en 1859, veinte años después que Darwin. No obstante, Wallace era más apasionado. Con el conocimiento clave en sus manos, no esperó. Tomó lapiz y papel, y escribió sus ideas con todo detalle, incluyendo todas las evidencias que había recogido en sus viajes para ilustrar su posición.

Una vez escrito su manuscrito, Wallace quizo saber la opinión de otros naturalistas, y se le ocurrió enviarlo nada menos que a Charles Darwin.

Darwin recibió el manuscrito de Wallace el 3 de junio de 1858, y cuando lo leyó se sintió conmovido. Su propia teoría estaba allí, ante sus ojos.

Darwin podría haber ignorado el manuscrito y haberse dado prisa para imprimir su propio material. Después de todo, tenía muchas más evidencias y había razonado mucho más cuidadosamente su exposición que Wallace, y muchas personas sabían perfectamente el tiempo que Darwin llevaba trabajando en ese sentido, por lo que podría haberse librado fácilmente de él.

Pero Darwin no era de ese tipo de personas. Agradeció a Wallace que le hubiera enviado el material, y le sugirió una publicación conjunta. Más tarde aparecería un artículo bajo ambos nombres en una publicación especializada. Al año siguiente, en 1859, Darwin publicó sus investigaciones completas en un libro que suele titularse *El origen de las especies*. Toda la primera edición, de 1.250 ejemplares, se vendió en un día y dio lugar a la tormenta que

Darwin temía (y que todavía continúa). Es este libro el que otorga a Darwin la parte del león en la teoría de la evolución por selección natural.

Para no crear más controversias, Darwin no mencionó a los seres humanos en *El origen de las especies*. No obstante, la controversia llegó, y no había nada que perder. Por lo tanto, en 1871 Darwin publicó *El origen del hombre*, dando a conocer todas las evidencias que había podido recoger sobre la evolución humana.

En esa cuestión, Wallace se resistió y no lo siguió. Cuesta pensar que alguien pueda aceptar la evolución en relación con todos los tipos de vida excepto con los seres humanos. Pero Wallace se las arregló para hacerlo, y quedó rezagado en el avance biológico.

En realidad, Wallace, a medida que envejecía, adoptó una serie de ideas extrañas, y lo hizo siempre con mucha fuerza y vigor. Estaba contra la idea de Darwin de que la selección sexual tenía que ver con la evolución, por ejemplo, y también decidió adoptar ideas socialistas.

Bien, la selección sexual no estaba sólidamente establecida y el socialismo era en aquel momento muy popular entre los intelectuales ingleses. Wallace también decidió dedicarse al espiritismo, algo que era muy difícil de aceptar entre los científicos. Lo más sorprendente fue su fuerte campaña contra la vacunación, que estaba terminando claramente con la viruela en aquella época. Wallace también tomó partido en un debate relacionado con los canales de Marte. En las décadas de 1880 y 1890, algunos astrónomos creyeron que podían ver esos canales y sospecharon que podía haber una vida bastante avanzada en Marte. El astrónomo estadounidense Percival Lowell estaba bastante seguro de que había vida en Marte y escribió varios libros defendiendo su punto de vista.

En 1907, a los ochenta y cuatro años, Wallace recibió el encargo de revisar los libros de Lowell. Hirviendo de ira y tan impulsivo como en 1858, Wallace terminó escribiendo un libro de 110 páginas en el que argumentaba violentamente contra los canales. Y en este caso Wallace estaba en lo correcto, era Lowell quien estaba equivocado.

El gran saurio, el rey

La vida se desarrolló hace 3.000 millones de años, muy pronto en la historia de la Tierra. Durante un 90% de esa historia, sin embargo, la vida existió sólo en el mar. Luego, alrededor de 340 millones de años atrás, la vida animal comenzó a aventurarse sobre la tierra.

Al comienzo se aventuraban sólo en parte. Los animales desarrollaron maneras de vivir sobre la tierra y de respirar el oxígeno del aire. Sin embargo, ponían sus huevos en el agua para evitar que se secaran. Durante su primera etapa vital, los jóvenes permanecían en el mar, y sólo los adultos salían a la tierra. Estos animales son llamados anfibios, de la palabra griega que significa «ambas vidas» –o sea, tanto en la tierra como en el agua–. Hoy en día, los anfibios más famosos son las ranas.

Unos sesenta millones de años después, la conquista de la tierra era completa. Había formas de vida que ponían huevos con caparazones porosos, lo que permitía que el aire entrara y saliera, pero también retenía el agua suficiente como para permitir que el animal no se secara. Los animales con huevos de este tipo no tuvieron que retornar al agua nunca más. Se les llama reptiles, del verbo «reptar»; los reptiles con más éxito de nuestros tiempos son las serpientes.

Hace unos doscientos millones de años, un grupo de estos reptiles se desarrollaron hasta dominar la vida sobre la tierra. Se esparcieron sobre toda la superficie del planeta y evolucionaron de muchos modos distintos. Mantuvieron esa dominación durante un largo período. Por esa razón, el período de la historia de la Tierra que va de doscientos millones de años a sesenta y cinco millones de años atrás se llama la era de los reptiles. Propiamente, ese período es llamado era mesozoica, palabras griegas que significan «animales medios». Antes de esa época, los peces y los anfibios eran los animales grandes más importantes; a partir de esa época, pasaron a serlo los mamíferos. La era de los reptiles surgió entre ambas eras, en medio.

Los seres humanos no sabían nada acerca de la era mesozoica hasta comienzos de siglo XIX, cuando comenzaron a hallarse huesos antiguos en la

Tierra. Habían estado en el suelo durante tanto tiempo que lentamente se habían convertido en piedras; suelen llamarse fósiles (de la palabra en latín que significa «excavar»). Los científicos pudieron establecer que estos huesos correspondían a reptiles, a pesar de que no se parecían a ninguno de los que viven hoy en día. Se buscaron más huesos de este tipo y se fueron encontrando, de modo que gradualmente la era de los reptiles comenzó a ser comprendida con bastante detalle.

Lo que impresionó a los científicos (y a la gente en general) fue que algunos de los huesos eran enormes. Algunos de los reptiles de la era mesozoica fueron los animales más grandes que han vivido sobre la tierra, porque eran mucho más grandes que los elefantes de mayor tamaño. En 1842, el naturalista inglés Richard Owen, impresionado por su tamaño, dio a estos antiguos reptiles el nombre de dinosaurios, de las palabras griegas que significan «saurios aterradores».

El más conocido de los saurios es el brontosaurio, término derivado de las palabras griegas que significan «saurio del trueno», quizá porque este reptil al avanzar sobre el suelo producía un sonido como el trueno. Tenía el cuerpo y las piernas de un elefante gigante. En uno de los extremos del cuerpo encontramos un largo cuello con una pequeña cabeza; en el otro, una larga cola.

Un brontosaurio grande mediría sesenta pies de largo de la punta de la cabeza a la punta de la cola, y el punto más alto de su espalda podía llegar a los dieciocho pies, a la altura de la jirafa más alta. Puede que haya pesado unas treinta y cinco toneladas, tres veces el peso del elefante macho más grande de África.

Una criatura similar, el diplodoco (de las palabras griegas que significan «doble soporte», que describen la estructura de su espina dorsal) es de un perfil más delicado que el brontosaurio, pero su cuello y su cola, comparativamente más delgados, son mucho más largos. Un diplodoco podía llegar a medir ochenta y siete pies de largo, aunque podía pesar un tercio menos que un brontosaurio.

El campeón, de todas maneras, era el braquiosaurio, llamado así por las palabras griegas que significan «saurio con brazos», porque sus extremidades anteriores eran inusualmente largas, considerablemente más largas, en realidad, que sus extremidades posteriores. Es el animal más grande que jamás haya vivido sobre la tierra. Puede haber medido sólo setenta y cinco pies de largo (menos largo, pues, que el diplodoco), pero unos veintiún pies desde los hombros hasta el suelo, y podía levantar la cabeza unos cuarenta pies, la altura suficiente como para espiar por la ventana de un cuarto piso. Lo que es más, pudo pesar unas ochenta toneladas, más del doble que un brontosaurio.

Naturalmente, los huesos fósiles descubiertos por los científicos son escasos, y no existen muchas posibilidades de que encontremos huellas de estos animales tan grandes al azar, de modo que a lo mejor ochenta toneladas no son el auténtico récord.

Y no obstante, estos brontosaurios y braquiosaurios, a pesar de su tamaño gigantesco, que los convertía en «saurios aterrorizadores», si llegábamos a encontrarnos con ellos, no eran tan peligrosos como puede parecer. Estos reptiles enormes (como los mayores mamíferos de nuestra época –elefantes, rinocerontes e hipopótamos–) eran vegetarianos. No les hubiéramos interesado como comida si nos hubieran visto, y no hubieran abandonado su camino para hacernos daño. En cualquier caso, si por algún motivo nos hubieran pisado accidentalmente, nos parecería que nos aplastaba una apisonadora.

Pero, como siempre, no todos estos reptiles gigantes eran vegetarianos, aunque sí los más grandes. Donde hay vegetarianos, existen carnívoros (más pequeños, pero mucho más feroces) que se alimentan de ellos. Naturalmente, sería mucho peor encontrarse con un reptil carnívoro que con un gigante vegetariano, del mismo modo que es peor encontrarse con un tigre que con un hipopótamo.

Algunos de estos dinosaurios carnívoros (o «carnosaurios») eran mayores que otros, por supuesto. En 1902 un cazador de fósiles llamado Barnum Brown descubrió huesos enormes de un carnosaurio. Una vez que hubo descubierto suficientes huesos construyó un modelo del animal, que demostró ser aterrador, sin duda alguna. El enorme carnosaurio era uno de los animales más feroces y horribles que ha vivido sobre la Tierra.

Los enormes carnosaurios se levantaban sobre dos poderosas patas, y tenían una gruesa cola. También contaban con dos extremidades delanteras que eran relativamente pequeñas pero útiles para atrapar a su presa. Las dos patas traseras que sostenían el cuerpo estaban fortalecidas por huesos gruesos y densos, completamente necesarios para sostener el peso del potente animal.

El cuerpo, que podía medir cuarenta pies de largo y pesar siete toneladas, se levantaba sobre esas dos piernas para alcanzar la altura de unos dieciocho pies. Pesaba diez veces menos que un braquiosaurio, pero era mucho más peligroso. Tenía una cabeza de cuatro pies de largo, y su boca disponía de feroces colmillos de siete a ocho pulgadas de longitud.

El enorme carnosaurio descubierto por Brown recibió el nombre de tiranosaurio, de las palabras griegas que significan «gran saurio»; la variedad mayor fue llamada *Tyrannosaurus Rex* («el gran saurio, el rey»).

Es posible que el *Tyrannosaurus Rex* no haya sido el mayor carnosaurio. Se han encontrado huesos sueltos similares a los del *Tyrannosaurus Rex*, pero más grandes. Sin embargo, ése es el mayor carnosaurio del cual tenemos el esqueleto entero, y es lo bastante temible como para dejar satisfecho a cualquiera.

Quizá el efecto de terror más dramático que pudo haber provocado esta bestia puede encontrarse en un episodio basado en los *Ritos de la primavera* de Igor Stravinsky que aparece en la película *Fantasía* de Walt Disney. Nadie que haya visto esa película puede olvidar la repentina y horripilante aparición del *Tyrannosaurus Rex* (al paso de los acordes musicales apropiados).

El *Tyrannosaurus Rex* vivió al final de la era mesozoica, cuando había grandes vegetarianos para cazar. Como, por ejemplo, los estegosaurios (uno de los cuales aparece peleando con el «rey» en *Fantasía*), pero los más grandes –los brontosaurios y los braquiosaurios– ya se habían extinguido hacía mucho tiempo.

Esto no es sorprendente. A través de toda la era mesozoica, varias especies de reptiles se extinguieron, mientras que otras evolucionaron, de modo que los detalles del período son siempre cambiantes. Durante casi todo el período hubo también pequeños mamíferos, nuestros antecesores, que no tuvieron demasiado éxito. Este estado de cosas pudo haber continuado hasta hoy en día. Todavía podrían existir reptiles gigantes, y los mamíferos podrían seguir siendo insignificantes, pero algo sucedió...

Hace unos sesenta y cinco millones de años, de repente, todos los dinosaurios que quedaban, así como otros animales grandes y muchas plantas y animales pequeños, desaparecieron. Algunos pequeños mamíferos sobrevivieron, no obstante, y debido a la ausencia de los grandes reptiles prosperaron y evolucionaron hacia formas más grandes y complejas –incluyéndonos a nosotros.

Pero ¿qué sucedió para que eso fuera posible?

Durante muchos años los científicos han discutido sobre este tema. En años recientes, se tiende a creer que hace sesenta y cinco millones de años un cometa grande (de varias millas de diámetro) chocó contra la Tierra. El impacto provocó terremotos y erupciones volcánicas, pero no fue eso lo peor. El choque cósmico arrojó millas cúbicas de polvo sobre la atmósfera superior, donde permaneció durante meses sin dejar pasar la luz del Sol.

Con la ausencia de la luz del Sol, las plantas murieron, y los animales que se alimentaban de ellas también; y más tarde los animales que se alimentaban de animales también murieron. Muchas formas de vida, incluyendo el *Tyrannosaurus Rex*, se extinguieron totalmente. Algunos tipos de vida, como nuestros antecesores mamíferos, se las arreglaron para sobrevivir de algún modo, alimentándose de los dinosaurios muertos y congelados mientras esperaban que regresaran los rayos del Sol.

De modo que ahora, en lugar del *Tyrannosaurus Rex*, somos nosotros, *Homo sapiens*, quienes dominamos el mundo. En muchos sentidos, somos más peligrosos de lo que fue el *Tyrannosaurus Rex*.

Gigantes de sangre caliente

Existe la tendencia a pensar que los reptiles son inferiores a los pájaros y a los mamíferos.

Los pájaros y los mamíferos son de «sangre caliente» y pueden mantener una temperatura interna constante cualquiera que sea la temperatura exterior (dentro de lo razonable). Esto significa que no son lentos cuando hace frío y que no han de temer insolaciones cuando hace calor.

Los reptiles, en cambio, son de «sangre fría», y su temperatura interna tiende a igualarse a la exterior. En una mañana fría, el reptil también está frío y sus movimientos son lentos como los de un motor de automóvil en el cual el aceite lubricante se ha espesado y sedimentado. El reptil tiene que descansar al sol y calentarse como lo hace el motor de su vehículo –o como tenía que hacerlo un aparato de radio en los viejos tiempos anteriores al transistor– antes de poder moverse con energía. Y si la temperatura sube demasiado y los rayos directos del sol son demasiado fuertes, el reptil debe buscar la sombra o su cerebro hervirá.

Los reptiles más gloriosos que han vivido en la Tierra fueron las criaturas que conocemos con el nombre de dinosaurios, que dominaron el planeta hasta que una catástrofe ocurrida hace sesenta y cinco millones de años terminó con ellos. Algunos eran animales enormes, los carnívoros más aterradores que han existido. Los herbívoros eran todavía mayores, pesaban como diez elefantes y eran capaces de llegar al tejado de un edificio de cuatro pisos.

Tendemos a pensar que aquellos gigantes eran monstruos débiles, con un cerebro muy limitado, muy torpes, cuyo único destino era la extinción. Por lo tanto, era inevitable que pequeños pájaros y mamíferos de sangre caliente ocuparan su lugar.

Pero esto no muestra más que nuestra ceguera. Los dinosaurios dominaron la Tierra durante unos ciento cincuenta millones de años, y los pájaros y mamíferos que surgieron durante la segunda mitad de ese período eran sin duda especímenes muy pobres. Vivían a base de esconderse en los rincones, esperando que los dinosaurios no los descubrieran.

Si la catástrofe, cualquiera que haya sido (lo más probable es que fuera el impacto de un cometa y un «invierno nuclear»), no hubiera terminado con los dinosaurios, probablemente todavía dominarían la Tierra, y los pájaros y los mamíferos todavía estarían escondiéndose. Los pájaros y los mamíferos sobrevivieron a la catástrofe que acabó con los dinosaurios, pero esto tuvo que ver más con el hecho de que eran pequeños que con la posibilidad de que fueran rápidos o inteligentes.

Pero si a los dinosaurios les fue bien durante tanto tiempo, ¿no podría ser que no fueran tan torpes, lentos o tontos? ¿Acaso no pueden haber sido más inteligentes, más rápidos y mejores de lo que pensamos? De hecho, ¿es posible que tuvieran sangre caliente?

No podemos afirmarlo, porque todo lo que nos queda de ellos son huesos, dientes y otras partes duras. Pero después de todo, los mamíferos evolucionaron a partir de los reptiles –no de los dinosaurios, en realidad, pero sí de otra línea de reptiles más primitiva que la de los dinosaurios. Estos reptiles ancestrales se llamaban teriodontos, es decir «dientes de fiera», porque sus dientes se parecen mucho más a los de los mamíferos actuales que a los de otros reptiles.

Estos teriodontos no podían competir con los prometedores dinosaurios y se extinguieron hace unos 170 millones de años, pero dejaron descendientes que fueron los mamíferos primitivos. Estos mamíferos primitivos tenían seguramente sangre caliente y pelaje (el pelaje era necesario para aislarlos e impedir que el calor del cuerpo se perdiera enseguida), pero no sabemos exactamente cuándo los desarrollaron. No hay razón que nos impida pensar que algunos de los teriodontos desarrollaron la sangre caliente y el pelaje antes de desarrollar esqueletos de mamíferos, cuando eran lo que clasificaríamos como reptiles.

Los pájaros, que tienen sangre caliente y plumas para el aislamiento, también evolucionaron a partir de los reptiles, concretamente de los reptiles dinosaurios (algunos paleontólogos sostienen que los dinosaurios nunca se extinguieron: simplemente se posan en los árboles y cantan). Posiblemente, una vez más, es posible que los antecesores de los pájaros desarrollaran la sangre caliente y las plumas antes de convertirse totalmente en pájaros. En realidad, el *arqueopterix*, el organismo con plumas más primitivo que se conoce, tenía la cabeza, los dientes y la cola similares a los de un reptil.

Si dos grupos diferentes de reptiles desarrollaron la sangre caliente, quizá esta característica estaba mucho más extendida en el grupo de lo que pensamos. Quizá es sólo accidental que algunos pocos reptiles que sobrevivieron a la catástrofe sean de sangre fría.

Algunos paleontólogos creen que los dinosaurios no podrían haber triunfado si no hubieran tenido sangre caliente; al menos algunos de ellos tenían que ser rápidos y activos; en otras palabras, eran gigantes de sangre caliente. Los argumentos casi siempre se basan en razonamientos bastante tortuosos, y las discusiones que entablan los paleontólogos sobre este asunto son aún más calientes de lo que pudo haber sido la sangre de los dinosaurios.

Pero existen otros vestigios de los dinosaurios, además de sus esqueletos petrificados. En los años veinte de este siglo, el paleontólogo Roy Chapman Andrews descubrió huevos fosilizados de dinosaurios en Asia central. Este descubrimiento de alguna manera humanizó a los dinosaurios, dado que podemos pensar en ellos como criaturas capaces de ser padres.

Y ahora los paleontólogos han descubierto un enorme depósito de huevos de dinosaurios al sudoeste de la provincia canadiense de Alberta, cerca del límite con los Estados Unidos. Hay nidos sobre nidos, cada uno de ellos con un número determinado de huevos. Aparentemente, se trataba de un lugar donde empollaba un tipo de dinosaurio llamado hadrosaurio. Pero el lugar fue cubierto por las aguas cuando un río inundó la zona hace unos setenta y tres millones de años.

El mero hecho de que los nidos sean tantos nos lleva a pensar que los hadrosaurios eran casi mamíferos, o se comportaban como aves en el cuidado de sus crías. A su vez, esto los hace parecer más «avanzados» y hace más aceptable la suposición de que tenían sangre caliente (por supuesto, los caimanes cuidan bien a sus huevos y a sus crías, y son los familiares vivos más cercanos a los dinosaurios –y tienen la sangre fría).

Algunos de los huevos contenían embriones avanzados fosilizados, que pueden ser estudiados concienzudamente.

La presencia de todos esos huevos hace posible calcular la velocidad con la que crecían los embriones y las crías que salían de los huevos. Cuanto más veloz es el promedio del crecimiento, más factible es que las criaturas tuvieran sangre caliente. Los resultados preliminares parecen alentar esta idea. Pero todavía quedan muchos huevos y embriones por estudiar.

Cuarta parte
Sciquest

En 1980 asumí la responsabilidad de escribir una columna para la revista llamada *Sciquest*, publicada por la Sociedad Americana de Química. Estaba dirigida a estudiantes de química de nivel secundario y mis artículos, de quinientas palabras cada uno, trataban sobre científicos (no siempre químicos), así como de sus triunfos y problemas.

Disfruté mucho escribiendo esta columna, y la mantuve hasta que (¡ay!) la Sociedad Americana de Química decidió que la revista no tenía el número suficiente de lectores. De modo que la revista se acabó, y naturalmente mi columna también se acabó.

Presento aquí una selección de veinte de los artículos que escribí para *Sciquest.* No es todo lo que escribí, por supuesto, pero creo que basta para ofrecer una muestra.

En relación con el artículo «A veces lleva tiempo», que describe cómo Francis Peyton Rous tuvo que esperar cincuenta y cinco años para obtener el premio Nobel por su descubrimiento, quisiera referirme a un caso muy similar que tuvo lugar después de la publicación de este artículo. En 1932, el ingeniero eléctrico alemán Ernst A.P. Ruska inventó el microscopio de electrones. Recibió parte del premio Nobel de física en 1986 por su invento cincuenta y cuatro años más tarde.

El profesor distraído

Una larga tradición sostiene que los profesores son distraídos. Esta idea surge en parte debido a la opinión de que los profesores deben estar tan concentrados en asuntos difíciles que no pueden darse cuenta de las cosas comunes, cotidianas, que ocurren a su alrededor.

Quizá la historia más antigua sobre un profesor distraído es acerca de Tales, un filósofo griego (624-546 a.C.) que vivió hace veintiséis siglos. Otro filósofo, Platón (427-347 a.C.), escribió dos siglos más tarde que un día Tales estaba caminando solo por la noche, tratando de estudiar las estrellas, cuando sin ver dónde lo conducían sus pies, cayó en un pozo. Una anciana corrió en respuesta a sus gritos y, tras ayudarlo a salir, dijo con desprecio: «Aquí está un hombre que quiere estudiar las estrellas y no sabe lo que tiene bajo sus pies».

Como la mayoría de las bromas sobre profesores distraídos, ésta parece apócrifa. Puede haber sido inventada por Platón para conseguir una moraleja.

Otro filósofo griego, Arquímedes (287-212 a.C.), descubrió el principio del desplazamiento mientras estaba en los baños públicos. Con una excitación superior a su contención, se olvidó por completo de que no llevaba la ropa puesta y corrió desnudo por las calles de la ciudad gritando «¡Eureka! ¡Eureka!» («¡Lo he conseguido! ¡Lo he conseguido!»). Esta historia puede ser cierta, pero en realidad la distracción de Arquímedes pudo no ser tan terrible. Los antiguos griegos no se preocupaban tanto como nosotros por la desnudez en público.

Supongamos que nos acercamos al presente. Está el caso de Karl F. Gauss (1777-1855), un matemático alemán que, según mucha gente, es el matemático más importante de la historia. Hizo importantes descubrimientos cuando era todavía un adolescente, y continuó brindando estudios notables hasta el fin de sus días. Naturalmente, siempre estaba sumergido en un problema profundo u otro.

Hay una anécdota que cuenta que en 1807 la esposa de Gauss estaba muy enferma y que el médico se encontraba en su dormitorio asistiéndola. Gauss, triste y miserable, esperaba abajo cuando sus ojos se posaron sobre la investigación en la que había estado trabajando. Poco a poco, sus pensamientos volvieron a dicho trabajo y pronto le dedicó todos sus sentidos. Mientras trabajaba en ello, el médico fue a darle a Gauss la triste noticia de que su esposa se estaba muriendo.

Gauss, con su mente todavía fija en el problema, hizo un gesto con la mano al médico y musitó: «Sí, sí, pero pídale que espere un momento hasta que acabe con esto».

Se cuenta un gran número de anécdotas acerca del matemático estadounidense Norbert Wiener (1894-1964). Una de ellas describe el momento en que se encontró con un colega en Memorial Drive. Ambos se detuvieron y comenzaron a conversar sobre muchas cosas. Media hora después habían terminado y se disponían a separarse.

Se habían dado la mano cuando Wiener dudó y dijo: «Por cierto, cuando nos encontramos, ¿caminaba hacia la avenida Massachusetts o en sentido contrario?».

Su colega le dijo: «En sentido contrario, Norbert».

«¡Bien! –dijo Wiener–. Entonces ya he comido.»

Conocí al doctor Wiener y creería esta anécdota a pies juntillas si no la contaran también sobre otros profesores.

Ir a lo seguro

Algunos científicos pueden quedar atrapados entre el deseo de obtener reputación gracias a un descubrimiento importante y el deseo de no parecer tontos. En 1931, Fred Allison, de la Universidad de Alabama, informó sobre el aislamiento de los elementos 85 y 87 y los llamó «alabamina» y «virginio» respectivamente.

Pero estaba equivocado. No fue hasta una década después que fueron realmente descubiertos –y llamados «astato» y «francio»–. Allison es recordado principalmente por su error.

Esto no es nuevo. En el año 1610, Galileo tuvo que ser muy cuidadoso. Sus nuevos e importantes descubrimientos eran ridiculizados por quienes insistían en que no se podía confiar en su telescopio y en que los nuevos objetos que había descubierto en el cielo eran ilusiones creadas por sus lentes. Por lo tanto, Galileo se preocupó por mantener sus descubrimientos en secreto hasta que las observaciones repetidas bajo diferentes condiciones lo convencieron de que no podían tratarse de meras ilusiones.

Por otro lado, otros astrónomos tendieron a apresurarse y a reclamar sus logros. En un período de dos años, el astrónomo Simon Mayr aseguró haber descubierto los cuatro grandes satélites de Júpiter antes de que lo hiciera Galileo, mientras que Christoph Scheiner reclamó haber observado las manchas solares también antes que Galileo.

Hacia fines de 1610, Galileo descubrió que Venus mostraba fases al igual que la Luna, yendo de Venus nueva a Venus media, y de ahí a Venus llena, y luego nuevamente a Venus media y Venus nueva. Esto era importante: según la vieja teoría de Ptolomeo, Venus no podía mostrar fases de esa manera; según la nueva teoría de Copérnico, debía hacerlo.

La importancia del descubrimiento era, pues, de primera magnitud. Sería el último clavo en el ataúd de la astronomía griega y establecería finalmente que el Sol es el centro del sistema planetario. Por otro lado, el telescopio de Galileo apenas podía obtener esas fases, y si se dejaba llevar por sus expectativas, podía echar a perder todos sus descubrimientos. Por lo tanto, lo que hizo Galileo fue ir a lo seguro. El 11 de diciembre de 1610 envió una carta a su amigo Giuliano de Medici, embajador en Praga. Contenía la siguiente frase en latín: *Haec immatura a me iam frustra leguntur o.y.*, que significa «He leído estas cosas inmaduras».

La frase da la clave de que Galileo ha hecho un descubrimiento pero no está preparado para darlo a conocer. Las letras finales (*o.y.*) demuestran que todo el mensaje es un anagrama. Cuando las letras se combinan nuevamente con la *o* y la *y*, el mensaje que se obtiene es diferente.

Si se comprobaba que las fases de Venus eran una falsa alarma, el mensaje enviado a Medici quedaría tal cual y no significaría nada. Pero si Galileo se convencía de la existencia real de las fases, podía presentar el mensaje reordenado como *Cynthia figuras aemulatur Mater Amorum*, que significa «La Madre del Amor imita las formas de Cynthia», donde «la Madre del Amor» es Venus, por supuesto, mientras que «Cynthia» es un nombre poético para la Luna.

Lo que es más: si alguien anunciaba el descubrimiento de las fases de Venus mientras Galileo esperaba, podía resolver el anagrama inmediatamente y utilizar la fecha de la carta a un embajador tan respetado para establecer que él había predicho el descubrimiento.

La historia tiene un final feliz. Las observaciones de Galileo fueron correctas y obtuvo todo el mérito sin discusión.

El primer científico

¿Quién fue el primer científico?

No fue Isaac Newton. Hoy en día, por lo general se reconoce que Newton no sólo era un científico, sino el más grande de todos los científicos que hayan vivido jamás, a pesar de que Newton nunca se consideró un científico. No podía hacerlo, puesto que la palabra no existía en aquel momento.

Newton se consideraba a sí mismo como un «filósofo», palabra que describe a los pensadores de la antigua Grecia y que proviene de las palabras griegas que significan «amante del conocimiento».

Por supuesto que podemos amar diferentes tipos de conocimientos. Algunos filósofos se ocupan principalmente del conocimiento que deriva del estudio del mundo que nos rodea y la manera en que funciona. Llaman al mundo que nos rodea naturaleza, de la palabra latina que significa «nacimiento». La naturaleza, en otras palabras, es todo lo que ha sido creado o que ha nacido. Los filósofos que estudian principalmente la naturaleza son, por lo tanto, «filósofos naturales».

Newton se consideraba un filósofo natural, y el tipo de cosas que estudiaba tenía que ver con la filosofía natural. Así, cuando escribió el libro en el que describía cuidadosamente las tres leyes del movimiento y su teoría de la gravedad universal –el libro científico más importante que se ha escrito– lo llamó (en latín) *Philosophiae Naturalis Principia Mathematica*, que significa *Principios matemáticos de la filosofía natural.*

La palabra griega equivalente a «natural» es *physikos,* que se traduce como «física». La filosofía natural también puede ser considerada como la «filosofía física», concepto que se abrevia en la palabra «física».

A medida que la filosofía natural creció y se expandió, se desarrollaron todo tipo de estudios especiales. La gente comenzó a hablar de la química, de la geología, de la fisiología, etcétera. La física fue dejada de lado, en cierta manera, ya que no era adecuada como palabra general para referirse a la filosofía natural. No obstante, se necesita una palabra corta, ya que los términos «filosofía natural» contienen demasiadas sílabas.

Existía, por ejemplo, la palabra «ciencia». Originalmente significaba saber algo sobre cualquier cosa, es decir que si se sabía cómo jugar al baloncesto, era justo decir que se comprendía la ciencia del baloncesto.

Sin embargo, debido a que se necesitaba una palabra que fuera corta y adecuada para expresar el tipo de conocimiento en el cual estaban interesados los filósofos naturales, se comenzó a utilizar gradualmente el término «ciencia» para referirse a la filosofía natural.

Más tarde, alrededor de 1840, un filósofo natural inglés llamado William Whewell comenzó a utilizar la palabra «científico» para referise a alguien que estudiaba y comprendía ese tipo de ciencia. En otras palabras, los filósofos naturales comenzaron a ser considerados científicos.

Sólo después de 1840, pues, pudieron existir personas que se consideraran «científicos». En ese caso, ¿quién fue el primer científico?

Whewell era un buen amigo de Michael Faraday y sugirió algunas palabras nuevas para conceptos que Faraday habia elaborado, palabras como «ion», «ánodo», «cátodo» y demás. Es más: Faraday fue el mayor filósofo natural de su época, y uno de los diez mejores de todos los tiempos con toda seguridad, y probablemente el experimentador más grande que haya existido.

Si Whewell pensaba en alguien como científico, apuesto a que pensó primero en Faraday. Y si no lo hizo, lo haré yo.

Sostengo que Michael Faraday fue el primer científico. Y el primer físico, por cierto, ya que Whewell también inventó ese nombre.

Mala suerte

Todos tenemos momentos malos, pero parece que algunos tenemos peor suerte que otros. Consideremos el caso de Guillaume Le Gentil, un astrónomo francés que en 1761 quería observar el tránsito de Venus.

En aquellos tiempos se creía que si se hacían observaciones precisas desde la Tierra del momento exacto en que Venus se movía ante el borde del Sol, se podía calcular su distancia al mismo.

El método resultó defectuoso porque la atmósfera de Venus hacía que el momento en que se establecía un contacto aparente con el borde pareciera algo difuso. Pero en 1761 nadie lo sabía, y Le Gentil estaba extremadamente ansioso por hacer una prueba.

Es más, iba a ir a Pondicherry, en la India, una colonia controlada por Francia, para poder realizar una medición que distara de las que se hicieran en Europa.

Pero Francia y Gran Bretaña estaban en guerra, y cuando Le Gentil llegó a Pondicherry, la ciudad estaba tomada por los británicos, quienes no permitieron el amarre de un barco francés.

Le Gentil trató de observar el tránsito desde la cubierta del barco, pero se movía demasiado y no había posibilidades de lograr una medición decente. Su largo e incómodo viaje desde Francia no había logrado resultados.

Los tránsitos de Venus se dan por pares, y el segundo ocurre ocho años más tarde que el primero. Después es necesario esperar casi un siglo para que ocurra otro par. El tránsito de 1761 fue el primero del par, y habría otro en 1769.

Le Gentil tendría que haber tomado otro barco hacia Francia y pasar largos meses en el proceloso mar. Para luego volver a coger otro barco, pasar otros largos meses en el mar, y llegar a la India por segunda vez. Decidió que eso era demasiado y prefirió permanecer ocho años en la India hasta el segundo tránsito.

No perdió el tiempo, y en el curso de ocho años aprendió todo lo que pudo acerca de la India e hizo muchas observaciones sobre el clima, las mareas, la antigua astronomía india y demás. También viajó por el sur de Asia. Llegó a Manila, en las Filipinas, y por un momento se preguntó si no tendría que hacer sus mediciones del tránsito desde ese lugar, dado que sus cálculos le indicaban que sería espléndidamente visible desde Manila.

Pero todos los cálculos se realizaban en Europa teniendo en cuenta que la observación tendría lugar desde Pondicherry, y Le Gentil decidió regresar a ese lugar (que los británicos hacía tiempo que habían devuelto a los franceses) y estar preparado el 3 de junio de 1769.

Allí estaba con sus instrumentos en el lugar preciso. En Manila, el tiempo fue perfectamente bueno todo el día. En Pondicherry era claro también antes del tránsito... y después del tránsito. Pero en el momento exacto del tránsito, una nube oscura se colocó frente al Sol, y los ocho años de espera se convirtieron en algo completamente inútil. Le Gentil había perdido de nuevo su oportunidad.

Sintiéndose miserable y desgraciado, regresó a Francia en 1771, tras una ausencia de once años y medio.

Pero su mala suerte no había acabado. Al parecer, sus mensajes a Francia nunca habían llegado, por lo que sus parientes decidieron que había muerto y dividieron su propiedad entre ellos. Le Gentil logró establecer legalmente que estaba vivo, pero no pudo recuperar su dinero y tuvo que pagar los costos del juicio.

Pero no todo estaba perdido. Le Gentil comenzó una nueva vida. Se casó, tuvo una hija, escribió una obra de dos volúmenes sobre la India y vivió, con bastante éxito, durante otros veintiún años.

Y después de todo, si hubiera observado el tránsito, no le habría revelado los resultados esperados debido a la existencia de la atmósfera de Venus.

No basta con verlo

En la noche del 13 de marzo de 1781, un astrónomo aficionado llamado William Herschel estaba examinando meticulosamente el cielo. Su mirada se cruzó con un cuerpo que mostraba un disco visible y pensó que había descubierto un nuevo cometa. Mantuvo la vista sobre él y comprobó que se movía sobre el fondo del cielo más lentamente que un cometa. Lo que es más, tenía un borde perfilado en lugar del borde brumoso de un cometa. Finalmente decidió que había hecho un descubrimiento sin precedentes: un planeta nuevo. Fue el primer planeta que se descubrió en los tiempos modernos, el que ahora llamamos Urano.

Urano es un cuerpo de sexta magnitud, lo que significa que es apenas visible sin telescopio en una noche clara, sin luna. No se podía culpar a la gente por no verlo porque es muy oscuro y porque, al estar tan distante del Sol, se mueve mucho más lentamente contra el fondo de estrellas que otros planetas. Al menos no se podía culpar a nadie si las observaciones se hacían a simple vista.

Sin embargo, con un telescopio tendría que haber sido fácilmente visible. ¿Cómo era posible que nadie hubiera visto a Urano en los casi dos siglos de existencia del telescopio antes de Herschel? Era imposible. Lo tenían que haber visto.

En 1690, casi un siglo antes del descubrimiento de Urano, John Flamsteed, el astrónomo real inglés, observó una estrella de sexta magnitud en la constelación de Tauro mientras elaboraba un mapa del cielo, y registró cuidadosamente su posición. Utilizando su sistema para nombrar a las estrellas, la llamó «34 Tauri».

Nadie observó nunca más a esa estrella en esa posición –porque no era una estrella–. Era Urano, y cambiaba rápidamente de posición. ¿Cómo lo sabemos ahora? Porque después de descubrirse se calculó su órbita y se estudiaron las antiguas cartas estelares para ver si se había registrado alguna vez a una estrella que estuviera en el lugar donde no hay una estrella sino donde ha estado Urano todo este tiempo.

En realidad, Flamsteed registró a Urano en otras cuatro ocasiones en cuatro posiciones distintas de su órbita.

Flamsteed murió en 1719 y nunca supo lo que se había perdido, pero no fue el único que observó a Urano antes de que fuera descubierto. En realidad, algunos astrónomos que vivían en el momento del descubrimiento de Urano se preguntaron si habían cometido errores similares.

Uno de ellos fue Pierre Charles Lemonnier, quien tenía sesenta y cinco años cuando Herschel hizo su descubrimiento. Revisó sus propios registros y encontró que había visto a Urano en tres ocasiones diferentes, y que había registrado su posición en tres lugares diferentes. Otro astrónomo, Alexis Bouvard, también revisó los registros de Lemonnier y encontró que no sólo estaban esas tres observaciones sino que existían otras diez, cuatro de las cuales habían ocurrido en noches consecutivas. Posiblemente Lemonnier habría descubierto el planeta si hubiera comparado sus propias cartas.

¿Debemos burlarnos de esos astrónomos que perdieron su oportunidad? Por supuesto que no. No todos los telescopios son iguales; algunos son mejores que otros.

Herschel, un buen aficionado, construyó sus propios telescopios, que fueron mejores que los que habían existido hasta ese momento. Fue el primero que pudo ver a Urano como un pequeño disco y no como un punto de luz. Fue el disco, y no el movimiento, lo que atrajo su mirada. De otro modo, tampoco lo habría notado.

A la búsqueda de la fama

Los científicos son seres humanos. Revelar los misterios de la naturaleza es un premio en sí mismo; pero aun así, a los científicos les gusta oír el aplauso del público.

En el mundo de la ciencia, la primera persona que publica y obtiene el mérito de un descubrimiento no es necesariamente la primera persona que ha hecho el descubrimiento. Nada es importante en el mundo de la ciencia hasta que no se hace conocer a los científicos en general.

En la década de 1830, tres científicos trataban de medir independientemente el paralaje de una estrella para realizar la primera estimación precisa de distancias estelares. El primero en completar las observaciones y los cálculos fue Thomas Henderson, quien había estado observando a Alfa Centauro desde el cabo de Buena Esperanza. El segundo fue Friedrich W. Bessel, quien había observado a 61 Cygni desde Königsberg.

Pero Henderson estaba regresando a su hogar y decidió esperar hasta llegar a Escocia antes de escribir un artículo sobre su descubrimiento. Bessel ya estaba en su casa y no tuvo que esperar. Bessel lo publicó en 1838, y Henderson en 1839. ¿Cúal fue el resultado? Consulten cualquier libro de astronomía y encontrarán que el primer hombre que midió el paralaje de una estrella y determinó su distancia fue Bessel.

A veces ni siquiera es culpa del perdedor. En 1771 y 1772, Karl Wilhelm Scheele aisló el oxígeno de una variedad de sustancias, incluyendo el óxido de mercurio. Observó sus propiedades y escribió sus descubrimientos para que fueran publicados.

En 1774, Joseph Priestley aisló el oxígeno del óxido de mercurio, observó sus propiedades y escribió sus descubrimientos para publicarlos.

Scheele fue claramente el primero, pero el impresor al que encargó el trabajo era muy negligente y no lo publicó hasta 1777. Para ese entonces, el trabajo de Priestley ya había sido publicado. ¿Cuál es el resultado? Consulten cualquier libro de química y encontrarán que Priestley fue el primero en aislar el oxígeno.

En algunas ocasiones ni siquiera la publicación sirve de nada. En la década de 1740, Mihail V. Lomonosov publicó un trabajo argumentando contra la teoría flogística de la combustión, sugiriendo que la masa se conservaba en la transformación química.

En la década de 1770, Antoine L. Lavoisier publicó un trabajo argumentando contra la teoría flogística de la combustión, sugiriendo que la masa se conservaba en la transformación química.

El trabajo de Lavoisier era el más sistemático de los dos y el más convincente, pero Lomonosov le ganó por treinta años y no obstante no ha obtenido ningún honor por su descubrimiento. Cualquier libro de química dice que fue Lavoisier el que destruyó la teoría flogística y estableció la conservación de la masa. Es poco probable que mencione a Lomonosov.

¿Por qué? Lavoisier publicó en su propio idioma, el francés; Lomonosov lo hizo en el suyo, el ruso. En aquel momento, todos los científicos podían leer francés o hacerlo traducir, pero ningún científico fuera de Rusia (donde había muy pocos científicos por aquel entonces) soñaba con leer ruso.

La injusticia existe incluso en la sociedad mejor regulada, y también en el mundo de la ciencia.

Pensar en prisión

Todos hemos oído hablar de grandes literatos que escribieron obras maestras mientras estaban en la cárcel. John Bunyan escribió *El peregrino* mientras estaba en la cárcel en 1675, por ejemplo. En algunas ocasiones se han conseguido importantes avances científicos en la prisión.

Jean Victor Poncelet se graduó como ingeniero militar en 1810. Estaba con el ejército francés como teniente cuando Napoleón invadió Rusia en 1812. La invasión fue un desastre para Napoleón. En la batalla de Krasnoye, librada el 16 de noviembre de 1812, Poncelet recibió un balazo durante la retirada francesa y fue abandonado en el campo de batalla porque lo dieron por muerto.

Un grupo de rusos que avanzaban se dieron cuenta de que uno de los «cadáveres» se movía ligeramente. Llevaron a Poncelet a un refugio y curaron sus heridas. Cuando pudo caminar, fue llevado junto con otros prisioneros a miles de kilómetros al este de Saratov, en el río Volga, una marcha que duró cuatro meses en pleno invierno ruso. Poncelet sobrevivió a esa prueba. En Saratov, permaneció en prisión durante un año y medio y también logró sobrevivir. Finalmente regresó a Francia en 1814, tras la abdicación de Napoleón.

Lo que lo ayudó a sobrevivir en la prisión fue su meditación sobre la geometría. Se imaginaba qué sucedería si las figuras geométricas tuvieran sombras y cómo cambiarían esas sombras a medida que las figuras geométricas giraran y se inclinaran. Habría reglas estrictas rigiendo esos cambios, y Poncelet podía ver cómo problemas geométricos que eran difíciles de resolver de manera común podían encontrar fácil solución por medio de esta «geometría proyectiva».

En 1822 publicó un libro sobre la geometría proyectiva que había pensado en la prisión, considerado a menudo como el primero de la geometría moderna.

Tomemos ahora el caso del geólogo francés Dieudonné de Dolomieu. Era el hijo de un aristócrata que lo introdujo en la prestigiosa Orden de los

Caballeros de Malta en 1752, a los dos años de edad. Cuando cumplió los treinta, había llegado al rango de comandante, pero era una persona sin tacto que se había ganado muchos enemigos acérrimos entre los otros caballeros. Dolomieu también estaba interesado en la ciencia, y su afición era el estudio de los minerales, de los que tenía una excelente colección.

En 1798 acompañó al joven Napoleón Bonaparte en la invasión de Egipto. Cuando Dolomieu regresaba a Francia, su barco se encontró en medio de una tormenta y se vio obligado a entrar en el puerto de Taranto, en el sur de Italia. La región estaba en guerra con Francia en aquel momento, por lo que Dolomieu fue tratado como prisionero (de lo cual se aseguraron sus enemigos de los Caballeros de Malta) y fue confinado y aislado de los demás prisioneros durante dos años.

El confinamiento solitario puede provocar trastornos mentales si el prisionero no trabaja mucho para mantenerse estable. Dolomieu se las arregló para concentrarse mucho en su colección de minerales y pensar acerca de las reglas generales que parecían regir sus aspectos y propiedades.

Construyó un lapiz de madera, y mezcló hollín de su lámpara con agua para utilizarlo como tinta. Luego usó para escribir el único papel que tenía: su Biblia. Con cuidado, a medida que pasaban los meses, escribió sus ideas y registró sus observaciones en los márgenes de esa Biblia.

Cuando fue liberado en 1800, esas notas al margen fueron la base de dos importantes libros sobre mineralogía, que publicó en 1801.

Comenzar

La manera usual de comenzar una carrera en ciencias es ir a un instituto, tomar una serie de cursos complicados y obtener varios títulos –como fue mi caso.

Pero los miembros de las generaciones anteriores no lo tenían tan fácil, y algunos de los científicos más importantes comenzaron de otra manera. Michael Faraday, por ejemplo, que nació en 1791 en Inglaterra, era uno de los diez hijos de un herrero. Nadie pensó en una educación para él que fuera más allá de aprender a leer y a escribir. Cuando tuvo catorce años fue aprendiz de encuadernador.

Afortunadamente, su maestro le permitió leer algo de los libros que encuadernaban, y de este modo Faraday comenzó a aprender por sí mismo electricidad y química. Cuando tuvo veinte años, un cliente le proporcionó entradas para asistir a las conferencias de ciencia popular que pronunciaba el gran químico Humphry Davy. El joven Faraday tomó notas, agregó diagramas de colores y al final obtuvo un total de 386 páginas, que encuadernó en cuero.

Envió el resultado a Davy y le pidió trabajo como ayudante. Davy quedó impresionado y empleó a Faraday para lavar frascos, con un salario menor que el que ganaba como encuadernador. Faraday era tratado como un sirviente al comienzo, pero poco a poco sus habilidades se hicieron notar y, una docena de años después, era evidente que Faraday iba a ser un científico mayor que Davy (cosa que Davy nunca le perdonó).

Joseph Henry nació en 1797 en Albany, Nueva York. Al igual que Faraday, su familia era pobre y pasó poco tiempo en la escuela. Cuando tuvo trece años, Henry entró como aprendiz en una relojería, es decir que ni siquiera tuvo la suerte de Faraday de tener libros a mano.

Cuando cumplió los dieciséis, Henry fue de vacaciones a la granja de unos parientes. Un día trató de cazar un conejo, que se escondió bajo una vieja iglesia. Decidido a agarrar el conejo, Henry gateó bajo el edificio y descubrió que faltaban algunos tablones del piso. Eso hizo que perdiera interés en el conejo, porque le pareció más importante explorar la iglesia.

Dentro de la iglesia, Henry encontró una estantería con libros. Uno de ellos se titulaba *Lecturas de filosofía experimental*, y trataba acerca de los nuevos descubrimientos de la ciencia. Henry comenzó a hojearlo, después a leer y el libro le infundió curiosidad y ambición. El dueño del libro permitió que el jovencito se lo quedara, y Henry regresó a los estudios.

Ingresó en la Academia Albany y aprendió con rapidez leyendo por su cuenta. Para pagar su educación y mantenerse, comenzó a dar clases privadas y a enseñar en escuelas rurales, proporcionando a otros el conocimiento que había obtenido.

En la década de 1820 y a partir de entonces, él y Faraday, trabajando de manera independiente en orillas opuestas del océano, hicieron descubrimientos en el campo de la electricidad que transformaron la humanidad. Faraday inventó el transformador eléctrico y el generador eléctrico, y Henry el electroimán y el motor eléctrico. Los dos electrificaron el mundo.

Faraday se hizo tan famoso que la reina Victoria le invitó a cenar; cuando Henry murió, el presidente Rutherford B. Hayes asistió a sus funerales. No lo hicieron nada mal estos jovencitos pobres que comenzaron su vida sin ninguna ventaja, excepto cerebro, ambición y laboriosidad.

El engaño de la Luna

Muchos científicos se preguntan por qué tanta gente cae en las redes de tonterías tan evidentes como las teorías de Velikovsky sobre Venus, o las especulaciones de Von Däniken sobre los antiguos astronautas, o las historias de Berlitz sobre el Triángulo de las Bermudas. Pero ¿por qué no? Las tonterías siempre han encontrado una audiencia lista para escucharlas.

En 1835 se fundó el *New York Sun.* Este periódico necesitaba atraer al público si quería sobrevivir, de modo que los editores buscaron un escritor que pudiera brindarles material interesante. Encontraron a Richard Adams Locke, que había llegado de Inglaterra sólo tres años antes, y lo contrataron para escribir artículos para el periódico.

Locke había probado suerte escribiendo ciencia-ficción, y se le ocurrió que podía continuar sin decir en realidad de qué se trataba.

Para su tema, eligió la expedición del astrónomo inglés John Herschel, quien había ido a Ciudad del Cabo en el sur de África para estudiar el cielo austral. Herschel se había llevado consigo buenos telescopios, pero no eran los mejores del mundo. Su valor no estaba en ellos sino en el hecho de que, como en aquel momento todos los astrónomos y los observatorios estaban situados muy al norte del Ecuador, las regiones cercanas al polo Sur celeste apenas habían sido estudiadas. Prácticamente cualquier telescopio habría sido útil.

Locke mejoró estos datos. Comenzando en la edición del 25 de agosto de 1835 del *Sun*, describió cuidadosamente la naturaleza de la expedición de Herschel. Locke escribió que Herschel tenía un telescopio tan poderoso que podía distinguir objetos en la superficie de la Luna que alcanzaran las dieciocho pulgadas de largo.

En sucesivas entregas, describió la superficie de la Luna tal como se veía a través de este maravilloso telescopio. Herschel, dijo Locke, había visto flores como amapolas, y árboles similares a tejos y abetos. Describió un gran lago, con agua azul y olas espumosas, así como animales grandes similares a los bisontes y los unicornios.

Un detalle hábil fue la descripción de una aleta carnosa sobre la frente de unas criaturas parecidas a los bisontes, que subía o bajaba para proteger al animal de la luz o la oscuridad extremas.

Finalmente, describió criaturas con apariencia humana, excepto en el hecho que poseían alas. Parecían estar conversando. «Su gesticulación, en particular la acción variada de sus manos y brazos, parecía desapasionada y enfática. Por lo tanto, inferimos que eran seres racionales.»

(Es una lástima que Locke no equipara a Herschel con audífonos milagrosos, porque podría haber descrito al astrónomo escuchando lo que decían aquellas criaturas lunares.)

Los astrónomos reconocieron que la historia era una tontería, por supuesto, puesto que ningún telescopio construido hasta aquel momento (ni hasta hoy) podía ver esos detalles desde la Tierra. Además, lo que Locke describía no coincidía en absoluto con la conocida falta de aire y de agua en la Luna.

Locke fue pronto forzado a admitir que se trataba de un engaño. Y cuando Herschel regresó y se enteró del engaño, simplemente se rió.

Sin embargo, el *Sun* obtuvo lo que deseaba. Había conseguido un gran éxito. De hecho, mientras se imprimieron los artículos de Locke, su circulación aumentó hasta que, durante un breve tiempo, se convirtió en uno de los diarios de mayor venta del mundo.

La moraleja es que la tontería siempre se cree más fácilmente que lo que tiene sentido. Lo dejo a usted decidir por qué esto es así.

Científicos herejes

Pensamos en un científico hereje como un autor de observaciones, conclusiones o teorías opuestas a la creencia científica aceptada por todos, perseguido por ello y que no obstante finalmente recibe el reconocimiento de la ciencia. Los científicos herejes han sido sorprendentemente pocos.

Casi todos los avances sorprendentes de la ciencia han de enterrar creencias anteriores, y los científicos conservadores no siempre aceptan las nuevas ideas con rapidez. La teoría de la combustión de Lavoisier, la teoría atómica de Dalton, las nociones sobre la conservación de la energía de Joule, la tabla periódica de Mendeleev, la teoría del cuanto de Planck, el átomo nuclear de Rutherford y la relatividad de Einstein fueron recibidas con reparos y dudas, y denunciadas sin piedad por los conservadores.

Sin embargo, en general estos científicos de vanguardia no sufrieron por su temeridad. Sus carreras prosiguieron de manera triunfal. Recibieron el apoyo de muchos científicos, en particular de los más jóvenes, y recibieron premios y alta consideración durante sus vidas.

En algunos casos sucedió lo contrario, por supuesto. En 1836, el químico francés Auguste Laurent dio a conocer una nueva teoría sobre la estructura molecular que iba contra las ideas de un anciano semidiós de la química, Berzelius. El anciano denunció los conocimientos de Laurent con tanta fuerza que le arruinó la carrera. Laurent falleció antes de cumplir los cincuenta años y no vivió para ver cómo sus ideas ganaban aceptación.

El geólogo alemán Alfred Wegener sugirió en 1912 que los continentes se movían lentamente y que habían formado un solo cuerpo cientos de millones de años atrás. Se rieron de él. Falleció a los cincuenta años y no supo que su idea de la deriva de los continentes (modificada en gran manera) ganaba finalmente aceptación.

Más tarde, en 1911, el médico estadounidense Francis P. Rous dio a conocer la primera evidencia sobre la existencia de un virus que provocaba cáncer, cuando ese tipo de virus no era aceptado por el pensamiento tradicional. Rous no ganó el premio Nobel que le hubiera correspondido por su descubrimiento hasta 1966 –cincuenta y cinco años después–. Afortunadamente todavía estaba vivo, y a la edad de ochenta y siete años aceptó el premio por una idea que el paso del tiempo había convertido en respetable.

Los científicos herejes que realmente sufrieron denuncias y miseria fueron aquellos cuyas creencias amenazaban no los conocimientos científicos anteriores, sino dogmas que estaban fuera de la ciencia.

Cuando Copérnico y Galileo dieron a conocer sus ideas que amenazaban la inamovible Tierra central que aparece en la Biblia, cuando las sugerencias sobre la evolución realizadas por Darwin amenazaron la creación especial del hombre, o cuando Hutton y Lyell presentaron evidencias que refutaban que la Tierra había sido creada 6.000 años atrás, la gente se enfureció. Copérnico no se atrevió a publicar sus conocimientos hasta que se estaba muriendo; Galileo fue amenazado con torturas; y el resto tuvo que soportar los vilipendios de un público que los habría matado si hubiera podido.

Por otro lado, las herejías que complacen a la superstición popular son recibidas con entusiasmo. Si se permite que alguien explique los milagros bíblicos con astronomía a medio hacer, o hable de los platillos volantes llenos de equivalentes a ángeles o demonios, el público admirador pronto comparará sus insensateces con Galileo.

Si verdaderamente se parecieran a Galileo, por supuesto, la gente no les haría caso.

Oro del Sol

Algunas personas no se dejan impresionar por los descubrimientos científicos, como muestra la siguiente historia.

El físico alemán Gustav Robert Kirchhoff había descubierto en 1859, trabajando con un estetoscopio y un mechero de Bunsen, que cada elemento parecía producir un diagrama característico de líneas espectrales cuando se calentaba hasta quedar incandescente. En cierta manera, había desarrollado un sistema para obtener «huellas dactiloscópicas» de varios elementos.

Si se calienta un mineral hasta la incandescencia y aparecen líneas espectrales que no responden a la posición de las líneas de ningún elemento conocido, la conclusión es que estamos ante un elemento desconocido.

En 1860, Kirchhoff calentó un mineral y detectó una línea azul que no podía identificar. Utilizándola como guía, descubrió un nuevo elemento, que llamó cesio (de la palabra griega «azul celeste»). En 1861 investigó una línea roja para descubrir el rubidio (de la palabra griega «rojo»).

Kirchhoff prosiguió. Descubrió que la doble línea amarilla y brillante del espectro del sodio tenía exactamente la misma posición que la línea doble oscura del espectro solar. Se preguntó si cuando la luz pasaba a través del gas frío, el gas absorbía estas líneas espectrales que emitiría si fueran incandescentes. Lo comprobó con un experimento, y ahora el hecho se conoce como la «ley de Kirchhoff».

La línea oscura de sodio en el espectro solar podía explicarse suponiendo que la luz de la superficie caliente del Sol pasara a través del vapor de sodio en la atmósfera del Sol, que estaba en cierta manera más templada que la superficie incandescente. De esta manera, Kirchhoff demostró que existía sodio en el Sol, y también otra media docena de elementos.

Fue un descubrimiento de enormes consecuencias. En 1835, el filósofo francés Auguste Comte, refiriéndose a las limitaciones del conocimiento humano, había declarado que nadie podría descubrir nunca la composición química de las estrellas. Es cierto que el conocimiento humano tiene sus limitaciones, pero el ejemplo de Comte no era el adecuado.

Pero, como he dicho, algunas personas no se dejan impresionar por estas cosas. El banquero de Kirchhoff, un hombre muy práctico, dijo: «Supongamos que usted descubre oro en el Sol. ¿Qué utilidad tiene ese oro si no puede ser traído a la Tierra?».

Finalmente, cuando Kirchhoff fue galardonado con una medalla y un premio en soberanos de oro de Gran Bretaña por su trabajo espectroscópico, ingresó las monedas en el banco, diciendo a su banquero: «Aquí está mi oro del Sol».

La espectroscopia continuó ayudando a la ciencia de maneras aún más sorprendentes. Hizo posible no sólo determinar la composición química de las estrellas, sino también sus temperaturas. Lo que, a su vez, hizo posible clasificar las estrellas en grupos y permitió que los seres humanos aprendieran más sobre el movimiento de las mismas.

Las líneas espectrales nos pueden informar sobre la velocidad con que las estrellas y otros objetos celestes se acercan o alejan de nosotros, y han hecho posible finalmente mostrar que el Universo se está expandiendo y medir la distancia de objetos que están a miles de millones de años luz. Las líneas espectrales también nos han permitido tener acceso a la estructura íntima del átomo.

Los banqueros podrán encogerse de hombros, pero para los científicos estos conocimientos valen infinitamente más que el oro.

La alegría de lo inesperado

Como puede suceder con cualquiera, un científico puede estar durante años dedicado a un trabajo que, aunque útil, puede resultar predecible y repetido.

Sin embargo, como sólo les ocurre a ellos, un científico puede encontrarse con algo inesperado en cualquier momento, y convertirse en el agente que transforme la sociedad o la visión humana del Universo.

Por ejemplo, en 1887, A.A. Michelson y E.W. Morley habían diseñado un delicado «interferómetro» que los ayudaría a determinar la dirección y la velocidad del movimiento de la Tierra a través de la estructura básica del Universo. Todos sabían que la Tierra se movía; era sólo cuestión de ponerle cifras. Sin embargo, para su gran sorpresa, Michelson y Morley fracasaron por completo. Parecía que la Tierra no se movía en absoluto.

Pero ese fracaso llevó a una nueva perspectiva del Universo, a preguntarse si realmente tenía una estructura básica y, finalmente, a la teoría de la relatividad de Einstein. Esto es lo que puede suceder cuando un experimento fracasa.

En 1883, Thomas Edison estaba tratando de encontrar alguna manera de lograr que los filamentos de la lámpara eléctrica que acababa de inventar fueran más duraderos. Una de sus intentonas consistió en colocar un cable de metal dentro de la lámpara eléctrica cerca de un filamento caliente, para ver si ayudaba. Edison comprobó que la electricidad fluía del filamento caliente al cable metálico a través del vacío, pero ello no parecía ayudar a que el filamento durara más, de modo que no pensó más en ello (sin embargo, lo registró y lo patentó).

Fue este «efecto Edison» en manos de otros lo que llevó al nacimiento de la vasta industria electrónica. La radio moderna, la televisión y muchas otras cosas surgieron de ese descubrimiento aparentemente inútil.

En 1927, Clinton Davisson estaba estudiando la reflexión de los electrones en un objetivo de níquel metálico colocado en un tubo al vacío. Esperaba obtener datos interesantes, aunque no grandes sorpresas; pero el tubo se rompió accidentalmente y el níquel caliente desarrolló rápidamente una película de óxido que lo convirtió en un objetivo inútil. Para quitar la película, Davisson tuvo que calentar el níquel durante largo tiempo.

Sin saberlo, transformó la superficie del níquel de muchos cristales pequeños a unos pocos grandes. Cuando utilizó la nueva superficie para la reflexión de los electrones, descubrió inesperadamente que los electrones se comportaban como si fueran olas. Al tener cristales más grandes en la superficie, el efecto (que había sido predicho pero nunca observado) pudo ser comprobado. Finalmente recibió el premio Nobel por su descubrimiento, que quizá no hubiera logrado de no ser por un accidente de laboratorio.

En 1967, Anthony Hewish diseñó un nuevo radiotelescopio para detectar las rápidas fluctuaciones de las ondas de radio, esperando agregar unos pocos detalles interesantes a lo que ya se sabía. Utilizando el telescopio, su asistente Jocelyn Bell descubrió inesperadas y rápidos estallidos de radiación muy regulares que provenían de un objeto hasta ahora desconocido: un pulsar o estrella de neutrones, algo con la masa completa de una estrella común, pero de unas pocas millas de largo. Finalmente, Hewish obtuvo el premio Nobel por ello.

Así es la ciencia. No importa cuán aburrido pueda parecer un trabajo determinado; puede que haya algo que estremezca al mundo esperando a la vuelta de la esquina.

Enfrentarse con el gigante

William Thomson, un gigante de la ciencia del siglo XIX, era ya anciano cuando recibió un título nobiliario y se convirtió en lord Kelvin. Pero tenía alrededor de veinte años cuando calculó la edad de la Tierra.

«Supongamos –dijo– que la Tierra fue una vez parte del Sol y que fue despedida de él (creencia que era común en esa época). Sabemos cuán calientes son las capas exteriores del Sol; sabemos cuán frías son las capas exteriores de la Tierra. ¿Cuánto tiempo habría llevado a la Tierra enfriarse de la temperatura del Sol hasta llegar a su temperatura actual?»

Respuesta: entre 20 y 400 millones de años.

Más tarde, Kelvin estudió al propio Sol. Aceptó la teoría entonces corriente de que su energía radiante derivaba de la energía gravitacional que se producía a medida que se contraía lentamente. ¿Cuánto tiempo le llevaría contraerse desde un tamaño lo suficientemente grande como para incluir la órbita de la Tierra hasta su tamaño actual, si lo hiciera a una velocidad lo suficientemente rápida como para proveer la energía que irradiaba?

Respuesta: alrededor de 25 millones de años.

De modo que parecía que la Tierra sólo podía tener un par de docenas de millones de años de edad, de acuerdo con datos físicos y matemáticos irrebatibles.

Esto horrorizó a los geólogos, que estaban seguros de que la antigüedad de la Tierra era entre diez y cien veces superior. Pero estos geólogos no disponían de argumentos para enfrentarse con Kelvin, que decía, con cierto sarcasmo, que tendrían que descubrir alguna nueva fuente de calor hasta entonces desconocida si querían que la Tierra fuera más antigua de lo que demostraban los datos que él había recogido.

Pero en 1896 se descubrió la radioactividad. Los átomos de uranio se desintegraban lentamente y provocaban radiaciones de energía. Lo mismo ocurría con los átomos del torio y con otras pocas variedades de átomos. En 1901 se estableció definitivamente que los átomos radioactivos, en el curso de su desintegración, producían calor.

Un joven neozelandés, Ernest Rutherford, quien se dedicaba a trabajar sobre la radioactividad, se concentró en este punto. Cada átomo radioactivo de la corteza de la Tierra liberaba sólo una cantidad infinitesimal de calor cuando se desintegraba. No obstante, si todos los que se desintegraban fueran tomados en cuenta, el total de calor liberado sería enorme. Suficiente para hacer que la Tierra se enfriara muy lentamente.

En otras palabras, la Tierra pudo haber existido durante miles de millones de años sin enfriarse más de lo que está ahora. Y respecto al Sol, a lo mejor no se encogía. Quizá también utilizaba el calor que se obtiene del fenómeno radioactivo.

En 1904, cuando Rutherford tenía treinta y tres años, pronunció una conferencia ante un grupo de científicos sobre este tema; entre el público estaba Kelvin, quien tenía ochenta años. Rutherford no disfrutaba pensando en que debería enfrentarse con el gigante y contradecirlo, y esperaba que el anciano se durmiera. Pero Kelvin no se durmió. A medida que Rutherford se acercaba al punto crucial de su argumento, los ojos de Kelvin se fijaban en él de manera funesta.

Rutherford fue prudente señalando que, al hacer públicos sus propios argumentos, Kelvin había sostenido que sus conclusiones eran correctas a no ser que en el futuro se descubriera alguna fuente de calor desconocida. Bien, dijo Rutherford, la sorprendente previsión de Kelvin había sido comprobada. Se había descubierto una nueva fuente de energía. A partir de esa afirmación, el rostro de Kelvin se relajó con una sonrisa y Rutherford pudo llegar a salvo su objetivo.

Y también se relajaron los geólogos, quienes tenían una Tierra de miles de millones de años con la cual divertirse.

Los científicos son seres humanos

Un antiguo estereotipo sobre los científicos dice que son fríos, máquinas de razonar inmunes a la emoción. ¡Cuán errado está este concepto! Los científicos son humanos, no importa cuán ingeniosas sean sus mentes, cuán poderosos sean sus procesos mentales: pueden sentirse dolidos como cualquier otra persona. Sus emociones pueden dominarlos, y pueden conocer la tristeza y la desesperación.

El matemático francés André Marie Ampère (1775-1836) tenía dieciocho años cuando su amado padre, un comerciante de buena posición, fue guillotinado durante la Revolución Francesa. El joven Ampère cayó en una profunda depresión. Se casó con una joven mujer a la que adoraba, y ella murió en 1804, tras unos pocos años. Nunca se recobró de esta pérdida. No obstante, Ampère realizó descubrimientos enormemente importantes en el campo de la electricidad. Fundó la disciplina de la electrodinámica (la cantidad de corriente eléctrica se mide en amperios en su honor), pero su éxito científico no pudo borrar de su mente la tragedia personal que había vivido. Cuando falleció, el epitafio de su tumba, que él había elegido por anticipado, fue *Tandem felix*, es decir, «feliz por fin».

Ludwig Edward Boltzmann (1844-1906), un físico austríaco que, con James Clerk Maxwell, había trabajado en la teoría cinética de los gases, se suicidó después de varios episodios de profunda depresión mental. Existe la posibilidad de que parte de su tristeza tuviera su origen en cavilaciones provocadas por las salvajes críticas que recibió su teoría cinética (perfectamente correcta) por parte de otros científicos (Isaac Newton tampoco podía soportar las críticas; no se suicidó por ello, pero sufrió una seria crisis nerviosa).

Emil Hermann Fischer (1852-1919) fue un químico alemán que trabajó en la estructura de varios azúcares y estableció su estereoisomería. Luego calculó la química de las purinas y en 1902 ganó el premio Nobel de química. Era un ardiente nacionalista alemán, y durante la Primera Guerra Mundial organizó la producción alemana de comida y productos químicos para la guerra. Dos de sus tres hijos murieron en el conflicto, que terminó con la derrota alemana. Más tarde, cuando el entristecido Fischer descubrió que tenía cáncer, decidió no esperar la muerte y se suicidó.

Hans Fischer (1881-1945) no era pariente de Emil, pero en sus años jóvenes colaboró con él como asistente. Las vidas de los dos Fischer fueron curiosamente similares. Hans Fischer calculó la estructura de los porfirinas, una importante agrupación de hemoglobina y de clorofila, y obtuvo el premio Nobel de química en 1930. Luego empezó la Segunda Guerra Mundial. Nuevamente Alemania fue derrotada, esta vez de manera mucho más catastrófica. Poco antes del fin de la guerra, los bombardeos aéreos sobre Múnich destruyeron los laboratorios de Hans Fischer. Desesperado, el científico se quitó la vida.

Algunos científicos estadounidenses también decidieron suicidarse: Bertram Borden Boltwood (1870-1927), quien mostró por primera vez cómo calcular la verdadera edad de la Tierra; George Eastman (1854-1932), pionero en la fotografía destinada al gran público; y Percy William Bridgman (1882-1961), quien estudió la alta presión y fue el primero en producir diamantes artificiales.

Sea lo que sea o haga lo que haga un científico, en todos los aspectos es un ser humano tan sujeto al dolor y a la tristeza como cualquier artista, tenedor de libros o ama de casa.

A veces lleva tiempo

A veces lleva tiempo obtener el honor que uno merece.

En 1909, un médico llamado Francis Peyton Rous ingresó en el Instituto Rockefeller para la Investigación Médica. Tenía treinta años de edad.

Poco después de haber comenzado a trabajar, un criador de aves se presentó en el instituto con un pollo enfermo de raza Plymouth Rock para que fuera examinado. Tenía un tumor y, cuando murió, Rous decidió hacer una prueba para ver si contenía un virus (estaba seguro de que no).

Desmenuzó el tumor y lo pasó por un filtro que no permitía pasar a ningún agente infeccioso excepto los virus. Sin embargo, encontró que el producto del filtro era infeccioso y que podía producir tumores en otros pollos. No se atrevió a llamarlo virus en el informe que publicó en 1911, pero a medida que pasaba el tiempo y se comenzaba a profundizar sobre los virus, parecía que no se le podía dar otro nombre. En la década de los treinta comenzó a ser conocido como «el virus Rous del sarcoma del pollo» y fue el primero de los virus que producen tumores que fue descubierto.

Pasó más tiempo. Se descubrió que los virus eran ácidos nucleicos con una capa de proteína. La parte del ácido nucleico podía penetrar en las células y a veces podía agregarse a los cromosomas, que son también ácidos nucleicos con una capa de proteína. De este modo, los virus pueden alterar la química de la célula e inducir potencialmente el crecimiento de un tumor.

En 1966, la importancia de la actividad de estos virus fue observada con toda claridad, lo que hizo que el informe de Rous elaborado cincuenta y cinco años atrás recibiera el premio Nobel. No se puede otorgar este premio a una persona fallecida; afortunadamente Rous todavía estaba vivo. Acababa de cumplir 87 años, pero todavía estaba trabajando activamente en su laboratorio. Aceptó su premio Nobel, tras esperarlo durante más de medio siglo. Era la persona de más edad que recibía uno. Falleció en 1970, cuatro meses después de cumplir noventa años.

Recordemos, por otro lado, el caso de Henry Gwyn-Jeffreys Moseley. Fue un físico inglés que en 1914, a la edad de veintisiete años, estudió los rayos X emitidos por los metales bajo ciertas circunstancias y desarrolló la noción del «número atómico».

Esta noción dio verdadero sentido, por primera vez, a la tabla periódica, al señalar la manera de determinar la estructura del núcleo del átomo.

La importancia de su trabajo fue reconocida de inmediato y varios premios Nobel fueron otorgados a un grupo de científicos que trabajaron en ese sentido. Por ejemplo, el físico sueco Karl Manne Georg Siegbhan continuó la tarea de Moseley, mostrando cómo manipular los rayos X con más precisión, y obtuvo el premio Nobel de física en 1924.

Pero Moseley *no* obtuvo el premio Nobel.

El problema fue que la Primera Guerra Mundial comenzó en 1914 y Moseley se alistó enseguida como teniente de ingenieros. En guerras posteriores se habría considerado que el cerebro de Moseley era demasiado valioso como para arriesgarse a perderlo, y se le habría destinado a un laboratorio para trabajar en investigación bélica. En la Primera Guerra Mundial, sin embargo, los dirigentes militares fueron lo suficientemente estúpidos como para mandarlo al frente.

El 10 de agosto de 1915, Moseley murió en el curso de la mal llevada campaña de Gallipoli, cuando tenía sólo veintisiete años.

Es bastante posible que hubiera obtenido el premio Nobel antes de los treinta, pero en su caso significó esperar demasiado para el honor que merecía. No llegó a recibirlo.

Aprender sobre la ciencia

Supongo que más de un estudiante joven se ha preguntado airadamente por qué diablos debe estudiar ciencias cuando no tiene la intención de convertirse en un científico.

Cualquiera que piense esto puede creer que sólo necesita saber lo suficiente para simplemente vivir. ¿Por qué hay que estudiar historia si uno no va a ser un historiador? ¿O por qué geografía o idiomas si uno no va a viajar mucho?

Pero no hay duda de que hay vida más allá de lo que uno «hace». Incluso si uno vive silenciosamente en su casa y realiza tareas simples y rutinarias, debe encontrar algún valor en comprender el mundo que nos rodea, en entender los hechos a la luz del pasado, en apreciar otros lugares y otras culturas.

En verdad, seguramente es *divertido* saber cosas. Arroja luz sobre nuestra vida, agudiza nuestros cerebros, reduce nuestro aburrimiento, amplía nuestro horizonte, hace que sea más interesante y placentero estar con uno.

Eso es cierto en relación con cualquier tipo de conocimiento o habilidad, en realidad, incluso con los que no son estrictamente materias escolares. Segura-mente es más divertido estar con una persona que sabe trabajar la madera de modo inteligente o que lo sabe todo acerca de cómo coleccionar sellos, observarla y escucharla, que estar con alguien que no sabe nada de nada.

Entonces, si conocemos estas otras cosas, ¿tenemos que conocer también la ciencia? ¿Qué tiene de especial la ciencia?

En realidad, tiene mucho de especial.

Nuestro mundo moderno se basa en la ciencia y en la tecnología, que es la aplicación de la ciencia a los asuntos cotidianos. Casi todo lo que hacemos depende de instrumentos modernos como los automóviles, los tocadiscos y los televisores, y éstos a su vez dependen de principios científicos. Nuestro futuro dependerá de los ordenadores, de los robots, de la energía nuclear, de los cohetes, todos los cuales tienen sentido si comprendemos la ciencia.

Si una persona no entiende qué es lo que hace que las cosas funcionen, puede creer que todo es magia. La gente sin ciencia vive en un mundo misterioso que no tiene sentido para ellos. Aunque digan: «¿Y qué? Todo lo que quiero es ganarme la vida, tener una familia y mirar el paisaje», encontrarán que eso no es fácil. En un mundo cada vez más científico, los buenos empleos, los que permiten ganar dinero, serán para aquellos que comprendan la ciencia.

La ciencia tiene sus peligros y sus beneficios. Utilizada de manera inadecuada, la ciencia puede llenar la Tierra de polución, de potentes productos químicos, de radiación, de instrumentos que destruyen nuestra privacidad y nuestra libertad. Pero utilizada sabiamente, la ciencia puede aumentar nuestros suministros de energía y de alimentos, mejorar nuestra salud, prolongar nuestras vidas y ampliar nuestro sentido de la seguridad.

Sin embargo, ¿quién decide cuál es la mejor manera de utilizar la ciencia? En una democracia, debería decidirlo la gente en general. Pero ¿cómo puede la gente tomar una decisión inteligente si, para empezar, casi nadie sabe mucho acerca de la ciencia? A medida que pasen los años, será más importante que la gente sepa más acerca de la ciencia si se espera que ayude a tomar decisiones inteligentes acerca de cómo salvar al mundo, y no destruirlo.

Por eso es importante llegar a conocer la ciencia, aun sin ser un científico profesional.

El autocontrol

De vez en cuando (no muy a menudo) los científicos descubren que uno de ellos ha publicado datos falsos o ha plagiado el trabajo de un colega.

Esta situación resulta siempre muy embarazosa, especialmente debido a que hoy en día la noticia recibe por lo general amplia publicidad en el mundo no científico.

Sin embargo, en cierta manera, estos escándalos en realidad dan crédito al mundo de la ciencia. Analicémoslos:

1. Los científicos, después de todo, son humanos. Existe una enorme presión y competencia en el mundo de la ciencia. La promoción y la posición dependen de cuánto se ha publicado y de cuán rápidamente se publica, porque la parte del león a la hora de repartir los méritos la recibe *el primero* en desarrollar una teoría importante o en realizar una observación determinada. Bajo esas circunstancias, existe una gran tentación de acelerar las cosas, de añadir datos adicionales que uno está seguro que acabará encontrando, o de servirse del trabajo de otro. En realidad, lo que sorprende no es que a veces suceda, sino que no suceda con demasiada frecuencia. Los científicos, de manera casi unánime, resisten la presión maravillosamente bien.

2. Cuando sucede un escándalo, el mero hecho de que se le otorgue tanta publicidad es un tributo a los científicos. Si se tratara de un hecho común, o si la gente esperara que los científicos fueran corruptos, la noticia sólo llegaría a obtener titulares menores y pronto dejaría de tener importancia. Pero los casos de corrupción científica dan que hablar durante largo tiempo e inspiran grandes cantidades de artículos y de libros.

3. Los casos de mala conducta de los científicos son indicios de las dificultades reales de llevar adelante estos hechos con éxito, o durante un tiempo prolongado. En realidad, la mayoría de los casos de mala conducta se presentan en las ciencias biológicas y médicas, donde los datos y las teorías son menos elegantes que en las ciencias físicas. El comportamiento animal y la estructura química están menos organizados que los movimientos de las estrellas y de los átomos o el flujo de energía, y algo que no lo está en el pri-

mer caso es detectado con menos facilidad. Sin embargo, un principio vital en la investigación científica es que nada es tomado en cuenta hasta que puedan repetirse las observaciones independientemente, y es aquí, de manera casi inevitable, donde se descubre cualquier cosa que resulte peculiar. La ciencia se controla a sí misma de un modo que ningún otro ámbito intelectual puede igualar.

4. Son los propios científicos los que descubren los fraudes; nadie más está preparado para hacerlo. La cuestión es que los científicos *sí* los descubran. Nunca puede haber un ocultamiento tal que impida que la propia ciencia se vea afectada. No importa cuán embarazosos sean los hechos: el culpable debe señalarse sin piedad y en público. La ciencia se vigila a sí misma, y lo hace de modo efectivo e inimitable.

5. Por último, el castigo es absoluto. Cualquier investigador que se compruebe que ha quebrado la ética del esfuerzo científico está acabado. No hay una segunda oportunidad: la posición conseguida se desmorona. El científico debe dejar su trabajo, porque queda deshonrado para siempre.

Agreguemos a esto que la ética científica requiere que todos los científicos colaboren para encontrar defectos en sus propias observaciones y teorías, y publiquen estos defectos cuando los encuentren, para que todos comprendan cuán severos son los requerimientos de la ciencia. Quizá no sea tan sorprendente que los escándalos resulten poco frecuentes.

El conocimiento del bien y del mal

Nadie niega que los hallazgos de la ciencia pueden ser peligrosos. ¿Es seguro tener conocimientos sobre los gases paralizantes? ¿No estamos mejor si ignoramos que existen armas espaciales sofisticadas? ¿Hay un peligro mortal en recombinar el ADN? ¿Deberíamos haber aprendido a dividir el átomo del uranio?

Es decir, ¿deberíamos tener algún organismo que nos guiara, que dirigiera y limitara la labor científica para decirnos «hasta aquí pueden seguir y más allá no»?

Pienso que no, por dos razones.

En primer lugar, debemos distinguir entre el conocimiento y el mal uso del mismo. Conocer cómo el DDT afecta a los insectos de ciertas maneras puede permitirnos comprender mejor la bioquímica de los insectos, y quizá la nuestra. Los usos valiosos pueden desarrollarse en varios sentidos.

Por otro lado, utilizar el DDT indiscriminadamente y sin realizar las pruebas adecuadas, o sin pensarlo de antemano, puede ocasionar un gran daño ecológico.

Entender la fisión del uranio nos puede ayudar a profundizar en el funcionamiento del Universo; utilizar el uranio como un explosivo cuando nos invade la ira puede terminar destruyendo a la civilización.

Éste no es un fenómeno nuevo. Hemos tenido que resolverlo siempre. Entender cómo se hace el fuego, estudiar su efecto en la comida, en el barro, en la arena y en los minerales proporciona un conocimiento fascinante sin el cual la civilización no hubiera surgido. Utilizar el fuego para quemar bosques, construcciones y herejes, o usarlo bajo cualquier circunstancia sin la ventilación adecuada, puede dar lugar a hechos lamentables.

Por todos los medios, guiemos y dirijamos el *uso* del conocimiento, pero no su obtención.

Pero ¿es seguro obtener conocimiento? Si los seres humanos conocen algo que puede ser utilizado para hacer daño, ¿no tendrán la tentación, más tarde o más temprano, de usar ese poder? ¿No sería más seguro permanecer en la ignorancia? Excepto que *cualquier cosa* puede ser utilizada para hacer daño, y que la ignorancia también puede ser peligrosa.

Mi segundo motivo es que no es posible distinguir con claridad entre el bien y el mal.

¿Quién plantea objeciones a los avances médicos? El descubrimiento de la anestesia, las vitaminas, la terapia con hormonas y las nuevas técnicas de cirugía son recibidas con un aplauso universal. De todos estos descubrimientos médicos, el mayor fue el desarrollo que realizó Louis Pasteur de la teoría del germen en la década de 1860. La teoría del germen condujo a que rápidamente pudiera controlarse la enfermedad infecciosa. Limitó, inhibió, abortó y practicamente terminó con todas las plagas y epidemias mortales que habían amenazado a la humanidad a lo largo de toda su historia. Contribuyó en gran manera a duplicar el promedio de vida –de treinta y cinco años a setenta– en el último siglo y cuarto en las regiones del mundo donde existe la medicina moderna.

Pero nada ha alimentado más la explosión de la población que este rápido declive de la tasa de mortalidad. Y es esta superpoblación la que ahora amenaza al mundo más que ninguna otra cosa. Miles de millones de seres prolíficos contribuyen al consumo de los recursos, a la producción de polución, a la destrucción de la tierra, al surgimiento de fricciones y tensiones que producen alienación, violencia y finalmente, quizá, la guerra nuclear.

Entonces, ¿la medicina moderna es buena o es mala? Ha salvado millones de vidas, pero ¿no terminará destruyendo a miles de millones? ¿Tendríamos que haber parado a Pasteur cuando trabajaba en su teoría sobre los gérmenes? ¿O no?

La ciencia y la tecnología

Es fácil hacer la distinción. La ciencia es «básica», «pura», «intelectual», «buena». La tecnología es «aplicada», «derivada», «comercial», «mala».

Todo comenzó con los griegos, cuando la especulación filosófica era la prerrogativa de los hombres libres que no tenían que emplearse en oficios bajos porque poseían esclavos que trabajaban por ellos. Parte de la especulación filosófica se basaba en la naturaleza del Universo, el movimiento de los cuerpos, las propiedades de la materia y de la vida –todo lo que hoy llamamos ciencia.

Pero tan pronto como el conocimiento se aplicó a la vida cotidiana por el hecho de que algo tuviera que ser cincelado, o talado, o golpeado, o acuñado, o juntado, eso se convirtió en *trabajo*, apto solamente para artesanos y esclavos.

La ciencia griega llegó a un punto muerto. Demócrito sostuvo que existían los átomos y Aristóteles sostuvo que no, y todos eran libres de elegir entre la belleza de estas especulaciones y decidir qué era lo que querían creer –y ganó Aristóteles.

Sin embargo, en el siglo XVI se decidió que el Universo sólo respondería a las preguntas si estábamos dispuestos a trabajar un poco. Se debe ganar la respuesta con un poco de sudor físico. Hay que llevar a cabo experimentos.

Con la llegada de la ciencia experimental, los científicos tuvieron que vérselas con pelotas y planos inclinados, y diseñar nuevos instrumentos con los cuales realizar sus mediciones. Las elevadas especulaciones de los hombres libres y el trabajo de los artesanos y esclavos se mezclaron.

En la década de 1590, Galileo estudió el movimiento de un candelabro colgado del techo de una catedral y obtuvo el principio del péndulo. Sin embargo, lo comprobó partiendo de un trabajo artesanal. Cuando llegó a su casa, construyó péndulos de distinta longitud, los balanceó a través de arcos de tamaños diferentes y se convenció a sí mismo.

Galileo lo habría tenido más fácil si hubiera contado con un buen reloj para medir la duración del movimiento, pero tal cosa no existió hasta la década de 1650, cuando Christian Huygens inventó el primer reloj moderno. ¿Usando qué? Pues el principio del péndulo.

Y una vez que existió el reloj, ¿qué cosas hizo posible? Revolucionó el estudio de la astronomía, haciendo mucho más fácil calcular los movimientos de los cuerpos celestes. De ese modo, ayudó a que avanzara la más pura de las ciencias.

En realidad, la ciencia hubiera llegado a un punto muerto si no hubiera sido por la continua corriente de inventos ingeniosos que hicieron que su avance fuera posible. ¿Qué posibilitó nuestro propio conocimiento de los planetas? Las sondas transportadas por cohetes, construidas con tecnología.

Incluso la ciencia más pura de las puras, las matemáticas, está contaminada. ¿Qué resolvió el problema de los cuatro colores en la cartografía, que, por lo que sabemos, no tiene uso práctico?

Las computadoras, construidas con tecnología.

Sin embargo, todavía hablamos de la ciencia y de la tecnología como si fueran cosas distintas, a pesar de que durante cuatro siglos han vivido juntas en simbiosis, incapaces de existir una sin la otra.

Es hora de dejar de hacerlo.

Oportunidades perdidas

Supongo que, a medida que prosigue la marcha de la ciencia, todo escritor de ciencia-ficción puede lamentarse por las oportunidades perdidas.

Cuarenta años atrás, yo ya había pensado en una estrella de neutrones, décadas antes de que se descubriera –y en ese momento no escribí el relato.

Alrededor de la misma época, comencé una historia acerca de una estrella tan grande y densa que la luz no podía escapar de ella –un agujero negro, a pesar de que la expresión no existió durante décadas–, y nunca la terminé.

He lamentado estos incidentes durante años, y ahora tengo un nuevo motivo para lamentarme.

Las sondas *Voyager* han descubierto detalles fascinantes sobre los anillos de Saturno, detalles que no podrían haber sido adivinados con observaciones desde la Tierra, que está a unos 1.500 millones de kilómetros de distancia. Por ejemplo, el anillo acordonado, las formaciones nubosas, el modo en que los pequeños satélites llevan «en manada» a algunos de los anillos y evitan que se disipen. No podríamos haber adivinado estas cuestiones porque, a pesar de que las conocemos, todavía no podemos darles explicación.

Pero podríamos haber adivinado la cuestión de los subanillos. Podemos observar desde la Tierra la mayor de las separaciones entre los anillos, la «División de Cassini», pero algunos astrónomos han afirmado haber visto otras divisiones más sutiles, cuya existencia siempre pareció dudosa. Pero ¿por qué no podemos pensar en que existen otras divisiones? ¿Por qué no tener por cierto que, a una distancia cercana, los anillos mostrarían más de un detalle que no puede ser observado a 1.500 millones de kilómetros?

Tuve la extraña suerte de adivinarlo yo mismo. Allá por el año 1952 publiqué una historia llamada *A lo marciano*. En el curso del relato, un grupo de colonos marcianos viajaba a Saturno. Esto me dio la oportunidad de describir los anillos vistos de cerca, y lo hice de esta manera:

> [Los anillos] emergían de detrás de Saturno, una triple banda apretada y brillante de luz naranja... Aumentaban a medida que se aproxi-

> maban, como la boca de un cuerno, y se volvían más tenues a medida que se acercaban, hasta que, cuando los seguía la mirada, parecían llenar el cielo y perderse.
>
> ...los anillos se rompieron y adoptaron su verdadera identidad como un racimo fenomenal de fragmentos sólidos, en lugar de la ajustada banda sólida de luz que parecían ser.
>
> Debajo de él... estaba uno de los fragmentos del anillo... Otros fragmentos estaban más lejos, titilando como polvo de estrellas, algo más apagados y espesos, hasta que, al seguirlos, se convirtieron nuevamente en anillos.

Todo era bastante correcto, pero me aferré servilmente a lo que los astrónomos veían desde tan lejos, sin imaginar nunca que mis astronautas, desde una posición tan cercana a los anillos, estaban destinados a ver muchos más detalles y divisiones más sutiles.

Supongamos que hubiera dicho lo siguiente en relación con los anillos:

> ...Emergían de detrás de Saturno, una triple banda apretada y brillante de luz naranja... Aumentaban a medida que se acercaban, las divisiones más sutiles se hacían visibles: los anillos parecían estar hechos de bandas de luz angostas, paralelas y curvas, separadas por líneas más oscuras del espesor de un cabello...

¡Oh, si hubiera dicho eso! Habría sido una especulación razonable, y ahora estaría viviendo en la gloria por ser la persona que estaba en lo cierto.

Pero ¿para qué? No fui lo suficientemente listo como para considerarlo, excepto cuando ya había perdido mi oportunidad.

Quinta parte
«Prólogo de Isaac Asimov»

Creo que soy la persona que ha escrito más introducciones de libros y prólogos de todo el mundo. Por una parte, he escrito las introducciones de casi todas las antologías que he editado o coeditado, y se han publicado alrededor de un centenar. Por otra, también escribo a menudo las introducciones de libros en cuya producción no he participado –tras procurarme el manuscrito y disfrutar de su lectura.

En realidad, es un placer escribir introducciones, porque mi idea al hacerlo no es meramente alabar el libro. En vez de eso, busco en el tema del libro algún ángulo que, según mi opinión, no se discute adecuadamente en algún otro lugar, o no se ha discutido hasta el momento. Eso me da la gran oportunidad de hablar acerca de asuntos que de otra manera no hubiera pensado discutir, lo que invariablemente alegra mi vida.

Naturalmente, por lo general finalizo con alguna mención del propio libro y lo alabo, porque no escribiría su introducción si no pensara que el libro merece una alabanza. Esta alabanza podrá parecer fuera de lugar en una recopilación como ésta, pero a veces he dudado en quitarla. Es bonito decir cosas positivas acerca de un libro bueno.

En cualquier caso, aquí están cuarenta y dos introducciones escritas por mí. Me parece que representan una cuarta parte de todas las que he escrito, pero creo que bastan para dar una idea de su variedad (dicho sea de paso, es posible que haya una o dos introducciones en alguna otra de las partes de este libro, pero ya le advertí que mi división en categorías no es perfecta).

Shuttle

La palabra *shuttle* (en español, «lanzadera») se remonta al antiguo término escandinavo *skuttil*, que significa «flecha o arpón: lanza que recorre una distancia relativamente corta desde la persona que la arroja hasta el blanco». La palabra inglesa *shoot* (en español, «tirar, disparar, lanzar, arrojar») tiene el mismo origen, y personalmente creo que es de origen onomatopéyico –por el sonido.

Un objeto largo y estrecho que recorra rápidamente el espacio emite un sonido similar a «shoosh», «woosh» o «s-s-s-t», según la interpretación subjetiva de la persona que lo oye. De ahí, tras algunos cambios, provienen las palabras inglesas *shuttle* y *shoot.*

En tiempos prehistóricos la palabra *shuttle* desarrolló un significado marcadamente pacífico –un desarrollo que siempre me ha gustado.

El arte de hilar fue inventado antes de la escritura, por lo que no conocemos sus orígenes. Como la mayoría de los inventos prehistóricos, las personas que vinieron después, incapaces de imaginarse cómo los seres humanos podían tener esas inteligentes ocurrencias, supusieron que algún dios les había proporcionado el conocimiento.

En cualquier caso, para hilar se debe comenzar por una serie de hebras paralelas colocadas verticalmente, que deben tejerse con fuerza y precisión (a esto se le denomina «urdimbre»). Pero las hebras paralelas se deben mantener juntas, y para hacer eso se debe ubicar otra serie de hebras, algo más delgadas, en ángulo recto (la «trama»). Una hebra de la trama va sobre una hebra de la urdimbre, La siguiente va debajo, la siguiente otra vez encima, y así sucesivamente, de modo que no hay dos hebras adyacentes de la trama que vayan ambas debajo o ambas arriba de una hebra determinada de la urdimbre.

Si las hebras de la urdimbre y de la trama se colocan muy juntas se obtiene un juego de hebras que se sostienen juntas y que resultan mucho más fuertes que las hebras tomadas individualmente. Al final se consigue un trozo de tela, de material textil –liviano, poroso y mucho más adecuado para mantener el cuerpo protegido, limpio y cómodo a una temperatura ordinaria que las pieles o el cuero.

La cuestión es que hilar la trama a lo largo de la urdimbre lleva mucho tiempo. Por lo tanto (aun en la época prehistórica) se inventó el telar. Los hilos de la urdimbre se ataron a cada una de las dos partes del telar, que podían desplazarse independientemente hacia delante y hacia atrás. Ello significaba que los hilos de la urdimbre podían colocarse alternativamente dentro, fuera, dentro, fuera. Los hilos de la trama podían pasar en línea recta, y cuando los trozos del telar se unían nuevamente, la trama cruzaba alternativamente por arriba y por debajo de la urdimbre.

Para aumentar la velocidad de la operación, se ata la trama a un objeto pesado que se enrosca a lo largo del ancho de la urdimbre. Este objeto es el *shuttle* o lanzadera (una especie de lanza que recorre una distancia corta). Esta lanzadera lleva la trama a lo largo de la urdimbre y luego (con el telar separado en sentido contrario) lo trae nuevamente a lo largo de la urdimbre, y así sucesivamente. El telar siempre se manipula de manera que la trama va por encima y por debajo de la urdimbre.

Debido a este movimiento hacia atrás y hacia delante de la lanzadera durante el hilado, la palabra «lanzadera» obtuvo un nuevo significado más refinado. No sólo era un objeto que viajaba a una distancia comparativamente corta, sino también un objeto que iba constantemente de atrás hacia delante recorriendo una distancia muy corta.

De modo que si algún medio de transporte va del punto A al punto B, que no está muy distante, y luego regresa nuevamente al punto A, para retornar al punto B, y así hasta el infinito, se denomina también «lanzadera» o *shuttle* (o «transbordadora»).

En Manhattan, por ejemplo, existe un tren metropolitano llamado *shuttle* porque viaja infinitamente entre Times Square y Grand Central, una distancia de dos tercios de una milla, que es corta considerando la cantidad de líneas de los trenes metropolitanos que tienen veinte millas de longitud. Naturalmente, la gente tiende a economizar sílabas, y el tren metropolitano *shuttle* se convierte simplemente en «el *shuttle*» para los que suelen viajar en él.

De modo similar, una vez que se hizo común viajar en avión, era seguro que iban a haber muchos vuelos entre las grandes ciudades que están a poca distancia. Así, hay una docena de vuelos diarios más o menos entre Nueva York y Boston, o entre Nueva York y Washington. Estos viajes de unas doscientas millas son cortos comparados con algunos vuelos que recorren entre tres mil y diez mil millas. Por lo tanto, se habla de un *shuttle* aéreo (en español, «puente aéreo»); los que viajan a menudo en este tipo de aviones lo denominan *shuttle*.

El siguiente significado es obvio para los lectores de ciencia-ficción. Nuestras primeras intentonas en el espacio fueron situar objetos en órbita alrededor de la Tierra o enviar un objeto a la Luna y hacerlo regresar. Después, comenzamos a pensar en construir una estación espacial en una órbita alrededor de la Tierra. Podría estar permanentemente ocupada (por turnos) y servir como base donde podríamos llevar a cabo experimentos a largo plazo, construir estructuras espaciales y lanzar naves espaciales para largos viajes.

Naturalmente, necesitaríamos algún tipo de nave espacial que se especializara en viajar de la Tierra a la estación espacial y regresar, para llevar provisiones, retirar los residuos, reemplazar al personal y demás. Como la estación espacial estaría considerablemente más cerca de la Tierra que de la Luna, esa nave espacial recorrería distancias cortas: arriba, abajo, arriba, abajo, y así indefinidamente. ¿Cómo se llamaría? Inevitable-mente, se llamaría lanzadera o *shuttle* espacial o, para abreviar, *shuttle*.

De hecho, los Estados Unidos construyeron una nave adecuada para este uso mucho antes de construir la estación espacial que se beneficiaría de su uso. La primera lanzadera espacial, llamada *Columbia*, fue lanzada el 12 de abril de 1981, justo veinte años después de que el primer ser humano (Yuri Gagarin) fuera puesto en la órbita de la Tierra. Cuatro lanzaderas fueron finalmente puestas en funcionamiento, y en enero de 1986 se habían realizado dos docenas de vuelos, con gran éxito.

Los escritores de ciencia-ficción pueden escribir relatos acerca de estas lanzaderas o de cualquier aparato que pueda realizar viajes comparativamente cortos pero repetitivos infinitamente. Si alguna vez aprendemos el truco del viaje hiperespacial, podremos hablar de la lanzadera entre el Sol y Alfa Centauro, o entre la Vía Láctea y Andrómeda. También podríamos tener una lanzadera entre dos asentamientos cilíndricos en el espacio. Los cambios que pueden preverse, como puede comprobarse en los relatos recogidos en *Space Shuttle*, son interminables.

Por supuesto, el 28 de enero de 1986 la aventura de la lanzadera espacial se enturbió (espero que temporalmente) con la explosión del transbordador (o lanzadera) *Challenger*. Pero conocemos desastres de este tipo, y aunque son horribles y deplorables resultan inevitables para este tipo de proyecto enorme y arriesgado.

Mi relato *La última lanzadera,* incluido en este libro, fue escrito en marzo de 1981, un mes antes de que volara la primera lanzadera espacial, y fue publicado en un periódico de Florida a los pocos días de ser escrito. En este relato hago que uno de los personajes señale que los lanzamientos de lanzaderas espaciales no están necesariamente libres de problemas. «Está el caso del *Enterprise Sesenta*» dice, refiriéndose a un episodio ocurrido en los primeros años de historia de las lanzaderas espaciales.

Bien, me equivoqué de nombre, pero consideré que algo podía suceder con cinco años de anticipación...

La buena acción de *Voyager 2*

Voyager 2 es la sonda planetaria no tripulada que ha obtenido más éxito de todas las han enviado los seres humanos. No es para quitar méritos a las otras: las que aterrizaron en Venus, que estudiaron a Mercurio y realizaron los mapas de ambos planetas (el primero con radar y el segundo con luz); las que confeccionaron un detallado mapa de Marte, por no mencionar a la que aterrizó en Marte y realizó comprobaciones químicas en su superficie; y las que precedieron al *Voyager 2* atravesando el cinturón de asteroides para navegar en el amplio vacío en el que giran los planetas exteriores.

Ninguna, sin embargo, realizó un trabajo tan espectacular como el *Voyager 2*. Esta sonda, en un vuelo que duró nueve años, pasó rozando tanto a Júpiter como a Saturno y llegó finalmente a Urano, donde realizó observaciones de un mundo gigante, tan lejano de la Tierra que los antiguos ni siquiera conocían su existencia. Apenas brilla en el cielo lo suficiente como para que lo observemos como una estrella opaca.

Y el *Voyager 2* no ha terminado. Durante varios años continuará su camino a través del espacio hasta que sobrepase a Neptuno, el planeta más grande y lejano que conocemos (Plutón está más lejos la mayor parte del tiempo, pero sólo es un montículo de hielo menor que nuestra Luna).

Este largo viaje ha estado lleno de aventuras, de peligros sorteados de milagro, de lo que parecían desastres de algún modo advertidos o corregidos. No trataré de relatar aquí esta historia. Joel Davis la cuenta completa y con todo su dramatismo y emoción en *Flyby*.

Lo que pretendo es hablar del buen trabajo realizado por *Voyager 2*, de objetivos que ha conseguido y que nadie podría haber previsto o presagiado.

Retrocedamos en el tiempo. La historia de la humanidad está repleta de desastres, muchos de los cuales están más alla de las posibilidades de control humano. Conservamos innumerables relatos de inundaciones y tormentas, terremotos y erupciones volcánicas, sequías y pestes, y cada uno de estos desastres trajo consigo un sufrimiento humano infinito. También los hay creados por los seres humanos, como las guerras. Los que hemos superado el medio siglo de vida podemos recordar la Segunda Guerra Mundial, la guerra más desastrosa que jamás se haya librado, y todos consideramos con temor la posiblidad de que otra guerra termine fácilmente con la raza humana.

Incluso aquellos logros humanos de los cuales nos enorgullecemos más han tenido sus consecuencias desastrosas. No se ha construido ningún gran puente, ningún gran rascacielos, ningún gran túnel, sin que se ocasionaran muertes. El automóvil, que nadie soñaría en eliminar, mata a 50.000 personas al año sólo en los Estados Unidos. Estamos acostumbrados a los desastres aéreos, a las muertes en las minas y en las fábricas, a las que provocan los venenos químicos o los escapes radioactivos.

Por lo tanto, pocos de nosotros podemos esperar que una exploración espacial se vea libre de desastres. Sabemos que costará vidas, y las ha costado. Los Estados Unidos perdieron a seis astronautas en la Tierra durante un incendio en una cápsula espacial en 1967. La Unión Soviética perdió a tres astronautas al desarrollarse una fuga de aire cuando se disponían a retornar a la atmósfera.

Lo que es distinto en relación con la exploración espacial, sin embargo, es que todo el mundo está mirando. En diciembre de 1985, un avión se estrelló en Terranova y fallecieron algo más de 250 soldados. Nadie vio que se estrellara. El informe se conoció después de los hechos y se convirtió en tema informativo al lado de otros. La nación soportó el golpe, movió su cabeza colectiva y, excepto los parientes próximos a los muertos, continuó su tarea. Son cosas que pasan.

Pero, poco más de un mes más tarde, el 28 de enero de 1986, la lanzadera *Challenger* partió con una tripulación de siete personas. Este lanzamiento era seguido por millones de televidentes. Y entonces, ante los ojos de todo el mundo, un minuto y medio después del lanzamiento, se convirtió en una bola de fuego. Millones de pesonas se dieron cuenta de que acababan de ver cómo se esfumaba la vida de siete personas valientes. Es más: una de las siete era una maestra, la primer persona «común» que se aventuraba en el espacio.

Nada impresionó tanto a los Estados Unidos y al mundo entero como haber sido testigos del desastre. Ni siquiera el asesinato de un presidente estadounidense impresionó a tantas personas ni las dejó en un estado de *shock* que sólo se superó con muchas dificultades.

Las consecuencias de este desastre en el programa espacial estadounidense son de sobras conocidas: la autoflagelación de pensar qué error se cometió, la determinación de conseguir que las cosas sean diez veces más seguras antes de intentarlo de nuevo; la suspensión una y otra vez de todo.

Es difícil imaginarse algo que hubiera provocado una situación peor, pero podría ocurrir. Supongamos que el *Voyager 2* no hubiera pasado cerca de Urano en ese momento. Supongamos que los resultados, espectaculares y emocionantes, no se hubieran logrado.

Por pura casualidad, ante nuestros ojos tuvimos uno de los más grandes éxitos del espacio, al mismo tiempo que el desastre del *Challenger*. No me malinterpreten. Nada de lo que el *Voyager 2* pudiera haber hecho o descubierto podría devolvernos esas siete vidas. No nos podría haber devuelto la confianza perdida, ni resarcirnos del golpe y el horror provocados por lo ocurrido.

Sin embargo, nos mostró en el momento en que más lo necesitábamos que la exploración espacial podía causar éxitos igual que desastres. Ésa fue la buena acción del *Voyager 2* que nadie había previsto. Sin el ejemplo del *Voyager 2*, es posible que el desastre del *Challenger* nos hubiera hundido tanto en la desilusión y en la depresión que el esfuerzo espacial estadounidense podría haberse acabado para siempre, o al menos por un tiempo tan largo que habríamos dejado el espacio a otros –a la Unión Soviética, a Europa occidental, al Japón.

Tal como están las cosas, el *Voyager 2* nos brindó una ayuda inesperada que puede hacer posible que nos recuperemos a tiempo.

Debemos darnos cuenta de que todo progreso hacia metas ambiciosas requiere evitar o superar los obstáculos que inevitablemente aparecen en el camino. Los caminos que conducen al éxito no son suaves, ni nunca lo han sido, y están pavimentados con dolor.

Pero no debemos abandonar nuestra empresa. Volverán a repetirse desastres como el del *Challenger*, pero también obtendremos éxitos como el del *Voyager 2*.

El viaje más largo

Supongamos que usted quiere viajar por el país desde Portland, Maine, a Portland, Oregón. La distancia es de unas 3.000 millas. Un viaje alrededor del mundo a lo largo de la línea del Ecuador es apenas ocho veces esa cifra, 25.000 millas.

Viajar de la Tierra a la Luna es sólo alrededor de nueve veces la distancia que recorreríamos siguiendo la línea del Ecuador, cerca de 240.000 millas. ¿Y más allá? Bueno, Venus está a unos 25 millones de millas de distancia. Y en este momento, Plutón está a la distancia más corta que puede estar de la Tierra, pero que es más de cien veces la distancia a Venus –algo más de 2.800 millones de millas.

Hasta allí todavía estamos en nuestro sistema solar, pero más allá están las estrellas. La más cercana está unas 9.000 veces más lejos de lo que está Plutón en este momento. La estrella más cercana es Alfa Centauro, y se encuentra a 25 billones de millas de distancia.

La longitud de la galaxia de la Vía Láctea es 23.000 veces la distancia entre la Tierra y Alfa Centauro. La distancia de aquí a la galaxia de Andrómeda, la más próxima a la nuestra, es igual a unas veintitrés veces la longitud de la galaxia de la Vía Láctea. Y la distancia de aquí al quasar más lejano se acerca a 4.000 veces esa cantidad.

¿Qué pasa con el tiempo? Lleva unos pocos días volar a la Luna, unos pocos meses llegar a Venus o a Marte, unos pocos años alcanzar los planetas gigantes del sistema solar. Pero éste es el límite al que podemos llegar de modo razonable.

Alcanzar siquiera la estrella más cercana, tal como están las cosas en este momento, nos llevaría cientos de miles de años. Todo lo que la NASA ha hecho hasta el momento, enviando sondas hasta lugares lejanos como Saturno, ha sido como jugar en nuestro patio trasero. El viaje más largo es el viaje interestelar, hasta las estrellas.

Y son estos viajes a las estrellas los que más interesan a los autores y a los lectores de libros de ciencia-ficción. Nuestro sistema solar es demasiado conocido y demasiado limitado. El sistema solar (excepto la Tierra) no tiene muchas posibilidades de contar con vida de ninguna especie, y con seguridad no cuenta con vida inteligente. De modo que debemos hacer el viaje más largo y llegar a las estrellas si queremos encontrarnos con extraterrestres amigos, competidores y enemigos. Hace ya mucho tiempo, en 1928, en *The Skylark of Space*, E.E. (Doc) Smith realizó el primer viaje de ciencia-ficción a las estrellas –y los lectores estuvieron encantados.

Pero el bueno y viejo Doc fue un poco vago al describir cómo estas naves interestelares se las arreglaban para cruzar esos espacios enormes, y a decir verdad no hemos avanzado mucho en ese sentido. Hagamos una lista de las posibilidades:

1. Podemos acelerar de manera continua, yendo cada vez más deprisa hasta que vayamos lo bastante rápido como para cubrir vastas distancias interestelares e intergalácticas en pocos meses, o incluso días.

Objeción: los físicos sostienen con firmeza que no se puede ir más deprisa que la velocidad de la luz en el vacío, es decir, 186.262 millas por segundo. A esa velocidad, nos llevará años alcanzar la estrella más cercana, y millones de años alcanzar la galaxia más cercana.

2. Aunque estemos limitados a la velocidad de la luz, eso puede funcionar bastante bien. A medida que nos acercamos a la velocidad de la luz, el paso del tiempo del objeto en movimiento disminuye continuamente, y a la velocidad de la luz el paso del tiempo es cero. A alta velocidad, la tripulación de una nave espacial podría recorrer enormes distancias casi instantáneamente.

Objeción: en el espacio interestelar e intergaláctico hay átomos de hidrógeno ocasionales. A altas velocidades, esos átomos podrían golpear la nave con la energía y la fuerza suficiente de las partículas de los rayos cósmicos y en poco tiempo podrían matar a toda la tripulación y a los pasajeros de la nave. En realidad, no sería razonable que la nave viajara a más de un quinto de la velocidad de la luz, y a esa rapidez los efectos del tiempo no pueden ayudarnos mucho.

3. Supongamos que colocamos una especie de «quita-átomos» delante de la nave espacial. Dragaría todos los átomos al avanzar, previniendo los problemas de los rayos cósmicos y, además, reuniendo material útil como combustible para sus motores de fusión nuclear.

Objeción: esos «quita-átomos» tendrían que tener varias millas de ancho para ser efectivos. Construir un instrumento como éste presentaría problemas enormes y quizá insuperables.

4. Podemos sortear el límite de la velocidad de la luz utilizando los *tachyons,* partículas subatómicas que se mueven mucho más rápido que la velocidad de la luz y que, de hecho, no pueden moverse más despacio que la velocidad de la luz.

Objeción: los *tachyons* existen sólo en teoría; en realidad no han sido detectados, y la mayoría de los físicos piensan que nunca lo serán. Es más: si son detectados, nadie se ha puesto siquiera a imaginar la manera en que se podrían utilizar.

5. Quizá podamos sortear el límite de la velocidad de la luz atravesando los agujeros negros. Al menos se sabe que existen.

Objeción: aunque los agujeros negros existan (y los astrónomos todavía no tienen una opinión unánime sobre ello), nadie puede siquiera sugerir cómo una nave espacial podrá acercarse a uno de ellos sin ser destruida por la fuerza de atracción. Además, no se ha llegado a ningún acuerdo general que asegure que se puede cortar camino rápidamente cruzando por los agujeros negros.

6. En ese caso, podemos encontrar otra manera de dejar atrás el Universo. Podríamos viajar por el hiperespacio dando «saltos» que nos llevarían instantáneamente a enormes distancias.

Objeción: hasta ahora, el hiperespacio existe sólo en la imaginación de los escritores de ciencia-ficción.

7. Bien, entonces podemos someternos al límite de la velocidad de la luz, pero congelar a la tripulación y a los pasajeros, y programar que sean retornados a la vida consciente miles de años después, una vez alcanzado el destino.

Objeción: nadie sabe realmente cómo congelar cuerpos humanos sin matar a las personas, o cómo esos cuerpos congelados, aunque puedan retener una chispa de vida, puedan conservarla durante miles de años.

8. En ese caso, parece que no nos queda más que seguir la inercia, es decir, viajar a velocidades normales, considerablemente menores que la de la luz, con toda la tripulación en estado consciente. Ello significa que tardaremos muchos miles de años en llegar a las estrellas más cercanas, de modo que muchas generaciones tendrán que pasar toda su vida dentro de naves espaciales. Eso será soportable si las naves son lo bastante grandes.

Objeción: ninguna, en realidad, si es que la gente quiere hacerlo.

* * *

Hasta aquí la vertiente realista. En ciencia-ficción, tendemos a tener fe en que esos problemas que ahora parecen insuperables se resuelvan –quizá de maneras totalmente inesperadas.

Por lo tanto le ofrezco una docena de relatos, recién salidos del horno, en los que aparecen naves espaciales. En ellos se exploran diferentes estrategias que he descrito con anterioridad para cubrir distancias largas, y quizá una o dos sean demasiado peregrinas para mí como para mencionarlas.

Lo que es más: los relatos exploran los efectos de los viajes largos en la gente que tripula las naves espaciales, y el tipo de hechos que pueden ocurrirles.

Debido a que no es problable que estos viajes se realicen mientras nosotros vivamos (y con seguridad no serán completados, si se comprueba que la única alternativa práctica es optar por una nave espacial que viaje por inercia a través del espacio con varias generaciones sucediéndose en su interior), estas interesantes especulaciones de ciencia-ficción son la única manera de experimentar, al menos de modo vicarial, los largos viajes que conforman la quintaesencia de los sueños de mentes de altos vuelos.

Propagación a través del espacio

¿Cómo se originó la vida? Los biólogos todavía no han podido establecerlo de manera definitiva. En realidad, la tarea parece tan formidable que encontraríamos cierto alivio si nos sentáramos y dijéramos: «Nunca ocurrió».

Y no obstante sí ocurrió. Aquí estamos. Presumiblemente, compuestos muy simples que existían en el océano y en la atmósfera de la Tierra primitiva, utilizando los rayos ultravioleta del Sol, de los relámpagos, del calor volcánico o de otras fuentes de energía, formaron gradualmente compuestos más complicados y desarrollaron finalmente las propiedades que reconocemos como «vida».

La pregunta es si las condiciones de la Tierra primitiva permitían que ocurriera algo como eso. Incluso si estas condiciones existieron, es posible que las necesidades sean tan precisas que sólo en unos pocos planetas se pueda desarrollar vida.

Pero quizá bastan con muy pocos, o siquiera con un solo planeta. Aunque sea posible que un planeta no dé lugar a la vida, sí puede resultar adecuado para la vida que se ha formado en otro lugar y llegue allí.

Así, a pesar de que la vida no se podría haber desarrollado nunca sobre la tierra seca, aunque se desarrolló y vivió en el mar durante tres mil millones de años, esa vida fue capaz de colonizar la Tierra. Y a pesar de que la vida no se podría haber desarrollado en la Antártida ni en el desierto de Gobi, tras comenzar en otra parte pudo propagarse a esas regiones inhóspitas.

Entonces, ¿es posible que la vida comience en un planeta adecuado y luego se esparza a través del espacio para colonizar otros planetas? ¿Podríamos ser un punto de partida, y que existieran otros planetas, menos favorecidos que el nuestro, que tuvieran vida relacionada lejanamente con la nuestra? ¿O podría ser que la vida hubiera comenzado en otra parte, en un lugar más favorable que la Tierra, y que finalmente colonizara nuestro planeta?

El primer científico que adoptó la idea de que la vida de un planeta podía llegar a colonizar otro fue un químico sueco llamado Svante August Arrhenius (1859-1927). En 1907 publicó *Worlds in the Making*, en el cual unas esporas salían por azar de la atmósfera de un planeta y viajaban a través del espacio llevadas por la presión lumínica del sol de ese planeta.

Transportadas de un lado a otro por la luz de la estrella, finalmente las esporas podrían haber viajado azarosamente durante muchos millones de años hasta que por casualidad atravesaron la atmósfera de un planeta adecuado y lo sembraron.

A primera vista, esta teoría parece atractiva. Las esporas bacterianas, protegidas por una gruesa capa, son muy resistentes al frío y a la deshidratación, y es concebible que vivan mucho tiempo en el vacío del espacio. Lo que es más, son del tamaño justo como para verse más afectadas por la presión externa de la radiación de una estrella que por la fuerza interna de su gravedad. Pero en 1910 se descubrió que las esporas bacterianas que conocemos son vulnerables a la luz ultravioleta –por no mencionar otras radiaciones destructivas, como los rayos cósmicos, los rayos X estelares y las magnetósferas repletas de partículas con carga.

No obstante, quizá existan esporas resistentes a la radiación, o quizá formas microscópicas de vida puedan llegar a un planeta utilizando medios que no dependan de la mera casualidad.

El científico inglés Francis H.C. Crick (nacido en 1916) sugirió (quizá medio en broma) que una partida de exploradores puede aterrizar en un planeta sin vida, pero que sea capaz de contener vida si se la introduce en él. Que puede que dejen basura tras ellos, los restos de su almuerzo, por ejemplo, y que los microorganismos presentes en ella sobrevivan y comience el vasto ciclo de la vida. En otras palabras, células simples en condiciones protegidas podrían realizar el viaje.

Como ejemplo, desde 1968, los astrónomos han detectado moléculas en las nubes interestelares (incluyendo algunas sorprendentemente complejas), la mayor parte de las cuales contienen carbono (o sea, son orgánicas). Se ha localizado una molécula que contenía hasta trece átomos. Cuanto más elaborada es la molécula, menos se encuentran y más difícil es detectarlas. Podría ser que si pudiéramos acercanos más y estudiar las nubes con la suficiente sutileza, descubriésemos que existen moléculas en ellas que están en el camino directo hacia la vida. En ese caso, podemos manejar la hipótesis de que esas nubes pueden sembrar en un planeta.

En realidad, es difícil imaginar de qué modo la materia de una nube interestelar puede llegar a algún planeta. No obstante, sabemos que los cometas, que son parte de los sistemas planetarios, pueden estar parcialmente compuestos por moléculas que contienen carbono, y que algunas de ellas pueden ser complejas. En 1986 un estudio detallado del cometa Halley demostró que contenía moléculas poliméricas alargadas.

No sólo eso, sino que existen ciertos meteoritos raros llamados carbonáceos que contienen pequeñas cantidades de agua y de moléculas orgánicas. Algunos de estos meteoritos se han analizado, y se han encontrado ácidos grasos y algunos aminoácidos que son los que forman la estructura de las proteínas. La naturaleza de los compuestos muestra que no fueron formados por medio de la vida, pero que pueden servir para sembrar en un planeta y hacer que ocurran hechos mayores.

Quizá las ideas más radicales en relación con este tema son las del astrónomo inglés Fred Hoyle (nacido en 1915) y las de su colega de la India Chandra Wickramasinghe. Estos dos científicos creen que la síntesis en las nubes interestelares y en los cometas puede ir más alla de la detectada. Sostienen que se pueden haber formado cantidades muy pequeñas de partes microscópicas de vida. Sugieren que la vida en la Tierra pudo originarse cuando llegaron esporas a ella traídas por las colas de los cometas. En épocas recientes, gérmenes patógenos nuevos y virulentos (como el virus que en 1918 provocó la pandemia de gripe) pudieron ser depositados en la Tierra de esta forma (de todas maneras, es justo decir que la teoría de Hoyle-Wickramasinghe no es tomada en serio por otros científicos).

Sin embargo, el concepto de la siembra de origen extraterrestre no es sólo una cuestión de ciencia-ficción, aunque ofrece una excelente trama para la ciencia-ficción. Tal como aparece en el libro de John Barnes, *Sin of origen*, científicos serios han considerado esta posibilidad.

Primer contacto

En la jerga de la ciencia-ficción, «primer contacto» significa un encuentro inicial entre terrícolas y alguna inteligencia extraterrestre. Es algo que nunca ha sucedido, que nosotros sepamos. Puede que nunca ocurra –o puede que suceda algún día.

¿Cómo será ese primer contacto? No creo que tengamos que confiar sólo en nuestra imaginación para responder a esta pregunta, porque podemos revisar la historia.

En el pasado, determinados grupos de personas tenían un conocimiento limitado del mundo y ni siquiera sabían de la existencia de otro grupo que vivía a miles de millas de distancia. Por lo tanto, hubo ocasiones en las que estos dos grupos, que hasta aquel momento se ignoraban mutuamente, se encontraron. Eso fue también una forma de «primer contacto».

Por lo general, este encuentro se producía cuando uno de los grupos estaba en movimiento, ya fuera escapando de un desastre (de origen humano o provocado por el medio ambiente), ya fuera buscando activamente nuevas tierras. Al hacerlo, se encontraba con otro grupo, que no estaba en movimiento sino viviendo tranquilamente en su casa. Podemos llamar «contactante» al grupo en movimiento, y «contactados» a los que permanecen en su hogar.

En estos casos, los contactantes podrían estar lo suficientemente desesperados buscando asilo o una tierra propia como para tratar de esclavizar o matar a los contactados y tomar su tierra. Aun si los contactantes fueran pacíficos, los contactados, temerosos de los recién llegados y desconfiando de sus motivaciones, podrían intentar bloquear su llegada o expulsarlos. En cualquier caso, el resultado sería violento.

El antiguo Egipto se vio invadido por los hicsos de Asia en el siglo XVII antes de Cristo, y de nuevo por pueblos marinos del norte del Mediterráneo en el siglo XII antes de Cristo. En ambos casos, los sorprendidos egipcios no sabían quiénes eran los invasores ni de dónde provenían –daba lo mismo que hubieran venido de Marte.

Los romanos tuvieron que enfrentarse con el flujo de los galos del norte en el año 390 antes de Cristo, y con el de los cimbrios y los teutones también del norte en el año 102 antes de Cristo, sin advertencias previas.

Cuando la gente lucha contra un enemigo conocido, se prepara y lucha con la suficiente bravura. Cuando el enemigo es extraño, desconocido e inesperado, los contactados son víctimas de la sorpresa y pueden creer que los invasores son, de alguna manera, demoníacos. Los contactados corren el riesgo de sufrir una derrota catastrófica.

Los romanos lo sabían todo de la guerra; en los siglos III y IV habían luchado continuamente contra los godos y los francos. Eran enemigos conocidos. Sin embargo, cuando los hunos se desplazaron hacia el oeste desde Asia central en el siglo V, cundió el pánico a la vista de estos extraños personajes bajos, patizambos y de ojos alargados, que parecían pegados a sus resistentes caballitos. Los contactados quedaron paralizados. Este proceso se repitió aún con más fuerza en el siglo XIII, cuando los mongoles entraron arrasando desde el este y destruyeron a los temerosos europeos.

Sin embargo, los encuentros cercanos más importantes ocurrieron en el siglo XV y después. Entonces fueron los europeos los contactantes, y las personas de otros continentes las contactadas. En todas partes los europeos imponían su ley por la fuerza, esclavizando o dominando a los contactados o «nativos».

En estos casos, ¿los primeros contactos en el sentido de la ciencia-ficción significan también guerra y matanza? ¿O hay otros factores en juego?

Los contactantes de otro planeta (sean terrícolas que se dirigen allí, o extraños que vienen aquí) serán seguramente pocos en un mundo posiblemente hostil y no se atreverán a actuar con violencia a no ser que su tecnología supere enormemente a la que encuentren. Y si estuvieran mucho más avanzados se encontrarían con formas de vida y de inteligencia totalmente diferentes, y quizá pensaran que es mucho más útil estudiar las nuevas formas de vida que robarles su mundo. Aun si, por alguna razón, los contactantes fueran violentos y resultaran victoriosos, puede que su conciencia se lo reclamase más tarde. Aquí en la Tierra mucha gente de origen europeo está amargamente avergonzada de lo que hicieron sus antecesores.

Pero ¿que ocurrirá con los contactados? Aquí en la Tierra, por lo general los contactados no ofrecieron violencia hasta que fueron maltratados. Tendieron a saludar a los recién llegados europeos pacíficamente, pero protestaron cuando se les despojó de su tierra y se mató a su gente.

Si en los primeros contactos interplanetarios se diera una repulsión total a los modos y formas de los invasores, puede que hubiera violencia instantánea por parte de los contactados, aunque éstos no fueran maltratados. Las posibilidades son varias y suficientes como para dar a los escritores de ciencia-ficción mucha libertad para considerar estos primeros contactos.

¡Bienvenidos, forasteros!

Los humanos nunca han establecido contactos con seres extraños. De hecho los exploradores, especialmente los europeos en la gran «era de las exploraciones», se encontraron con organismos extraños que nunca habían visto ni imaginado antes. En África descubrieron, por ejemplo, a las jirafas, los gorilas, los avestruces y, en 1900, a los okapis. En América del Norte encontraron millones de bisontes y de alces; en América del Sur, llamas y monos araña; en Australia, canguros, koalas y kiwis.

Ninguno de ellos representaba un peligro serio. Los seres humanos podían tener un trato fácil con ellos (los mosquitos, los piojos y las moscas tsetsé causaban enfermedades y era mucho más difícil combatirlos, pero aun así se luchó contra ellos).

No obstante, debido a una convención de la ciencia-ficción el «contacto con extraños» tiene lugar con organismos que son iguales o superiores a los seres humanos *en inteligencia.*

Estos contactos han ocurrido en mitos y leyendas, donde los seres humanos se han encontrado con dioses, ángeles, diablos, demonios, genios, ogros, gigantes y así casi hasta el infinito. Las personas racionales están bastante seguras, sin embargo, de que ninguno de estos relatos representa una verdad literal.

En el peor de los casos, son un intento de la imaginación humana por relatar una historia interesante. En el mejor de los casos, se nos aparecen como distorsiones de algo que existe (así, el centauro puede haberse originado cuando una cultura que no conocía a los caballos se los encontró montados por sus jinetes; del mismo modo que la Escila de Ulises y la hidra de Heracles pueden haber sido exageraciones del pulpo, como también pudo haberlo sido la Medusa; los dragones pueden haber sido combinaciones de serpientes y cocodrilos, y así sucesivamente).

Incluso la Biblia nos relata cómo los israelitas, después de vagar perdidos durante cuarenta años por el desierto, llegaron a Canaán y encontraron que allí vivían gigantes. Pero sólo los fundamentalistas consideran que esto es una verdad literal. Es bastante evidente para los lectores racionales que los israelitas utilizaron el término en sentido metafórico para hablar de pueblos que no eran gigantes en tamaño, pero sí en tecnología, pueblos que eran capaces de construir ciudades amuralladas y utilizar carruajes.

Ahora se ha sugerido que los seres humanos tuvieron contactos con organismos extraterrestres en forma de «antiguos astronautas» inteligentes que aparecieron en lugares como el antiguo Egipto y la América del Sur precolombina. También se ha sugerido que constantemente hay gente que tiene contactos con extraterrestres inteligentes que llegan a la Tierra en objetos volantes no identificados (OVNI). Estas suposiciones son creídas únicamente por ocultistas o personas no muy cultivadas, preparadas para creer también en Santa Claus o en el conejo de Pascua.

Los contactos que se acercan más al concepto de la ciencia-ficción de «primer contacto» han tenido lugar entre grupos de seres humanos, cuando ninguno de los grupos conocía, y ni siquiera sospechaba, la existencia del otro.

En tiempos antiguos, la gente generalmente sabía detalles sólo de las personas que vivían en su propia región. Cualquier tierra más alla de sus horizontes restringidos, si existía, era considerada un desierto sin vida o un lugar que contenía monstruos increíbles. Los pueblos agricultores y sedentarios rara vez se aventuraban más allá de sus granjas, por razones obvias.

Pero los pueblos nómadas por lo general llevaban sus posesiones con ellos y, bajo condiciones en que la sobrepoblación o el clima adverso disminuían sus posibilidades de encontrar el alimento adecuado, partían en largas expediciones en búsqueda de nuevas tierras y más comida. En algunos casos, era probable que tropezaran con comunidades agrícolas. A veces los nómadas se aprovechaban de su gran movilidad y su endurecimiento, y a veces los agricultores se beneficiaban de poseer una población más elevada y mejor organizada, y armamento. En cualquier caso, uno de los dos bandos sufría terriblemente.

Los agricultores inmovilizados eran por lo general los más sorprendidos, pero los nómadas, en su recorrido de un lugar a otro, obtenían la impresión de que la Tierra estaba llena de una amplia variedad de personas con extrañas costumbres y culturas. Los agricultores conocían sólo la suya, y los invasores nómadas, en especial si su intención era la rapiña y la conquista, eran recibidos con gran horror y eran considerados monstruos. Los uigures, que se asentaron para convertirse en húngaros, todavía son recordados como «ogros» en los cuentos de hadas modernos.

Los europeos vivieron esta experiencia varias veces en su historia. En el siglo VI, los hunos llegaron del este e invadieron Europa hasta el centro de Francia antes de ser detenidos. En el siglo IX, los vikingos llegaron del norte y asolaron todas las costas de Europa. La peor invasión, aunque la más corta, fue la de los tártaros, una vez más provenientes del este, en el siglo XIII. Esta incursión no se habría detenido si el Khan tártaro no hubiera muerto en 1241 y los jinetes que todo lo conquistaban no se hubieran visto obligados a retornar a Asia central para elegir a su sucesor. Los aterrorizados europeos relacionaron su nombre con Tártaro, la antigua versión griega del infierno.

Fueron los mismos europeos lo que infligieron este tipo de contactos a otros pueblos de la peor manera. Desde el siglo XV, las naves europeas, equipadas con una brújula y un cañón, exploraron y dominaron todas las costas del mundo. Esclavizaron a los africanos y explotaron a los asiáticos. Lo peor de todo fue cuando colonizaron América: destruyeron casi completamente las civilizaciones azteca e inca y practicaron el genocidio a gran escala.

Uno puede imaginar perfectamente que para los nativos americanos o los aborígenes australianos, que habían estado aislados por la barrera del océano durante 25.000 años o más, la llegada repentina de estos extranjeros de piel pálida con una tecnología claramente superior pudo parecerles tan horriblemente extraña como nos parecería a nosotros una invasión de marcianos.

Estos encuentros entre extraños durante cuatro siglos, desde 1500 hasta 1900, consistieron en una serie de ataques violentos de europeos sobre no-europeos, y fijaron con firmeza en la mentalidad moderna que la violencia y la crueldad sin misericordia son las dos únicas maneras posibles de interrelacionarse.

Los relatos de ciencia-ficción que narran verdaderos primeros contactos (entre seres humanos y seres no humanos, ambos inteligentes y tecnológicamente avanzados) siempre mostraron visiones pacíficas hasta fines del siglo XIX. Estas historias eran escritas como sátiras o como relatos sobre exploraciones en los cuales la comprensión civilizada prevalecía por encima de las distintas inteligencias (pensemos en los *Viajes de Gulliver*). No es hasta 1898 que H.G. Wells publicó *La guerra de los mundos* y nació la historia moderna de los primeros contactos.

Las naciones europeas habían acabado saqueando África (Gran Bretaña se llevó la parte del león), demostrando una total falta de consideración y de insensibilidad para con los «nativos». Wells, con una amarga ironía, escribió sobre los marcianos que huían de su propio planeta agonizante para conquistar la Tierra (Gran Bretaña, en particular) con la misma insensibilidad para con los nativos de la Tierra.

Pero ¿tiene que ser así? La visión de los europeos estaba envenenada por el hecho de que se creían los poseedores de la única religión «verdadera», y los distintos pueblos que encontraban, con otras religiones, eran por lo tanto considerados como infrahumanos. Ahora sabemos más cosas, y ya no necesitamos comportarnos como los conquistadores españoles o los fanáticos puritanos cuando nos encontremos con otras inteligencias. Y a lo mejor ellos tampoco lo necesitan. ¿Hemos aprendido nosotros (y espero que ellos) que hay sitio en el Universo para una gran variedad de seres y que podemos ganar más aprendiendo unos de otros que matándonos mutuamente?

Quizá.

La ciudad perdida

Tiempo: año 1500 antes de Cristo. Lugar: la isla de Tera en el mar Egeo, a sesenta y cinco millas al norte de la isla de Creta. Pocas personas han oído hablar de ella.

Debido a que la ciudad-Estado de Venecia controlaba el Egeo y algunas regiones de Grecia durante parte de la Edad Media, existen nombres alternativos en italiano para algunos lugares. Por lo tanto, Tera también es conocida como Santorini. Son también pocas personas las que han oído hablar de ella.

Tera era una isla redonda con un pico en el centro. En el año 1500 antes de Cristo había una ciudad sobre el pico, muy avanzada para su época, rica y próspera, con un gran puerto comercial. Había establecido contactos con Creta, que estaba en el apogeo de su civilización. Creta fue la primera civilización marítima, fue dueña de la primera armada y poseía ciudades sin muros porque confiaba en la defensa que le proporcionaba su flota. Sus edificios estaban bien construidos, su pueblo era culto, y (milagro de milagros) sus casas disponían de cañerías interiores.

Creta, con su civilización minoica (por Minos, el antiguo rey de Creta en las leyendas griegas), había existido durante 1.500 años, había comerciado con Egipto en pie de igualdad, y había controlado buena parte del territorio griego continental. Tera compartía su poder y su prosperidad.

Pero había un problema. La montaña de Tera no era una montaña corriente. Era un volcán extinto. De hecho, un volcán extinto es algo bueno. No sufre erupciones, y su antigua lava hace que los suelos sean fértiles. Pero un volcán extinto también es algo malo, porque a veces no está totalmente extinto.

Un volcán como el Mauna Loa de Hawai es sólo moderadamente peligroso. Tiene aberturas internas, en las cuales la lava siempre palpita –y a veces fluye suave y lentamente. A veces puede destruir campos y viviendas, pero la gente puede escapar de su trayectoria.

En un volcán extinto, el magma fluye lentamente desde el interior profundo y ejerce una lenta presión contra los tapones largamente solidificados que cubren sus aberturas. Si tiene su base en el mar, puede haber una abertura a través de la cual el agua fría pueda penetrar lentamente. Al llegar a la roca derretida del magma se produce vapor, que se agrega a la presión hasta que finalmente, sin previo aviso, el tapón de rocas cede y media montaña es arrojada a la estratósfera, con una explosión que supera con creces los esfuerzos modernos por producir bombas atómicas (si no se tiene en cuenta la radioactividad).

Esto es lo que sucedió en 1883 en Krakatoa, una pequeña isla situada entre Java y Sumatra. La explosión fue considerada como el peor de los ruidos jamás oídos, puesto que las ondas atmosféricas dieron la vuelta al mundo; el *tsunami* (maremoto) se sintió al otro lado de la Tierra; tres mil personas murieron a causa de la explosión, la ceniza y el agua.

Pero Krakatoa queda pequeña en comparación con la explosión que sufrió Tera en el año 1500 antes de Cristo y luego una vez más, aún peor, unas décadas más tarde. Tera fue destruida con la primera explosión; su civilización desapareció y su gente murió. La propia isla se partió y el mar ocupó su lugar. Lo que queda ahora son algunos arcos que marcan el borde de la isla y un pequeño pico en el centro, mientras el volcán crece nuevamente.

La primera explosión destruyó el occidente de Creta, pero la segunda explosión llegó a toda la isla. La civilizacion de Creta desapareció, y no mucho después los griegos la conquistaron y la ocuparon. Nunca más tuvo un papel importante en la historia del mundo.

De hecho, en todo el Mediterráneo oriental surgió el desorden a medida que se producía el colapso de las sociedades establecidas, e invasores errantes que escapaban de sus propias tierras tomaban lo que podían. Egipto mantuvo lo suyo a duras penas, pero no volvió a ser una gran potencia hasta la Edad Media. El imperio hitita fue destruido, y oleadas sucesivas de invasores dominaron Asia Menor. Los filisteos y los israelitas invadieron Canaán (un lugar pequeño, pero magnificado por la Biblia). Pasaron siglos antes de que el mundo civilizado se asentara nuevamente.

El mundo del año 1500 antes de Cristo no era muy cultivado, y no hubo nadie en esa época agitada que escribiera una descripción cuidadosa de lo ocurrido. Al menos no hubo nada que sobreviviera mucho tiempo.

Sin embargo, fue un cataclismo demasiado grande como para no ser recordado. Los egipcios, en particular, lo debieron de recordar. Cuando los hechos no se fijan por escrito con autoridad y respeto, la gente tiene el privilegio de distorsionarlos y adornarlos y –como la gente es gente– el resultado es engañoso.

Mil años después, los griegos, inquisitivos y demasiado curiosos, absorbieron los relatos que les contaron los sacerdotes egipcios, que no tenían objeciones en magnificarlos en beneficio de los pueblos que sin duda consideraban como bárbaros invasores.

Y finalmente, en el siglo IV antes de Cristo, el relato llegó a Platón, uno de los mayores cerebros y escritores que haya conocido el mundo. Contó los hechos, no como una historia sobria, sino como una leyenda admonitoria cuya intención era pedagógica. La leyenda nunca fue terminada.

Sin embargo, resulta evidente que la magnificó bien porque ya la recibió así, bien porque quería hacerla más efectista. Platón escribió acerca de una isla civilizada que fue destruida en un día y se hundió bajo el mar, pero que no era más que una pequeña isla en el mar Egeo. Eso era demasiado mundano, y los griegos no lo hubieran creído. Tenía que ser una isla grande –en realidad un continente– y estar a una distancia romántica, donde ocurrieran todos los mitos y leyendas. Para los antiguos griegos, existía un escenario de maravilla más allá de las Columnas de Hércules (el estrecho de Gibraltar), en la opaca neblina del Atlántico. Y Platón llamó «Atlántida» a la isla hundida.

La Atlántida captó la imaginación del mundo. Lo que Platón pretendía que fuera una leyenda admonitoria, una fábula, un mito, se convirtió en una historia verdadera para muchas personas. La Atlántida se transformó en una civilización prístina de alta tecnología, de la cual todas las civilizaciones antiguas, desde Egipto hasta México, habían obtenido sus conocimientos. O se convirtió en una tierra mística de magos poderosos y de nigromancia. Todo el mundo trataba de arrebatarla para sí, y no hace más que un par de décadas que la verdadera historia de Tera llegó finalmente a manos de los arqueólogos, que cavaron profundamente en lo que quedaba de la isla. Pero podemos estar seguros de que esta investigación no terminará con la maravillosa leyenda de la Atlántida.

Encontramos en *Atlantis*, libro que ayudé a editar, una recopilación de estos relatos, que van del realismo sobrio de Sprague de Camp y el semirrealismo romántico de Karen Anderson a la aventura trepidante de Edmond Hamilton y el misticismo mórbido de Clark Ashton Smith. Es una muestra amplia de las cosas que se pudieron hacer con la Atlántida y un ejemplo de cómo estimuló la imaginación de muchas maneras distintas.

Pero la leyenda admonitoria permanece. La Atlántida (al igual que Tera) fue destruida, de manera inesperada y repentina, en la cima de su poder, y siempre queda el sentimiento de que ocurrió por su arrogancia y su orgullo.

¿Conocemos alguna otra civilización cercana que esté marcada por la arrogancia y el orgullo presuntuoso? ¿Existe algún modo conocido de que, de manera inesperada y repentina, pueda ser destruida en la cima de su poder? ¿Podemos imaginar algún día en el futuro galáctico a otras especies del mundo hablando de todo un planeta que un día fue repentinamente destruido? ¿Podrá ser que arqueólogos de otro lugar comprueben algún día que existen residuos ligeramente radiactivos de un mundo para determinar lo que sucedió realmente y decidir si era o no una leyenda?

Final amargo

Todas las religiones que conozco poseen relatos sobre el comienzo de la Tierra, de la humanidad y de la tecnología humana. Algún dios u otro ser crea la Tierra y el cielo, moldea a los seres humanos y les enseña los rudimentos del fuego, de la metalurgia, de la agricultura y demás. Muchas veces se describe a los propios dioses como si tuvieran un comienzo. Zeus fue una vez un bebé, por ejemplo.

El cristianismo difiere de la mayoría en que se supone que su Dios creador es eterno. Eso crea enormes y numerosas dificultades filosóficas, pero dejemos a los teólogos que las discutan.

No es muy frecuente que las religiones proporcionen una imagen del fin de la Tierra y de la humanidad. No hay duda de que todos asumimos la inevitabilidad de un final individual para cada uno de nosotros (por lo general paliamos el dolor creyendo en la «transmigración de las almas», es decir, que tendremos otra vida en la Tierra; o suponiendo que existe una inmortalidad ideal en un cielo imaginario).

Pero, en realidad, ¿qué podemos decir acerca del fin de todo, de toda esta pelota de cera?

Eso, a veces, también ha sido imaginado. Los libros de los profetas del Antiguo Testamento hablan del Día del Juicio en el que Dios terminará con todo; destruirá a la mayoría de una manera horrible y salvara a un número reducido de personas que hayan seguido con exactitud la enseñanza de los profetas.

El final más conocido, al menos en nuestra cultura, se encuentra en el último libro del Nuevo Testamento, el Apocalipsis o la revelación de san Juan.

Los primeros tres capítulos del libro son rutinarios, pero luego hay una extensa descripción de todos los desastres sin fin que sobrevendrán en la Tierra provocados por un dios vengativo que convierte el mar en sangre, hace caer las estrellas del cielo, etcétera. Creo que todo es más bien tedioso y que no convence. Finalmente, sin embargo, nacen un nuevo cielo y una nueva tierra para los pocos que se han salvado.

Un final no cristiano de violencia se encuentra en el *Eddas*, de origen nórdico, pero como la versión que ahora poseemos tiene su origen en el año 1000 de nuestra era, podemos pensar que está influenciada por el Apocalipsis. Habla de «Ragnarok», en la cual los dioses y sus adversarios pelean hasta obtener la destrucción mutua... y luego nacen un nuevo cielo y una nueva tierra.

También la ciencia nos da finales amargos, de naturaleza astronómica. Antes de la década de los treinta, se creía que el Sol iba a enfriarse lentamente y que la Tierra se convertiría en un bloque de hielo sin vida. Desde la década de los treinta, nos hemos dado cuenta de que en realidad el Sol se está calentando y de que algún día la Tierra se convertirá en cenizas. Pero todo eso tendrá lugar dentro de miles de millones de años, y ocurrirá tan lentamente que tendremos tiempo de escapar (si es que no hemos desaparecido antes).

Un final más rápido y amargo sería la posibilidad de que el Sol se convirtiera en una nova o en una supernova, pero ahora sabemos que el Sol está demasiado aislado y es demasiado pequeño para que ocurra cualquiera de estas dos posibilidades.

En la década de los ochenta llegamos a considerar la posibilidad de que un impacto cósmico con un asteroide o con un cometa podría hacernos desaparecer instantáneamente como si nada, pero no es probable que esto suceda en el futuro inmediato. Y si la catástrofe espera unos pocos siglos puede que desarrollemos la capacidad de librarnos de ella cuando esté a punto de producirse. Por supuesto que los relatos de ciencia-ficción han barajado todas estas posibilidades.

Cuarenta años atrás, apareció una nueva posibilidad. El poder tecnológico humano, con el desarrollo de las bombas nucleares y de las armas de guerra bacteriológicas, alcanzó el punto en el que podía destruir a toda la humanidad, o a su mayor parte, en unas horas o en unos meses. Podemos tener un final amargo provocado por la propia humanidad.

Casi en el momento en que el odio hizo explotar la primera bomba nuclear en Hiroshima, los escritores de ciencia-ficción comenzaron a escribir relatos sobre lo que vendría después del holocausto, mucho más espantosos que todo lo que pudiera haber producido la torpe imaginación del autor del Apocalipsis.

Se trata siempre de relatos admonitorios, cuyo mensaje es: «¡No dejen que tiren las bombas!».

Ninguna nueva tierra ni ningún nuevo cielo surgen mágicamente de estos relatos, pero ¿hay esperanza de que a lo mejor, poco a poco, el indomable espíritu de la humanidad reconstruya algo? Bien, lea *Through Darkest America* de Neal Barrett, Jr., pero tenga eso en cuenta:

¡No deje que tiren las bombas!

La cola mueve al perro

Una buena manera de planificar el futuro es estudiar el pasado. Siempre lo he creído. Un escritor de ciencia-ficción que trabaja con situaciones políticas futuras debe considerar el pasado, ya que no tiene ninguna guía. Además, no hay razón para suponer que los seres humanos de diez mil años atrás, o de dentro de diez mil años, no han sido, o no serán, guiados por las mismas emociones, la misma irracionalidad y, en extrañas ocasiones, la misma lógica férrea que los guían ahora.

Cuando, muchos años atrás, comencé a escribir sobre la caída del Imperio Galáctico, pensé que no disponía de ningún guía mejor que Edward Gibbon, autor de *Historia de la decadencia y ruina del Imperio Romano* (que he leído dos veces).

Ahora estamos a punto de establecer asentamientos en el espacio, tanto en la Luna como en cuerpos artificiales colocados en órbita alrededor de la Tierra. Si queremos describir un mundo de este tipo, no podemos evitar pensar en la época en que las naciones europeas establecieron asentamientos en las costas de otros continentes. Era una tarea que en los siglos XVI y XVII ofrecía el mismo grado de dificultades tecnológicas, considerando el desarrollo de aquel momento, que los asentamientos espaciales en el día de hoy.

¿Qué ocurrió en la era de los océanos que puede guiarnos en la era espacial que se aproxima?

La historia más dramática fue la de las colonias británicas en la costa este de Norteamérica. No sólo tiene un dramatismo particular, sino que es la mejor conocida por los estadounidenses porque los que vivieron esa historia son nuestros antecesores culturales e históricos, y no necesariamente biológicos.

Lo que ocurrió fue que las colonias se levantaron contra su patria y consiguieron su independencia. Establecieron un gobierno federal al cual las colonias o Estados individuales entregaron parte de sus derechos soberanos, se propagaron a lo largo del continente, crecieron, y se hicieron más poderosas y más avanzadas tecnológicamente. Finalmente se convirtieron en el país más poderoso del mundo y, en particular, pasaron de ser un adversario de Gran Bretaña, sospechoso pero más débil, a un socio y aliado amistoso y un patrón algo presuntuoso. Y no hace mucho, como señalaron amargamente miembros del Partido Laborista británico, cuando Reagan dijo a Thatcher: «¡Salta!», ella contestó: «¿A qué altura?».

Eso transcurrió en doscientos años, pero el paso de los hechos se acelera con el tiempo. ¿Podemos imaginarnos que las colonias del espacio también se independizarán de la Tierra, que serán pronto más avanzadas tecnológicamente y, en particular teniendo en cuenta su posición dominante en el cielo, que en poco tiempo podrán dominar la Tierra de un modo mucho menos benigno que el que Estados Unidos utiliza con Gran Bretaña?

Creo que no es probable. Mis razonamientos son los siguientes.

El asentamiento en el espacio es una tarea extraordinariamente difícil, cara y arriesgada (el reciente desastre del *Challenger* y el problema a la hora de encontrar fondos para reemplazar la lanzadera e introducir las modificaciones y mejoras necesarias es un triste ejemplo de ello). No creo que ni los Estados Unidos ni la Unión Soviética puedan llevar adelante la construcción de un asentamiento en el espacio por sí solos, especialmente si continúan gastando un enorme porcentaje de su dinero, su tiempo, su esfuerzo y sus emociones en preparativos para una guerra mutua.

O bien los Estados Unidos y la Unión Soviética aprenden a cooperar entre sí (y con el resto del mundo) con el fin de salir al espacio, o la humanidad no podrá hacerlo de una manera práctica. Simplemente convertirán el espacio cercano en otra amenaza de guerra y harán que la destrucción total esté más próxima.

Pero no quiero imponer mis ideas a nadie. Puede que esté completamente equivocado.

De modo que, para obtener una perspectiva alternativa (y también muy emocionante y estremecedora), en la cual la humanidad sale al espacio a lo grande y se las arregla para continuar con su viejo hábito de intrigas y guerras, lea *The Man Who Pulled Down the Sky* de John Barnes.

Las conjeturas de la Historia

Ha habido muchas ocasiones en las que el destino de la humanidad parece haber dependido del resultado de un solo hecho, que podría haber tenido otro resultado con igual probabilidad. ¿Qué habría ocurrido si Lincoln hubiera dicho: «No tengo ganas de ir al teatro esta noche. Tengo dolor de cabeza»? ¿O si el revólver de Gavril Princip hubiera fallado cuando apuntó a Francisco Fernando de Austria?

Mi suposición favorita está relacionada con un descubrimiento científico. Leo Szilard fue un científico húngaro que fue expulsado de Europa por la política antisemita de Hitler. Szilard sabía que la fisión del uranio, recientemente descubierta, podría hacer posible una bomba nuclear y quería asegurarse de que Hitler no la obtuviera primero. Intentó que los científicos que trabajaban en ese campo hicieran sus prácticas en secreto y reservaran su descubrimiento.

Luego, él y un par de colegas exiliados, Eugene Wigner y Edward Teller, intentaron que otro exiliado, Albert Einstein, escribiera una carta al presidente Franklin Roosevelt, urgiéndole a iniciar un proyecto secreto para fabricar una bomba nuclear antes de que lo hiciera Hitler. Szilard sabía que sólo Einstein tenía la autoridad suficiente como para resultar persuasivo.

La carta fue enviada en 1941. Roosevelt la leyó y, un año más tarde, firmó una directiva que puso en marcha lo que luego se llamó Proyecto Manhattan.

Ahora bien, la firmó un sábado y, tal como es nuestra sociedad, sabemos que la gente muchas veces se niega a hacer algo durante los fines de semana. Me imagino a Roosevelt jugueteando con su lápiz en el escritorio ese sábado en particular y diciendo, con algo de irritación: «Al diablo con esto. Tomémoslo con calma. Será lo primero que firme el lunes por la mañana». Hubiera sido algo muy natural.

Sólo que la firmó... el sábado 6 de diciembre de 1941. Si hubiera esperado hasta el lunes, quizá nunca lo hubiera hecho, porque el domingo 7 de diciembre de 1941 ocurrió lo de Pearl Harbour; y después de eso, para cuando las cosas se calmaran, todo el asunto del Proyecto Manhattan habría quedado para otro momento.

¿Qué habría ocurrido? ¿Habría sido Alemania la primera en obtener la bomba? ¿Habría terminado la Segunda Guerra Mundial sin la bomba, y la habría conseguido primero la Unión Soviética durante la guerra fría? ¿Nadie habría desarrollado nunca la bomba? Se podrían escribir tres historias diferentes acerca de tres consecuencias distintas de esta pequeña suposición: si Roosevelt hubiera bostezado y hubiera dicho «Lo haré el lunes».

No es fácil escribir una conjetura histórica. Un pequeño cambio puede dar lugar a otro, y luego a otro más, hasta que el período posterior se convierta en algo radicalmente diferente, algo inimaginable en relación con lo que conocemos como realidad. O ese cambio puede producir una diferencia que, por algún tipo de inercia social, converja hasta un período posterior que sea casi idéntico a lo que llamamos realidad, excepto por algunos cambios divertidos –o irónicos.

De vez en cuando los escritores de ciencia-ficción se atreven a enfrentarse con esas dificultades. Hay dos ejemplos que he recordado con cariño durante décadas. Uno es *The Wheels of If*, de L. Sprague de Camp, que apareció en el número de octubre de 1940 de *Unknown,* y que trataba acerca de un mundo en el cual los musulmanes habían ganado la batalla de Tours y la Iglesia celta había vencido sobre la Iglesia romana en las islas británicas. El otro es *Bring the Jubilee*, de Ward Moore, que apareció en el número de noviembre de 1952 de *Magazine of Fantasy and Science Fiction,* y que presentaba un mundo en el cual la Confederación había ganado la batalla de Gettysburg y había establecido su independencia. Esto último era particularmente curioso porque los personajes que aparecían en ella fantaseaban acerca de lo que hubiera sucedido si la Unión hubiera ganado la batalla y los Estados Unidos hubieran permanecido intactos. ¡Qué mundo utópico imaginaban como resultado!

Bien, ahora estamos ante otro intento de conjetura histórica. ¿Qué habría sucedido si el intento de Justiniano de restablecer el Imperio romano no hubiera sido demasiado forzado? ¿Qué habría ocurrido si el Imperio bizantino hubiera sido capaz de vencer a los seguidores de Zoroastro y a los persas, y si el islam nunca se hubiera levantado para destruir a estos últimos y dejar heridos de muerte a los primeros? ¿Podría haber sido Bizancio el depositario de la cultura grecorromana para que llegara al futuro intacta y completa?

Lea ante todo el resultado imaginado por Harry Turtledove en *Agent of Byzantium*.

Una historia triste

Cuando dos organismos conviven en un solo ambiente, entran en competencia. Puede que no lo hagan a propósito. Los organismos pueden no tener el tipo de cerebro que les haga hacer cosas a propósito, pero competirán igual. Tratarán de utilizar los mismos hábitats y vivir de la misma comida, y es muy probable que uno demuestre ser un poco más eficiente que el otro. El más fuerte pegará, herirá, matará al más débil; el que sea mejor cazador o mejor consumidor de hierba dejará al otro muerto de hambre.

Éste es uno de los mecanismos de la evolución, que por lo general se expresa por medio de la fórmula «supervivencia del más fuerte» (excepto que definimos como el «más fuerte» al que sobrevive, de modo que construimos un hermoso argumento circular).

Para acercarnos un poco más a nuestro objetivo: no sabemos qué fue exactamente lo que mató a los australopitecos –vivieron en el este y sur de África durante dos millones de años–, pero puede ser que el género *Homo*, conscientemente o no, contribuyera a ello.

Y puede que el *Homo erectus* haya desaparecido, al menos en cierta medida, por obra del *Homo sapiens*, mientras que la variedad de Neanderthal desapareció a su vez a causa de otra variedad más moderna.

No podemos meternos dentro de la cabeza del *Homo erectus* ni del *Australopithecus africanus* para saber lo que pasó, ni dentro de la cabeza del *Tyrannosaurus rex*, pero sabemos muy bien cómo son nuestras propias mentes. Tenemos mentes que hacen posible que sepamos lo que hacemos cuando maltratamos fríamente a nuestros semejantes, ¿y saben lo que hacemos? Racionalizamos nuestra crueldad, nos justificamos a nosotros mismos, e incluso nos parece que tenemos una moral y una nobleza razonables.

Éste es el primer ejemplo que conozco. Inmediatamente después del diluvio bíblico, Noé plantó una viña, hizo vino, lo bebió y se emborrachó. Y su hijo más joven, Cam, el padre de Canaán, no mostró al anciano el debido respeto (la Biblia no entra en detalles). Por lo tanto, Noé dijo: «Maldito sea Canaán; siervo de siervos será para sus hermanos» (Génesis 9, 25).

En los tiempos del rey David y del rey Salomón, los israelitas controlaron todo Canaán y esclavizaron a los cananeos y los forzaron a trabajar. Pero no lo hicieron porque los israelitas fueran una raza superior. En absoluto. Lo hicieron (según ellos) por la maldición bíblica sobre Canaán (que seguramente fue insertada en la Biblia después de este hecho).

Bien, así era la antigüedad, la gente era primitiva y no sabía hacer las cosas mejor.

Pero en épocas modernas se sugirió que Cam, el hijo menor de Noé, era negro y el antecesor de todos los negros que han existido desde entonces. Esto, por supuesto, es totalmente erróneo, ya que los cananeos, si nos dejamos guiar por las divisiones lingüísticas, eran tan semitas como los israelitas, los arameos, los babilonios y los árabes. No eran negros.

Sin embargo, a los dueños de esclavos de Europa y América les convenía pretender que Cam era negro, porque eso hacía que la esclavitud de los negros estuviera instituida divinamente y colocaba a los negros bajo la misma maldición que habían utilizado los israelitas tres mil años atrás. Cuando los predicadores de los Estados esclavistas decían que la Biblia ordenaba la esclavitud de los negros, se referían a la maldición de Noé.

En realidad, no es necesario referirse a un versículo bíblico en particular para parecer investido de moral y de nobleza. Después de todo, cuando se esclaviza a los negros, se les libera de la esclavitud, de sus viles supersticiones, de sus falsas religiones, de su forma primitiva de vida y se les introduce en los beneficios del cristianismo y se salvan sus almas. Como sus almas valen infinitamente más que todo lo que poseen o pueden poseer, se les está haciendo un enorme favor al esclavizarlos, y uno se gana un lugar en el cielo, y coros de ángeles cantarán cuando uno muera por haber sido un noble dueño de esclavos (si usted piensa que los dueños de esclavos no utilizaban este argumento para justificarse a sí mismos, es muy ingenuo).

En realidad, para los dueños de esclavos, los esclavos eran siempre responsables de su propia esclavitud. Para Aristóteles, el gran pensador griego, las personas que no eran griegas eran esclavas por naturaleza. Estos «bárbaros» (llamados así porque no hablaban «como la gente» tal como lo hacían los griegos, sino que emitían sonidos incomprensibles como «bar-bar»), al ser esclavos naturales, eran esclavizados de modo natural. Se les hacía un favor, obviamente, permitiéndoles ser lo que naturalmente eran.

La misma palabra «esclavo» proviene, según creo, de «eslavo», porque para los romanos y los griegos los eslavos eran esclavos por naturaleza.

Eso no ocurre sólo con la esclavitud. Los nazis alemanes mataron a grandes cantidades de judíos, de polacos, de rusos, de gitanos y otros. ¿Lo hicieron porque eran bestias sangrientas y rapaces? Ellos no lo veían así. Creían que estaban purificando la raza y quitándose de encima a desagradables seres infrahumanos para beneficio de la verdadera humanidad. Estoy seguro de que esperaban cabalmente la gratitud de todas las personas decentes por su noble proceder.

¿Y qué ocurre con nosotros, los estadounidenses? Bien, hay una anécdota acerca del sultán turco Abdul Hamid II, un tirano sangriento que visitó los Estados Unidos una vez y fue preguntado sobre las masacres de armenios. En respuesta, miró alrededor con calma y preguntó: «¿Dónde están sus indios?».

Sí, sin duda los borramos del mapa. Era su tierra, pero no los esclavizamos, sino que los matamos. Los matamos rompiendo tratados, los matamos cuando intentaron gozar de sus derechos legales bajo esos tratados, y los matamos cuando se sometieron y no se defendieron. Y no tuvimos escrúpulos. Eran «salvajes» y estábamos cumpliendo la voluntad de Dios al eliminarlos de la faz de la Tierra.

Existe un relato (posiblemente apócrifo) según el cual después de la última batalla de Custer (la masacre de Little Big Horn,sólo se trata de una masacre cuando mueren hombres blancos) un jefe comanche fue llevado ante el general Sheridan (un héroe del norte durante la guerra civil). El comanche dijo: «Soy Toch-a-way, un indio bueno». Y se dice que el general Sheridan respondió: «Los únicos indios buenos que conocí estaban muertos». Una hermosa observación genocida.

La historia de la crueldad humana es bastante repugnante, pero la historia de la justificación humana consiguiente es infinitamente más repugnante. Para conocerla, necesitamos simplemente leer *A Different Flesh*, de Harry Turtledove.

Astucia

Desde los primeros días de la civilización, dos grandes modelos principales intervienen en toda ficción.

El primer modelo es el del hombre fuerte, el héroe que resuelve los problemas y obtiene victorias por medio de su superioridad muscular. Siempre ha sido una manera segura de ganarse la audiencia, que nunca se cansa de escuchar ni de leer las leyendas de Gilgamesh, de Hércules, de Aquiles, de Rustem, de Chuchulain, de Sir Lancelot. Tampoco nos cansamos de esas cosas hoy en día, porque la ficción contemporánea está llena de hombres musculosos sin cerebro, desde Tarzán y Conan hasta Superman y Rambo.

Pero en segundo lugar está el modelo de la persona inteligente, astuta y (quizá) tortuosa que resuelve los problemas y obtiene victorias debido a su superioridad mental. Son las leyendas de Odiseo (Ulises) y de Simbad el Marino. Estas historias son más humanas y nos brindan un ideal más elevado.

Después de todo, ¿qué derecho tenemos a glorificar la superioridad muscular cuando el *Homo sapiens* no es en absoluto superior en fuerza? Un chimpancé adulto, más pequeño que nosotros, tiene sin embargo una musculatura mucho más fuerte. Tarzán pudo ser capaz (en la ficción) de derrotar a monos y leones con sus manos desnudas, pero ni siquiera a él le queda otra solución que hacerse amigo de los elefantes.

Por otro lado, cuando consideramos la cuestión de la inteligencia, los seres humanos se llevan el premio en comparación con otras especies, por lo que la persona superior en inteligencia es la verdadera joya de la creación.

Por supuesto, se espera que una persona inteligente gane a los que tienen más músculos y potencia. Puede hacerlo por medio de mentiras inteligentes, por medio de rodeos, incluso de traiciones. La audiencia aplaude, sin preocuparse por consideraciones morales y éticas. Así, los grandes héroes Aquiles, Áyax y Diomedes no podían tomar Troya con todo su ejército, pero Ulises tuvo éxito con la estratagema del caballo de madera lleno de soldados que los troyanos aceptaron dejar entrar en la ciudad. Desde entonces, el término «caballo de Troya» ha sido sinónimo de traición, pero Ulises es admirado por su astucia. Y, a la vista de ello, pocas naciones en guerra (o individuos con dificultades) se han abstenido de usar la traición si ésta les ayudaba a obtener la victoria.

En los mitos griegos, el dios Hermes, cuando sólo tenía un día de vida, robó el ganado de Apolo, cubriendo sus pezuñas para que no dejaran huellas que lo delataran. Apolo lo encontró finalmente, pero mientras tanto el astuto Hermes había inventado la lira y se la cambió a Apolo por el ganado. Hermes fue muy admirado por esto y se convirtió en el dios de los ladrones.

En menor escala, Autólico y Sísifo eran, en la leyenda griega, ladrones sagaces que constantemente se aprovechaban el uno del otro, y los griegos encontraban entretenidos los picarescos relatos de sus fechorías (Autólico era abuelo de Ulises).

Estas acciones furtivas aparecen incluso en la Biblia. El capítulo trece del Génesis describe cómo el patriarca Jacob demuestra más astucia que su suegro, Labán, utilizando lo que sólo puede ser considerado como un engaño solapado (y también genética distorsionada). Jacob también había forzado un duro intercambio con su ingenuo hermano Esaú (ver el capítulo veinticinco) y había engañado a su padre, Isaac, quien le había dado a él, el hijo menor, la parte de la herencia que correspondía al mayor (ver el capítulo veintisiete).

Este tipo de cosas continúan sucediendo en los tiempos modernos. Todavía admiramos a personajes que se encontraban fuera de la ley y conocían múltiples recursos, y que van de Robin Hood a Jesse James, especialmente si nos convencemos a nosotros mismos, contra toda evidencia, de que robaban a los ricos para dárselo a los pobres. Nos gustan los relatos de ladrones con éxito, como Raffles, a quienes investimos de honradez. Disfrutamos de las películas «traviesas», en las cuales un grupo de facinerosos astutos planean robar un banco o un museo (o a alguna víctima sin rostro). Por lo general, el plan se frustra al final, pero no hay duda de que la simpatía de la audiencia está de parte de los malhechores.

Fue comparativamente tarde cuando a la gente se le ocurrió que la astucia podía utilizarse no sólo para cometer crímenes sino también para evitar que se concretaran. El primer ejemplo en el que puedo pensar aparece en el apócrifo Libro de Susana, escrito unos cien años antes de Cristo. Relata la historia de dos ancianos corruptos que, frustrados en su intento de seducir a la hermosa y virtuosa Susana, dan falso testimonio en su contra, acusándola de adulterio. Un joven astuto, Daniel, interroga a los ancianos por separado y demuestra que sus relatos no concuerdan, lo que evidencia que mienten. Sin embargo, estos relatos de virtud sagaz continuaron siendo raros.

¿Por qué la virtud parece cojear y se retrasa tanto en relación con el vicio? Hay que tener en cuenta que la mayoría de las sociedades de la historia han sido terriblemente injustas: han favorecido a las personas ricas y de noble linaje, y han tratado a los pobres como si fueran animales. No se puede esperar que los pobres (que al menos tienen la virtud de ser numerosos) consideren como algo malvado que uno de los suyos supere y desconcierte con astucia a los ricos y bien nacidos que le oprimen tan cruel e injustamente. Naturalmente, el ladrón de Bagdag es el héroe de este relato en particular, y Reynard el Zorro, ese sinvergüenza sagaz y nacido pobre, se burla de los lobos, los osos y los leones (que representan a la aristocracia). La aristocracia puede aplaudir los relatos de héroes y caballeros, pero el pueblo quiere escuchar historias sobre ladrones con éxito y sobre pequeños sastres que matan gigantes con sus engaños.

Ocasionalmente surgen sociedades que consiguen dar a la gente la sensación de que, aunque sean pobres y hayan nacido en hogares humildes, tienen la oportunidad de obtener justicia. Es necesario que exista la presunción dominante, al menos en teoría, de que la sociedad está gobernada por la ley, sin temores y sin favores, tanto para los ricos como para los pobres, tanto para los que ocupan puestos elevados como para los que desempeñan tareas modestas. Sólo entonces hay motivos para que la población en general apoye la ley, y sólo entonces es posible aclamar a la persona astuta que utiliza su talento para frustrar el crimen.

Quisiera sugerir que éste puede ser el motivo por el cual las «historias de detectives», opuestas a las «historias de crímenes», se hicieron famosas (al menos en el mundo occidental) primero en Gran Bretaña y luego en los Estados Unidos.

Esto es lo que hace particularmente interesantes durante el siglo XIX las historias de misterio y crimen. En ellas se puede ver el lento paso del criminal sagaz y valiente al detective sagaz y valiente.

Nuestra primera visión clara de este último aparece con Edgar Allan Poe, quien escribió tres historias de C. Auguste Dupin. Dos de ellas (según mi opinión) son largas y tediosas, pero la tercera, *La carta robada*, es formalmente una historia moderna, a pesar de que fue escrita en 1844. Señala algo que no nos sorprende, quizá sólo porque el relato se ha hecho muy famoso y ha sido el punto de partida de muchos otros relatos que han utilizado alguna variante de la idea de Poe. Pero, para mí, se trata de la primera producción literaria que eleva incuestionablemente a la persona astuta que trabaja para la sociedad por encima de la persona astuta que lucha contra ella.

Medio siglo después de Poe llegó Arthur Conan Doyle, con quien la victoria fue definitiva. Inventó a Sherlock Holmes, quien desde entonces ha sido la quintaesencia del detective y, como sostiene mucha gente, el más famoso de los personajes ficticios de todos los tiempos.

Los relatos de Sherlock Holmes persuadieron a muchos lectores de que hay algo admirable en apoyar y contribuir a estabilizar la estructura de la sociedad. No ha detenido el crimen (probablemente nadie lo haga jamás), ni ha borrado por completo nuestra admiración solapada por el que se atreve a luchar contra la sociedad –la cual, por otra parte, nunca es totalmente justa–, pero probablemente ha hecho más para obtener apoyo a la maquinaria de la justicia que todos los sacerdotes y filósofos del mundo.

Ése no es un objetivo desdeñable para un tipo de ficción concebida casi siempre como algo adecuado para pasar una hora de ocio ocasional (y nada más).

En tiempos antiguos

Existen algunas palabras que huelen a romanticismo, y *knight*, «caballero» en inglés, es una de ellas. Tiene un linaje algo humilde: proviene del anglosajón *cniht*, que significa «muchacho o ayudante, alguien que ayuda a su amo y atiende sus necesidades». Su término homólogo en alemán, *Knecht,* todavía significa «sirviente» en el día de hoy.

Por supuesto, si hablamos de un rey, sus asistentes eran casi siempre guerreros, y en la época medieval esto significaba alguien que podía comprarse un caballo y una armadura, lo que a su vez significaba aristocracia.

En otros idiomas se hace énfasis en el caballo y no en el servicio. En la antigüedad, montar a caballo (un caballo de guerra, por supuesto, y no uno de tiro) era una de las señales más distintivas de la aristocracia, como conducir un Cadillac o un Mercedes (y no un Chevrolet o un Volkswagen) en el día de hoy.

En latín literario, la palabra que significa «caballo» es *equus*, pero en la jerga de los soldados era *caballus*, y este último término paso a significar «caballo de guerra». En español, *caballus* se convirtió en «caballo»; en italiano, *cavallo*; y en francés, *cheval*.

En consecuencia, un jinete era un *caballarius* en latín, «caballero» en español, *cavaliere* en italiano, y *chevalier* en francés. Todos ellos, términos equivalentes al inglés *knight.* Si queremos hablar del cuerpo de caballeros podemos utilizar el término inglés *knighthood,* pero es más común utilizar el francés (el francés normando al menos, que era el idioma de la aristocracia inglesa entre los siglos XII y XV) y referirnos a la *chivalry*. Compor-tarse como un caballero –o sea, tener trato de cortesano– en lugar de hacerlo toscamente, como los descarados lacayos y pajes, era ser *chivalrous.*

Pero en realidad las connotaciones románticas que hacen que los caballeros parezcan tan maravillosos son totalmente ficticias. En realidad, los caballeros presumían con sus caballos y su armadura, eran arrogantes y su comportamiento era insoportable, sobre todo para la gente que iba desarmada y a pie. En inglés tenemos otra palabra que significa «caballero», *cavalier* (por lo general utilizada para referirse a los que lucharon a favor del rey Carlos I), y *cavalier treatment* significa «sin miramientos».

La palabra *knave,* por otra parte, significa en inglés «muchacho» o «asistente» y el término homólogo alemán, *Knabe,* equivale todavía a «muchacho». Como se puede ver, las palabras *knave* y *knight,* que ahora son consideradas opuestas, comenzaron significando precisamente lo mismo (la palabra alemana para «caballero» es *Ritter*, que significa «jinete»).

Desde el año 2000 antes de Cristo, los aristócratas no combatían a pie de la manera en que eran forzadas a hacerlo las masas campesinas. Los héroes de Homero luchaban en carros siempre que podían, y los aristócratas griegos y romanos estaban en la *cavalry* (el término latín equivalente a la palabra inglesa y francesa *chivalry*).

Sin embargo, hasta el fin de la antigüedad la caballería nunca sirvió más que como apoyo. Era importante debido principalmente a la velocidad con que avanzaba. Podía espiar al enemigo y perseguir a los que atacaban y huían. Pero la verdadera lucha la llevaba a cabo la constante y disciplinada infantería, la línea griega de los hoplitas, la falange macedónica, la legión romana (la propia palabra «infantería» es de la familia de «infante» y se trata de otro término que significa «muchacho»; esta palabra muestra el desprecio que los aristócratas tenían por los soldados que iban a pie).

La función de la caballería cambió con el invento del estribo por parte de los nómadas del Asia central en algún momento de los primeros siglos de la era cristiana. ¡Qué diferencia provocó! Sin un estribo apropiado, el equilibrio de los jinetes sobre el caballo no era seguro. Y si utilizaban una lanza sin cautela, podían caer fácilmente de su montura. Bajo las nuevas condiciones, los jinetes podían utilizar mejor las flechas, como hizo la caballería persa. Con un buen estribo, por otro lado, el jinete podía asegurar su pie y poner todo el peso de su cuerpo y de su caballo en la lanza. Ningún hombre a pie durante ese período podía soportar tal ataque.

Cuando los godos escaparon de los hunos en el siglo IV, tomaron el estribo de los hunos y en el año 378 los jinetes godos arrasaron a las legiones romanas en la batalla de Adrianópolis. La caballería fue desde entonces la fuerza suprema durante un largo tiempo, y comenzó la era de los caballeros.

No obstante, muchos caballeros fueron idealizados y convertidos en héroes en la ficción, mientras que en la vida real eran crueles, déspotas y feroces en su trato con las clases inferiores, y todos aplaudimos cuando fueron finalmente derrotados.

Llegó el tiempo en el que las clases bajas aprendieron a luchar contra los jinetes manteniéndolos a distancia y atacándolos con armas puntiagudas. Las clases bajas fueron ayudadas en gran manera por una de las características inevitables de la arrogante aristocracia: una insuperable estupidez. Los burgueses flamencos aprendieron a utilizar una pica larga en línea continua (el renacimiento de la falange macedónica) y masacraron a los jinetes franceses en la batalla de Courtrai en 1302. Los arqueros ingleses masacraron a los jinetes franceses a distancia en las batallas de Crecy (1346), Poitiers (1356), Agincourt (1415) y Villeneuve (1420). Los cañoneros suizos diezmaron a los jinetes de Burgundia en 1477, y para entonces reinaba la pólvora y la caballería dejó de tener importancia.

Pero todavía la recordamos con el brillo de la literatura, principalmente de la leyenda artúrica (la leyenda del rey Arturo de Bretaña y sus Caballeros de la Mesa Redonda). De hecho, cuando hablamos de caballeros pensamos en esos relatos y sobre todo en Sir Lancelot.

La leyenda artúrica comenzó con Geoffrey de Monmouth, quien escribió su *Historia regum Britanniae* alrededor del año 1136 y en ellla habló de Uterpandragón, de su hijo Arturo y del ayudante el mago Merlín. No era historia, sino mito y leyenda, pero fascinó a sus lectores, quienes luego, como hoy en día, prefirieron que la historia apelara a las supersticiones y al patriotismo que a la pasión abstracta y nada sangrienta por la verdad. Si quieren leer un excelente relato moderno de las leyendas de Geoffrey, lean *The High Kings* de Joy Chant.

Alrededor del año 1170, un poeta francés, Chrétien de Troyes, continuó con la leyenda y agregó el romance. Inventó la pasión adúltera entre Lancelot y Ginebra, y el relato místico de la búsqueda del Santo Grial. A pesar de que Chrétien no tenía pretensiones de proporcionar siquiera una sombra de verdad histórica, sus relatos fueron aún más populares que los de Geoffrey.

Sir Thomas Malory reunió los fragmentos esparcidos de la leyenda de Arturo en *Morte d'Arthur,* y es su versión, publicada en 1485, la que mejor conocemos hoy.

La leyenda nunca murió, y en cada siglo ha sido relatada nuevamente. En épocas modernas están las obras de Alfred, Lord Tennyson, *Idylls of the King* (1859); de Mark Twain, *Un yanqui en la corte del rey Arturo* (1889); y de T.H. White, *Once and Future King* (1958). A partir de esta última se realizó el musical *Camelot.* Más tarde apareció el libro de Marion Zimmer Bradley, *The Mists of Avalon* (1982).

La leyenda artúrica es estrictamente fantástica. Está llena de magos, encantamientos, hechizos y nigromancia. Los que intentaron eliminar su fantasía y presentar la leyenda de manera realista tuvieron menos éxito. Encontré que Tennyson era de lo más aburrido, por ejemplo. Twain introduce un viaje espacio-temporal, que hace de su historia un entretenimiento anacrónico, pero al convertir a Merlín en un embaucador disminuye en gran manera el interés del relato.

White, por otro lado, especialmente en *La espada en la piedra* (1939), el primer volumen de su tetralogía, agrega fantasía y su versión es superior a la de Malory (según mi opinión) por esa razón. Lo mismo se puede decir de la esforzada proeza de Bradley.

No es soprendente, pues, que los escritores fantásticos modernos retomen de vez en cuando el romanticismo de la época de los caballeros y, en particular, los aspectos de la leyenda artúrica y prueben suerte con ella. En *Caballeros cósmicos*, que ayudé a editar, por ejemplo, tenemos diez historias de distinto tipo, y todas tienen en común sus héroes caballerescos.

Zelazny, por ejemplo, agrega un epílogo emotivo a la leyenda artúrica. Young, por otro lado, repite el intento de Twain de considerarla de manera anacrónica y con humor, pero lo hace con más éxito, según creo. Aparecen sátiras sobre la idea de la caballerosidad, desde la cuidadosa autocontención de Camp hasta la jovialidad poco verosímil de Hunter y el ingenio delicioso de Grahame. También encontramos la ciencia-ficción pura (por más que nos parezca caprichosa en una primera impresión) de Anderson y el relato de horror de Schweitzer.

Estoy seguro de que usted va a disfrutar con estas obras, a pesar de que nunca más pueda pensar en los caballeros de la manera en que acostumbraba a hacerlo.

No violencia

Hace cuarenta y siete años, en el primer relato de mi serie *Fundaciones,* hice que mi héroe dijera: «La violencia es el último refugio de los incompetentes».

No todos piensan así, por supuesto. Los adultos muchas veces creen con firmeza que la violencia es la manera correcta de decidir una disputa, en especial si se enfrentan con hombres de escasa estatura. Las personas armadas creen firmemente lo mismo, sobre todo si se enfrentan con gente desarmada. Y una multitud cree en la violencia cuando se enfrenta con un individuo. En síntesis, si la violencia está de nuestra parte, nos gusta.

Por supuesto, si los adultos, la gente armada o las multitudes están en ese momento del lado de la verdad, entonces la violencia se convierte en una manera de asegurar la justicia. ¿O no? Vemos una cantidad infinita de películas y de series de televisión en las cuales el bien derrota al mal porque siempre resulta que el «bueno» es más grande y más fuerte que el «malo», que el «bueno» es capaz de tirar más rápido y con más precisión que el «malo», y así sucesivamente.

A veces es evidente que el «bueno» es más tonto que el «malo», quien muchas veces es presentado como la persona más inteligente de la historia. Pero el «bueno» se salva porque tiene un caballo que es más hábil que él –y además, el revólver más rápido derrota siempre a la mente más rápida–. De modo que se nos enseña que no sólo la violencia es el instrumento del derecho y la justicia sino que la inteligencia normalmente es malvada.

Mi propio sentir es que la violencia por lo general permite la victoria de lo injusto y de lo bárbaro. Por ejemplo, el número de asaltantes que acuchillan, matan a tiros o atacan violentamente a los ciudadados pacíficos es mucho mayor que el número de asaltantes que son golpeados por esos mismos ciudadanos pacíficos.

La respuesta de los amantes de la violencia es: «Proporcionen revólveres a todos esos ciudadanos pacíficos».

¿Por qué no? De esa manera nos convertimos todos en asaltantes de algún tipo, y tenemos armas para que cada parte desafíe a la otra a que desenfunde primero (en cambio, yo creo que si el maleante es más experimentado –por ejemplo, un gran criminal–, ganará prácticamente siempre).

La situación planteada por un asaltante contra otro no existe en ninguna nación, pero me han dicho que la nación que más se aproxima son los Estados Unidos, porque en ningún otro lugar existe tanto amor por los revólveres y las armas.

Pero si deseamos realmente una situación en la que los asaltantes se enfrenten con los asaltantes, examinemos la situación internacional. Toda nación mayor que el bolsillo de una camisa está armada. Toda nación está convencida de que tiene razón en todas las disputas y de que la otra se equivoca. Toda nación parece creer que es justo que utilice toda la fuerza posible en el momento en que se irrite.

¿Qué tenemos entonces? Terrorismo y la amenaza constante de la guerra nuclear.

¡Qué gran mundo!

¿Acaso no existe ninguna manera de gobernar el mundo sin hacer que la violencia sea la manera decisiva de juzgar entre el bien y el mal? El que ama la violencia dice: «No hay ninguna manera. Siempre tuvimos guerras. Así son las cosas. La respuesta es ser más fuertes que los demás».

Eso es exactamente lo mismo que dicen los demás.

En consecuencia, vivimos en un mundo en el que la Unión Soviética dispone de suficiente armamento como para matar cincuenta veces a cada habitante de la Tierra, pero se siente insegura porque los Estados Unidos tienen el suficiente como para matar sesenta veces a cada uno. Entonces, como sospechamos que la Unión Soviética dispone en realidad de suficiente armamento como para matar a todos setenta veces, nos sentimos también inseguros.

Qué alivio sentirían ambas partes si pudieran creer de todo corazón que el enemigo, no importa el modo en que lo intentara, sólo puede matar a cada uno una vez. Todos bailaríamos por las calles, ¿no es cierto?

¿Esto tiene sentido para usted? ¿Le parece una forma de actuar propia de personas competentes?

Un lector escribió una vez: «Si la violencia es el último refugio de los incompetentes, ¿por qué existe tanta violencia en el mundo?».

Y yo respondí: «Porque hay mucha incompetencia».

En cualquier caso, *Pennterra*, de Judith Moffett, trata el tema de la violencia y la no violencia.

Imperios

La palabra latina *imperator* fue utilizada por los romanos como título para el jefe de su ejército. Equivale en cierta medida a nuestro «general». Con el tiempo comenzó a ser aplicada en especial al jefe de todos los ejércitos de Roma, al general de los generales, por así decirlo.

En el siglo I antes de Cristo, el reino romano estaba cada vez más bajo la influencia de un solo hombre, mientras que el Senado y los funcionarios del gobierno eran poco más que títeres. El dirigente mantenía su poder debido a que el ejército le era fiel y obedecía sus órdenes. Por lo tanto, el título más importante y realista que llevaba era el de emperador, y a partir de Augusto César no hablamos más de la República romana, sino del Imperio romano. El *imperator* se convirtió en «emperador».

El Imperio fue creciendo a medida que los romanos, que originariamente ocupaban una pequeña región del centro de Italia, fueron conquistando todo el Mediterráneo. En consecuencia, el término «imperio» pasó a referirse a cualquier grupo de pueblos diferentes (o culturas, o naciones) dominados por un pueblo (o cultura, o nación) que los había conquistado y absorbido por completo. El imperio está por lo general gobernado por una sola persona, que pertenece al grupo de los conquistadores; en los imperios, los conquistadores gozan por lo general de privilegios especiales.

El término se ha extendido para describir a todos estos dominios, tanto antes como después de los romanos.

Se considera que el primer imperio de la historia fue el Imperio akkadio, que estableció Sargón de Agade alrededor del año 2320 antes de Cristo. El reino más pequeño al que se ha dado este nombre quizá sea el Imperio ateniense, que durante cincuenta años dominó las costas del mar Egeo.

Por lo general, los imperios no pueden extender ilimitadamente su dominio, ya que los problemas de comunicación y de administración aumentan paralelamente al aumento del territorio. El Imperio romano alcanzó su máxima extensión hacia el año 125 de nuestra era, cuando ya había aumentado demasiado. Adoptó una postura defensiva y se contrajo muy lentamente durante un período de trece siglos antes de desprenderse de su última parte (la ciudad de Trebisonda, en Asia Menor).

A medida que avanzamos en la historia, desde la época de Sargón de Agade hacia delante, encontramos que la tecnología avanza lentamente (pero de manera bastante continua). La capacidad de conquistar, defender y administrar un imperio aumenta progresivamente, por lo que el tamaño y el poder de los imperios se ha incrementado con el tiempo.

Antes de los tiempos modernos, el imperio más grande y espectacular fue el de los mongoles. Comenzó casi de la nada cuando Genghis Khan y sus generales conquistaron un pedazo de tierra limitado actualmente por los territorios de Rusia, China, Afganistán, Irán e Irak. Lo que es más, esta tarea colosal se realizó en cincuenta años.

En las épocas modernas, los imperios crecieron aún más, especialmente desde que los avances en la ciencia de la navegación hicieron posible que una nación controlara las costas de continentes distantes y aprovechara cualquier debilidad para penetrar en los continentes. El primer imperio no contiguo (un reino conectado por rutas marítimas en lugar de estarlo por tierra) fue el de Portugal, que se estableció alrededor del año 1500.

El imperio más grande, más poblado y más poderoso de todos los tiempos fue de este tipo. Se trata del Imperio británico, que alcanzó su máxima extensión después de la Primera Guerra Mundial, cuando controlaba alrededor de una cuarta parte de los territorios y de la población de todo el planeta. El Imperio británico todavía conservaba su máxima extensión a finales de la Segunda Guerra Mundial. Pero, en una de las transformaciones más sorprendentes de la historia, desapareció por completo veinte años después. Los británicos, sin haber sufrido una derrota militar, simplemente lo dejaron ir como algo que ya no podían retener de manera razonable.

En la actualidad, la era de los imperios al estilo antiguo ha terminado. Los grandes países de hoy en día son más o menos homogéneos en su cultura (China, India, Indonesia) o «federaciones» –o sea, uniones de partes iguales (al menos en teoría)–. Así, los Estados Unidos son una federación de Estados; Canadá, de provincias; la Unión Soviética, de repúblicas socialistas; y así sucesivamente. De modo similar, la Liga de las Naciones y las Naciones Unidas son ejemplos (muy débiles) de federaciones de naciones.

Y en todo esto, ¿qué lugar queda para la ciencia-ficción? Bien, es inevitable que los escritores de ciencia-ficción dirijan sus miradas hacia un mundo en el futuro en el que la especie humana continuará creciendo.

Comenzando con un pequeño pedazo de tierra en el centro-este de África, los distintos homínidos, que culminaron con el *Homo sapiens*, se esparcieron por toda la superficie de la Tierra. Parece inevitable para las mentes siempre románticas de los escritores de ciencia-ficción que ahora debamos llegar primero a la Luna, luego al resto del sistema solar, y finalmente a las estrellas.

Y con esta expansión física, surge la idea de que existirán sistemas políticos que también se expandirán.

¿De qué tipo serán? Sería deseable que, junto con los distintos avances de la tecnología que deben acompañar la expansión en el espacio (y, sin duda, precederla), hubiera una evolución equivalente de los sistemas políticos, de las técnicas administrativas y de los instrumentos sociales y económicos.

Es más fácil decirlo que hacerlo. El imperio permanece como el símbolo favorito del gran Estado, y se ha instalado en la imaginación del mundo de la ciencia-ficción. Los modelos utilizados no son los imperios más recientes, como el británico. La modalidad, la atmósfera y la parafenalia son más bien propias de las épocas antigua y medieval.

Reconozco que soy responsable en gran parte de ese estado de cosas. Antes de mi época existían historias acerca de terrícolas que se encontraban con otras inteligencias o que vivían en otros mundos como en la Tierra, conquistando o siendo conquistados; pero el primer intento de escribir una serie de estas historias con un trasfondo histórico racional, y de obtener una popularidad considerable con el resultado, fue mío: mi serie *Fundaciones*, que comenzó a aparecer en 1942, impuso esta moda.

En 1942, los imperios europeos, particularmente el británico, todavía existían, y parecían ser eternos, pero no me influyeron. Modelé mi Imperio Galáctico (una expresión que creo que fui el primero en usar) tomando bastante conscientemente como modelo al Imperio romano.

Desde entonces, otros escritores de ciencia-ficción han seguido esta moda. En realidad, a fines de la década de los setenta el Imperio Galáctico llegó al cine en la tremendamente popular película *La guerra de las galaxias*, que, aquí y allí, ofrecía algo más que un parecido con mi serie *Fundaciones*.

(No, no me preocupa. La imitación es la forma más sincera de adulación y, por mi parte, yo mismo imité a Edward Gibbon, por lo que apenas puedo objetar sobre los que me imitan.)

En este libro, pues, tenemos nueve historias de nueve autores que ilustran nueve versiones distintas de relatos de un Imperio Galáctico, ya que cada uno es parte de una serie de por lo menos tres relatos. Uno de ellos es, inevitablemente, mío, y es el menos típico de mis relatos sobre un imperio.

Espero que al leer los relatos de esta antología usted disfrute comparando y contrastando el modo en que escritores de calidad utilizan el tema del imperio para considerar problemas que, al menos en su tamaño, trascienden los relacionados con meros imperios planetarios.

El último hombre de la Tierra

¿Cuál es el relato más antiguo sobre el último hombre vivo de la Tierra?

Bien, es un relato tan viejo como la historia. La historia comienza con la escritura, porque sólo con la escritura podemos contar con un relato coherente de los hechos. Podemos deducir cosas de algunos objetos en los que no hay escritura –como la alfarería, las pinturas, la joyas, las herramientas– pero no es lo mismo. Lo que deducimos de ellos es la prehistoria.

La historia, pues, comienza cerca del año 3100 antes de Cristo en la tierra que ahora se llama Irak. A lo largo del curso bajo de los ríos Tigris y Éufrates vivía el pueblo de los sumerios, que fue el inventor de la escritura, así como de algunas otras cosas (era un pueblo muy inteligente, como se ve).

Como es monótonamente cierto en relación con todos los pueblos, los sumerios tuvieron que afrontar desastres naturales, y alrededor del año 2800 antes de Cristo tuvieron uno muy malo. Los ríos, que eran el origen de su vida –gracias al riego y a la agricultura–, causaron una inundación. Lo hacían periódicamente, como todos los ríos, pero en aquella ocasión la inundación fue muy seria.

No sabemos realmente por qué el incidente fue tan inusualmente desastroso –sea por las lluvias copiosas, por las altas mareas, por un maremoto, o por un meteoro que cayó en el golfo Pérsico–. En cualquier caso se inundó buena parte del valle y se debieron de perder muchas vidas.

Con el tiempo, la inundación cedió y se produjo una recuperación, pero desde entonces y para siempre los sumerios se refirieron a todo lo que ocurría como «antes del diluvio» o «después del diluvio». Naturalmente, como no sabían qué era lo que había provocado el diluvio, como no lo sabemos nosotros, echaron la culpa a los dioses (ésa es la ventaja de la religión: nunca faltan explicaciones para todo).

Hubo un escritor de ciencia-ficción en Sumeria que tuvo la brillante idea de relatar la historia del diluvio, pero haciéndola un poco más dramática de lo que había sido en realidad. ¿Por qué decir que se ahogaron unos cuantos miles de personas? ¡Que se ahogue todo el mundo! Pero con la excepción de una persona y de su familia, de modo que pudiera explicarse la existencia de otros seres humanos en la Tierra.

El relato creció (me atrevería a decir que otros escritores agregaron algunos detalles), y con el tiempo nació la *Epopeya de Gilgamesh, rey de Uruk.* Como parte de la leyenda, el autor describía cómo y por qué los dioses decretaron que un diluvio inundaría (como efectivamenrte ocurrió) toda la Tierra. (En primer lugar, la mayoría de los sumerios probablemente creían que Sumeria y las naciones cercanas que la rodeaban eran toda la Tierra, y en segundo lugar, ¿ha oído alguna vez que un escritor –con excepción de mí mismo, por supuesto– pueda resistirse a exagerar los hechos?)

El relato describía cómo un hombre –sólo uno– se las arregló para escapar gracias a la bondad y el apoyo de los dioses. Ese hombre era Utunapishtim, y fue la primera persona que sabemos que fue, con nombre incluido, «el último hombre de la Tierra» en un relato de ciencia-ficción.

La leyenda de Gilgamesh era extraordinariamente popular, y todavía se la podía encontrar en la biblioteca de Assurbanipal, el último gran rey de Asiria, dos mil años después de que fuera escrita (la encontramos en las ruinas de esa biblioteca casi dos mil años después de que fuera destruida). Sin duda se propagó por todo el mundo antiguo e inspiró otros relatos de «hombres fuertes»: Hércules entre los griegos, Sansón entre los israelitas, Rustem entre los persas, y otros.

Lo que es más, algunos se apropiaron del relato del diluvio. En primer lugar, era muy dramático; en segundo lugar, se consideraba la historia verdadera; y en tercer lugar, la mayor parte de la gente culta vivía junto a ríos o costas, y por lo tanto estaba familiarizada con las inundaciones.

El resultado fue que los griegos tuvieron su historia de Deucaliano y los israelitas su historia de Noé. Los israelitas reunieron buena parte del material de los primeros once capítulos del Génesis durante el período de su cautiverio en Babilonia, en el siglo VII antes de Cristo, e incluyeron la historia del diluvio. Excepto en la desaparición de los tintes politeístas, se ajustaron bastante a los detalles dados en *Gilgamesh* (en nuestro cínico mundo moderno lo llamaríamos plagio).

Hay dos cosas que quiero resaltar acerca de esta primera historia sobre el último hombre: en primer lugar, Noé no era en realidad el último hombre, llevaba a tres hijos varones con él; en segundo lugar, había también cuatro mujeres en el relato –su esposa y las esposas de sus tres hijos. Pero las mujeres no eran importantes; la Biblia no se preocupa por darles un nombre (en el relato griego, Deucaliano tiene una esposa, también, y a pesar de que los griegos no eran grandes defensores de los derechos de las mujeres –todo lo contrario– al menos le dan un nombre; se llamaba Pirra, por si siente curiosidad).

Lo más importante es que la versión bíblica de la leyenda de Gilgamesh fue aceptada como historia pura durante miles de años. No fue hasta alrededor de 1800 que los geólogos comenzaron a darse cuenta de que nunca había ocurrido un diluvio universal en la Tierra. Todavía hoy mucha gente cree que hubo realmente un diluvio universal «porque lo relata la Biblia». Esto incluye a los «creacionistas», que están muy ansiosos por mostrar su versión de la mitología babilónica en las escuelas como «ciencia» –de modo que no me digan que los escritores de ciencia-ficción no son influyentes.

Sin embargo, el progreso existe. Hemos recorrido un largo camino desde que teníamos que apelar a algún dios que tuviera un berrinche para explicar por qué la humanidad había sido reducida a su último fragmento.

Fue sólo unos pocos años atrás cuando los científicos describieron un desastre natural que puedo haber ocurrido en realidad y pudo haber casi acabado con la vida en la Tierra: el impacto de un asteroide de gran tamaño. Tuvo éxito en terminar con los dinosaurios, y algo así puede haber ocurrido media docena de veces en la historia de la Tierra.

También hubo vastas pandemias, como la Peste Negra, que se supone que terminó con un tercio de la humanidad en un tercio de siglo. Existen ejercicios imaginativos en la moderna ciencia-ficción que no existían en la época de los sumerios: el viaje en el tiempo al futuro lejano, las invasiones de hordas extraterrestres conquistadoras, etcétera. Además, están las perspectivas de una guerra nuclear terminal, que parece la manera más probable de llegar al último hombre, si es que estas maneras existen.

De modo que aquí en *El último hombre de la Tierra*, que he contribuido a editar, encontramos dieciocho variaciones sobre el tema –dieciocho sucesores, por decirlo, de Utunapishtim–. Para divertirse, a lo mejor usted puede pensar en el número diecinueve.

La imagen de uno mismo

Cuando era muy joven, leí el mito de Narciso. Narciso era un joven bien parecido que rechazaba a todas las chicas que se morían por sus favores. Una de ellas rezó para que también él sintiera el dolor de un amor no correspondido; de modo que lo sintió (dado que los dioses están siempre deseosos de responder a las oraciones poco benévolas).

Narciso espió su reflejo sobre las aguas, pensó que era otro joven y se enamoró de su belleza. Intentó abrazarlo en vano y finalmente se ahogó cuando quiso hacerlo con fuerza. El mito ha impresionado tanto a la gente que la palabra «narcisismo» es reconocida como un término psiquiátrico para referirse al amor propio mórbido.

El mito no me gustó nada. Como niño que era, me parecía increíblemente estúpido. ¿Cómo podía Narciso confundir su imagen con la de otro joven? (también me asombraba que pudiera enamorarse de otro joven, en lugar de hacerlo de una mujer, pero el problema del reflejo fue superior).

Nadie se ocupó de explicarme esto. Sólo les interesaba la cuestión moral: si uno es poco amable, los demás serán poco amables con uno; si uno está demasiado pendiente de sí mismo, encontrará que la vida es desagradable.

Lo que yo quería era una explicación técnica, y nunca la obtuve. Tuve que obtenerla por mí mismo cuando crecí.

La cuestión es que en la antigüedad era perfectamente posible conocer los rostros de todos los que te rodeaban con gran claridad (suponiendo que la vista fuera normal). Uno podía distinguir, de un vistazo, la identidad de todos los seres humano que conocía. También se podía decir, con una mirada, si una persona con quien uno se encontraba era un extraño, alguien a quien uno nunca había visto.

Había una excepción. En la antigüedad ninguna persona podía ver su propio rostro. Si, por alguna cuestión mágica, se llegaba a ver el propio rostro, no había otra salida que pensar que era el rostro de un extraño.

Para ver el propio rostro sin magia, se necesita una superficie lisa que lo refleje. Un trozo de vidrio liso lo hará de manera poco clara, porque deja pasar más luz de la que refleja. Un trozo de vidrio que tenga detrás una ligera capa de metal lo hará con una eficacia casi perfecta. Eso sería un «espejo» (¿qué vidrio miramos con más ansiedad que un espejo?). En la antigüedad no era posible obtener este tipo de vidrio.

Simplemente se podía pulir un pedazo plano de metal. Ello iba bastante bien hasta que se empañaba. En la antigüedad, sin embargo, no era fácil conseguir un trozo de metal pulido de un tamaño suficiente para verse la cara.

Así llegamos a la superficie del agua, que se mueve debido a las olas y la espuma (también en estanques tranquilos), de manera que un rostro reflejado en ella oscila demasiado como para impresionar a nadie. Si Narciso llegó a un estanque tan tranquilo que pudo obtener una impresión clara de su propia imagen, uno puede pensar que era la primera vez que se veía. La imagen parecía pertenecer a un joven extraño escondido bajo el agua.

Una vez que se comprende la leyenda de Narciso desde esta perspectiva, se puede llegar a una analogía rápida. Los seres humanos tratan de comprender el Universo poco a poco. Consideran un aspecto y otro y aprenden a analizar sus apariencias y características y comienzan a entenderlo. Podemos estar muy orgullosos de que, a lo largo de toda nuestra existencia, nuestra comprensión del Universo haya crecido enormemente. Consideramos cada aspecto del Universo con una herramienta maestra, el cerebro humano (y la inteligencia asociada a él). Debido a que el cerebro humano es con mucho el pedazo de materia interrelacionada más complejo que conocemos, utilizamos una herramienta compleja para comprender los objetos mucho menos complejos que observamos. Si tenemos suficiente tiempo y dedicación, *debemos* comprenderlos.

Pero llega un momento en el que deseamos contemplar el propio cerebro (y la inteligencia con la cual está asociado). En ese caso tratamos de comprender algo extremadamente complejo haciendo uso de una herramienta que no es más compleja de lo que es ese algo. La situación es análoga a la de una persona que utiliza sus ojos para ver sus propios ojos. Tan pronto como nos enfrentamos con el problema del cerebro humano y la inteligencia humana, nos encontramos como en el caso de Narciso –ante nuestra propia imagen, y por lo tanto predestinados, quizá, a cometer errores y a morir.

Pero hay soluciones. La solución de Narciso habría sido estar familiarizado con el espejo.

Nuestra solución es que no estamos utilizando un cerebro humano para estudiar el cerebro humano, sino muchos cerebros humanos.

No es un científico el que está estudiando el cerebro humano; se trata más bien de la comunidad científica. Esta comunidad tiene una estructura compleja que le es propia, con publicaciones, frecuentes conferencias, comunicados en los que los distintos pensadores presentan diferentes imágenes, diferentes interpretaciones, diferentes observaciones. Como en un caleidoscopio, todas se mezclan y crecen casi más allá de la voluntad de cualquier individuo en particular, de modo que la comprensión del tema aumenta con una extensión y una velocidad que nos sorprende a todos.

Lo que nosotros (que somos inteligentes pero que no hemos estudiado la inteligencia a fondo) necesitamos es alguien que haya seguido el trabajo realizado en todos los aspectos de la ciencia que están relacionados con la inteligencia y lo presente de una manera ordenada y, de ser posible, agregando sus propios pensamientos e ideas.

Esto es precisamente lo que ha hecho Victor Serebriakoff en *The Future of Intelligence*. Él es una persona con una enorme inteligencia, y obviamente ha leído, estudiado y pensado acerca de cada aspecto de la inteligencia humana, y aquí lo comparte con nosotros. Viene a rescatarnos del destino de Narciso.

La psicología

En griego, la palabra *psyche* se refería originariamente al «aliento», que, por supuesto, los griegos no entendían en el sentido moderno y científico. Para ellos, el aliento era algo etéreo e insustancial, algo que estaba, de alguna manera, relacionado íntimamente con la vida. Las piedras no tienen aliento, ni tampoco los seres humanos muertos.

La palabra se tradujo como «alma», que también es considerada como algo etéreo e insustancial y de alguna manera íntimamente relacionada con la vida. Pero una definición más exacta se pierde en sutilezas teológicas.

Si definimos *psyche* o alma sin referirnos a la teología, podemos pensar que se trata de algo similar a la esencia interna del ser, alojada en el cuerpo físico. Es la personalidad, la individualidad, lo que pensamos cuando decimos «yo». Es lo que permanece intacto y pleno, a pesar de que se pierda una extremidad, o la vista, o el cuerpo enferme, sufra heridas o muera.

La psicología, pues, es el estudio sistemático de esta esencia interior que es uno mismo, y la palabra que estamos más dispuestos a usar para representar el concepto en esta época nada teológica no es «alma», sino «mente». La psicología es el estudio de la mente.

La psicología es fascinante porque parece situarse al final de dos extremos del conocimiento. En cierto modo, todos la comprenden; pero, según como consideremos el término, nadie la comprende. Otras ciencias pueden compartir estos extremos epistemológicos –quizá todas las ciencias–, pero ninguna en la medida en que lo hace la psicología.

Por ejemplo, para comprender por qué una bola de billar se comporta de un modo determinado, por qué se mueve cuando la golpean, cómo choca y rebota contra la banda o con otra bola de billar, cómo se alteran la velocidad y la dirección como resultado de esta colisión, para comprender estos movimientos se requiere un buen conocimiento de los principios de la rama de la física conocida como mecánica. Y viceversa: los principios de la mecánica pueden inducirse realizando un estudio cuidadoso del comportamiento de la bola de billar.

Y sin embargo, los que son expertos en el arte del billar no han estudiado necesariamente física ni mecánica. Puede que nunca hayan oído hablar de la conservación del impulso, ni apreciado las complejidades matemáticas del impulso angular. No obstante hacen que las bolas de billar hagan de todo menos cocinar, y lo logran prestando una atención meticulosa a los principios que no saben que conocen.

Lo mismo se puede decir de los que arrojan las pelotas de béisbol con un completo virtuosismo y de los bateadores que golpean esas pelotas con una gran maestría en el cálculo del tiempo. Pueden ganar millones por su arte en la aplicación de la ciencia de la mecánica aun cuando (como es concebible) nunca hayan aprendido los rudimentos más simples de la ciencia física.

Las leyes de la ciencia pueden comprenderse de una manera muy útil meramente a través de la observación y de la práctica cuidadosa, debido a que la ciencia es un sistema organizado que describe el mundo real y a que vivimos en el mundo real. No podemos menos que aprender a describir el mundo meramente por los hechos, aunque la descripción que hagamos no sea la convencional en los términos que los científicos han acordado utilizar.

Por lo tanto, no es sorprendente que algunas personas hayan llegado a comprender la mente humana tan bien observando las de otras personas, viviendo e interrelacionándose con ellas, tomando consciencia de sus hábitos, respuestas y peculiaridades. Nadie puede leer a Shakespeare, Dostoyevski, Tolstoy, Dickens, Austin, Moliére, Goethe, y muchos otros, sin darse cuenta de que cada uno de ellos tenía una comprensión profunda de la humanidad en todas sus variedades y perplejidades, a pesar de que ninguno de ellos estudiara psicología formalmente.

Esta comprensión no científica de la psicología está sin duda más difundida que la de cualquier otra ciencia. Los deportistas pueden tratar sin saberlo cuestiones relacionadas con la física, los cocineros con la química, los jardineros con la biología, los marineros con la meteorología, los artistas con las matemáticas –sin embargo todas estas profesiones están especializadas.

Pero todas las personas sin excepción deben tratar con la gente, incluso los reclusos deben tener trato entre sí. Cada uno de nosotros puede poseer en su interior todas las virtudes y los vicios, la brillantez y la debilidad, las aversiones y las tendencias de toda la humanidad. Por lo tanto, podemos concluir que de alguna manera la psicología es la ciencia mejor conocida y más ampliamente comprendida.

Y sin embargo...

La mente humana, nacida, como debe ser, del cerebro humano, es algo extraordinariamente complicado. El cerebro humano es, sin duda, el material más complicado y sutilmente interrelacionado que se conoce (con la única excepción quizá del cerebro del delfín –que es mayor y tiene más circunvoluciones que el cerebro humano).

Al estudiar algo tan extraordinariamente complejo como el cerebro humano, es previsible que nos perdamos en más de una ocasión. Esto es más obvio cuando nos paramos a pensar que no estudiamos el cerebro humano con nada más complejo que el cerebro humano. Estamos pidiendo a la complejidad que comprenda una complejidad similar.

Por ello no es asombroso que a pesar de que miles de millones de seres humanos se hayan estudiado a sí mismos, a lo largo de la historia del *Homo sapiens*, de una manera informal y no sistemática, y a pesar de que muchos genios han mostrado la condición humana en la literatura, el arte, la filosofía y, en estos últimos tiempos, la ciencia, todavía queda mucho terreno indeterminado y desconocido (más que en otras ciencias, de eso estamos seguros). Aun aquellas áreas más estudiadas y explicadas están destinadas a permanecer bajo discusión, hasta cierto punto.

Por ello, en cierta manera, podemos afirmar que la psicología es la ciencia menos comprendida.

Consideremos, también, que todos los problemas que sufre y ha sufrido la humanidad a través de toda su historia se basan, en gran medida, en el funcionamiento equivocado de la mente. Algunos problemas pueden parecernos totalmente independientes de cualquier esfuerzo humano –por ejemplo, la aparición de una edad de hielo o la explosión del Sol–, pero incluso en estos casos es concebible que la mente humana pueda prevenir los hechos y realizar acciones que aminoren el efecto, aunque sólo sea haciendo más fácil la muerte. Se necesita buena voluntad, razón y sensibilidad (que muchas veces nos faltan).

Por otro lado, la estupidez humana (o, al menos, la insuficiente sabiduría) nos sitúa frente a peligros siempre presentes y en aumento. Si nos destruimos a nosotros mismos en una guerra nuclear, o a consecuencia de la superpoblación, o del derroche de recursos, o de la polución, o de la violencia y la alienación, parte de la causa (quizá la mayor parte) se encontrará en la incapacidad de nuestras mentes de reconocer la naturaleza del peligro, y en el rechazo a aceptar la necesidad de llevar a cabo las acciones necesarias para evitar o disminuir el peligro.

Por lo tanto, nadie cuestiona que la psicología sea la más importante de las ciencias. Podemos vivir, no importa cuán primitivamente, con poco conocimiento de cualquiera o de ninguna de las ciencias, pero si no comprendemos la psicología estamos perdidos.

¿Qué función tiene la ciencia-ficción en todo esto?

Los escritores de ciencia-ficción no son, globalmente, mejores ni más comprensivos que otros escritores, y no hay razón para que esperemos que ellos, como individuos, arrojen más luz sobre la condición humana.

Pero en la ciencia-ficción los seres humanos aparecen en situaciones inusuales, sociedades extrañas y problemas nada ortodoxos. El esfuerzo por imaginar la respuesta humana a estas situaciones puede arrojar luz sobre las sombras de un nuevo camino, y permitirnos ver lo que antes no resultaba claro.

Los relatos de *Hallucination Orbit* han sido seleccionados teniendo en cuenta esta posibilidad, y cada uno es precedido por una nota escrita por mi coeditor, Charles Waugh, quien resulta que es un psicólogo profesional.

El mundo del espectáculo

Hay una historia sobre un hombre desgraciado que estaba sentado a la mesa de un bar, arrimado a una cerveza, y con un aspecto de intensa tristeza en su rostro. Un recién llegado, al observar la escena y sintiendo que su corazón sufría al ver esa infelicidad tan obvia, llevó su copa a la mesa y dijo: «Amigo, parece triste. ¿Le ayudaría hablar sobre el tema?»

El desgraciado suspiró y dijo: «Lo que ocurre es que no tengo amigos. Incluso en este bar la gente me evita. Es muy amable de su parte acercarse, pero estoy seguro de que pronto me dejará».

«¿Por qué tendría que hacerlo?»

«Bueno, soy uno de los guardianes de elefantes del circo. Mi trabajo es ir detrás de los elefantes barriendo y, como puede imaginarse, el olor del estiércol de los elefantes se me pega.»

«Sí –dijo el otro, intranquilo–. Siento un cierto efluvio.»

«Ahí está. No importa cómo me lave ni cuán a menudo cambie mi ropa. Ese olor descorazonador aleja a todo el mundo de mí y me condena a una vida de soledad y frustración.»

El otro le dijo, para consolarlo: «Pero, oiga, ¿por qué no se busca otro trabajo?».

El desgraciado abrió los ojos y pegó un salto. «¿Cómo? –tronó–, ¿y dejar el mundo del espectáculo?»

* * *

Nos reímos con esa buena historia, pero debemos ver el germen de verdad que contiene.

No existen muchas profesiones que tengan ese encanto; pero con seguridad, de las pocas que lo tienen, el mundo del espectáculo y todas sus manifestaciones están en la cumbre. Consideremos los motivos.

1. El mundo del espectáculo es una cuestión de oropel y de pretensiones. Los carniceros son sólo carniceros, y los vendedores sólo vendedores. Los

actores, sin embargo, pueden ser reyes o ángeles o asesinos u hombres de negocios o casi cualquier cosa. Y pueden cambiar de uno a otro del día a la noche. Naturalmente, todos sabemos que son identidades imaginarias; que debajo de las vestimentas, dentro del maquillaje, fuera de esos tonos chillones, hay un ser humano que quizá sea, del algún modo, menos interesante que el carnicero del barrio, tanto física como moralmente. No importa; los accesorios son importantes, envidiamos la excitación y el encanto superficiales que percibimos y no nos preocupa lo negativo que puedan llegar a esconder.

2. El mundo del espectáculo atrae al que trabaja en él así como al observador. Es una de las pocas profesiones (si no la única) en la que la actuación de cada uno produce una recompensa instantánea. Un carnicero puede recibir agradecimientos alguna vez, un escritor puede ser adulado por un *best seller*; pero alguien que haya representado una escena inusal, o quizá haya meramente aparecido sobre el escenario, es felicitado de inmediato con aplausos atronadores, y sabe lo que eso significa. Uno acepta el saludo con un reconocimiento complacido y, por el momento, se contenta con su función, y a pesar de que uno gane poco, a pesar de que el camerino, y todas las cosas y personas con las que uno deba trabajar, sean mezquinas y pobres, a pesar de que ser actor sea una profesión que muchas personas respetables consideran como una especie de vagabundeo, el aplauso y las felicitaciones son, por un momento, todo lo que uno espera de la vida.

3. El mundo del espectáculo puede proporcionar ganancias. Cualquiera en el mundo del espectáculo puede llegar a ser extremadamente rico, a veces como resultado de un solo éxito. Esto no debería ocultar el hecho de que la gran mayoría de la gente de la profesión sólo puede tener sueldos modestos, a menudo muy pobres –pero de hecho lo oculta–. Es el éxito salvaje el que atrae la atención. Esto es cierto, hasta cierto punto, en todas las profesiones. El ejecutivo millonario que aparece de vez en cuando oscurece a los miles de ejecutivos que no logran más que vivir en un barrio de clase media. El gran escritor de *best sellers* oculta a los muchos miles de escritores que están acostumbrados a las notas de rechazo y cuyas novelas se olvidan una vez publicadas. En ninguna profesión, salvo en el mundo del espectáculo, están tan claramente a la vista las anormalidades del éxito. En ninguna otra profesión se elimina de manera tan completa y abierta todo lo que es mediocre y pobre –o incluso lo meramente destacable de forma modesta.

4. En otras profesiones donde el éxito puede ser percibido y admirado, la admiración se debe casi siempre al dinero o al poder. Uno puede ver a los

petroleros millonarios y envidiarles su riqueza, pero nada más. Uno puede ver al presidente de los Estados Unidos y envidiarle su capacidad para aparecer en los titulares, pero nadie quisiera estar en su lugar por ninguna otra razón. Pero en el mundo del espectáculo, los grandes éxitos son muchas veces aquéllos cuyos rostros y cuerpos son los que concebimos como símbolos de la belleza y de la atracción sexual. Nosotros, el público admirador, no sólo deseamos su riqueza y su poder; queremos *ser* ellos o, al menos, parecernos a ellos. Puede ser que envidiemos a un millonario o a un presidente, pero *adulamos* a la estrella de cine. Formamos clubes de admiradores, gritamos por ellos, los seguimos, luchamos hasta obtener un autógrafo y soñamos con ellos. Nunca nos cansamos de ellos.

* * *

La conclusión es que a medida que adoramos el éxito de los ídolos del mundo del espectáculo, también observamos con interés sus equivocaciones y fracasos. En algunos casos no los dañan, y su posición parece situarlos por encima de los requerimientos de la moral común. Sus aventuras extramatrimoniales, sus repetidos divorcios y nuevas bodas alimentan nuestras propias fantasías. Oh, si siquiera pudiéramos desafiar las convenciones como ellos.

En cambio es malevolente nuestro interés por verlos cometer violaciones menos afortunadas de las normas sociales.

Seguimos las historias y los rumores sobre alcoholismo y drogadicción, dispuestos a creerlos. Aceptamos rápidamente relatos de celos y odios profesionales, de berrinches en los estudios, de decadencia de los talentos –a pesar de haber soñado con lo mejor para ellos, nos deleitamos viéndolos descender a nuestro propio nivel, o por debajo–, castigándolos por haber tenido el coraje de ser famosos, ricos y felices.

El revés más violento que puede sufrir una personalidad del mundo del espectáculo es ser declarado culpable de un crimen, en especial de un asesinato. Casi todo se le puede perdonar a alguien que es lo suficientemente famoso y adulado, pero no que cometa un asesinato. El asesinato no sólo lleva la muerte violenta a nuestros sentidos, sino también la horrible sensación de que se ha arruinado una gran carrera en un instante, de que un dios o una diosa caerán del cielo.

En la vida real no sería muy amable por nuestra parte sentirnos así, pero en la ficción podemos ser indulgentes con nuestro impulso malvado sin dañar a nadie. En esta antología, *Show Business is Murder*, le ofrecemos una serie de relatos que combinan el mundo del espectáculo con el crimen, para que pase un buen rato con ellos.

Lo que es más, hemos tratado de ofrecer una gran variedad de aspectos del mundo del espectáculo. Los personajes de estas historias no son en ningún caso actores de primera fila. También hay ex actores, guionistas, agentes, acróbatas, actores de vodevil y (en el caso de mi propio relato) un pianista en una confitería.

El mundo del espectáculo, después de todo, en especial en estos días, integra un amplio espectro de la actividad humana, y bien puede incluir a estas personas trabajadoras que barren la porquería de los elefantes del circo.

Super

Una vez, hace unos cuarenta millones de años, vivía una pequeña criatura que se llamaba *Eohippus* (su verdadero nombre era *Hyracotherium* según los paleontólogos, pero me gusta más *Eohippus*).

Eohippus era una criatura pequeña y delicada, con una pequeña cara regordeta de caballo. Tenía el tamaño de un zorro y pesaba como mucho unos nueve kilogramos. Se alimentaba de hojas y huía tan rápido como podía cuando avistaba un carnívoro. Tenía cuatro pequeñas uñas en las patas delanteras y tres en cada pata trasera.

Si supusiéramos que el *Eohippus* pudiera pensar como nosotros, le preguntaríamos: «¿Cómo crees que sería un *Supereohippus*?».

A mí me parece que la pequeña criatura contestaría: «Bueno, en primer lugar tendría que ser grande y fuerte, para no tener miedo de estos malditos depredadores que siempre me persiguen. Debería pesar más, a lo mejor unos 1.300 kilos, o sea, debería ser unas 140 veces más grande que yo.

»Luego tendría que ser alto, de modo que pudiera ver a lo lejos en las llanuras y vigilar si llegan los depredadores. No tendría que tener 25 centímetros de altura, como yo, sino quizá 225 centímetros, y un cuello largo para que los ojos estuvieran muy altos.

»Oh, sí, y debería ser ligero para que si los depredadores aparecen, los que son lo bastante peligrosos o los que cazan en grupos, pudiera correr como el viento y escapar. Debería correr a unos 55 kilómetros por hora, al menos en distancias cortas, lo suficiente como para huir. Ése sería un *Supereohippus*».

Bien, un *Eohippus* capaz de decir todo eso demostraría tener una imaginación realmente activa, pero además premonitoria, porque un *Supereohippus* como éste vive en la actualidad. Algunos tienen tanta masa, altura y rapidez como soñaba el *Eohippus*. El *Supereohippus* es lo que hoy llamamos «caballo», y la palabra *Eohippus* proviene del término griego que significa «caballo del amanecer». Ese caballo evolucionó lentamente durante millones de años hasta llegar a ser la supercriatura de hoy en día.

Otro ejemplo:

Hace unos 3,5 millones de años, había animales que vivían en África y se parecían un poco a los monos pequeños, pero tenían 1,2 metros de altura y eran de constitución delicada. Caminaban sobre dos extremidades, como nosotros. Los paleontólogos los llaman *Australopithecus afarensis*. La primera palabra proviene del griego y significa «mono del sur», ya que los primeros especímenes se encontraron en África del sur. La segunda palabra pertenece a una región del este de Etiopía donde se descubrió el esqueleto de un espécimen primitivo particular en 1974. Las criaturas que pertenecen a esta especie y a otras relacionadas fueron reunidas bajo el nombre de *australopitecos*.

Los australopitecos son ejemplos de homínidos (del término griego utilizado para designar al hombre), debido a que su habilidad para caminar sobre dos extremidades los aproxima más a los humanos modernos que a los monos.

Si un australopiteco pudiera razonar como nosotros, le preguntaríamos cuál sería su idea de un superaustralopiteco. La respuesta podría ser la siguiente:

«Bueno, primero me gustaría que fuera más grande y más fuerte que yo, para que pudiera defenderse y cazar mejor. Supongo que si tuviera 1,6 metros de altura en lugar de 1,2 como yo, y si pesara unos setenta kilogramos en lugar de treinta como yo, sería lo bastante alto y fuerte como para ser un superaustralopiteco.

»No sería de ninguna utilidad que fuera más grande y más fuerte, porque ésa no es la principal ventaja que debería tener. Un poco más de peso, de masa y de músculos está bien, pero va a necesitar sobre todo cerebro. Mi cerebro es bastante grande para mi tamaño. Es más grande que el de los monos, que son más fuertes que yo. Pero a mí me va mejor que a ellos porque soy lo bastante listo como para utilizar las ramas de los árboles y los fémures como herramientas y armas. Los monos sólo usan uñas y dientes.

»O sea que si realmente quiero ser un superaustralopiteco, lo que necesito es un cerebro más grande, uno que pese, digamos, 1,5 kilos, cuatro veces el tamaño del mío. Soy consciente de que eso significa que el cráneo de un superaustralopiteco debe ser grande y blando, y que eso lo afearía, pero es la única manera de que sea super. Un superaustralopiteco con un cerebro grande... ¿Quién puede decir lo que sería capaz de hacer?»

Los australopitecos se extinguieron hace aproximadamente un millón de años, pero en esa época había homínidos que eran más grandes y tenían un cerebro mayor. Finalmente, hubo otros homínidos que fueron aún más grandes y tuvieron cerebros todavía mayores. En realidad, hace alrededor de cincuenta mil años, una criatura que era precisamente el superaustralopiteco descrito por nuestro mítico australopiteco hizo su aparición en Europa. Lo llamamos *Homo sapiens* u «hombre moderno». *Nosotros* somos los superaustralopitecos.

Bien, ahora nos toca a nosotros. Somos de hecho la primera especie sobre la Tierra capaz de deducir el proceso evolutivo que nos ha producido, y la primera en imaginar un mayor avance evolutivo en ella misma. ¿Cómo será el superman o superhombre? (le aseguro que aquí y en el título de esta antología utilizo la palabra «superhombre» como un término genérico que incluye a todos los seres humanos, mujeres y niños, así como hombres).

El superhombre clásico, la persona que apareció por primera vez en *Action Comics* hace casi medio siglo, es un buen ejemplo de lo que quiero decir. No es demasiado distinto a nosotros; en realidad, puede esconderse tras un reportero de modales sobrios llamado Clark Kent. Sin embargo, es increíblemente fuerte, tiene visión de rayos X, puede volar y muestra muchas otras habilidades importantes. Su gran deficiencia es que no es más inteligente que nosotros. En realidad, se asemeja al Sigfrido de las óperas de Wagner quien, según Anna Russell, es «muy buen mozo, muy fuerte, muy valiente y muy, muy imbécil».

Eso no es exactamente lo que queremos. Queremos superhombres que tengan un cerebro mejor que el nuestro, que piensen y razonen con más eficacia; quisiéramos que tuvieran reflejos más rápidos que los nuestros, sentidos más agudos, quizá algunos sentidos que nosotros no tenemos. Luego, si además de eso también es fuerte, bien, pero eso no es lo primero.

Pero ¿por qué preocuparnos de eso? En *Supermen*, que he contribuido a editar, tenemos una antología de excelentes relatos en los que los seres humanos se describen como marcadamente superiores a nosotros (y no hay dos relatos que describan esa superioridad de modo semejante). A veces la superioridad se basa en la cooperación de los seres humanos con otras especies, otras veces es el resultado de la educación y la instrucción, otras el resultado de una mutación.

No importa. El resultado es, en cada caso, algo parecido a nosotros mismos pero con algún desarrollo suplementario. Usted puede decidir por sí mismo de qué manera cada relato en particular se asemeja a lo que usted considera superior –o simplemente tolerable.

Puede ser, por lo que conozco, que existan tantos tipos diferentes de superhombres como soñadores que desearían ser algo mejor de lo que son. Mi propia idea de un superhombre, por ejemplo, sería alguien que pudiera escribir tan bien como Shakespeare, que no necesitara dormir, para que pudiera escribir mucho, y que fuera infinitamente atractivo para las mujeres (en los momentos en que no tuviera que escribir).

Durar más que la vida

¡Cómo amamos las cosas que duran más que la vida! ¡Cómo insistimos en ellas!

No sé por qué esto es así, pero, después de todo, cada uno de nosotros comenzó su vida como un niño, y esto puede darnos parte de la explicación. Nuestro universo de bebés estaba lleno con mamá y papá, que eran mucho, mucho mas fuertes de lo que éramos nosotros y poseían poderes de una magnitud tan vaga que eran prácticamente infinitos. Recurríamos a ellos para obtener satisfacción y protección, y puede ser que nuestra primera gran desilusión se produjera cuando descubrimos que no iban a durar más que una vida, después de todo. A medida que crecemos y nos hacemos más fuertes, y a lo mejor más sabios, no podemos evitar esa conclusión, aunque sea a regañadientes.

No importa que cerremos los ojos a la verdad. Nuestro padres envejecerán y enfermarán y dependerán de nosotros, y entonces, como última traición, morirán, aunque puedan evitar los accidentes y sin que importe cuánto los cuidemos.

No podemos reemplazarlos. Nadie más puede ser como la madre y el padre que conocimos en la infancia. Pero tampoco podemos estar sin ellos, de modo que recurrimos a nuestra imaginación.

Me pregunto hasta qué punto las miríadas de dioses que la humanidad ha inventado deben su existencia a la necesidad de poseer padres y madres que duren más que la vida y que nunca traicionen su función cayendo en la impotencia y en la muerte, como hacen los padres y las madres humanos.

Las deidades crecen demasiado perfectas, de todas maneras, y esto las distancia de la humanidad hasta el punto de que se convierten en algo etéreo e insustancial. Para fines literarios, los semidioses son más satisfactorios. Duran más que la vida, sí, pero pueden sufrir dolor y derrotas ocasionales. Son más duraderos que la vida pero viven una con nosotros. (Respecto a este punto, los dioses eran más populares cuando eran lo suficientemente humanos como para sufrir la muerte, al menos temporaralmente, como Baldur,

Tammuz, Adonis y otros. Simbolizaban la muerte de la vegetación en invierno, pero la humanidad implícita en su muerte despertaba el cariño de aquellos que los adoraban, y su eventual resurrección brindaba la esperanza de que la muerte podía ser derrotada después de todo y de que la separación que la muerte provocaba podía no ser permanente.)

La primera epopeya que conocemos tiene unos cinco mil años de antigüedad y es de origen sumerio. Es la leyenda de Gilgamesh, rey de Uruk, quien es más grandioso y valiente de lo que puede ser un ser humano. Es alguien con quien podemos compartir acontecimientos a distancia, correr riesgos y sufrir tormentos mayores que los humanos. Cada cultura crea su superhéroe. Los griegos tenían a Heracles, los hebreos tenían a Sansón, los persas a Rustem, los irlandeses a Cuchulain. Cada uno atravesó un mundo hostil utilizando su gran fuerza muscular, que compensaba con creces su mente por lo general menos que sutil.

Ocasionalmente un superhéroe vencía a causa de la sutileza de su mente: es el caso de Ulises. Pero, por lo general, si se precisaba una sagacidad que fuera más duradera que la vida, ésta se manifestaba a través del conocimiento de la magia, como fue el caso del irlandés Merlín o del finlandés Vainamoinen.

Y no importa si los relatos estaban repletos de hechiceros y embaucadores: nada movilizaba tanto a los lectores como los hombres con músculos poderosos. Era la inmediatez de la espada cortante lo que interesaba. Quizá el lector común podía identificarse más fácilmente con un músculo fuerte que con una mente sutil –había posibilidades de desarrollar algo parecido al primero, pero no se podía obtener con facilidad lo segundo.

A lo largo de la historia, los héroes musculosos más duraderos que la vida continuaron invadiendo los campos literarios. En la Edad Media, nos encontramos con el rey Arturo y sus caballeros, con el siempre victorioso Lanzarote como la cumbre de lo caballeresco que nunca existió en la vida real. Y estaba el rey Carlomagno y sus paladines, con Roldán como ejemplo (también existía el sutil embaucador más astuto que la vida, como Reynard el Zorro, Till Eulenspiegel y demás; pero no tenían el mismo atractivo).

Luego vino el día en que la pólvora dominó el mundo y los músculos y las armaduras dejaron de ser útiles; cuando un plebeyo cobarde y sin músculos podía hacer saltar al caballero Lanzarote con un pequeño agujero que perforaba su armadura.

Adiós a la fantasía heroica. ¿No murió acaso?

La literatura moderna compensa esta muerte con una gran variedad de magnificaciones. Todavía tenemos protagonistas más astutos que la vida en las novelas de misterio –los Sherlock Holmes y los Hércules Poirot–. Tenemos los héroes y las heroínas más hermosos que la vida en las novelas de amor, y las amenazas más horribles que la vida en la novela gótica y la historia de terror, y así indefinidamente. Incluso hacemos uso de la pólvora para inventar a los héroes del Oeste más rápidos que la vida, que perforan a los bribones después de permitirles sacar su arma primero.

Pero nada sustituye a las formas más directas de violencia. En toda la literatura acabamos a puñetazos –una forma de pelea con la que nos encontramos bastante a menudo en la vida real–. Los detectives pelean, los héroes del Oeste abaten, los amantes románticos se entregan a demostraciones pugilísticas. Esto es evidente sobre todo en las películas y en la televisión, donde no se dejan marcas ni se arruina el cabello, a pesar de que los ruidos que producen los puñetazos nos ensordecen.

Y ni siquiera eso es suficiente. Todavía amamos los tiempos anteriores a la pólvora, cuando se necesitaban músculos poderosos para levantar espadas grandiosas, y cuando el héroe tenía que encontrar alguna manera de eliminar los hechizos con la fuerza bruta de sus músculos.

De modo que, ¿por qué no escribimos un relato? No tiene por qué situarse en el mundo actual. En realidad, tampoco tiene que situarse en el pasado verdadero, donde estará sometido (aunque sea levemente) a hechos históricos conocidos. Vayamos a un mundo de civilización medieval sumergido en un mar de barbarie y resucitemos a Heracles. Ahí tenemos espada y hechicería, fantasías heroicas. Recobremos nuestros sueños.

O se puede agregar un poco de sabor y variedad a la mezcla. Se puede añadir un toque de ciencia avanzada, una cucharada sopera de anacronismo deliberado, una pizca de humor ácido.

Aquí tenemos trece relatos fantásticos lo bastante largos como para dar a sus autores espacio para inventar sociedades intrincadas en las cuales se pueden mostrar héroes y heroínas más duraderos que la vida enfrentándose con males y crueldades más grandes que la vida, sufriendo derrotas más grandes que la vida y obteniendo triunfos también más grandes que la vida.

Los lectores, apresados en todos ellos, vivirán con ellos y disfrutarán de placeres más duraderos que la vida.

Recordemos que ésa es la forma más antigua de literatura que existe en el mundo, tan antigua como Gilgamesh; y antigua, también, por los héroes y los acontecimientos heroicos que eran probablemente celebrados por poetas alrededor del fuego en los campamentos durante miles de años antes de que se inventara la escritura, y probablemente desde que existe el *Homo sapiens*.

Después de todo, desde el comienzo de la historia de la humanidad los padres murieron –y tuvieron que ser reemplazados.

Misterios de ciencia-ficción

El misterio y la ciencia-ficción son dos ramas de la literatura que no pudieron concretarse, en sentido moderno, hasta que la sociedad humana se desarrolló en la dirección apropiada.

Es decir, no se pudo escribir relatos de misterio hasta que la sociedad no desarrolló fuerzas policiales organizadas para combatir el crimen. Hasta aquel momento existían relatos ocasionales sobre detección de crímenes, pero eran pocos y fuera de lo común.

Por otro lado, no se podía escribir ciencia-ficción hasta que la sociedad no hubiera desarrollado la ciencia y la tecnología hasta el punto en que el cambio fuera lo bastante rápido y visible, y la noción de un futuro avanzado comenzara a tener sentido. Hasta entonces existían cuentos fantásticos ocasionales, pero eran pocos y fuera de lo común.

Por lo tanto, los relatos modernos de misterio y de ciencia-ficción surgieron a principios del siglo XIX. Cada uno de ellos recibió los primeros impulsos importantes de un solo hombre: Edgar Allan Poe.

Sin embargo, en otros aspectos los dos géneros son diferentes, incluso antagónicos. El relato de misterio representa el triunfo del orden. El crimen (en particular, el asesinato) altera la estructura social. Introduce un elemento de anarquía. Alguien se ha desviado deliberadamente de los códigos aceptados de comportamiento social para buscar una especie de satisfacción a través de métodos no aceptados.

Presumiblemente esta acción, por muy pequeña que sea en sí misma, nos amenaza a todos, porque si continúa sin ser corregida, sin ser castigada y sin ser vengada, abrirá la puerta para que se produzcan más acciones de este tipo y se termine destruyendo a la sociedad.

El protagonista de la historia debe descubrir la naturaleza de la acción, las circunstancias, el individuo o los individuos que intentaron pervertir a la sociedad. El protagonista debe descubrir al culpable y lograr un castigo adecuado. El orden se restaura y la estructura social se salva, con lo que el relato finaliza exactamente donde comenzó.

Pero el relato de ciencia-ficción representa el triunfo del desorden. Un relato de ciencia-ficción debe ser construido en un escenario donde la sociedad sea significativamente distinta a la nuestra –por lo general, pero no necesariamente, debido a algún cambio en el nivel de ciencia y tecnología.

Esto significa que, para comenzar, el relato de ciencia-ficción destruye la comodidad de nuestra propia sociedad. El relato de ciencia-ficción no tiene que ver con la restauración del orden sino con el cambio, idealmente con el cambio continuo. En el relato de ciencia-ficción dejamos nuestra sociedad y nunca regresamos a ella.

Si tuviéramos que regresar a nuestra sociedad, si tuviéramos que restaurar el orden, el relato de ciencia-ficción sería un fracaso total. Imaginemos un relato de ciencia-ficción en el que se inventa la bomba nuclear, en el que se reconocen sus peligros, y en el que el héroe tiene éxito en suprimir estos conocimientos de modo que todo continúa como antes. Cuando se abre la caja de Pandora, para bien o para mal, el mundo cambia. El escritor de ciencia-ficción puede buscar soluciones, e incluso encontrarlas, pero una solución está prohibida: forzar las cosas para que vuelvan a entrar en la caja.

¿Puede, pues, producirse una fusión de estos dos tipos de relatos, el del orden esencial y el del desorden esencial? Con seguridad, se pueden escribir relatos de misterio en los que la ciencia tenga una función. Arthur Conan Doyle escribió sobre Sherlock Holmes, un detective científico que siempre estaba observando los restos de ceniza de tabaco a través de lupas. El doctor Thorndyke de R. Austin Freeman es uno de los mejores ejemplos de detectives científicos, y los detalles científicos casi siempre tienen una función en los relatos de misterio de tipo clásico.

Del mismo modo, los relatos de ciencia-ficción muchas veces tienen al misterio como motivación, como en *Private Eye* de Lewis Padgett, o *The Demolished Man* de Alfred Bester. Pero a pesar de esto, la ciencia-ficción domina totalmente y el relato de misterio no existe por sí mismo.

John W. Campbell, Jr., el mejor editor de ciencia-ficción, sostuvo que una fusión perfecta era imposible. En 1953, para demostrar que estaba equivocado, escribí *The Caves of Steel*, un relato de misterio de ciencia-ficción en el cual cada elemento es igualmente importante, en el cual cada uno sirve de apoyo al otro. Luego escribí *The Naked Sun* y *The Robots of Dawn* como secuelas, para demostrar que el primero no era un accidente.

No soy el único que lo ha hecho, y aquí está *Station Gehenna* de Andrew Wiener para demostrarlo.

El comentarista de temas científicos

Se puede suponer que el comentarista de temas científicos –especialmente el que trabaja como corresponsal de un diario– se encuentra en la misma situación que un comentarista deportivo, o que la persona que tiene a su cargo la columna de sociedad (si todavía existe), o que el crítico de teatro. Podría parecer que el comentarista de temas científicos es otra de esas personas que interpretan un campo especializado para los lectores inexpertos que tienen interés en el tema.

Sin embargo, hay más en ello simplemente porque hay más en la propia ciencia.

Es bastante posible que haya mucha más gente que se pregunte si la nueva obra teatral que se estrenó vale la pena que gente que se pregunte sobre algún aspecto de la ciencia, y todavía mucha, mucha más gente que quisiera saber quién va a ganar el partido de béisbol de mañana –pero la importancia de las cosas no puede abandonarse al criterio de la mayoría.

Una obra teatral que reciba una mala crítica o una derrota imprevista en béisbol pueden provocar mucha angustia, e incluso alguna pérdida de dinero, pero si la ciencia se equivoca en estos días el resultado puede ser una catástrofe ante la cual la pérdida de las entradas o de las apuestas más caras no es nada.

El mundo se enfrenta con una lista espantosa de crisis de vida o muerte para toda nuestra civilización industrial y para los miles de millones de personas que la hacen posible y que (tanto ellos como sus antecesores recientes) la han creado y multiplicado durante los últimos dos siglos.

La triste letanía es tan conocida que apenas vale la pena repasarla: recursos que escasean, en particular el petróleo; aumento de la polución; creciente peso de la superpoblación; desaparición de tierra fértil y avance de los desiertos; multiplicación del armamento nuclear; profundización del terrorismo y de la alienación social; intensificación de distintos cultos a la irracionalidad.

¿Qué soluciones podemos imaginar? Quizá ninguna, pero si vamos a encontrarlas, llegarán a través de los avances en la ciencia y la tecnología, que pueden (o al menos *deberían*) proporcionarnos nuevas fuentes de energía, mejores maneras de reciclarla y conservarla, una mejor comprensión de la fisiología y la psicología de la reproducción, formas más eficientes de sanear el medio ambiente, etcétera.

Si se permite que la ciencia y la tecnología avancen, así será.

Muchos de los grandes problemas de la Tierra surgen del éxito anterior de la ciencia y de la tecnología, porque ese mismo éxito ha hecho que los excesos poco prudentes sean fáciles y atractivos. La tecnología ha sido empujada en demasiadas ocasiones hacia claros objetivos a corto plazo, en detrimento de toda la humanidad a largo plazo (cosa que es mucho menos visible). Y los mismos que aplaudían mientras hacían negocios ahora acusan salvajemente a la ciencia cuando se valoran las consecuencias. ¿A qué hay que culpar sino a la avidez y la ignorancia de millones de personas?

Es fácil, en cualquier caso, sentirse desilusionado de la ciencia –que es racional y cauta por naturaleza, y que sólo es capaz de decirnos que parece probable, a partir de la evidencia, que dos y dos suman cuatro–. ¡Cuánto más fascinantes y reconfortantes son las creencias marginales que nos aseguran, de la manera más confidencial y alentadora posible, que dos más dos es de hecho igual a seis y medio!

Bajo estas circunstancias, podría parecer que la humanidad no tiene esperanza.

Si, como me parece a mí, la única oportunidad razonable que tenemos de salir de este agujero en el que nos hemos hundido es estimular el avance científico y tecnológico y utilizar ese avance con mesura, cautela y prudente sabiduría...

Y si, a la vista de lo ocurrido en los dos últimos siglos, parece más probable que utilicemos los avances, como siempre, para lograr una comodidad y una ganancia inmediatos y a corto plazo, sin considerar las consecuencias a largo plazo... y si hay, en cualquier caso, una creciente desilusión en relación con este miserable resultado, y si en nuestra complicada estupidez abandonamos no nuestra falta de prudencia sino los principios de la ciencia y de la racionalidad... entonces, con seguridad, acabaremos en la ruina.

Excepto que vaya contra la esencia de los seres humanos abandonarlo todo y aceptar la derrota. Quizá si los que podemos hacerlo explicásemos pacientemente los principios de la ciencia, describiésemos los últimos avances, señalásemos las falacias que sostienen los bribones astutos e irracionales (o los ignorantes sinceros), entonces podría haber un número suficiente de personas del lado de la racionalidad y de la sabiduría como para estar a tiempo de salvarnos.

En 1920 H.G. Wells dijo: «La historia humana se convierte cada vez más en una carrera entre la educación y la catástrofe», y en los sesenta y nueve años que han pasado desde entonces parece que la educación está perdiendo la carrera. Irónicamente, como nuestra creciente capacidad científica y tecnológica hace que la ignorancia aparezca cada vez más como agente de la catástrofe, es la educación científica (en general) la que queda más atrás.

Más razón para redoblar nuestros esfuerzos.

Los comentaristas de temas científicos, especialmente los que son corresponsales de los grandes diarios, asumen la tarea más difícil y más importante. Tienen ante ellos al público, la gran masa de la humanidad, mucha más gente de la que asiste a las clases de una universidad.

Los lectores de los comentaristas de temas científicos pueden, con demasiada facilidad, saltar su columna y girar las páginas hasta dar con la columna sobre consejos a los enamorados. Y si pueden conseguir la atención de parte del público, deben decirles muchas veces lo que no quieren oír –que lo que quisieran creer no es más que una tontería que los lleva por un camino equivocado.

Sin embargo es eso lo que han de hacer, y si logran un poco de éxito nos alejaremos algo del borde del precipicio.

Por lo tanto, es alentador al llegar a este punto poder presentar una colección de los artículos publicados por Adrian Berry en el *Daily Telegraph*. Adrian sabe lo que dice, escribe bien y de manera interesante, presenta los temas con sencillez y no teme atacar a las fuerzas de la irracionalidad y la superstición.

Y está del lado de los ángeles –a favor de la razón, del avance del conocimiento, de la supervivencia y del crecimiento, de los magníficos logros del futuro.

Científicos escritores

Uno de los grandes científicos de los días en que comenzaba la ciencia moderna fue el astrónomo y físico alemán Johann Kepler (1571-1630). Su fascinación por los cuerpos celestes era tal que se sentó y escribió una novela acerca de alguien que había volado a la Luna. Sin embargo, fue lo bastante cauto para esconderla y no se publicó hasta 1634.

Los viajes interplanetarios no nacieron con Kepler. El primer viaje de ficción a la Luna que conocemos fue escrito por Luciano de Samosata en la época de los romanos, quince siglos antes que Kepler. Este último, sin embargo, fue el primer científico que lo hizo. En realidad, fue el primer científico que, por lo que sabemos, escribió un relato que pueda considerarse de ciencia-ficción.

Eso le creó problemas. Los autores anteriores a Kepler que habían escrito sobre vuelos a la Luna eran literatos que no se preocupaban por asuntos como la distancia a la Luna, que se sabía que era enorme desde que Luciano, en el siglo II antes de Cristo, hacía que sus viajeros llegaran a su meta elevados por un remolino.

Kepler sabía demasiado como para utilizar ese recurso, pero como fracasó en inventar un método racional hizo que su héroe viajara a la Luna llevado por espíritus. Kepler sabía que la Luna era distinta de la Tierra, aunque los autores anteriores habían considerado ese cuerpo como un país más, no muy distinto de regiones poco conocidas como África o Asia. Sabía, por ejemplo, que tenía un día y una noche que duraban cada uno dos semanas. Por lo tanto, imaginó que la Luna estaba habitada por plantas y animales extraños que crecían extraordinariamente durante el día y morían al caer la noche.

En realidad, Kepler no sentó un precedente. Lentamente crecieron y se desarrollaron los escritores de ciencia-ficción, pero los nuevos escritores, a pesar de que conocían bastante la ciencia de su época (Edgar Allan Poe, Jules Verne y H.G. Wells eran leídos en ciencia), no eran científicos profesionales.

Sin embargo, científicos ocasionales trataron de escribir ciencia-ficción, a pesar de que no revolucionaron el mundo de la literatura con sus esfuerzos (ello no es sorprendente: el arte de escribir muchas veces requiere un período largo y esforzado de aprendizaje, y los científicos profesionales tienen su propio trabajo y por lo general no les queda tiempo para desarrollar un estilo literario pulido).

El astrónomo francés Camille Flammarion (1842-1925), quien creía ardientemente en la vida en otros planetas –especialmente en Marte–, dedicó su pluma a la ciencia-ficción. El físico ruso Konstantin Tsiolkovsky (1857-1935), que fue el primer científico en tratar el tema de los cohetes y de los viajes espaciales con rigor matemático, también escribió una novela de ciencia-ficción para transmitir sus ideas a los lectores que no tenían el nivel suficiente para entender sus ecuaciones.

Actualmente, sin embargo, es más frecuente que los científicos se dediquen a la ciencia-ficción. ¿Por qué no? Un número sorprendente de científicos estaban fascinados por la ciencia-ficción cuando eran jóvenes, y algunos se sintieron atraídos hacia la ciencia por esa vía. ¿Por qué no devolver el favor, por así decirlo, y tratar de fascinar a otra gente de la misma manera con que fueron atrapados?

No es fácil hacerlo, pero para ser un gran científico que escribe grandes historias de ciencia-ficción uno debe haber logrado un equilibrio extraordinario. A decir verdad, conozco a algunos grandes científicos que escriben ciencia-ficción, y a algunos grandes escritores de ciencia-ficción que son científicos pero, a pesar del título de esta antología, no conozco a ningún *gran* científico que sea un *gran* escritor de ciencia-ficción.

El problema es que cuando uno destaca en cualquier dirección, por lo general no lo hace por casualidad. Si uno se da cuenta de que es posible convertirse en un gran escritor de ciencia-ficción, se encontrará fascinado con lo que escribe y, a pesar de que se halle en el camino de la ciencia, es probable que lo abandone todo. Por otro lado, si uno se da cuenta de que tiene capacidad para ser un gran científico, aunque sienta la urgencia de escribir ciencia-ficción nunca encontrará el tiempo suficiente para dedicarse mucho a ello.

En realidad, yo mismo me acerqué mucho más a este equilibrio que la mayoría de la gente. Desde mi adolescencia, estaba determinado a ser un escritor de ciencia-ficción y también un científico. Avancé en ambas direcciones con una especie de energía feroz. Escribí más y más relatos de ciencia-ficción (y ahora algunos son considerados clásicos) mientras que al mismo tiempo obtenía mi doctorado en química en la Universidad de Columbia y formaba parte del departamento de bioquímica de la Facultad de

Medicina de la Universidad de Boston. En 1958 era profesor asociado y había escrito libros de texto, y al mismo tiempo era uno de los escritores de ciencia-ficción de primera fila. Pero entonces tuve que elegir. No tenía tiempo para hacer ambas cosas correctamente. Elegí escribir. Todavía tengo mi título académico, pero me dedico únicamente a escribir desde 1958.

Sin embargo, creo que es importante hacer énfasis en que existen algunas personas que tratan de hacer ambas cosas, porque demasiados científicos y demasiados lectores de ciencia-ficción piensan que hay alguna línea divisoria peculiar entre la ciencia y la ciencia-ficción, que los científicos deben, necesariamente, burlarse de la ciencia-ficción, y que los escritores de ciencia-ficción deben, también necesariamente, ignorar la ciencia.

Y no es así.

De modo que aquí tenemos una importante selección de varios relatos de ciencia-ficción de excelente calidad que han sido escritos por científicos practicantes o por autores que obtuvieron un título académico pero abandonaron la profesión porque encontraron un mayor interés en escribir.

Dentro de lo posible, elegimos relatos en los que el escritor trata su propio campo de experiencia. Así, mi relato *The Winnowing* es uno de los pocos que he escrito que están relacionados con la bioquímica. No sólo incluimos las ciencias clásicas. Mario Pei (a quien conocí en vida) escribió un relato sobre la lingüística de una manera deliciosa y al estilo de De Campian.

De modo que espero que todos disfruten leyendo *Science Fiction by Scientists.*

El hombre de Neandertal

En Alemania, en el curso medio del Rin, está la ciudad de Düsseldorf. Directamente a su derecha, a lo largo de las márgenes del pequeño río Düssel está el valle de Neander. La gente de la región dio la versión alemana del nombre: la palabra alemana para «valle» es *tal*, o en su ortografía más arcaica *thal* (a pesar de que se pronuncia igual en cualquiera de las dos formas). La región al este de Düsseldorf es, por lo tanto, el Neandertal, o Neanderthal. Los alemanes pronuncian esta palabra «nayondertol» y nosotros la pronunciamos tal como la escribimos.

En 1857, en el Neanderthal, unos obreros estaban limpiando una cueva de piedra caliza cuando encontraron huesos. No se trataba de un hecho raro y los arrojaron a un rincón. Afortunadamente, algunos huesos largos quedaron junto al cráneo (de lo cual debemos felicitarnos). Los huesos eran sin duda humanos, pero había diferencias significativas. El cráneo tenía unos bordes pronunciados sobre los ojos que los cráneos humanos comunes no poseen. También tenía inusuales dientes prominentes y un mentón huidizo.

El descubrimiento fue realizado dos años antes de que Charles Darwin publicara su gran libro sobre la evolución, pero ya existían ideas evolucionistas en el ambiente. Algunas personas se sintieron inclinadas a pensar que el «hombre de Neandertal» era quizá un antecesor del hombre moderno.

Como la mayoría de los europeos de la época (incluyendo a los científicos) estaban convencidos de que los primeros capítulos de la Biblia eran literalmente verdad, este concepto evolucionista encontró gran resistencia. Mucha gente insistió en que los huesos eran bastante modernos, y una de las sugerencias era que se trataba de alguien de sólo una generación antes, concretamente un soldado cosaco que había muerto durante la marcha rusa sobre Europa occidental, en persecución de Napoleón.

Pero en 1863 Thomas Henry Huxley, un gran defensor de las ideas darwinianas, estudió los huesos y argumentó con firmeza que eran los restos de una especie primitiva del hombre. En 1864 otro científico británico, William King, bautizó a esta especie primitiva como *Homo neanderthalensis*.

Si el hallazgo del Neandertal hubiera sido el único de su tipo, la disputa habría llegado hasta nuestros días sin solución. Pero se encontraron docenas de otros conjuntos de esqueletos en Neandertal, y ahora no hay ninguna duda de que se trata de los precursores primitivos del hombre moderno.

En 1911 un esqueleto casi completo del hombre de Neandertal fue estudiado por el científico francés Pierre Boule. Fue su descripción la que dio lugar a la imagen popular del hombre de Neandertal como la de una criatura grotesca parecida al mono, de baja estatura, rudo y que se desplazaba arrastrando los pies.

Pero lo que sucedió fue que Boule trabajó con el esqueleto deformado por la artritis de un hombre viejo. Del estudio de otros esqueletos de individuos más jóvenes y con mejor salud se desprendió que el hombre de Neandertal era más humano de lo que parecía en un primer momento. Sí, tenía la frente aplastada y protuberante sobre las cejas, y tenía dientes grandes y mentón huidizo, pero en general el hombre de Neandertal se mantenía erguido, caminaba exactamente como lo hacemos nosotros y no era tan distinto desde el cuello hacia abajo.

Es más, el cerebro del hombre de Neandertal era tan grande como el nuestro e incluso, quizá, un poco mayor a pesar de su diferente proporción. El suyo era menor en la parte delantera (de ahí la frente aplastada) y mayor detrás. Puesto que la parte delantera del cerebro se asocia con las regiones más sutiles del pensamiento abstracto, podríamos suponer que el hombre de Neandertal era menos inteligente que nosotros –pero no hay evidencias ciertas sobre este extremo.

Si los hombres de Neandertal no eran muy diferentes de nosotros, ¿se podrían haber relacionado con individuos pertenecientes a los seres humanos «modernos»? No sólo podrían haberlo hecho, sino que aparentemente lo hicieron, porque se han encontrado esqueletos que muestran facciones intermedias entre los hombres de Neandertal y los modernos. Actualmente se considera que los hombres de Neandertal pertenecían a la misma especie que nosotros, por lo que su nombre científico es *Homo sapiens neanderthalensis*, mientras que nosotros somos *Homo sapiens sapiens*.

El hombre de Neandertal pudo haber vivido en la Tierra hace 250.000 años, y fue la forma de vida humana dominante durante casi el 80% del tiempo desde entonces. El hombre moderno llegó a ser preponderante sólo unos 50.000 años atrás, y hace unos 30.000 años murió el último ser humano con facciones de Neandertal.

Pero quizá no haya sido así. Se suele creer que los hombres de Neandertal fueron barridos por las tribus «superiores» de los hombres modernos, que se multiplicaron y llegaron a ser poderosos, pero también es posible que las facciones del hombre de Neandertal muy pronunciadas desaparecieran progresivamente, diluidas en parejas mixtas. Quizá los genes de Neandertal se mantienen en la población humana actual, en especial en Europa, donde parece que los hombres de Neandertal eran más numerosos. Mi querida esposa, Janet, está convencida de que además de ascendencia vikinga, también posee numerosos genes de Neandertal, lo que considera como una señal de origen noble (no tiene pruebas de ello, pero si la idea le complace, no voy a discutírsela).

Y, después de todo, ¿por qué no podemos sentirnos orgullosos de descender de los hombres de Neandertal? Se las arreglaron para sobrevivir a la edad de hielo; pertenecían a la edad de piedra (como los hombres modernos durante mucho tiempo), utilizaban el fuego, poseían cierto número de herramientas útiles, probablemente llevaban una vida social compleja, e incluso mostraron nociones espirituales, a juzgar por el hecho de que enterraban a sus muertos con flores y utensilios que suponían que utilizarían en el más allá.

Hasta el día de hoy, la visión que se tiene de los hombres de Neandertal –tal como aparece en la ciencia-ficción, por ejemplo– oscila entre mostrarlos definitivamente inferiores, como en *The Day is Done*, de Lester del Rey, o casi sin diferencias mentales con nosotros, como en mi relato *The Ugly Little Boy*.

Hayan sido inferiores mentalmente o no, la actitud hacia los hombres de Neandertal tiende a ser más benévola últimamente, como por ejemplo en el *best seller* de Jean Auel *Clan of the Cave Bear*.

En cualquier caso, en *Neanderthals* encontrará una serie de relatos que tratan varios aspectos de lo que pudo ser la experiencia de los hombres de Neandertal. Por supuesto, difieren entre sí, pero estoy seguro de que los encontrará entretenidos.

Cerebros no humanos

Durante toda la historia, los seres humanos han sido capaces de intercambiar ideas por medio de la palabra hablada sólo con otros seres humanos. La inteligencia del tipo humano sólo existe en nosotros, y eso parece convertirnos en solitarios.

Pero en muchos de los mitos y leyendas antiguos de la humanidad aparecen seres que hablan que no son humanos.

En la Biblia, por ejemplo, hay dos animales que hablan. En el tercer capítulo del Génesis aparece una serpiente que habla con Eva y la persuade para que coma el fruto del árbol de la ciencia del bien y del mal. En el capítulo veintidós del Libro de Números, el asno en el que montaba el hechicero Balaam recibió el poder del habla para que pudiera protestar tras ser golpeado por evitar a un ángel que le cerraba el paso, un ángel que el propio Balaam no había visto.

En la *Ilíada* de Homero, que los antiguos griegos reverenciaban igual como los occidentales modernos reverencian la Biblia, el guerrero griego Aquiles cabalgaba en caballos que eran divinos e inmortales. Cuando se preparaba para la batalla final de la epopeya, uno de ellos habló y advirtió a Aquiles que sobreviviría a la batalla pero que moriría poco después.

Podemos encontrar animales que piensan como seres humanos e intercambian ideas a la manera humana en todo tipo de relatos tradicionales, como los de Grimm en los cuentos del tío Remo. También los autores modernos imaginan estas historias, como Hugh Lofting en sus libros del Dr. Dolittle y Richard Adams en *La colina de Watership*.

No sólo eso, sino que se han inventado toda suerte de criaturas fantásticas con inteligencia humana o superhumana. Se creía que las hadas y los elfos habitaban la Tierra con nosotros, y que estábamos rodeados de demonios, ninfas y monstruos de todo tipo.

En nuestros días, sin embargo, somos escépticos y sabemos que no hay evidencias sobre la existencia de inteligencia no humana a nuestro alrededor. De hecho, los animales no hablan. Y los pájaros como los loros, que pueden imitar los sonidos humanos, no comprenden lo que dicen. Los chimpancés y los gorilas pueden comunicar ideas simples en el lenguaje de los signos, pero no llegan muy lejos en esa dirección. Los delfines pueden tener un lenguaje propio, pero parece ser que no tenemos forma de entenderlo.

Y en lo que respecta a espíritus, monstruos, demonios y hadas, ¡son tonterías!

De modo que los seres humanos –sus cerebros, las ideas que tienen y la manera en que se comunican esas ideas– permanecen solos en este planeta.

Puede que haya otras inteligencias iguales (o superiores) a la nuestra en otros planetas que giran alrededor de otras estrellas –muchos astrónomos piensan que debe de haberlas–, pero no tenemos ninguna evidencia. Si las inteligencias extraterrestres existen, no hemos tenido noticias de ellas ni las hemos detectado (la gente puede hablar de ovnis y de «astronautas de la antigüedad», pero eso también parece ser una tontería).

Entonces, ¿estamos condenados a la soledad intelectual para siempre?

En absoluto, porque los seres humanos se han dispuesto a crear máquinas pensantes; están diseñando mentes no humanas y construyendo mecanismos con «inteligencia artificial».

La idea de que los seres humanos construyan algo que pueda pensar es vieja. Encontramos la leyenda medieval del Golem y la novela moderna del monstruo inventado por el doctor Frankenstein, por no mencionar relatos posteriores de ciencia-ficción de todo tipo. Pero se trata de meros ejercicios de la imaginación.

La primera persona que pensó en una manera legítima de construir una máquina que hiciera algunas de las cosas que hasta entonces sólo hacían los seres humanos fue el matemático inglés Charles Babbage. Hace un siglo y medio trató de construir una máquina que fuera capaz de resolver problemas matemáticos. Desgraciadamente, sólo podía trabajar con instrumentos mecánicos –pequeñas ruedas, engranajes, palancas y demás–. Lo intentó durante muchos años, pero nunca consiguió que su máquina funcionara como deseaba. Con el tiempo se quedó sin dinero y abandonó su proyecto.

Pero en la época de la Segunda Guerra Mundial, los científicos disponían de instrumentos electrónicos, con los cuales podían jugar, que llegaban a hacer el trabajo con mucha más rapidez y esmero que los instrumentos mecánicos. En 1946 se construyó la primera computadora electrónica, ENIAC, y durante los cuarenta y tres años que han pasado desde entonces se han realizado avances rápidos que hacen que estas computadoras u ordenadores sean capaces de llevar a cabo operaciones cada vez más complicadas, paralelamente a la disminución de su tamaño.

A mediados de los años setenta, se inventaron conmutadores de tamaño prácticamente microscópico (los microchips), y fue posible obtener ordenadores complejos tan pequeños que uno se los podía meter en el bolsillo. Son tan baratos que casi todo el mundo tiene uno.

Lo que es más, todo se está computadorizando. Estoy escribiendo este artículo con un procesador de textos computadorizado. Los automóviles son fabricados por robots industriales computadorizados. Los chicos juegan con videojuegos computadorizados, que en un par de años se han convertido en una industria multimillonaria. ¿Quién sabe dónde nos llevará todo esto?

¿Qué pasará si los ordenadores llegan a ser tan inteligentes, a su manera, como los seres humanos? ¿O más inteligentes? Serán como las inteligencias no humanas que imaginamos en las leyendas. En ese caso, ¿trabajarán a favor o en contra de nosotros?

¿Tratarán de salvarnos los ordenadores avanzados, como el asno trató de salvar a Balaam? ¿O tratarán de dañarnos como la serpiente trató de engañar a Eva? ¿Las computadoras serán elfos colaboradores o duendes rencorosos? ¿Serán hadas buenas o hechiceras malvadas? ¿Ángeles o demonios?

En realidad no lo sabemos, pero podemos imaginarlo, y son los escritores de ciencia-ficción los que, en estos casos y en estos tiempos, se ocupan de hacerlo. Por lo tanto en *Computer Crimes and Capers* presentamos relatos de ciencia-ficción que tratan acerca de lo que podría ocurrir si los ordenadores llegan a ser mucho más potentes de lo que son ahora.

El temor general es que las computadoras puedan escapar del control humano. Bien, piense en ello. ¿Podrán realmente? Y si pueden, ¿cómo podemos prevenirlo? Piense en ello ahora, luego lea los relatos y después vuelva a pensar en ello.

Envidia de las computadoras

A medida que envejecemos, comenzamos a darnos cuenta de que algunas partes de nuestro cuerpo se están deteriorando. Es triste, pero inevitable. Si usted, lector, es joven y le parece difícil llegar a ese punto, todo lo que le puedo decir es: «¡Espere!».

No deberíamos quejarnos de eso. Los objetos inanimados y los artefactos humanos que no tienen partes móviles (por ejemplo, las estatuas) pueden durar, sin cambios razonables, durante mucho, mucho más tiempo que nosotros –al precio, sin embargo, de no hacer nada–. Pero cualquier cosa con movimiento envejece –y por lo general más rápido que nosotros.

Entre los seres vivos, ningún mamífero vive tanto como los seres humanos, como media. Y los únicos animales que viven más que nosotros (las tortugas, por ejemplo) son de sangre fría y viven a un ritmo muy lento. Las plantas viven más, pero lo hacen de una manera más pasiva.

Los objetos inanimados con partes móviles tampoco tienen mucha suerte. Un reloj, o una lavadora, o un automóvil tan viejo como yo y que no ha sido reparado no hay duda de que en este momento ya no funciona.

Pero la cuestión es que pueden repararse. Poco a poco, se puede reemplazar esta pieza del automóvil, luego aquella otra –las cubiertas, el motor, las luces– hasta que ninguna pieza es la que existía cuando se compró el automóvil, y sin embargo ha habido una continuidad.

¿Por qué no podemos hacer lo mismo con el cuerpo?

De hecho, el cuerpo también funciona así. Las heridas y magulladoras se curan, los huesos rotos se unen... La capacidad para este tipo de cosas disminuye con la edad, sin embargo, y finalmente el cuerpo se deteriora hasta el punto de no curarse de manera espontánea, de modo que por más que uno evite infecciones o accidentes, se morirá de algún tipo de degeneración.

La tecnología viene en nuestra ayuda. Los dientes tienen caries –es la única parte del cuerpo vivo a la que le sucede esto–, y esas caries son irreversibles. En la antigüedad, eso significaba la pérdida final de los dientes, de todos ellos. Actualmente, las amalgamas llenan las cavidades que ocasionan las caries. Los empastes, los puentes, los tratamientos de raíz hacen más factible que no se pierdan los dientes.

Por mi parte, llevo gafas para suplir los lentes naturales que hay dentro de mis ojos. En realidad, cuando mis arterias coronarias se obturaron peligrosamente hace unos años, los cirujanos colocaron arterias y venas de recambio alrededor de las zonas obturadas (utilizando parte de mis propias arterias y venas para ese propósito) para que mi corazón continuara recibiendo una cantidad adecuada de sangre.

Obviamente, sería preferible que pudiéramos hacer más. Está el corazón de Jarvik, que puede bombear durante un tiempo hasta que se realice el reemplazo orgánico. ¿No sería agradable que tuviéramos un corazón mecánico permanente, con energía incluida, que pudiera durar siglos?

Lo mismo para reemplazar hígados, ojos y demás.

En realidad, en mi relato *Bicentennial Man* coloqué en primer término a un robot que era cada vez más humano hasta que desarrolló la habilidad humana final de la muerte degenerativa. En segundo término (no insistí mucho en eso) había seres humanos que estaban aprendiendo a agregar más y más piezas a sí mismos para evitar, o al menos atrasar, la muerte degenerativa.

La idea global que no explicité es que los robots serán cada vez más como los seres humanos y los seres humanos se parecerán a los robots hasta que, finalmente, no se notará la diferencia.

Por supuesto, estas ideas no son nuevas. Son, con toda seguridad, anteriores a la ciencia-ficción. En *Pinocho* tenemos el caso de una marioneta con vida (tan cercana a un robot como podamos imaginar) que consigue convertirse en un niño debido a su fidelidad y valentía. A la inversa, nos encontramos con El *Mago de Oz*, donde un leñador que es increíblemente torpe, mutila accidentalmente sus extremidades con un hacha y es reconstruido con metal, de modo que nos encontramos ante un Leñador de Metal, que es claramente una versión más permanente de sí mismo.

Si consideramos los mitos griegos, hay algunos indicios del reemplazo mecánico de partes del cuerpo. En uno de los mitos menos agradables, Tántalo, un rey de Argos, es descrito como íntimo de los dioses. En una ocasión, cuando invita a los dioses a un banquete en su palacio se determina a comprobar su omnisciencia dando muerte a su hijo, Pélope, y presentándolo como comida en el banquete.

Naturalmente, los dioses se dan cuenta de lo que ha hecho. Resucitan a Pélope y condenan a Tántalo a sufrir torturas en el Tártaro. Allí es obligado a mantenerse quieto con el agua hasta el cuello y con una fruta deliciosa oscilando frente a su rostro. Pero cuando se agacha a beber, el nivel del agua baja, y cuando casi llega a la fruta, ésta sube hacia arriba.

Pero volviendo al banquete, la diosa Deméter, preocupada por la pérdida de su hija Perséfone en manos del dios del submundo, no estaba prestando atención y distraídamente se comió una porción del hombro izquierdo de Pélope. Entonces los dioses reemplazaron la parte que faltaba del cuerpo con una prótesis de marfil –lo que pienso que fue bastante ingenioso.

Pero ¿se contentarían los seres humanos con sus complementos, o incluso sustitutos mecánicos? Personalmente, creo que sí. No los rechazan ahora. No rechazan, en principio, que se les llenen los huecos de los dientes, ni usar lentes para mejorar su visión, ni sustitutos mecánicos para la unión de las caderas, ni marcapasos, ni piernas artificiales...

De hecho, sospecho que si estos mecanismos fueran bastante más eficientes o duraderos que los «verdaderos», la gente haría cola para tenerlos. Gardner Dozois, emulando al viejo Sigmund Freud, lo llama «envidia de las computadoras» en su libro *Antibodies*, y pienso que es el nombre exacto para este sentimiento.

Perros

La Biblia no tiene en buen concepto a los perros. Así, se cita a Jesús diciendo en el sermón de la montaña: «No deis lo santo a los perros» (Mateo 7,6), donde los perros simbolizan a cualquiera que no merezca la bendición divina.

Eso es quizá comprensible porque en Oriente Medio durante los tiempos bíblicos (y quizá ahora también) los perros se alimentaban de carroña –origen de pulgas y enfermedades–, muy útiles cuando no existía un ministerio de Sanidad, pero sin otra utilidad.

Pero en ese aspecto el punto de vista bíblico no representa la actitud de nuestro mundo occidental. En la *Odisea* de Homero, Ulises regresa de una larga guerra bajo las murallas de Troya y de largos años de viajes. Vuelve a su hogar tras un lapso de veinte años para encontrar a su esposa, que todavía le ha sido fiel pero que está cercada por pretendientes arrogantes que tratan de heredar su reino casándose con ella.

El rey llega disfrazado de mendigo, y por supuesto nadie lo reconoce (excepto su antigua nodriza, quien descubre una cicatriz característica en su pierna, resto de una herida sufrida mientras cazaba un jabalí, cuando era joven). Pero Ulises había criado un perro antes de ir a Troya, que había sido un famoso cazador. Este animal permaneció en la casa cuando Ulises partió, y ahora, veinte años más viejo, apenas puede decirse que está vivo: yace en el estercolero, cubierto de moscas. Al acercarse Ulises para verlo, el perro, Argus, mueve la cola y trata de ponerse de pie, pero no puede y muere en esta prueba de reconocimiento.

Ulises llora por eso, y quién sabe cuántos millones de personas han leído la *Odisea* y han notado una sospechosa humedad en sus propios ojos. Yo la siento ahora, tras releer el pasaje, a pesar de que tengo serias dudas de que un perro pueda reconocer a su amo después de veinte años.

La lealtad y la fidelidad totales de un perro son un artículo de fe para la mayoría de la gente de nuestra cultura occidental. En 1884 el senador George G. Vest pronunció un discurso en el Senado (discurso que es lo único que lo hace memorable, por lo que yo sé) y habló con alta estima de los perros. Dijo: «El único amigo abnegado que el hombre puede encontrar en este mundo egoísta, el único que nunca lo abandona, el único que nunca es desagradecido ni traicionero, es el perro.... Besará la mano que no tiene comida que ofrecer... Cuando todos los otros amigos abandonan, él permanece».

Una vez más, mi cinismo me impide ignorar que existen los reflejos condicionados y que un perro puede guiarse por ellos más que por un alto sentido moral de la lealtad. En cualquier caso, el elogio de Vest llegó al corazón de millones de personas, y puede haber dado lugar a la expresión común: «El perro es el mejor amigo del hombre».

Mark Twain dijo casi lo mismo en su libro *Pudd'nhead Wilson*, pero lo hizo a su manera ácida y epigramática: «Si usted recoge a un perro hambriento y le permite prosperar, no lo morderá. Ésa es la diferencia principal entre un perro y un hombre». Sin embargo, sospecho que Twain dijo eso no porque amara mucho a los perros sino porque amaba muy poco a los hombres.

Tanto si el perro es el mejor amigo del hombre como si no, no hay duda de que parece ser el amigo más antiguo del hombre. El perro ha sido domesticado desde el año 8000 antes de Cristo por lo menos, y es el único animal que ha seguido a los seres humanos por todo el mundo. Los indios americanos habían domesticado muy pocos animales, pero sí al perro. Incluso los aborígenes australianos tenían al semisalvaje dingo.

¿Por qué? Por un lado, los perros son útiles debido a que son carnívoros cazadores, y por lo tanto pueden cazar junto a los seres humanos. Los perros son también lo bastante inteligentes como para ver que si ayudan realmente a los seres humanos en la caza se les recompensará con una parte de la osamenta. Ha sido una relación simbiótica que ha ayudado a unos y otros. Los perros podían localizar a la presa, perseguirla, molestarla, cansarla, y los hombres podían matarla con flechas y lanzas.

Puede que los perros desciendan de alguna variedad de lobo, o quizá de chacal –no estamos seguros de cuál–, y la asociación pudo surgir porque algunos perros primitivos andaban husmeando alrededor del fuego del campamento para ver si podían conseguir los restos de comida.

Al comienzo los seres humanos pueden no haberse sentido muy atraídos hacia los perros, ya que cuando un perro se escapaba con un preciado trozo de carne, eso no debía complacer a los seres humanos que estaban a punto de comer esa carne –le gritarían salvajemente y le arrojarían piedras.

Pero mi propia teoría se basa en las crías de ambas especies. De vez en cuando una cría humana se cruzaría con una cría de perro (un cachorro, en otras palabras) y puede que disfrutaran estando juntos. Cuando llegó el momento de que los padres echaran al perro (o, quizá, de que lo consideraran como parte de su dieta), el niño protestaría vociferando –y a menudo los chicos consiguen lo que desean en estas situaciones.

Pero a medida que el perro crecía y se volvía más peligroso aumentaba la presión para quitárselo de encima. Los perros que escapaban a este destino eran los que se mostraban particularmente amistosos y afables, o particularmente aptos para la caza. En otras palabras, sin saber exactamente lo que harían los seres humanos descartaban a algunos perros y se quedaban con otros y los criaban para que fueran animales amistosos y hábiles para la caza.

En este sentido es útil que los perros sean animales de grupo y tengan el instinto de seguir a un líder –o sea, a algún miembro del grupo que puede herir físicamente a los otros o dominarlos psicológicamente–. Si los seres humanos crían a un cachorro, ese ser humano u otro se convierte en líder para el cachorro (que más tarde será un perro), y de nuevo su fidelidad es cuestión de instinto más que de una elevada virtud moral.

Pero ¿qué necesidad hay de hablar de instinto y de reflejos condicionados? Eso significa algo si podemos mantener una actitud indiferente y distante en relación con los perros, lo que es difícil de hacer.

Cualquiera que sea la causa, los perros actúan con los seres humanos como si estuvieran llenos de amor y afecto hacia ellos. Esa apariencia de amor es tomada con amor, y por lo general se devuelve con creces.

El hombre posee muchos animales domésticos, a los que mantiene para comer o para trabajar. El amor no tiene nada que ver con eso. Los pollos, los gansos, las vacas y las ovejas no demuestran amor. Son dóciles en el mejor de los casos, y hacen lo que esperamos de ellos, poniendo huevos o proporcionando leche o lana.

Aun el esforzado caballo –quizá el más hermoso de todos los animales– que puede inspirar afecto a su dueño muestra su afecto sólo frotándole el hocico. Ése es un gesto muy silencioso y se logra una vez que ha sido domado.

Los únicos animales que se mantienen solamente como animales domésticos, sólo por afecto aunque no trabajen ni sean útiles, son los perros y los gatos, y de éstos, los gatos no muestran afecto y no siempre inspiran el amor profundo que se prodiga a los perros.

Pero ¿por qué digo que no tienen «utilidad»? ¿No es «útil» recibir un amor continuo e invariable? ¿No es «útil» tener una compañía que nunca falla? Los psicólogos han descubierto recientemente que la posesión de un perro contribuye enormemente a la salud mental y a la estabilidad emocional. Probablemente hayan sido los últimos en hacer este descubrimiento. Todos los demás ya lo sabían.

¿Por qué, entonces, no combinamos dos grandes amores, el amor por los perros y el amor por los misterios, y presentamos a los lectores misterios que de una u otra forma estén relacionados con perros? En *Hound Dunnit* encontrará una colección de estos misterios.

Dragones

Los seres humanos han inventado muchos monstruos imaginarios, pero de todos ellos el más temible e impresionante es el dragón.

En nuestra tradición occidental, el dragón es un monstruo largo, grande y escamoso, con alas y un aliento de fuego, de naturaleza maligna y que lleva a cabo acciones que provocan la muerte. Uno de los actos supremos de un héroe (sea divino, semidivino o humano) es matar a un dragón. El dios griego Apolo mató a uno al establecer su templo en Delfos. El héroe teutón Sigfrido mató a otro, y también lo hizo san Jorge, el héroe cristiano.

Era importante matar a los dragones por varias razones. En primer lugar, por lo general eran guardianes de objetos preciosos. En los mitos griegos, un dragón vigilaba el Vellocino de Oro y Jasón lo mató, mientras que otro dragón guardaba las manzanas de oro de las Hésperides y tuvo que morir a manos de Heracles. Fafnir, el dragón que mató Sigfrido, también vigilaba una fortuna en oro.

Otros dragones tuvieron que morir porque tenían el desagradable hábito de alimentarse con vírgenes (que entonces eran altamente valoradas, como ahora, por su escasez, y que eran desaprovechadas si pasaban a formar parte de un menú). O podían ser la encarnación del mal, ya que en la Biblia se menciona al dragón dos o tres veces como el principal enemigo de Dios.

Los dragones, en un sentido amplio, podían ser cualquier monstruo grande y temible, y vivir en el mar, por ejemplo. Los monstruos del mar que amenazaban a la hermosa Andrómeda y fueron masacrados por Perseo en la mitología griega se describen a veces como dragones. Recordemos también a Leviatán, el gran monstruo marino que aparece en la Biblia.

Algunos dragones son anormalmente monstruosos, como la Hidra, de muchas cabezas, que fue muerta por Heracles, o la Escila de seis cabezas de cuyas garras tuvo que huir Ulises.

Por otro lado, los chinos tenían dragones que se asemejaban formalmente a los dragones voladores de la tradición occidental. Pero los dragones chinos tendían a ser espíritus beneficiosos.

¿De dónde salieron todos esos dragones? ¿Cómo llegaron a la imaginación humana?

Podemos olvidar sin más una de las posibilidades. No eran versiones de los dinosaurios. Los animales más temibles de todos los tiempos fueron los enormes reptiles del mesozoico. Los caballeros que rutinariamente se enfrentaban y acababan con los dragones en las epopeyas del medievo se acobardarían si tuvieran que enfrentarse con un tiranosaurio. Estaban también los reptiles voladores, los pterosauros, los mayores animales voladores que hayan existido jamás.

En cualquier caso, todos estos reptiles monstruosos murieron hace unos sesenta y cinco millones de años, y los seres humanos no tuvieron ningún conocimiento de ellos hasta el siglo XIX.

¿Podemos estar seguros? ¿No es posible que algunos sobrevivieran a la etapa humana primitiva y hubieran sido la base de la leyenda?

No. Las posibilidades de supervivencia son tan escasas que es mejor que ignoremos totalmente esta posiblidad.

Entonces, ¿cómo nació el dragón?

Sin duda, comenzó como un animal que existía y que fue adaptado. Por un lado, está la serpiente. La palabra «dragón» proviene del griego *drakon*, que originariamente se refería al espíritu de la tierra de ojos agudos y que más tarde se aplicó a las serpientes.

Las serpientes tienen ojos que no pestañean, lo que da la impresión de que son capaces de ver mucho, de tener una vista muy aguda. Se deslizan silenciosamente por el suelo y, si son venenosas, pueden morder sin previo aviso cuando están asustadas. Eso las hace parecer malignas. Lo que es más: si una serpiente venenosa ataca y no produce la muerte, la zona mordida se inflamará y dolerá mucho, y no está muy lejos de ese rasgo el concepto del aliento de fuego.

Se pueden agregar características a las serpientes. Si se exagera su naturaleza venenosa se obtiene el basilisco, que mataba no sólo con sus colmillos sino con su aliento venenoso... o incluso con su mirada venenosa. Una exageración más fácil es convertir a la serpiente en un monstruo por su tamaño (y algunas serpientes tienen hasta diez metros de largo). Es difícil imaginar a serpientes monstruosas deslizándose por el suelo, pero se puede hacer que sean más peligrosas si se les permite viajar por el aire con sus alas.

(Las alas casi siempre se representan como alas de murciélagos, ya que los murciélagos –esas criaturas de la noche– también son considerados malignos. Es quizá la influencia del murciélago lo que hace que las alas de los dragones sean tan extrañamente pequeñas en la mayoría de las ilustraciones; pero ¿qué sabían de aerodinámica los que inventaban los mitos?)

¿Y los dragones de mar? ¿Qué sabemos de ellos? El auténtico animal que sirve como modelo es seguramente el cocodrilo, el peligroso monstruo del Nilo. La descripción de Leviatán en el Libro de Job está seguramente inspirada en el cocodrilo.

El cocodrilo, como la serpiente, es un reptil, y ambos contribuyen a que el dragón tenga la piel escamosa. Si la respiración del dragón volador se asemeja a la de la serpiente, las patas cortas con las que casi siempre se dibuja pertenecen al cocodrilo (y no hay duda de que el pulpo, con sus numerosos tentáculos, contribuye a la creación de los monstruos marinos de múltiples cabezas, como Hidra y Escila).

En las épocas antigua y medieval se creía que los dragones (así como otras criaturas de fantasía) existían realmente, y no era totalmente irracional pensarlo, ya que gran parte del mundo no se había descubierto. ¿Quién sabía qué podía existir en las extrañas y nebulosas tierras que se extendían más allá del horizonte?

Pero en los tiempos modernos sabemos que los dragones no existen y que nunca existieron (a no ser que hablemos de los pterosauros).

No obstante, todavía los encontramos en la imaginación, y el terrible dragón Smaug en *El hobito* de Tolkien no es menos temible por ser imaginario.

Por otro lado, el don de la no existencia es éste: podemos hacer, si queremos, que nuestros dragones sean criaturas bien intencionadas, fanfarronas o completamente buenas. Está *Mi amigo el dragón* de Walt Disney, donde el dragón se parece más a un chachorro crecido; y el héroe de *The Reluctant Drago*, que sólo quiere que le dejen en paz; y el bueno e ilusionado protagonista de *Puff, the Magic Dragon*, la famosa canción.

Finalmente, los dragones se han convertido en seres de lo más cariñosos, así como también en monstruos de lo más temibles, y los que escribimos ciencia-ficción y cuentos fantásticos tenemos una amplia gama de tramas –y de dragones– a nuestra disposición. Los relatos incluidos en *Dragon Tales* lo demostrarán con creces.

El comienzo del año

Cada año tiene su comienzo –¿pero cuándo?

Se puede pensar que esta cuestión no es interesante, que es posible elegir un día arbitrariamente y decir: «Comencemos en este momento». Luego se pueden contar los días, y cada vez que se cuentan 365 días (366 en el año bisiesto) se comienza un nuevo año.

Seguramente es posible este tipo de arbitrariedad, pero los sucesos en el cielo son una guía para que las personas comiencen el año de manera natural.

El sol del mediodía se mueve primero hacia arriba y luego hacia abajo en el cielo, y repite el proceso una y otra vez sin ninguna desviación significativa. Cuando el sol del mediodía está en su punto más alto, se llama el «solsticio de verano» (al menos ése es el nombre apropiado en el hemisferio norte, donde vive la mayor parte de la población). En nuestro calendario, el solsticio de verano se produce el 21 de junio.

Cuando el sol del mediodía está en su punto más bajo, hablamos del «solsticio de invierno» (21 de diciembre). Cuando el sol del mediodia se mueve hacia arriba y ha llegado a mitad de camino entre su punto más bajo y su punto más alto, es el «equinoccio vernal» (20 de marzo). Cuando se mueve hacia abajo y está a mitad de camino entre el punto más alto y el más bajo, se llama «equinoccio otoñal» (23 de septiembre).

El menos importante de estos cuatro días es el solsticio de verano. Con seguridad, los días son mas largos entonces, las noches más cortas, los campos verdes y la gente se siente cómoda y feliz. El día de san Juan se celebra con diversiones y juegos, pero no es el momento en que comienza el año.

Pero el equinoccio vernal llega cuando el invierno ya ha terminado y la primavera está claramente en camino. Pronto aparecerán los brotes en los árboles y el suelo se tornará verde y será el momento de la siembra. Ése es claramente el comienzo, y algunos calendarios (el de los primeros romanos, por ejemplo) comenzaban el año en el equinoccio vernal o cerca de esa fecha. La Semana Santa y la Pascua son festividades primaverales y también están asociadas con el equinoccio vernal.

El equinoccio otoñal también es una fecha útil. Comienza el otoño: el grano está maduro para la cosecha, y los animales han engendrado y criado a sus crías. Pronto será el momento de recolectar la comida con la cual los seres humanos vivirán confortablemente durante el cruel invierno. Esto significa vivir bien durante otro año, y con seguridad vale la pena celebrarlo. Así, hasta el día de hoy los judíos comienzan su año en el equinoccio otoñal o cerca de él. Los revolucionarios franceses, al establecer un nuevo calendario «científico» en 1792, hicieron lo mismo.

Pero fue el solsticio de invierno el que, curiosamente, tuvo más relevancia para servir como comienzo, a pesar de que marca el comienzo del invierno. Por delante quedan tres meses de heladas, vientos fuertes, tormentas crueles... Entonces, ¿qué hay que celebrar?

Ah, pero en el solsticio de invierno el sol alcanza su punto más bajo y ya no caerá más abajo. Está comenzado a subir nuevamente, de modo que no importa cuán duro sea el invierno: cada día el sol del mediodía está más alto y se acerca el clima más cálido, lo que garantiza otra primavera, otra siembra y otra cosecha.

Por lo tanto, no es sorprendente que en el mundo occidental los dos días de fiesta más celebrados y felices sean los que llamamos Navidad y Año Nuevo, el 25 de diciembre y el 1 de enero respectivamente, que llegan pisando los talones al solsticio de invierno. En la actualidad asociamos la Navidad con el nacimiento de Jesús, pero no hay ninguna indicación bíblica sobre eso.

(Antes de que existiera la fiesta de la Navidad, había celebraciones del solsticio que no tenían nada que ver con el cristianismo. *The Festival*, de Lovecraft, trata estos hechos, a pesar de que el relato no sea histórico sino bastante disperso, típico de la narrativa de Lovecraft.)

La semana que va de Navidad a Año Nuevo es un espacio de festividades, un período en el que el mundo se sumerge en la buena voluntad y la alegría. Todos se saludan diciendo «Feliz Navidad» o «Feliz Año Nuevo». Pero a pesar de eso, es bien sabido que esta época de festividad es dura para mucha gente. La frase «en casa por Navidad» destroza los corazones de quienes no disponen de un hogar. La imagen de niños que ríen rodeados de juguetes y con una abundancia propia del relato de Dickens afecta a los niños pobres que raramente sienten algo que no sea hambre. Pregunte a cualquier psiquiatra que debe estar con sus pacientes durante la celebración de estas festividades y le dirá que por cada alegría debida a la Navidad existe también un temor a la Navidad.

Martin H. Greenberg, Charles G. Waugh y yo mismo reunimos en *The Twelve Frights of Christmas* un conjunto de relatos que le mostrarán, de un modo u otro, la otra cara de las festividades. No es que no queramos que todos pasen una feliz Navidad y un próspero Año Nuevo –¡sí que queremos!–, pero la otra cara existe, y no deberíamos ignorar ninguna situación humana.

El Día de San Valentín

La palabra latina *valere* significa «ser fuerte», y de ella surgen las palabras valiente y valor, ya que uno espera que una persona fuerte tenga coraje. También provienen de *valere* palabras como «valioso» o «válido», dado que la fuerza puede referirse no sólo a la potencia muscular sino también a la utilidad o a la aptitud.

Al bautizar a los niños, podemos utilizar palabras relacionadas con el tipo de carácter o de virtud que esperamos encontrar o inculcar en ellos. Esto no ocurre tanto hoy día, ya que utilizamos viejos nombres tradicionales que tenían un significado en tiempos antiguos pero con el cual ya no estamos familiarizados. Sin embargo, encontramos adecuado que un héroe de ficción, conocido por su fuerza y bravura, se llame «Príncipe Valiente».

Los antiguos romanos, siguiendo ese mismo razonamiento, utilizaban el mismo nombre *Valens* o *Valente*, que significa «fuerza». Por ironías de la historia, ese nombre se hizo particularmente popular en los últimos días del Imperio, cuando Roma era débil. Era como si los romanos utilizaran nombres entusiastas para esconder una realidad catastrófica.

Así, hubo un emperador romano llamado Valente, quien gobernó del año 364 al 378, pero su nombre resultó particularmente inapropiado. Luchó contra los godos en la batalla de Adrianópolis el 9 de agosto del año 378, y sus legiones romanas sufrieron una derrota aplastante –de la cual el Imperio jamás se recuperó–. Valente, cuyo pobre generalato era en parte responsable del resultado de la batalla, se quitó la vida.

Algunos nombres tienen diminutivos, porque es casi inevitable que los bebés que reciben nombres rimbombantes sean llamados con una versión más apropiada de su nombre; así, nos encontramos con Dickie en lugar de Richard, Bobby en lugar de Robert, y así sucesivamente. A veces el diminutivo se prolonga hasta la madurez. De la moda romana de crear diminutivos surgió el nombre Valentinianus o Valentiniano, que significa «pequeño Valente».

Ocurrió que el emperador Valente tenía un hermano mayor que se llamaba Valentiniano (sí, el hermano mayor usaba el nombre en diminutivo; estas cosas a veces no se guían por la lógica). Valentiniano reinó como coemperador y fue el más capaz de los dos. Falleció primero, en el año 375. Le sucedió su hijo de cuatro años de edad, quien reinó como Valentiniano II hasta que fue asesinado en el año 392. También hubo un Valentiniano III, quien reinó entre el 425 y el 455, en los días en que la porción occidental del Imperio romano se tambaleaba, y su poder fue casi inexistente.

Durante los días del Imperio romano, había persecuciones periódicas de los cristianos, y la Iglesia cristiana recuerda a sus mártires, es decir, a los que eran ejecutados durante estas persecuciones. Los mártires casi siempre eran recompensados con la santidad, y los días en que eran ejecutados eran declarados sagrados en su memoria. Con el paso del tiempo cada día del año tenía su mártir o sus mártires correspondientes.

Los mártires casi siempre eran de descendencia romana y tenían nombres romanos. Al menos dos de ellos se llamaban Valentinus (o Valentín para nosotros), y el día en que se conmemoraba su memoria era el 14 de febrero, que se recuerda por lo tanto como el «día de San Valentín».

Ahora es necesario explicar algo más.

En la antigüedad, la mortalidad infantil era elevada y el promedio de vida bajo en cualquier caso, de modo que era importante tener muchos hijos. Por lo tanto, las personas que, por cualquier razón, tenían pocos hijos o ninguno se consideraban a sí mismas como malditas o bajo alguna maldición y se sometían a ritos religiosos o místicos para asegurarse la fertilidad.

Los antiguos romanos tenían un lugar sagrado donde (según la leyenda) la loba había amamantado a los hermanos gemelos Rómulo y Remo, el primero de los cuales fundaría Roma. Ese lugar era llamado el Lupercal, de la palabra latina *lupus*, que significa «lobo».

En ese lugar, cada 15 de febrero tenía lugar una celebración llamada Lupercalia, durante la cual se sacrificaban animales. Se preparaban correas con tiras ensangrentadas de la piel del animal, y los sacerdotes corrían entre la multitud y la golpeaban con esas correas. Se consideraba que los que recibían golpes se curaban de la esterilidad. Naturalmente, la gente que quería hijos concurría en masa a la celebración. Después, supongo, realizaban las actividades mediante las cuales se espera tener hijos –golpeando el hierro cuando está caliente, por así decirlo–. En consecuencia, las festividades lupercalianas estaban asociadas con el amor y el sexo.

En el año 494, el papa Gelasio prohibió esta celebración pagana, pero ese tipo de prohibiciones nunca salen bien. El festival continuó simplemente bajo otro nombre. Por ejemplo, la celebración del solsticio de invierno fue prohibida, pero todavía permanece con casi todas las costumbres paganas de los antiguos romanos bajo el nombre de Navidad. A la celebración del equinoccio vernal se le agregó la fiesta cristiana de la resurrección, que se convirtió en Pascua, y así sucesivamente.

El festival lupercaliano del 15 de febrero se convirtió simplemente en el Día de San Valentín el 14 de febrero (el cambio de un día debió de ocurrir porque san Valentín era un santo popular). Más tarde se crearon leyendas para explicar que san Valentín era amable con los enamorados, pero sin duda eso no era más que una manera de esconder los ritos de la fertilidad de los viejos tiempos que habían sido tan populares (y que sospecho que siempre lo serán).

Por supuesto, el día fue trivializado por la industria de las postales de felicitación. Debido a que la mayor parte de la gente es incapaz de expresarse y encuentra difícil escribir una carta, paga alegremente una pequeña suma de dinero para conseguir una carta sintética. La industria estimula esta costumbre, y aunque las primeras postales de felicitación o de saludo fueron tarjetas para el Día de San Valentín, los fabricantes han instituido las postales para todo lo imaginable, hasta para celebrar el día en que un primo segundo se cae por primera vez en el barro.

Por lo tanto, una postal de San Valentín ha pasado a simbolizar no sólo el saludo, sino también al enamorado o a la enamorada. Las palabras aparecen adornadas con lazos de papel, colores pastel, querubines y corazones, y sólo el estar acostumbrados a ese tipo de material nos evita sufrir náuseas.

En cualquier caso, San Valentín ha pasado a ser una expresión tan agradable que pensar que algo desagradable puede tener lugar en relación con el Día de San Valentín implica una doble carga de conmoción, y es esta doble carga la que le invitamos a descubrir en los relatos de esta selección, *Fourteen Vicious Valentines*.

Duende

No valoro especialmente la consecuencia, salvo que se trate de verdadera consecuencia.

Muchas veces no se trata de algo verdaderamente consecuente; apenas un barniz que proporciona esa apariencia; y comprar algo sin contenido a causa de su barniz exterior es caer presa de una consecuencia necia. «Una consecuencia necia es el duende de las mentes pequeñas, adorada por los pequeños estadistas, filósofos, sacerdotes», como dijo Ralph Waldo Emerson.

Pero no hablemos de abstracciones ni de generalidades; vayamos a los ejemplos específicos.

Soy razonablemente conocido como escritor de ciencia-ficción, y en mis relatos, al menos metido en mis personajes, me voy zumbando al espacio exterior, y visito las estrellas lejanas de la galaxia.

En la vida real me niego a subir a los aviones.

Los filósofos menores, de muchos tamaños y formas, me dicen: «¿No es extraño que al escribir usted visite los lugares más lejanos del Universo, y que sin embargo en la vida real no vuele en avión?».

Parece inconsecuente, ¿no?

Bueno, veamos si es así. Yo compongo toda mi ficción sobre mi teclado. Mi teclado nunca ha chocado; nunca lo ha secuestrado nadie; nunca se ha quedado sin combustible; sus motores nunca se han incendiado. ¿Cómo se puede comparar con un avión? ¿Por qué cualquier cosa que hago con el teclado debería forzarme a viajar en avión? ¿Por qué debo, de hecho, imitar las acciones de mis personajes en la fantasía? ¿Dónde está la consecuencia?

Vincular la ficción a la realidad, mi fantasía a mis acciones, mi teclado a un avión, es insistir en una consecuencia necia –y gracias, pero no me siento obligado a ello.

Si decido volar, lo haré por buenos motivos. Que escriba ciencia-ficción no es un buen motivo.

* * *

Sigamos con el segundo ejemplo, más próximo a la cuestión.

Soy un racionalista y lo proclamo en voz alta. Me opongo resueltamente a la caprichosa inmadurez del mundo. ¿Por qué no? Una cosa de la cual estoy bastante seguro es que una creencia sólo tiene que ser estúpida para conseguir la devoción ilimitada de millones de personas cuyas mentes coinciden con esa creencia.

Con seguridad, estoy preparado para creer que los ovnis son naves extraterrestres tan pronto como haya evidencias que me obliguen a hacerlo. Hasta estoy dispuesto a considerar que los ovnis podrían ser naves extraterrestres tan pronto como la evidencia lo sugiera. En realidad, estoy preparado para sospechar que una investigación sobre los ovnis podría valer la pena tan pronto como la evidencia sea al menos interesante.

Pero mientras todas las evidencias relacionadas con los ovnis estén rodeadas de anécdotas que no ofrecen posibilidades de una investigación posterior, ni siquiera de lo más elemental, no pienso hacer ni el esfuerzo de bostezar. Si esta actitud provoca la ira de los devotos de los ovnis, me sentiré muy cómodo, porque sé que el enojo es el sustituto común de la lógica en la gente que no tiene evidencias de lo que quiere creer desesperadamente.

Lo mismo pienso de las catástrofes de Velikovsky, de los antiguos astronautas de Von Däniken, de las cucharas que se doblan de Geller, de toda la variedad de poderes mentales, de las conversaciones con otros planetas, del poder de las pirámides –así como de las antiguas creencias acerca de los fantasmas, los espíritus, las hadas, los ángeles, los demonios, la astrología, la nigromancia, la hechicería y todas las variedades de la magia.

Sin duda, pues, un racionalista como yo adoraría los misterios realistas y anticuados en los cuales todas las claves están claramente sobre la mesa y en los cuales la cadena fría e inexorable de la lógica comienza con las evidencias y termina con la solución, pasando por alto todos los engaños y sorteando todas las irrelevancias planteadas. Y sí lo adoro. ¡Adoro toda esa lógica! ¿Eso no es consecuente por mi parte? Le apuesto a que sí.

Con seguridad, un racionalista como yo odiaría las extrañas fantasías sobre los fantasmas, los espíritus, las maldiciones, el vudú, la telepatía, los sueños premonitores y la «segunda mirada», y todo el resto de esas tonterías que han plagado de necedad y absurdo toda la historia humana.

Pero no odio eso. Amo también toda esa extraña fantasía. Me encanta sentir escalofríos y temblar al pensar que existen cosas más allá y todas esas historias que dan miedo.

¿Inconsistente? ¿Yo? Al diablo, no. Si rechazara la fantasía en la ficción porque la rechazo en la vida real, estaría confundiendo la ficción y la realidad y daría rienda suelta a una consecuencia estúpida, que no es mi estilo en absoluto.

Considerémoslo. ¿Por qué rechazo la fantasía en la vida real? Porque acepto las dos presunciones básicas que subyacen en la visión científica del Universo: a) que el Universo se rige por unas pocas reglas básicas muy generales y muy poderosas, llamadas las «leyes de la naturaleza», que no cambian y no pueden ser subvertidas; b) que es posible que la mente humana descubra esas reglas lentamente e interprete la realidad a la luz de las mismas.

Eso son sólo presunciones que no pueden demostrarse. Las acepto por fe, y en ese sentido la visión científica del Universo es mi religión.

Pero las acepto por una razón. Un Universo que está bajo la ley y que es comprensible es un Universo posible, en el cual creo que es confortable vivir.

Con seguridad, la naturaleza de la ley todavía se entiende de manera imperfecta, y poco a poco se va comprendiendo más profunda y ampliamente. Debemos luchar por cada pulgada de comprensión con cada átomo de nuestra mente –y eso hace que el Universo resulte entretenido y un lugar en el que me entusiasma vivir.

Pero si aceptamos la fantasía obtendremos un Universo dirigido por el capricho de dioses o demonios incomprensibles. El Universo se convierte en un lugar terrorífico, en el cual la ignorancia se eleva a la suprema virtud y la obediencia ciega es el acto supremo. A los seres humanos no les queda otra cosa que adular y mendigar. Esto no es para mí, gracias.

Pero ¿qué tiene que ver todo esto con la ficción? ¿Debemos dejar de leer relatos sobre al ascenso al Everest porque nos negamos a intentarlo por nuestra cuenta?

¿Qué placer se obtiene al entrar en el pavoroso mundo de la fantasía durante unos momentos y vivir, vicariamente, el tipo de vida en el que las reglas pueden quebrantarse, donde la lógica puede no ser una espada ni la racionalidad un escudo? –siempre que no sea el mundo real, y *sepamos* que no se trata del mundo real.

No hay inconsecuencia en disfrutar de una entrada temporal en un mundo que uno sabe que no existe –y luchar a muerte contra la idea de que sí existe.

Y para mi gusto, el mejor sabor se obtiene cuando se mezclan los opuestos. Si se coge un misterio clásico, con sus superracionalismos, su creación de un pequeño subuniverso en el que se encuentran todas las evidencias, su lógica intachable, y su evocación del mundo donde ni siquiera existe la molestia de lo incompleto como en la vida real, y se le añade no sólo lo que tiene la realidad de incompleto sino también la falta de ley de la fantasía, sin duda tendremos que disfrutar de él.

Bueno, en cualquier caso yo disfruto de ello, y adoro realmente la selección, mezcla de picante y especias, llamada *Mysterious Visions*.

Cómo las cosas no pueden suceder

No hay que ser muy viejo para darse cuenta de que las cosas sólo pueden suceder de determinadas maneras. Si se arroja una pelota al aire, va a caer nuevamente, y después de que un árbol dé un tipo de fruto, no puede dar otro.

La gente tiene refranes para referirse a esta cuestión: «Todo lo que sube baja», «No se puede pedir peras al olmo».

Eso está muy bien. Es conveniente saber lo que el mundo le reserva a uno, para no encontrarse con demasiadas sorpresas desagradables. Uno no quisiera ir caminando por la calle, pensando en los propios asuntos, y de repente caer hacia arriba, hacia el cielo sin nada que detenga la caída.

De la misma manera, siempre y cuando uno se sienta seguro, es divertido pensar en las cosas que no pueden ocurrir. O, si nuestra imaginación se agota, es entretenido leer relatos acerca de ello. ¿Qué pasaría si todo lo que deseáramos se hiciera realidad? ¿Qué pasaría si nuestro perro hablara? ¿Qué pasaría si tuviéramos un dragón domado y nos llevara a cabalgar?

La fantasía tiene que ver con esto. La fantasía es lo que ocurre cuando las «leyes de la naturaleza» ya no dominan el mundo. La fantasía pretende que las cosas suceden de una manera en que *no pueden* suceder.

Una de las ventajas de la fantasía es que puede alcanzar una gran variedad. Eso se debe a que existen muchas más respuestas incorrectas que correctas. Así, si consideramos algo como 8 x 3 + 4, sólo hay una respuesta correcta, 28. Pero sin embargo, existe un número infinito de respuestas erróneas. Por ejemplo, 29 es una respuesta equivocada; lo mismo que 2 billones, 1/2, 15.179.

De la misma manera, las leyes de la naturaleza permiten que las cosas sucedan sólo de una forma. Si se tira una pelota, va para arriba y luego baja. Así es como ocurre.

En la fantasía, una pelota, una vez que ha sido arrojada al aire, puede permanecer subiendo para siempre; o puede detenerse a dos pies sobre nuestras cabezas y moverse junto con uno dondequiera que vaya; o puede convertirse en un pájaro; o puede simplemente permanecer inmóvil hasta que se grite «basta» y luego guiarnos hasta nuestra casa cuando estemos perdidos. Y así hasta el infinito.

En los mitos y los cuentos de hadas aparecen todo tipo de criaturas extrañas: centauros, esfinges, basiliscos, demonios y demás. Los antiguos debieron pensar que estas cosas existían, pero nosotros sabemos que no.

Curiosamente, saber que estas criaturas imaginarias no existen conlleva que sea más interesante leer acerca de ellas. Hacen que el mundo parezca más extraño y lleno de maravillas. En este libro, *Isaac Asimov's Adventures in Fantasy*, se puede leer un cuento acerca de un centauro y dos acerca de espíritus malignos.

Aun cuando algunas criaturas sí existen, a veces existen sólo en lugares lejanos. Si vivimos en Kansas, probablemente nunca veamos un okapi ni un equidna. Si vivimos en Australia puede que nunca veamos un alce ni una anaconda. Sin embargo, estos animales no son fantásticos. Los veremos si vamos al lugar adecuado.

Pero ¿qué pasaría si viéramos una ballena, una ballena enorme y de tamaño normal, en una piscina de Arizona? Eso sería fantasía. En este libro hay un cuento acerca de una ballena así, y de algo que va con ella que es todavía más inusual.

¿O qué pasaría si pudiéramos convertirnos en un animal si quisiéramos? ¿Qué animal elegiríamos? Por mi parte, me gustaría ser un cóndor de los Andes sólo durante una hora, para saber qué se siente ascendiendo en el aire hasta una milla de altura, con el viento en las plumas, y ver el mundo extendido como un mapa debajo de mí, y luego bajar y subir otra vez.

¿La fantasía existirá siempre?

En algunos aspectos, todos los escritos de ficción son fantásticos. Si una leyenda es verdaderamente ficción, nunca sucedió; y si nunca sucedió, es fantasía: una creación de la mente, de la imaginación. Por eso, si queremos ser muy estrictos sobre este tema, mucha de la supuesta no ficción también es fantasía.

El hecho es que, a pesar de todo, no queremos ser muy estrictos sobre este tema. Si definimos la fantasía de manera que en ella lo incluyamos casi todo, entonces la palabra pierde su fuerza y pasa a significar poco más que «escritura».

Busquemos otra definición. La fantasía debería significar no sólo algo que no es (y que por lo tanto existe sólo como una idea), sino algo que *no podría* ser, y que por lo tanto no puede existir más que como una idea.

Así, *Nicholas Nickleby* de Charles Dickens no es una fantasía. A pesar de que sus personajes nunca existieron y sus hechos nunca ocurrieron, estos personajes y hechos podrían haber existido sin alterar el orden establecido en el Universo.

Por otro lado, *Cuento de Navidad* de Dickens es claramente una fantasía, ya que trata de fantasmas y abstracciones como «Las Navidades pasadas» que se convierten en cosas concretas. El orden aceptado del Universo no incluye a los fantasmas ni a las abstracciones que se concretan.

De hecho, somos todavía más estrictos, e insistimos en que la fantasía trata no sólo de asuntos que consideramos imposibles en nuestro Universo, sino también de asuntos que tampoco pueden darse en un Universo modificado por avances científicos razonables. Si el avance científico razonable los hiciera posibles, entonces nos encontraríamos ante la ciencia-ficción (no hay duda de que una persona ingeniosa puede manipular las posibilidades del avance científico de manera que lo que podríamos considerar como una fantasía puede convertirse en ciencia-ficción; pero, por lo general, no se recurre a la manipulación, por lo que la fantasía y la ciencia-ficción permanecen separadas).

Y ahora que tenemos una idea sobre lo que queremos decir cuando hablamos de fantasía como una rama de la literatura, tenemos el derecho a preguntarnos sobre su antigüedad. Podría parecer que la fantasía existió siempre, que es tan vieja como el lenguaje, tan vieja como la imaginación humana.

Podría parecer que durante la edad de piedra nuestros antepasados incivilizados se helaran la sangre unos a otros, reunidos alrededor de las hogueras, al contar historias de monstruos, fantasmas y demonios de todo tipo.

Nunca lo sabremos con seguridad, por supuesto. De modo que, si preferimos aferrarnos a mayores seguridades, tenemos que recurrir a los manuscritos más antiguos de la literatura, y en ellos encontramos fantasía.

La epopeya *Gilgamesh,* escrita por autores anónimos pertenecientes al pueblo sumerio 2.700 años antes de Cristo y que creo que es la obra de ficción más antigua que ha sobrevivido, contiene elementos fantásticos –dioses, monstruos, plantas que otorgan inmortalidad, etcétera–. La *Ilíada* y la *Odisea* son obras fantásticas hasta cierto punto, en especial la segunda. La leyenda de Polifemo, el cíclope, y Circe, la maga, permanecen hasta el día de hoy entre las fantasías más populares que existen.

Los cuentos tradicionales son casi invariablemente fantásticos; los cuentos de *Las mil y una noches* son fantásticos, por ejemplo, como lo son *Blancanieves* y *Cenicienta.* Cada época tiene sus fantasías, e incluso el siglo XX ha desarrollado algunas que rivalizan con las del pasado en ingenio y popularidad. Recordemos a *Mary Poppins*, *El hobito* y *La colina de Watership.*

Y sin embargo, ¿cuándo una fantasía no es una fantasía?

La respuesta, seguramente, es la siguiente: cuando los hechos que ocurren no se consideran contrarios al orden aceptado del Universo. Es más: cuando los hechos que ocurren, por más fantásticos que sean, son aceptados literalmente como verdad.

Así, la Biblia está llena de relatos fantásticos: la serpiente que habla en el jardín del Edén, el asno parlante que montaba Balaam, la separación del mar Rojo, los milagros de Elías y Eliseo, las actividades de Jesús como sanador... Si un chino educado que nunca hubiera leído la Biblia se encontrara con estos hechos, no dudaría en considerar el libro como una colección de relatos fantásticos. Naturalmente, los judíos y los cristianos piadosos rechazarían este punto de vista con horror y lo considerarían blasfemo.

Paralelamente, la gente poco cultivada del pasado que creía en los dioses y las diosas del Olimpo no dudaba de que existían monstruos extraños en las regiones neblinosas que estaban más alla del pedazo de tierra que conocían bien, y aceptaban los relatos de Homero como historias reales en todos sus detalles.

Y más tarde, los que creían en fantasmas, *afreets*, vampiros, hadas o elfos aceptaban los relatos en los que aparecían al menos como verdaderos en concepto, si no necesariamente en detalle, y no pensaban en absoluto que se tratara de fantasías.

¿Hasta qué punto continúa presente esta noción de que «las fantasías no son fantasías»? Obviamente, continúa presente, y probablemente continuará en el futuro. Todas las religiones parecen fantasía para los que no las practican, pero es verdad sagrada para los que sostienen esa fe. Siempre hay gente poco cultivada, debido a su juventud o a su falta de formación moderna, laica y científica, que creen en Santa Claus, los zombis, el vudú, en el ratoncito que se lleva los dientes, en el conejo de Pascua y demás.

También hay adultos que, en general, son inteligentes, educados y cultivados, pero que sin embargo creen en la astrología, en el espiritismo, en la ciencia de la creación y en otras irracionalidades, que parecen una fantasía absurda a los que no estamos contaminados por estas creencias.

En ese caso, ¿cuándo comenzamos a pensar en la fantasía como tal, si es que esto ocurrió en algún momento?

Sin duda siempre ha habido escépticos, gente a la que hoy en día consideraríamos realistas, aun en los tiempos más supersticiosos y plagados de fe. Estas personas se burlaban de todo lo que no estuviera basado en evidencias observables y racionales, y se mantenían firmes en la creencia de que lo que la mayor parte de la gente aceptaba sin hacer preguntas era, en realidad, mera fantasía.

Eso, no obstante, no es suficiente. El escéptico ocasional rara vez puede dejar huella en la sociedad. Sin embargo, ¿hubo algún momento en que ese racionalismo llegó a ser parte aceptada de una sociedad laica y en el que cantidades importantes de personas fueron educadas en la creencia de que el Universo podía comprenderse sólo mediante la razón, es decir, que todo lo que estuviera fuera de ella era fantasía? Ese estado de cosas comenzó a llegar al mundo occidental al final del período de las guerras religiosas, junto con la era de la razón. La segunda mitad del siglo XVII, la época de la Royal Society y de Isaac Newton, traza la línea divisoria.

Pero aun entonces la racionalidad se limitó a una pequeña parte de las personas educadas. No fue hasta el siglo XIX que, en el mundo occidental, creció la noción de la educación masiva bajo el control del Estado laico. Por primera vez hubo grandes regiones en las cuales altos porcentajes de la población eran educados en sistemas escolares que no estaban en manos de ningún grupo religioso. Y entonces, por primera vez, surgieron grandes grupos de individuos que podían diferenciar la fantasía de la realidad, y que la disfrutaban más porque la reconocían como un ejercicio puro de la imaginación sin trabas.

He dicho en otra parte que el siglo XIX fue el primer siglo de la ciencia-ficción. Creo, por las razones que he mencionado, que también fue el primer siglo de auténtica fantasía, y los relatos que figuran en *Isaac Asimov Presents the Best Fantasy of the Nineteenth Century* son ejemplos preciados de ese primer siglo.

Ocurrirá si lo deseamos

Cuando era mucho más joven que ahora, oí un comentario filosófico: «Para ser millonario se necesita un millón de dólares, pero un indigente puede convertirse en pobre sin un centavo».

En otra ocasión, escuché a Sid Caesar interpretando el papel de un montañés alemán. Carl Reiner le decía: «Dígame, profesor, ¿cuánto tiempo tarda una persona en superar la distancia entre la cima y la base de una montaña?».

Sid respondía: «Dos minutos».

Carl decía, con considerable sorpresa: «¿Se tardan dos minutos en escalar una montaña?».

A lo cual Sid respondía, con repugnancia: «No he dicho escalar. Superar la distancia entre la cima y la base lleva dos minutos. Escalar es algo totalmente diferente».

He pensado acerca de ello, y tengo claro que ambos ejemplos representan un estado general de cosas que puede expresarse mejor de la siguiente manera: «Lo malo no es difícil».

Por ejemplo, no hay problema en tener hambre. No se necesita dinero, no hay que hacer ningún esfuerzo. Uno simplemente se sienta a la mesa. Sin embargo, cuesta trabajo conseguir una buena comida.

Supongamos que alguien nos trae toda la comida que podemos comer. En ese caso, no se requiere esfuerzo para aumentar de peso (excepto el pequeño esfuerzo necesario para llevar la comida a la boca, masticarla y tragarla). Pero evitar la obesidad significa comer menos de lo que probablemente uno desea, y además realizar ejercicios fatigosos.

Eso no ha escapado a la atención de la humanidad. Estoy absolutamente seguro de que incluso la inteligencia más escasa ha notado cuán rápidamente puede uno ser pobre, estar hambriento, sediento, tener frío en invierno y calor en verano, encontrarse con que uno no tiene nada para vestirse, nada que leer, nada agradable que hacer.

No sólo tenemos que preocuparnos y esforzarnos para evitar todas estas cosas desagradables para las cuales no hay que pagar, sino que no existen límites a la cantidad de problemas y esfuerzos que uno debe afrontar. La mayoría de la gente puede trabajar duro toda su vida, no escatimar esfuerzos en hacerlo y no obstante encontrarse que están lejos de ser millonarios cuando llegan al fin.

Puede que usted quiera casarse con la hermosa hija de un hombre rico (o, si usted es una mujer, con su atractivo hijo), y para ese propósito puede que usted ponga en juego todos sus encantos y no llegue a nada. Eso puede hacer que comience a cavilar sobre el hecho de que probablemente tenga éxito en casarse, sin esfuerzo, con gran cantidad de mujeres muy pobres y muy feas (u hombres muy pobres y muy feos).

Entonces, ¿qué hay que hacer? Uno sueña con cosas agradables, que requieren más esfuerzo del que pueda realizarse en una vida de esfuerzos, y uno quiere a su vez evitar cosas que no son placenteras y que se imponen en contra de la voluntad, y que se aferran a uno a pesar de los gritos de protesta.

Es fácil decir que hay algo que no funciona en todo eso. En un Universo adecuadamente organizado, seguramente deberíamos obtener algo simplemente porque lo quisiéramos. Aunque parezca que no es así, seguramente debe de haber algún truco para que ocurra. Quizá exista alguna fórmula o hechizo que permita que uno haga todo lo que quiera; con un deseo, por ejemplo. O quizá haya algún ser sobrenatural que desee gratificarnos bajo ciertas condiciones. O quizá haya algún objeto que cumpla los deseos.

La tradición incluye relatos de deseos que obtuvieron respuestas mágicas, y el más conocido de todos lo encontramos en *Las mil y una noches*. ¿Qué niño no se siente fascinado por la leyenda de la lámpara de Aladino y no sueña con ella? Experimenté tanto la fascinación como la fantasía en cantidades copiosas cuando era joven.

(Ocasionalmente, la gente moderna todavía cree en el poder del deseo. Por supuesto, lo llamamos «orar» y, con demasiada frecuencia, la oración es simplemente una manera de sustituir al genio de la lámpara por Dios y responsabilizarle de nuestros propios errores.)

Estos relatos previenen contra la codicia arrogante. Midas, que había pedido un deseo para que todo lo que tocara se convirtiera en oro, encontró que había llegado demasiado lejos, ya que se quedó sin poder comer ni beber, por lo que tuvo que rogar que se cancelara su deseo.

En otros relatos, los deseos son limitados en número (la mayoría de las veces se limitan a tres), e invariablemente hay problemas en decidir cuáles deberían ser estos deseos. Casi siempre, la elección es desafortunada.

Esta sospecha instintiva de que el concepto «ocurrirá si lo deseamos» es una tontería recibió su fundamento final con las leyes de la termodinámica. La primera ley dice que la cantidad de energía de cualquier sistema es limitada, y la segunda dice (en términos científicos) exactamente lo que dije antes: que las cosas desagradables no comportan ningún problema, pero que lograr cosas que resulten deseables requiere esfuerzo. Lo que es más, las leyes de la termodinámica incluyen todo lo que está en el Universo, también a los genios de la lámpara.

Y sin embargo...

Aunque seamos adultos, realistas, científicos y hayamos dejado atrás las chiquilladas, todavía conservamos esas ansias. A pesar de que sabemos que no ocurrirá porque lo deseemos, no podemos dejar de desear que ocurra si lo deseamos.

Aquí hay diecisiete relatos en los que aparece el deseo, de un tipo u otro. Y para asegurarme de que se sentirá atrapado por ellos, el primer relato *The Monkey's Paw* es, a mi modo de ver, el mejor que se haya escrito en su género y el más espantoso. Como lo envidio, si va a leerlo por primera vez.

Así que deje a un lado su escepticismo por un rato y disfrute de *Magic Wishes*.

Hechiceros

No hay nada misterioso en la palabra *wizard* («hechicero»). La primera sílaba, *wiz*, se utiliza en el vocabulario común inglés de hoy en día para describir a alguien o algo que es inusualmente listo o impresionante, y suena muy parecido a *wise* («sabio»). De hecho, es una forma de *wise*, y un hechicero es simplemente un *wise man*, «hombre sabio».

Por supuesto está el sufijo *-ard*, que, junto a su variante *-art,* es generalmente utilizado para indicar una cantidad excesiva de algo. Un *coward* («cobarde») es alguien que es fácilmente *cowed* («intimidado»); un *braggart* («bravucón») es una persona demasiado *brag* («jactanciosa»); un *drunkard* («borracho») es alguien que está frecuentemente *drunk* («bebido»).

Y un *wizard* presumiblemente sea alguien demasiado sabio como para que los demás se sientan cómodos.

¿Cómo es posible? En general, tendemos a glorificar la sabiduría, casi a deificarla. ¿Cómo es posible que una persona resulte demasiado sabia?

Depende del tipo de Universo en el que vivamos. Para casi todas las personas de todas las generaciones –incluso la nuestra–, el Universo es un lugar que intimida y que puede resultar peligroso. Funciona de una manera totalmente caprichosa, e incluso claramente maligna; somos la presa indefensa de fuerzas mucho más poderosas que nosotros.

¿De qué otra manera podemos explicar las tormentas que llegan sin previo aviso, las sequías, la aparición repentina de enfermedades y plagas, las desgracias de todo tipo?

No hay duda de que el Universo debe de estar bajo el control de seres que son tan irracionales, tan erráticos y tan irascibles como los seres humanos en sus peores momentos; que son increíblemente poderosos, y sin embargo también increíblemente inmaduros; que, aunque en principio estén bien dispuestos, tienden a estallar en una ira incontrolable a la menor ofensa o al desaire más insignificante.

Aunque nos figuremos que el Universo está bajo el control de un ser bondadoso y todopoderoso, ese ser tiene tendencia a perder los estribos –y entonces, ¡cuidado!–. O, si el ser es tan bueno que su bondad nunca se cuestiona ni por un instante, uno puede suponer la existencia adicional de fuerzas del mal que compiten con él, las cuales el ser bondadoso se ve obligado a permitir que existan (o elige hacerlo por alguna razón inescrutable).

No importa cómo lo miremos, el Universo parece un horrible manicomio. Sin embargo, ¿es posible comportarse de forma que todos esos seres sobrenaturales estén de buen humor? Se puede matar animales y quemarlos para que un humo delicioso se eleve al cielo, donde viven esos seres, y se alimenten hasta quedar saciados. O se pueden cantar interminables canciones de alabanza a esos seres, halagando su vanidad. O se pueden encontrar cantos mágicos que los induzcan a ser buenos o los reduzcan a la impotencia.

Todo debe hacerse del modo correcto. Las palabras, los gestos, el orden exacto de las acciones, todo el ritual debe ser correcto, o el resultado seguramente será peor que si no se hubiera hecho nada.

Pero ¿cómo se descubre el ritual? Naturalmente, a los únicos que se les puede consultar es a los propios seres sobrenaturales. Si algún ser humano aprende los secretos, puede controlar el Universo halagando, engañando o adquiriendo poderes superiores a los seres sobrenaturales.

¿Hay algún ser humano que haya aprendido realmente el secreto? Bien, usted y yo, que somos personas muy inteligentes que vivimos en el siglo XX y que hemos tenido una excelente educación científica, sabemos que no, que no existen secretos de este tipo, que no hay, sin duda, seres sobrenaturales de este tipo, ni demonios, ni *afreets*, ni genios, ni nimfas, ni sátiros; pero ésos somos usted y yo. Para otros que no están tan bien situados en el tiempo y en el espacio, y que no han aprendido tanto ni son tan cultivados como nosotros, es suficiente que alguien *diga* que posee los secretos. Si son lo suficientemente inteligentes y tienen el suficiente coraje como para que aquellos que les miran y escuchan piensen que controlan realmente el Universo, les creerán. (¿Por qué no? Pensemos en los millones de personas que caen en los viejos trucos de siempre y en los fraudes que van desde la astrología al doblamiento de cucharas, más todo lo que ha ido apareciendo.)

Hay varios nombres que uno puede dar a las personas que conocen los secretos por medio de los cuales se puede controlar el Universo, y uno de ellos es *wizard* («hechicero»).

La gente puede sentirse agradecida con los que controlan el destino, porque seguramente es a ellos a los que uno debe recurrir para asegurarse de que habrá lluvias y no infecciones. Son los salvadores, los que responden a las preguntas, los que traen buena forturna, los que ayudan en los momentos de desazón y de enfermedad.

Pensemos en Merlín, el hechicero arquetípico de leyenda y quizá el más popular de todos. ¿Quién puede decir algo malo de él?

Entonces, ¿por qué ese sufijo, *-ard*, de la palabra en inglés?

¿Acaso un hechicero no es capaz de ponerse irascible y perder la compostura como cualquier ser sobrenatural? ¿Acaso un hechicero no puede sentirse herido en sus sentimientos? ¿No podrían querer más poder? En resumen, ¿acaso los hechiceros no son tan peligrosos como los seres que controlan?

Por supuesto.

La hechicería es una espada de doble filo, y si nos encontramos ante relatos de hechiceros, ¿de qué lado estamos? Recordemos que la catástrofe es más espectacular que la paz, el peligro más espectacular que la calma, y –sí– el mal es más espectacular que el bien. Los escritores, que son humanos y quieren ir hacia donde están los lectores, están listos, pues, para enfatizar los males y los peligros de la hechicería.

Por lo tanto, lo que encontrará en el libro *Wizards* es un grupo de relatos llenos de espectacularidad, peligro y acciones que cortan la respiración. Es el mejor tipo de relatos que se puede tener a mano, siempre que uno esté sentado cómodamente en su sillón favorito, o arropado cálidamente en la cama. Así que le deseo suerte, y que tenga una buena lectura.

Brujas

En tiempos de los anglosajones, un brujo era un *wicca.* Al menos si era varón. Una bruja era una *wicce*, la forma femenina de la palabra. En inglés moderno, la palabra correspondiente a «bruja» es *witch*. Podría haberse usado el sistema del inglés moderno para derivar el femenino de un sustantivo masculino, y llamar al brujo *witch* y a la bruja *witchess.* Después de todo, hablamos de *enchanters* («encantadores») y *enchantresses* («encantadoras»), de *sorcerers* («hechiceros») y *sorceresses* («hechiceras»).

Pero eso no sucede con la palabra *witch.* El término se usa siempre para una bruja. Simplemente no pensamos en los hombres como *witches.*

Por otro lado, un *wizard* («brujo, mago») es siempre un varón, y nadie usa la palabra *wizardess,* que sería su forma femenina.

Por esa razón, en el inglés moderno pensamos en *wizard* y en *witch* como la versión masculina y femenina, respectivamente, de la misma palabra. Después de todo, no tenemos que formar todas las palabras femeninas agregando el sufijo *-ess*. Podemos tener *prince-princess* («príncipe-princesa») y *count-countess* («conde-condesa»), pero no tenemos *king-kingess* («rey-reina»). En lugar de eso tenemos *king/queen* («rey-reina»), y también *gentleman/lady* («caballero/dama»), *boy/girl* («niño/niña»), *bull/cow* («toro/vaca»). ¿Por qué no, entonces, *wizard/witch* («brujo/bruja»)?

Se pueden usar estas palabras con el significado original de «hechicero», o con su significado moderno más diluido. Un *wizard* puede ser meramente un hombre extraordinariamente inteligente o bueno en su labor. Una *witch* puede ser simplemente una mujer tan traviesamente encantadora que los hombres no se le resistan. Ambos son tan buenos en lo que hacen que parece que utilicen magia.

Sin embargo existe también una importante diferencia, una asimetría. Si consideramos las palabras en su significado original –alguien que utiliza la magia para lograr un objetivo–, ese objetivo debe ser bueno o malo, en la intención y en los hechos. En el caso del *wizard* puede ser bueno o malo indistintamente. El mayor mago de la literatura es Merlín –aparece en las leyendas artúricas–, y con seguridad se le considera del lado del bien. El brujo más popular de la literatura infantil moderna es el *Wizard of Oz* (*Mago de Oz*), y también está del lado del bien.

Las *witches* o brujas también pueden estar del lado del bien o del mal, y en los libros de Oz, Gloinda es una bruja buena. Pero eso es bastante excepcional. Casi siempre pensamos en las brujas como seres malvados. En la película *El Mago de Oz* tendemos a olvidar la pálida y desteñida Billie Burke como totalmente inprobable bruja buena, y recordamos sólo la magnífica actuación de Margaret Hamilton como la Bruja Malvada del Oeste. En la literatura en general, las brujas más memorables son las tres hermanas hechiceras de *Macbeth*, y ellas también son claramente malvadas.

¿Por qué se considera a las brujas más malvadas que a los brujos? El error puede estar en la Biblia. Se creía que las brujas, los brujos y toda una gran variedad de encantadores y magos utilizaban los poderes de los demonios, y por lo tanto trabajaban contra Dios, por lo que se les consideraba naturalmente malvados. Sus relaciones con lo sobrenatural eran consideradas como una ofensa capital en la Biblia. La palabra griega que corresponde a los que mantenían estas relaciones es traducida en la versión en inglés de la Biblia como *witch,* de modo que nos encontramos con el versículo: «A la bruja no dejarás que viva» (Éxodo 22, 18). Una palabra equivalente a «bruja» se utiliza en las traducciones de este versículo en el resto de los idiomas europeos.

Como resultado de esto, aproximadamente durante el primer siglo posterior a la Reforma protestante, cuando Europa estaba dividida por guerras religiosas, y las diferencias religiosas originaban tensión, se desató en ese continente una auténtica caza de brujas, y miles de personas inocentes fueron torturadas y asesinadas. A pesar de que algunos hombres sufrieron, la vasta mayoría eran mujeres.

Aunque la gente cultivada ya no cree en brujas (en el sentido de pensar que haya gente que realmente puede manipular a las entidades sobrenaturales), el aura del mal permanece en las brujas y no en los brujos.

Una mujer puede ser una bruja a cualquier edad. Después de todo, ¿qué puede detener a una mujer joven en su relación con los demonios? (por lo que en esta antología de relatos sobre brujas, las hay jóvenes y viejas).

Sin embargo, cuando pensamos en las brujas, por lo general pensamos en mujeres viejas. Es más: en la triste época de la caza de brujas, las ancianas sufrieron en cifras desproporcionadas en relación con el resto de la población.

Las brujas de *Macbeth* son siempre representadas como mujeres viejas; las brujas tradicionales que vemos en las ilustraciones de Halloween son siempre mujeres viejas. ¿Por qué?

He aquí lo que pienso.

Hace alrededor de un siglo y medio, el promedio de vida era de treinta y cinco años como mucho, y los ancianos representaban un porcentaje considerablemente menor de la población de lo que son ahora. Lo que es más: aparte de las causas de muerte que afectaban indiscriminadamente a ambos sexos, a menudo las mujeres morían en el momento de dar a luz. Por esa razón, había menos ancianas que ancianos.

El rostro cambia con la edad. Por un lado, se arruga y se marchita. Por otro, los dientes desaparecen. En los días en que nadie se limpiaba los dientes ni se cuidaban de la manera apropiada, probablemente era raro el ser humano al que le quedaban dientes a los cuarenta años.

En el caso de los hombres, las arrugas y las encías sin dientes se escondían tras la barba que la mayoría de ellos llevaban. Pero las mujeres ancianas no tenían barba, y las pocas que existían debían de parecer muy viejas, e incluso peligrosas, con sus rostros tan distintos a los de la gente joven. Y como la diferencia muchas veces se equipara con el mal, las ancianas eran muy fácilmente consideradas malvadas.

Consideremos a las brujas viejas de Halloween. Invariablemente tienen nariz y mentón puntiagudos, que se acercan el uno al otro. Ésa es la marca de fábrica de una bruja. Cuando no hay dientes en la boca, la nariz y el mentón se acercan entre sí más que cuando los dientes sirven de barrera. La bruja de Halloween es una vieja sin dientes.

Me pregunto si la odontología moderna no ha hecho más por borrar el temor hacia las brujas que cualquier educación. Esto y el hecho de que, con el aumento general del promedio de vida, los ancianos –y particularmente las ancianas– se han hecho demasiado abundantes como para asustar a nadie.

Pero en los cuentos todavía existen, y todavía pueden asustar. De modo que demos la bienvenida a *Witches*.

Maldiciones

Si uno tiene un enemigo y se siente terriblemente ansioso por quitárselo de encima, lo más directo es conseguir un gran palo y darle en la cabeza. ¡Así se termina con él!

Pero ¿qué pasa si él o ella es mayor o más fuerte que uno? ¿O qué ocurre si el enemigo tiene una gran familia que nos perseguirá una vez terminada la tarea? ¿O qué pasa si vivimos en una sociedad que tiene un gran departamento de policía que interfiere en el asunto y nos persigue y arresta?

Uno debe optar por una segunda opción. Limitarse a *desear* que el enemigo esté muerto. Naturalmente, si creemos en la existencia de dioses o de demonios, y si ocurre que uno de ellos es amigo, quizá podamos persuadir a ese dios o demonio a que haga la tarea por nosotros. Se podría utilizar un cántico mágico, o realizar algún ritual también mágico, o ambos, para halagar o forzar al dios o demonio a sentirse obligado a hacerlo. Debemos, en otras palabras, decir unas «palabras mágicas» (en inglés, *magic spell*: *spell* es una antigua palabra teutónica que significa «canto» o «leyenda». Así, la palabra *gospel* es en realidad el *spell* de Dios, la historia de Dios).

Por supuesto, las palabras mágicas no tienen que traer aparejada la muerte. La muerte es, después de todo, un castigo excesivo. Un momento de mareo, una punzada de dolor, la oscuridad y después la nada. ¿Qué tipo de castigo es ése? La mayoría de la gente lo encuentra aburrido y falto de imaginación, y en cualquier caso no satisfactorio. Por ese motivo se ha pensado mucho inventando y describiendo el infierno (o su equivalente) como un lugar donde la gente que a uno no le gusta irá después de la muerte, para que pueda ser torturada de forma horrible no sólo por un cuatrillón de años, sino para siempre.

O la víctima del encantamiento podría conservar la vida para sufrir algo que le haría sentir peor que si se estuviera muriendo. Por ejemplo, supongamos que uno ordena a un hombre y a una mujer que no coman cierto tipo de fruto, porque sino los matará. «El día que de él comieren, ciertamente morirán», se les puede decir solemnemente.

Y entonces el hombre y la mujer van y comen el fruto, y uno decide que por una infracción tan seria de las reglas como ésa, la muerte no es suficiente. De modo que, como uno es omnipotente, rompe la promesa y le dice al hombre: «Con el sudor de tu frente te ganarás el pan», y a la mujer: «Con dolor darás a luz a tus hijos». En otras palabras, el hombre está condenado al trabajo duro de por vida, y la mujer a las repetidas contracciones del parto. Lo que es más: todos sus descendientes están condenados al mismo castigo.

¿No es una maldición mucho mejor y más satisfactoria que dar a la gente un golpe en la cabeza?

Por lo tanto, no es ninguna sorpresa que a lo largo de la historia los hechizos hayan deleitado a la humanidad. Se llegó a tal punto que nadie podía morir de una enfermedad ni tener un accidente sin que alguien de la comunidad sospechara que se trataba de un hechizo. Después de todo, ¿qué era lo que lo podía provocar? Y como si fuera una diversión en sí misma, luego vendría el placer adicional de encontrar a alguien que a uno no le gustaba –una anciana fea que ya no es útil–, acusarla de haber provocado el hechizo y torturarla hasta la muerte.

Eran los viejos tiempos.

En teoría, los hechizos no tienen por qué traer mala suerte. No tienen por qué ser maldiciones. Se pueden utilizar como bendiciones para asegurar la buena suerte, o neutralizar la mala. Estas cosas se han descrito, pero han despertado poco interés.

Supongo que no es muy difícil comprender la psicología de todo esto. Si las cosas van bien, no hay necesidad de creer que es por arte de magia. Depués de todo, las cosas *deberían* irnos bien. Cada uno de nosotros es una persona maravillosa, según el testimonio propio (y uno lo sabe mejor que nadie, ¿no?) y a uno le deberían ocurrir cosas maravillosas. Y respecto a desear buena fortuna o bendecir a otra persona, ¿qué diablos ha hecho para merecerlo?

Así, en la opereta de Gilbert y Sullivan *The Sorcerer*, John Wellington Wells (el hechicero que aparece en el título) describe su mercancía: «Tenemos bendiciones muy buenas, pero son poco solicitadas. Sólo hemos vendido una desde Navidad... Pero nuestra venta de maldiciones por un centavo es tremenda, en especial los sábados por la noche. No podemos pronunciarlas con la suficiente rapidez».

Así estamos –¿mentiría William Schwenk Gilbert?

Los encantamientos eran tan populares, en realidad, que a pesar de que aparecían por todas partes en la vida real, no eran suficientes. Penetraron también en la literatura. Pensemos en todos los relatos tradicionales en los que aparecen brujas malvadas, hadas ofendidas, encantadores arrogantes y hechiceros tortuosos, todos ellos con una reserva inextinguible de maldiciones para utilizar contra los infortunados que han cometidos crímenes terribles, como olvidarse de invitarlos a un bautizo.

Por supuesto, en nuestra desagradable época laica, cuando abundan los humanistas y otra escoria de este tipo, y cuando la creencia en dioses, demonios y encantamientos (ya sean bendiciones o maldiciones) es rechazada por modernistas viciosos, se produce una triste decadencia de las viejas costumbres. Ya casi no se queman brujas (a pesar de que existe un movimiento entre los piadosos, según tengo entendido, para quemar a los demócratas liberales que se niegan a votar lo que es debido).

Pero afortunadamente, los emocionantes encantamientos y maldiciones de antaño perviven en nuestra fantasía moderna, y para proporcionarle un soplo de aire fresco le ofrecemos una docena de relatos de este tipo que le deleitarán.

Lo que es más: el hecho de que Martin H. Greenberg, Charles G. Waugh y yo seamos los editores de *Magic Spells* nos da cierto poder. Por lo tanto, cabe advertir a los críticos que si alguno de ellos es tan imprudente como para hablar mal de este libro, su procesador de textos se estropeará apenas toque una tecla. Y si usa una máquina de escribir, un sapo saltará de su máquina cada vez que complete una frase.

(Quería describir las bendiciones que caerán sobre ellos si nos hacen una buena crítica, pero Martin y Charles insisten en que los críticos no entienden nada de amabilidades y que sólo se les puede tratar con severidad.)

Las fuerzas del mal

Cuando llega Halloween nos enfrentamos con las fuerzas del mal. Diablos, diablillos, brujas y duendes merodean, y parece imposible dejar de pensar en ellos.

El 1 de noviembre es el Día de Todos los Santos. Cada santo tiene su propio día –el día de su martirio o de algún otro hecho sobresaliente de su vida–, pero en el Día de Todos los Santos se conmemoran todos. En inglés antiguo se conocía como *All Hallows Day*, ya que *Hallow* deriva, en teutónico, del concepto de «santidad», «santificación», «devoción al servicio de Dios».

Entre los pueblos antiguos (y entre los judíos aún hoy en día) se suponía que el día comenzaba con el atardecer. De modo que la Navidad comenzaba el 24 de diciembre al atardecer. Por eso hacemos tanto alboroto en Nochebuena. No es simplemente la víspera de Navidad; era originariamente el inicio de la propia Navidad. Lo mismo ocurre en la noche de Fin de Año.

De igual manera, el Día de Todos los Santos debería comenzar, según la vieja tradición, al atardecer del 31 de octubre. Esa noche debería ser la noche de Todos los Santos (en inglés, *Eve* es víspera; de ahí *All Hallows Eve*, o *All Hallows Even* en inglés antiguo, abreviado *Halloween*).

Pero ¿por qué un día dedicado a todos los santos, a todo lo sagrado, se festeja como un día en que todas las fuerzas del mal están a sus anchas? De hecho, ¿de dónde provienen las fuerzas del mal?

En la antigüedad, la gente reconocía que tanto el bien como el mal formaban parte del mundo, pero el trato que dispensaban a este tema las mitologías variaba de una cultura a otra. Los griegos, por ejemplo, tendían a pensar que los dioses eran básicamente buenos, pero que podían irritarse; y si lo hacían, podían causar daño a la humanidad. Así, Apolo, el más atractivo de los dioses griegos, no era sólo la fuente de la juventud, de la belleza varonil, de la luz del sol, de la poesía y de la medicina, sino también de la enfermedad y de las plagas. Cuando se irritaba, mataba con su arco a miles de hombres, mujeres y niños.

En los mitos nórdicos, por otro lado, existía una separación clara entre el bien y el mal. Los dioses (Odín, Thor y el resto), que eran básicamente buenos, se enfrentaban con la enemistad eterna de los malvados gigantes, y libraban una guerra interminable, que presumiblemente reflejaba la presencia del bien y del mal en el mundo. Incluso en los dioses existía el mal, porque Loki, el más inteligente de ellos, era más rencoroso y malicioso que cualquier gigante.

Pero fue la mitología persa la que más influyó en el desarrollo de Halloween. ¿Le sorprende? Bien, alrededor del año 580 antes de Cristo, Zaratustra (también conocido como Zoroastro) sistematizó la versión dualista del Universo que tenían los persas. Había un principio del bien, Ahura Mazda (u Ormuz), y un principio del mal, Ahriman, considerados en la práctica como independientes uno del otro y casi en pie de igualdad. La creación, el desarrollo y la historia del mundo eran incidentes en esa guerra celeste sin fin entre estos dos principios, que dirigían dos ejércitos de innumerables espíritus. Tan igualada era esa lucha que era necesario que los seres humanos eligieran qué lado apoyarían, porque incluso esa pequeña influencia podía hacer que la victoria pasara de un lado al otro (naturalmente, se esperaba que la mayor parte de los seres humanos eligiera el bien).

Los judíos formaron parte del Imperio persa durante dos siglos, desde el año 538 hasta el 330 antes de Cristo, y durante esa época algunas ideas persas penetraron en su pensamiento.

Antes de que los persas los conquistaran, los judíos pensaban que Dios era el dios de todo, tanto del mal como del bien. Así la Biblia dice (2 Samuel 24,1): «Volvió a encenderse la ira de Yahvé contra Israel, e incitó a David contra ellos a que dijese: "Ve, haz un censo de Israel y de Judá"». El censo de David era aparentemente un pecado (la Biblia no dice por qué) y, como resultado, Dios infligió a Israel una severa plaga. Dios provocaba el pecado y luego lo castigaba.

Una vez que irrumpieron los persas, no obstante, los judíos, si bien retuvieron el pensamiento de que Dios era supremo y no podía ser permanentemente derrotado ni mantenido a raya, crearon un formidable adversario que podía causarle problemas al menos temporales. El Ahriman judío se llamó Satán (palabra hebrea que significa «adversario»).

En el primer libro de Crónicas (21,1), un nuevo relato de la historia de Israel escrita durante o después de la dominación persa, el incidente del censo se cuenta de la siguiente manera: «Pero Satanás se levantó contra Israel e incitó a David a que hiciese censo de Israel».

Ahora es culpa de Satanás y no de Dios.

Como en el caso de la mitología persa, Dios y Satanás eran los jefes de un ejército de inumerables espíritus, y durante la época de los romanos la religión popular estuvo llena de estos espíritus. El Nuevo Testamento incluye bastantes relatos en los cuales se saca a los espíritus malignos de los seres humanos.

Durante y después de la época romana, el cristianismo, que comenzó como una secta judía y que recogía el pensamiento judío sobre Dios, Satanás y sus respectivos ejércitos de espíritus, convirtió lentamente primero al Imperio romano y después al resto de Europa. En este proceso se encontraron con dioses paganos. Los cristianos los consideraban espíritus malignos que, dirigidos por Satanás, se disfrazaban de dioses y hacían que la gente que creía en ellos no siguiera el camino correcto.

En la Europa celta, en especial en las islas Británicas, se consideraba que el 1 de noviembre era el comienzo del año. La cosecha ya estaba a salvo y se había asegurado el suministro de comida para el invierno, de modo que la gente podía relajarse y disfrutar. Lo agradecían a sus dioses, a quienes imaginaban pululando por el mundo con igual felicidad.

Para los cristianos, los celtas evocaban a los espíritus malignos, pero era difícil argüir contra un día festivo tan feliz. Los cristianos, por lo tanto, lo adoptaron y lo llamaron Día de Todos los Santos –de todos los santos sagrados, y no de todos los espíritus del mal.

Pero algunos de los pueblos no olvidaron los ritos festivos que formaban parte de las antiguas festividades celtas, por lo que han sobrevivido 1.500 años después en el pequeño ritual de bromas y en los relatos que subsisten de brujas y duendes (la perspectiva cristiana de las deidades celtas).

El 31 de octubre es el único día de Halloween. El 1 de mayo también era un día de fiesta en la Europa pagana. Los campos comenzaban a adquirir su color verde, el clima era cálido y el sol brillaba. Se olvidaba el largo invierno. La gente celebraba esta época con diversiones y juegos (a veces sexuales), y todavía conservamos algo de esa festividad en la Fiesta de Mayo y en la Fiesta de la Reina de Mayo.

Una vez más, los cristianos consideraron esta festividad como la adoración de demonios malignos. El 1 de mayo es el día de Santa Walburga (o Walpurgis), y la noche del 30 de abril es la Noche de Santa Walburga, en alemán *Walpurgisnacht*. La versión alemana del Halloween se celebra ese día, con demonios y brujas que se reúnen en el pico de la montaña de Brocken (uno de los momentos más destacados de la película *Fantasía*, de Walt Disney).

La fiesta de Halloween inspira este tipo de relatos, en los cuales la atmósfera de Halloween aumenta el suspense que ya está presente; cuentos fantásticos que hunden sus raíces en brujas, duendes y diablillos, inseparables de esta celebración; y cuentos de horror que aprovechan los efluvios del mal que llegan hasta nuestros días.

En *The Thirteen Horrors of Halloween*, que he contribuido a editar, encontrará ejemplos de todos ellos.

Monstruos

La palabra «monstruo» proviene del latín *monere*, que significa «advertir». En la antigüedad se pensaba que cualquier hecho inusual era una advertencia de los dioses. Esto era especialmente cierto si los hechos inusuales se relacionaban con alguna forma de vida –por ejemplo, si nacía un cabrito con dos cabezas.

Es decir, un monstruo era cualquier criatura anormal o malformada. Como los seres humanos, considerando los hechos, tenían derecho a esperar que estas «advertencias» predijeran el desastre, la palabra «monstruo» se aplicó a todo ser vivo que fuera anormal, malformado y peligroso. Debido a que los animales grandes tienden a ser mas peligrosos que los pequeños, por lo general se esperaba que un monstruo fuera muy grande.

Por lo tanto, no es sorprendente que el adjetivo «monstruoso» se refiriera a algo que es tremendamente malvado, o enormemente grande, o ambas cosas a la vez –como, por ejemplo, la monstruosa deuda nacional de los Estados Unidos.

Cuando uno quiere escribir una buena historia de heroísmo frente al peligro, ¿qué mejor que situar a un hombre razonablemente normal luchando contra un monstruo? La forma más fácil de inventar un monstruo es pensar en algo que es peligroso por sí mismo y a continuación imaginarlo mucho más grande de lo normal.

Por ejemplo, el primer trabajo de Hércules consistió en matar al león de Nemea, que se suponía que era monstruosamente grande, aunque un león de tamaño normal proporcione un espectáculo suficiente. El monstruo más conocido de la ficción visual moderna es King Kong, es decir, un gorila de gran tamaño. En las abominaciones de la ciencia-ficción de la década de los cincuenta abundaban arañas gigantes, cangrejos gigantes, dinosaurios gigantes y hasta mujeres gigantes.

Sin embargo, ésa es una imaginación limitada que sólo puede trabajar aumentando las dimensiones. Surgieron entonces fantasías en las que los monstruos resaltaban por su fealdad, su malignidad o sus poderes. Ya no bastaba con que los hombres fueran gigantes; había que incluir ogros, que eran caníbales, o cíclopes, que eran ogros de un solo ojo, y así sucesivamente.

Un cocodrilo gigante no era suficiente. Agregándole alas puede convertirse en un dragón. Si queremos algo más que una serpiente venenosa, tenemos que dotarla de aliento de fuego; y si no mata con un mordisco ni con su respiración, sino con una simple mirada, nos hallamos ante el basilisco.

El pulpo puede convertirse en Medusa, con víboras por cabellos, o en Escila, con seis cuellos con cabeza de perro, o en Hidra, a quien le nacen dos cabezas por cada una que se le corta. O se pueden combinar criaturas: el torso de un hombre con el cuerpo de un caballo es un centauro; el torso de una mujer con el cuerpo de un león es una esfinge; el cuerpo de un águila con el torso de un león es un grifón.

Sin embargo, esas cosas son «fantasías». Nadie con la más mínima inteligencia pensaría que una Medusa, o un cíclope, o una esfinge existen de verdad. Pero ¿podemos imaginarnos monstruos que no ofendan a nuestro sentido moderno de lo que es razonable y posible? Si podemos, llegaremos no a los monstruos de fantasía sino a los monstruos de la ciencia-ficción.

Después de todo, algunos organismos grandes y espectaculares fueron descubiertos por los europeos en años relativamente recientes. Por ejemplo, ningún europeo había visto a un gorila vivo hasta mediados del siglo XIX. Las descripciones iniciales de su tamaño y ferocidad fueron exageradas en gran manera, y esas exageraciones todavía permanecen en el pensamiento popular –dieron una considerable verosimilitud a la excitante fantasía sobre King Kong que he mencionado.

Así pues, ¿habrá otros grandes primates fuera de África? ¿Un «yeti» (el abominable hombre de las nieves) en el Himalaya, un *sasquatch* (o Bigfoot, o Pies Grandes), animal parecido al hombre, en el noroeste de los Estados Unidos? Las posibilidades de que esos seres existan son prácticamente nulas, pero quizá eso es lo que la gente como yo podría haber dicho de los gorilas en 1845. De modo que un relato sobre el abominable hombre de las nieves como un primate, quizá incluso como un homínido, sería considerado como ciencia-ficción más que fantasía.

Una vez más, nos encontramos con la monstruosa serpiente del mar. De hecho, existe un tipo de serpiente de mar, descubierta en el siglo XIX: es el calamar gigante, que vive a media profundidad en el océano y cuyos tentáculos pueden extenderse hasta la longitud de una ballena. Quizá existen otras grandes criaturas en las profundidades del océano de las cuales todavía no sabemos nada. Fue alrededor de 1930 cuando se descubrió al celacanto, un ser que estábamos seguros que se había extinguido cuando los dinosaurios caminaban por la Tierra.

Por lo tanto, podemos considerar que las grandes criaturas marinas son monstruos de ciencia-ficción –incluso el plesiosaurio del lago Ness, cuyas posibilidades de existencia considero prácticamente nulas–. En este sentido, algunos autores hablan acerca de la posibilidad de que exista un brontosaurio en el bosque lluvioso de África –pero según mi opinión, las posibilidades también son nulas.

También podemos imaginar que una forma de vida monstruosa surge de la nada en la Tierra y crea horror donde antes no existía. Hay un relato así en este libro.

Sin embargo, no hay duda de que los mejores monstruos que pueden existir en el ámbito de la ciencia-ficción son criaturas de otros planetas.

En la década de los cincuenta, parecía posible que encontrásemos monstruos extraterrestres en nuestro propio sistema planetario, y aparece un relato de este tipo en este libro. Pero en el último tercio de este siglo hemos aprendido demasiado sobre nuestros mundos vecinos; es muy improbable encontrar en ellos algo que se parezca a nuestra vida (la posibilidad todavía no es totalmente nula en Calisto y Titán, quizá, o incluso en las capas de gas superiores de las atmósferas de Venus y de los gigantes de gas).

Nos queda la posibilidad de que haya vida en los planetas que giran alrededor de las estrellas fuera de nuestro Sol, y que también aparecen en *Monsters*.

A mi modo de ver, los monstruos de ciencia-ficción son más terroríficos que los de los cuentos fantásticos. Un dragón que sabemos que no existe no es tan horripilante como un «destructor negro» que algún día pueden llegar a encontrar los exploradores de distancias lejanas. En realidad, ha surgido una nueva subdivisión de la fantasía, en la que los dragones y otros monstruos se presentan de tal manera que consiguen nuestra simpatía. No veo que eso suceda con los monstruos de la ciencia-ficción –al menos no tan fácilmente.

El poder del mal

Los jóvenes que viven en los Estados Unidos, o en alguna otra nación desarrollada e industrial, están acostumbrados a vivir en un universo gobernado por las leyes de la ciencia.

Sabemos cómo controlar el medio ambiente para nuestro beneficio, cómo producir alimentos de manera más eficaz, cómo conseguir energía, cómo controlar los desastres. Sabemos cómo prevenir muchas enfermedades, cómo controlarlas o curarlas cuando aparecen. Sabemos cómo disminuir los peligros de los rayos y cómo construir aviones, automóviles y máquinas de todo tipo lo bastante seguras como para que las utilicemos.

Aun cuando se produce un desastre sabemos que existen causas naturales y, si podemos, tratamos de encontrar exactamente esas causas y ver cómo podemos protegernos de modo más eficaz.

Cuán distintas eran las cosas en la época precientífica, y cuán diferentes son todavía en muchas regiones subdesarrolladas hoy en día.

Cuando no existen la ciencia y el pensamiento moderno, o donde no existen hoy en día, el universo es algo extraño y pavoroso. No se conocen las leyes científicas que gobiernan los hechos. Las cosas parecen ocurrir sin ninguna causa natural.

Se producen inundaciones, o las sequías marchitan el paisaje, las tormentas se abaten sobre la gente, las epidemias diezman a la población, los rayos caen, los animales mueren de enfermedades. De alguna manera, las cosas hacen fracasar nuestros planes más preciados...

¿Por qué? ¿Por qué?

Nadie en un medio no científico sueña jamás en encontrar las causas naturales. Si algo malo ocurre, debe de ser porque algún ser inteligente lo ha provocado por su enojo o rencor. Si lo ocurrido es algo que ningún ser humano normal puede provocar, entonces debe ser obra de algún ser sobrehumano. Uno de los dioses está enfadado porque no se le han ofrecido sacrificios. O bien un demonio ha provocado el daño porque odia a la raza humana. Un espíritu indiferente se está divirtiendo como lo haría un niño arrancando las alas a una mosca. O quizá un desastre ocurre porque un dios justo y amable se ha irritado por los pecados cometidos, y desea purificar a los pecadores.

Pero uno no sabe, no puede saber, cuál es exactamente la causa de los hechos ni cómo prevenirlos. ¿Se pide perdón al ser superior, se le amenaza, se usan ciertos hechizos mágicos o rituales, o qué?

Y, por supuesto, siempre existe la sospecha de que algunas personas están mejor informadas que otras en relación con el modo de manejar a los dioses y los demonios sobrenaturales. Algunas personas pueden haber aprendido cómo realizar los rituales o cómo pronunciar los hechizos correctamente para prevenir los desastres provocados de modo sobrenatural o provocar su fin.

Si esas personas dotadas se preocupan con bondad del bienestar de la gente, se les llama sacerdotes, videntes, santos o sabios. Pero ¿qué ocurre si son egoístas o malvadas y desean utilizar el control que tienen sobre lo sobrenatural para hacerse poderosos o castigar a los que les ofenden? Entonces se les llama hechiceros, brujas, encantadores o nigromantes.

Pensemos en cuán peligroso sería el Universo si cualquiera con el que uno se encontrara, un desconocido, fuera un hechicero. Si por azar decimos algo que lo moleste, puede llegar a convertirnos en una rana.

Una vez que uno teme a un extraño porque puede ser un hechicero, el temor crece porque puede ser un ser humano con hábitos o habilidades terribles –alguien que se parece a un ser humano pero que es tan distinto que se le puede considerar un «monstruo».

¿Qué pasa si ese extraño en realidad no está vivo sino que es un fantasma o un espíritu, el resto inmaterial de un ser humano que puede tener una apareciencia real pero que puede desaparecer según su voluntad y que quiere hacer el mal? ¿O qué pasa si tiene la habilidad de convertirse en un lobo (o algún otro animal) siempre que lo desea? ¿O qué pasa si debe soportar ese cambio aun contra su voluntad en una noche de luna llena? Que es un hombre-lobo. ¿Qué pasa si come cadáveres? Que es un *ghoul*. ¿Y si bebe sangre? Un vampiro ¿Y qué pasa si vive para siempre mientras pueda saciar ese apetito, o si tiene una fuerza sobrehumana u otras capacidades?

En un mundo donde el concepto de que existen leyes científicas está ausente, uno no se pregunta cómo las células humanas pueden convertirse en células de lobo, o cómo el pelo puede crecer de repente cuando un hombre se convierte en lobo. Nadie piensa que basar la dieta en cadáveres puede causar la muerte por envenenamiento, ni que una dieta exclusivamente basada en sangre puede provocar una deficiencia vitamínica o una sobredosis de hierro.

Cualquier cosa es posible, y a medida que la gente cuenta esos relatos y los repite, se hacen más horribles.

En *Young Monsters* hemos seleccionado cerca de una docena de buenos relatos sobre monstruos jóvenes, niños o adolescentes. Algunos se relatan de manera simpática, casi con humor, y otros son espantosos.

Pero ¿por qué nos interesan estos relatos? Es evidente que si tenemos una visión científica del Universo, no creemos en la existencia de vampiros, ni *ghouls,* ni hombres-lobo.

Pero podemos pretenderlo. Eso es lo divertido. En los días en que pensábamos que los monstruos existían realmente, los relatos sobre ellos nos habrían dado tanto miedo que habríamos tenidos pesadillas, o temor a salir de nuestras casas. Habríamos saltado ante cada ruido, o habríamos temblado ante cualquier movimiento. Esos relatos no habrían resultado divertidos.

Hoy en día podemos experimentar el extraño mundo no científico y temblar o atemorizarnos mientras leemos; pero cuando el relato finaliza, podemos dejarlo de lado y retornar a nuestro mundo normal, donde las cosas suceden por causas naturales y donde sabemos qué es imposible y qué no. Nos divertimos con el temor ocasional.

Lo que es más: leer relatos de monstruos es movernos en un mundo tan distinto al nuestro que nos brinda una especie de alivio. Nuestro mundo también tiene sus terrores, a pesar de que son diferentes a los del mundo no científico. No pensamos que un extraño pueda ser un hechicero peligroso, pero podemos temer que sea un asaltante peligroso. No esperamos encontrarnos con fantasmas o *ghouls* cuando pasamos por un cementerio por la noche, pero podemos encontrarnos con un coche conducido por un borracho. No esperamos que un dios o un demonio molestos destruyan el mundo en un ataque de ira o de maldad, pero los seres humanos que dirigen los gobiernos pueden destruir el mundo en una guerra nuclear desatada por el miedo o la ira –o simplemente por un malentendido.

En cierto modo, es un alivio salir del verdadero poder del mal que nos rodea hoy y pasar al tipo de maldad, totalmente diferente, que existía en el mundo no científico de los fantasmas, los espíritus, los hechiceros y los monstruos, tal como ocurre en esta antología, *Young Monsters*, que he contribuido a editar.

Después de todo, sabemos que los monstruos no existen –y que los criminales y la guerra sí existen.

El diablo

La naturaleza es indiferente a las preocupaciones humanas. También es irregular. Las tormentas, las inundaciones, las sequías, las tempestades de nieve, el calor abrasador, la peste y otros males pueden afligirnos. Y en medio de estos desastres naturales, pueden haber igualmente períodos de clima saludable, paz y felicidad.

Debemos comprender muchos factores –y muy complejos– para predecir los hechos y ordenarlos de modo que nos permitan comprender que los hechos naturales son parte del comportamiento azaroso de un universo impersonal.

Pero eso es difícil de pensar. En la antigüedad, cuando no era especialmente fácil predecir los hechos naturales, era mucho más sencillo suponer que todas las manifestaciones de la naturaleza eran provocadas por entidades sobrehumanas invisibles (que llamaremos «dioses»), inmaduramente irregulares e impredecibles.

Por lo tanto, buena parte de los esfuerzos primitivos se utilizaban para determinar modos de halagar a los dioses para que fueran buenos. Nadie demostró nunca que esos halagos hicieran bien en el sentido de que los desastres disminuyeran o fueran menos intensos, pero continuaron de todas maneras.

Incluso los griegos, que eran lógicos y racionales, establecieron un grupo de dioses extremadamente atractivos, que eran considerados como esencialmente beneficiosos pero que no obstante podían devastar una región de repente si se les desairaba, aunque fuera de manera trivial.

Pero es agotador vivir con dioses inmaduros. Es mucho más tranquilizador pensar en ellos como seres amantes, que se preocupan de proteger y cuidar a la humanidad. En ese caso, ¿qué explicación hay para el mal y la mala suerte? La búsqueda se dirigió hacia un chivo expiatorio. Quizá existía un dios malvado que odiaba a la humanidad y que era responsable del mal. En el panteón nórdico estaba Loki, el dios del fuego. El fuego era una gran bendición para la humanidad, pero podía hacer mucho daño, y el dios del fuego tenía ese doble carácter. Loki era con mucho el más inteligente de los dioses nórdicos (un grupo bastante estúpido, particularmente según la descripción de Wagner), pero también provocaba males y destruía.

Sin embargo, fueron los antiguos persas los que desarrollaron una visión particularmente teatral del problema del bien y del mal. Según la religión de Zoroastro, existía el principio del bien, Ahura Mazda, y el principio del mal, Ahriman. Estos dos principios libraban una batalla cósmica, y sus fuerzas eran tan similares que el minúsculo poder de la humanidad comprometido con cualquiera de los dos bandos aseguraba la victoria de ese bando. En consecuencia, la humanidad participaba en esa batalla, tanto si lo deseaba como si no, y se veía constantemente arrojada de uno a otro bando.

Judea estuvo bajo dominio del Imperio persa entre los siglos VI y IV antes de Cristo, y durante ese período el judaísmo incorporó la idea dualista del bien y del mal. En los capítulos de la Biblia anteriores al período persa, Dios es supremo, autor tanto del bien como del mal –el mal era un castigo del pecado o una manera ingeniosa de hacer bien a la humanidad.

En los capítulos posteriores de la Biblia se introduce la idea de un mal encarnado. Los judíos lo llaman Satanás, que significa «adversario», porque cuando los seres humanos eran juzgados por Dios, Satanás testificaba contra ellos como su adversario (o, como diríamos ahora, como un fiscal que pide la maldición). Para los griegos, Satanás se convirtió en *diabolos*, que significa «difamador», porque decía maldades incluso de los hombres justos cuando estaban ante el Tribunal. Y *diabolos* se convirtió en nuestro «diablo».

Por supuesto, los judíos insistían en la supremacía de Dios. No podían permitir que Satanás tuviera el mismo poder que Dios, a la manera persa, ni que el resultado de la batalla fuera incierto. Satanás tenía que estar subordinado a Dios, tenía que haber sido creado por él y estar bajo su control.

En el Libro de Job, por ejemplo, Satanás habla mal del santo Job, y Dios le da permiso para afligir a Job, como manera de probar el amor de Job por Dios. En este proceso, Satanás no sólo destruye la propiedad de Job, sino también a su familia (matando a sus numerosos hijos e hijas) y su salud. (Siempre he pensado que se da una mala imagen de Dios en este libro. Satanás se limita a seguir órdenes y cumple la función que Dios le otorgó, pero es Dios el que permite la destrucción de los niños inocentes simplemente para demostrar el grado de fidelidad de su devoto seguidor. Este comportamiento nunca sería alabado en un ser humano común y pecador, y no veo cómo puede serlo en un Dios supuestamente perfecto y benévolo.)

De todas formas, aunque Dios y Satanás estén librando una batalla desigual según la visión judeo-cristiana, y la victoria de Dios sea cierta e inevitable, se mantiene el compromiso humano de la visión persa. La imagen de Satanás es la de un ser que trata constantemente de ganarse a los seres humanos y poseer sus almas, a pesar de que esas conquistas son dudosas a la larga y seguramente no significarán nada y no lo ayudarán en absoluto.

Tan ansioso está Satanás por conquistar almas humanas que soborna a la gente, a la que ofrece todo tipo de ventajas mundanas a cambio de sus almas. La clásica leyenda es la del doctor Fausto, que alcanza su forma más sublime en el drama épico de Goethe.

Y sin embargo, eso siempre me ha parecido absurdo. Según la visión cristiana, existe un consenso: todas las personas son pecadoras y la salvación es algo difícil de obtener. Al final, por lo general se sugiere que habrá un puñado de santos que irán al cielo, mientras que el resto gemirá en el infierno. ¿Por qué, entonces, Satanás está tan deseoso de conquistar almas? Se llevará a casi toda la gente, en cualquier caso. Y los pocos que Dios ha decidido mantener con Él seguramente están fuera de su alcance.

Entonces, ¿por qué sobornar a esa gente? En el momento en que un ser humano consiente en tener trato con Satanás y comerciar con su alma para obtener beneficios mundanos, seguramente ya ha cometido pecado mortal. No hay necesidad de firmar ningún documento con sangre ni nada que se le parezca; Satanás tiene su alma, y ése es el fin.

Cuando argumento de ese modo, no obstante, simplemente estoy poniendo lógica en algo que es completamente emocional.

Los seres humanos desean los beneficios mundanos que se asocian tradicionalmente con el mal (después de todo, para hacerse rico –juzgando por los ricos del mundo– es necesario engañar, e intrigar, y robar, y matar, y, en resumen, ser totalmente malvado). Pero los seres humanos se niegan a asumir los castigos que las religiones imponen en esos casos. No quieren ser el mendigo Lázaro y cenar en el cielo. Les gustaría más ser el hombre rico, por supuesto, pero no ser quemados en el infierno.

Por lo tanto, los escritores nunca se cansan de describir cómo los seres humanos pueden superar al diablo, obtener beneficios de él y luego negarse a pagar el precio estipulado –y los lectores nunca se cansan de leer sobre estos casos–. Ni Martin H. Greenburg, ni Charles G. Waugh, ni yo, nos cansamos de ello nunca, de modo que hemos preparado un libro completo con relatos sobre el diablo, *Devil Tales*. Algunos, pero no todos, tienen que ver con esos documentos demoníacos que los seres humanos deben firmar (como en el clásico de Benet, *The Devil and Daniel Webster*).

De todos modos, lo siento por el diablo. Engañar está mal, aunque el diablo sea la víctima.

Sexta parte
Ciencia-ficción

Ya he publicado dos colecciones de artículos que tratan principalmente sobre la ciencia-ficción (después de todo, he estado profundamente vinculado a la ciencia-ficción desde los nueve años de edad). Uno de ellos es *Asimov on Science Fiction* y el otro *Asimov's Galaxy*. No obstante, hay seis ensayos que tratan el tema de la ciencia-ficción que quiero incluir aquí.

El último de ellos, «Viajar hacia atrás en el tiempo», es la crítica de una película. Por lo general no hago críticas de obras de ciencia-ficción, porque creo que no tengo talento como para juzgar el trabajo de otra persona. Pero en ese caso no estoy considerando el valor literario del libro, sino sólo la lógica de la tesis –y puede que me esté permitido hacer eso.

La ciencia-ficción encuentra su voz

No es fácil llegar a un acuerdo sobre el inicio de la ciencia-ficción. Están los ambiciosos que sostienen que el origen está en los relatos de Platón sobre la Atlántida (alrededor del año 350 antes de Cristo), y otros, aún más generosos, llegan hasta la *Epopeya de Gilgamesh* (alrededor del 2800 antes de Cristo).

Pero en mi opinión eso no es más que una insensatez. La ciencia-ficción debe relacionarse con la ciencia y la tecnología, al menos tangencialmente. Debe tratar acerca de una sociedad notablemente diferente de la que existía en realidad en su época, y esa diferencia debe comportar algún cambio en el nivel de la ciencia y la tecnología. Si esto es así, la ciencia-ficción no puede existir antes de la consciencia popular de la conexión entre el avance de la ciencia y la tecnología y el cambio social, y eso nos lleva a la Revolución Industrial. Todo lo anterior es sólo fantasía, incluso si aparecen viajes a la Luna, como en el caso de *Historia verdadera,* de Luciano de Samosata (hacia el año 150).

Algunos autores aceptan ese punto de vista y consideran que la ciencia-ficción se remonta a las primeras décadas del siglo XIX. Hay quien sugiere que el comienzo fue el *Frankenstein* de Mary Shelley (1818), pero otros creen que *Frankenstein* debe considerarse más honestamente como una «leyenda gótica» en la tradición de *El castillo de Otranto* de Horace Walpole (1765). Ejemplos posteriores de lo que muchas veces se ha tomado como los primeros relatos de ciencia-ficción son las notables obras de Poe y Hawthorne, a las que se podría etiquetar como tales.

Parece, pues, que deberíamos comenzar a hablar de verdadera ciencia-ficción a partir de *Cinco semanas en globo* de Jules Verne (1863). Verne escribió ciencia-ficción sin aderezos góticos, y fue la primera persona que se dedicó a ello casi exclusivamente, y como resultado obtuvo gran popularidad y riqueza. De hecho, 1863 parece una buena fecha para el comienzo.

Sin embargo podemos presentar un argumento en su contra. La ciencia-ficción, tanto si comienza en el año 2400 antes de Cristo, o en el 150 de nuestra era, o en 1818 o en 1863, ha sido siempre un delgado hilo que ha recorrido la literatura en general. Son relativamente pocos los autores que han escrito algo que pueda ser llamado ciencia-ficción, aun haciendo una interpretación liberal del término, y son menos todavía los que lo han hecho en un estilo popular. Jules Verne y H.G. Wells son los dos mejores que podemos mencionar antes de la década de los veinte.

¿Por qué no intentamos encontrar el comienzo de la ciencia-ficción como un fenómeno masivo? ¿Cuándo comenzó a publicarse ciencia-ficción en gran cantidad, por parte de algunos escritores primero, después por varias decenas, hasta llegar a centenares de ellos? ¿Qué fue lo que colocó a la ciencia-ficción en el lugar que ocupa hoy en día, como un fenómeno literario extraordinariamente popular que tiene muchos autores de primer rango? Sólo se precisa mencionar a Robert Heinlein, Arthur C. Clarke, Anne McCaffrey, Frank Herbert, Ray Bradbury, Ursula K. LeGuin –la modestia me impide continuar.

No hay duda de que los responsables de todo esto son las revistas de ciencia-ficción, que comenzaron con el primer número de *Amazing Stories* (abril de 1926), editado por Hugo Gernsback.

Están los que objetarán con fuerza contra la idea de que las revistas fueron cruciales en el desarrollo del género de la ciencia-ficción. Los escritores y los críticos que exigen «respetabilidad» literaria para la ciencia-ficción consideran que la revista de ciencia-ficción ha sido un gueto que redujo el género a una variedad de ficción llamada *pulp* (las revistas que aspiraban a atraer a un público semianalfabeto casi siempre se imprimían en papel de pulpa de madera barato), ensuciándola y provocando que los principales escritores se negaran a tener nada que ver con este tema.

Algo de eso es cierto. En realidad, casi el 90% de las revistas de ciencia-ficción fueron en un principio material dirigido a adolescentes. Pero recordemos la ley de Sturgeon: el 90% de todo es tosco. Sin embargo, las revistas crearon un ámbito en el que muchos jóvenes afinaron su talento; de otro modo no habrían comenzado a escribir, o habrían escrito algo que no habría sido ciencia-ficción. La ciencia-ficción «literaria» nunca fue popular en ese ámbito, aunque hizo que varios autores se popularizaran. Fue la revista de ciencia-ficción la que hizo el trabajo, a pesar de que tuvo que gatear antes de caminar, y caminar antes de correr.

Fruncir el ceño ante las revistas de ciencia-ficción es hacer una gran injusticia al fenómeno y revela únicamente que los que fruncen el ceño son unos arrogantes pretenciosos.

Repasemos las revistas de ciencia-ficción. No tuvieron un nacimiento fácil. El género no era popular y poca gente lo practicaba, por lo que no había suficientes escritores como para mantener una revista mensual. Gernsback tenía que depender de las reimpresiones de H.G. Wells y de Jules Verne en sus primeros números, y sólo gradualmente los nuevos escritores se acercaron al género.

Esos nuevos escritores eran a veces principiantes de escasa habilidad narrativa. Otros eran escritores *pulp*, que se lanzaban a la aventura de probar suerte en una nueva variedad de género sin comprender bien qué era la ciencia-ficción.

En consecuencia, la revista de ciencia-ficción de la década de los veinte no ofrece demasiada calidad.

En esa época, como en todas las épocas anteriores y posteriores, cuanto más largo era el relato mejor era su calidad global (pero sólo en general, porque había excepciones notables, por supuesto). No nos sorprende, pues, que el ejemplo más notable de revistas de ciencia-ficción de la década de los veinte fuera *The Skylark of Space*, una novela publicada en capítulos en *Amazing Stories* en 1928.

Por desgracia, debido a que no podemos incluir novelas en esta antología, nos debemos limitar a novelas cortas, que son cuentos algo largos pero lo bastante cortos como para ser incluidos en un solo número de la revista. Como que en las revistas se pueden publicar más novelas cortas que novelas propiamente dichas debido a su extensión, algunos de los mejores escritores de este género comenzaron a concentrarse en las novelas cortas –como verán cuando lean *Best Short Sciencie Fiction of the Decade: The Thirties*.

Fue en la década de los treinta cuando la revista de ciencia-ficción comenzó a encontrar su propia voz. A pesar de que la escritura se mantenía *pulp* –es decir, ampulosa y nada sutil–, las ideas comenzaron a florecer y las mentes de los lectores se ampliaron.

En la década de los treinta, la revista más conocida de ciencia-ficción fue *Astounding Stories*. Comenzó en enero de 1930 y rápidamente desbancó a *Amazing Stories* porque ofrecía más material y porque su director, Harry Bates, abandonó el estilo didáctico de Gernsback y puso énfasis en la acción. Pero con el número de marzo de 1933, en plena Gran Depresión, el editor, William Clayton, quebró. La cabecera fue comprada por Street & Smith Publications, y la revista resucitó con el número de octubre de 1933 bajo la dirección de F. Orlin Tremaine.

Tremaine se mantuvo en la cima durante cuatro años, y su gran contribución fue la idea de que debían haber relatos «con variaciones de ideas», o sea relatos en los que aparecieran nuevos hechos sorprendentes, o alguna variación inesperada sobre un tema ya conocido. Eso complacía a los lectores en gran manera, y la revista nunca más se vio amenazada por el fracaso.

Un ejemplo sobresaliente de estas «variaciones de ideas» es *Sidewise in Time*, de Murray Leinster (un seudónimo de William F. Jenkins), que apareció en el número de 1934 de *Astounding Stories*. El primer intento de tratar la idea de dos flujos de tiempo paralelos en el Universo que, en momentos clave, podían tomar un camino u otro, teniendo todos los caminos algún tipo de existencia, fue *Sidewise in Time*. Cuarenta años más tarde, los físicos que estudian las consecuencias más esotéricas de las mecánicas del cuanto se ven forzados a considerar este concepto de Leinster.

Otro relato inusal de la era Tremaine es *Alas, All Thinking*, escrito por el predecesor de Tremaine, Harry Bates. Apareció en junio de 1935 en *Astounding Stories*. Bates no escribió muchas historias, pero las pocas que escribió eran buenas. *Alas, All Thinking* es un relato electrizante sobre la degeneración evolutiva.

Mientras *Astounding* de Tremaine dominaba totalmente el sector, de vez en cuando aparecían buenos cuentos en otras revistas de la época, como *Amazing Stories* y *Wonder Stories*. Un ejemplo destacado entre los relatos más largos es *He Who Shrank*, de Henry Hasse, que apareció en el número de agosto de 1936 de *Amazing Stories*. El relato de Hasse era una verdadera variación de ideas y podía haber encajado fácilmente en las páginas de la revista de Tremaine. Trata principalmente de un ser humano que se hunde, algo que ya había sido tratado antes y que lo sería después, pero Hasse, como se verá, agregó un concepto completamente peculiar. Curiosamente, Hasse escribió muy poco, y éste es el único relato suyo que logró cierta fama.

El escritor más destacado de Tremaine era John W. Campbell, Jr. Comenzó su carrera como escritor de relatos de «superciencia», imitando a E.E. Smith, y ocupó el puesto inmediatamente inferior a Smith en ese género. Pero luego, bajo el seudónimo de Don A. Stuart, comenzó a escribir historias mucho más sutiles, sorprendentemente con un alto estilo literario y contenido psicológico. La primera historia de este tipo fue *Twilight*, un relato corto que apareció en noviembre de 1934 en *Astounding Stories*.

Pero el relato mejor y más largo de Stuart fue *Who goes there*?, que apareció en agosto de 1938 en *Astounding Stories*. Está incluido en esta antología, y si no lo ha leído antes lo envidio, porque encontrará que es uno de los relatos más inteligentes e insidiosamente horripilantes que jamás haya leído. No diré nada acerca de la trama: deberá descubrirla usted mismo.

En la época en que apareció *Who goes there*? tuvo lugar otra revolución. En diciembre de 1937 Tremaine fue promovido a un puesto superior, y el propio John W. Campbell se convirtió en el director de *Astounding Stories*. Rápidamente cambió el nombre de la revista por *Astounding Science Fiction* y comenzó a buscar buenos escritores capaces de alcanzar un nivel literario más elevado y una mayor fidelidad en su descripción de la ciencia y de los científicos.

Por supuesto, para empezar tuvo que utilizar y alentar un mayor desarrollo de los autores que ya escribían. Horace Gold había escrito varios cuentos buenos en la época de Tremaine bajo el seudónimo de Clyde Crane Campbell. Obviamente, no podía utilizar ese seudónimo bajo la nueva dirección. Fue entonces cuando, en el número de diciembre de 1938 de *Astounding Science Fiction,* apareció el primer relato de Gold bajo su propio nombre, *A Matter of Form*, que ofrece una descripción sorprendentemente realista de las aventuras y desventuras de un hombre molesto por su apariencia física.

Otro autor de Tremaine que estaba maduro para alcanzar la grandeza fue L. Sprague de Camp. El primer relato que publicó apareció en el número de septiembre de 1937 de *Astounding Stories*, y ha escrito numerosos cuentos desde entonces. Sabía mucho sobre ciencia e historia y era muy meticuloso en su precisión en ambos campos. Lo que es más, era uno de los relativamente pocos autores de ciencia-ficción que tenía buen sentido del humor. Adquirió más independencia cuando Campbell introdujo una revista hermana de *Astounding Science Fiction*, llamada *Unknown*, que apareció en marzo de 1939. Reflejaba la «fantasía adulta», tan meticulosa en su lógica interna como los relatos de *Astounding Science Fiction*.

De Camp rápidamente se convirtió en el pilar principal de la revista, y su sorprendente *Divide and Rule*, con su combinación popular y lógica de caballerosidad medieval y tecnología moderna, apareció en el segundo número, en abril de 1939.

Presentamos media docena de los mejores cuentos de la década de los treinta, y esperamos publicar una selección de cuentos tan buena (como mínimo) de la década de los cuarenta.

Los cinco grandes de la ciencia-ficción

La fantasía, que muchas veces se confunde con la ciencia-ficción, tiene una historia larga y brillante, ya que toda ficción es, de alguna manera, fantástica. Podemos encontrar una gran fantasía literaria en la *Odisea* de Homero, y antes aun en las leyendas de los primeros capítulos de la Biblia, y todavía más atrás en la *Epopeya de Gilgamesh* de los sumerios, escrita alrededor del año 2800 antes de Cristo.

La ciencia-ficción es la rama de la fantasía que basa su trama en cambios científicos y tecnológicos, y no pudo ser escrita hasta que el mundo tomó consciencia de que estos avances estaban transformando la sociedad –es decir, hasta 1800, cuando la Revolución Industrial ya estaba encaminada.

Algunos piensan que la primera novela de ciencia-ficción fue *Frankenstein* de Mary Shelley, que fue publicada por primera vez en 1818, cuando la autora sólo tenía veintiún años. A pesar de que se lee como una novela juvenil, utiliza la ciencia, y no la magia, para crear una vida artificial, y ése es el punto crucial.

Fue seguida por Edgar Allan Poe, quien escribió relatos de ciencia-ficción, pero es mejor recordado hoy en día por sus cuentos de horror.

El gran fundador de la ciencia-ficción, y el primero de mis cinco «grandes» en ese campo, es, sin embargo, el francés Jules Verne. Fue el primer escritor que se dedicó casi enteramente a la ciencia-ficción, el primero en ganar lo bastante como para vivir bien haciéndolo, y también el primero en hacer que la ciencia-ficción llamara la atención de un vasto público.

Verne era el hijo de un abogado, y se rebeló contra su padre adoptando deliberadamente un estilo de vida diferente. Intentó huir hacia el mar y siempre le fascinaron los barcos. Trató de convertirse en un escritor convencional y obtuvo un prolífico fracaso. Se convirtió en un corredor de bolsa que odiaba su trabajo.

Finalmente, en 1863, cuando tenía treinta y cinco años, se inspiró leyendo a Poe para escribir su libro de aventuras titulado *Cinco semanas en globo*, que, para su propia sorpresa, obtuvo un enorme éxito. Era esencialmente una historia de viajes, pero en la que aparecía un modo inusual de viajar. Verne enseguida capitalizó su éxito escribiendo otras novelas de ese tipo, que llamó *Viajes extraordinarios*, llevando a sus personajes al centro de la Tierra, al fondo del mar en submarino, a la Luna, a los extremos del sistema solar sobre un cometa, etcétera. Su mayor éxito fue menos extraordinario que cualquiera de estos casos, porque narraba meramente la circunnavegación del mundo: *La vuelta al mundo en ochenta días*.

Verne intentó tratar el trasfondo científico de los relatos. A pesar de que a veces estaba equivocado (como cuando pensó que era posible lanzar un vehículo al espacio utilizando un gran cañón sin matar instantáneamente a la gente que iba a bordo), imprimió a sus libros mucho realismo.

Con Verne, la ciencia-ficción fue reconocida como una rama de la literatura. Su popularidad se extendió por el mundo occidental; incluso mi padre lo leyó en ruso, y treinta años más tarde y a cinco mil millas hacia el oeste, yo lo leí en inglés. Lo leímos con igual avidez, y fue sólo en sus obras donde coincidió nuestro gusto por la ciencia-ficción.

Pero Verne mantenía un pie firmemente sobre el suelo todo el tiempo (y a veces los dos). No utilizaba la magia, y hacía todo lo que podía por aferrarse lo posible a lo conocido.

Si la ciencia-ficción debía avanzar, tenía que liberarse de esas cadenas; su imaginación tenía que elevarse. Eso nos lleva al segundo de los cinco grandes: el escritor inglés Herbert George Wells.

Wells, como Verne, nació en una familia de clase media, pero algo baja. Era hijo de un tendero que se había casado con una empleada doméstica. Como Verne, los primeros años de Wells fueron más bien una letanía de fracasos. Le disgustaba su baja posición en el sistema británico de clases de la época victoriana, por lo que se convirtió en un convencido socialista. Recibió cierta escolarización, que completó con un ambicioso programa de autoeducación. Su salud no era buena, y su matrimonio fue desgraciado (sin embargo, su vida sexual fue febril y constante durante toda su vida).

Finalmente, inspirado por Verne, como Verne había sido inspirado por Poe, Wells escribió un nuevo tipo de libro en 1895, cuando tenía veintinueve años: *La máquina del tiempo*. Fue un éxito tremendo, para sorpresa de Wells. En cierta manera, parecía seguir los pasos de Verne, porque *La máquina del tiempo* era el relato de un viaje; pero había una diferencia. Era un viaje hacia el futuro lejano. No utilizaba la tecnología conocida ni la tecnología contemporánea con mejoras mínimas. Se lanzaba a lo desconocido describiendo algo que era totalmente distinto a cualquier cosa existente. Wells había escrito el primer cuento sobre un viaje a través del tiempo. No se trataba del yanqui de Mark Twain que era llevado al pasado por un golpe en la cabeza. El héroe de Wells se movía a su antojo a lo largo de la dimensión temporal gracias a su máquina –como si estuviera manejando una locomotora hacia atrás y hacia delante por la vía.

Siguieron otros libros y cuentos cortos. *La isla del doctor Moreau*, publicado en 1896, era un relato sobre una transformación biológica. *El hombre invisible* (1897) fue el más famoso de sus cuentos. Más tarde, en 1898, escribió su libro más influyente, *La guerra de los mundos*, el primer relato sobre una invasión extraterrestre y una guerra interplanetaria. Y cuando escribió su relato de un viaje a la Luna (como hicieron todos los escritores anteriores de ciencia-ficción), no utilizó ni cohetes ni cañones, sino un escudo de gravedad.

La utilización que hacía Wells de las ideas espontáneas lo hicieron en poco tiempo más popular que el maduro Verne, quien reaccionó con amargura. Verne señaló que sus cañones existían, pero que eso no sucedía con el escudo de gravedad de Wells. Por supuesto, ese punto era exactamente el que favorecía a Wells. Después de 1900, Wells profundizó cada vez más en el tipo de obra que tenía más éxito, y *El perfil de la Historia*, publicado en 1920, fue un auténtico *best seller.* Y sin embargo ahora, cerca de un siglo después, *El hombre invisible* es su relato de ciencia-ficción por el que es más conocido y más ardientemente recordado. Bien puede haber sido el autor de ciencia-ficción más influyente de todos los tiempos.

A medida que transcurría el siglo XX, parecía que no iba a surgir nadie capaz de reemplazar a Verne y a Wells, pero en 1926 apareció un nuevo fenómeno: una revista, *Amazing Stories*, dedicada únicamente a la ciencia-ficción. Hasta ese momento, la ciencia-ficción había sido el espacio de los escritores ocasionales, pero ahora existía una publicación que permitía que los principiantes probaran sus habilidades (a cambio de casi nada, por supuesto).

Naturalmente, los resultados no fueron inmediatos. En sus primeros años de existencia, *Amazing Stories* tuvo que llenar la mayor parte de sus páginas con reimpresiones de Poe, Verne, Wells y otros autores menores. Y luego llegó el tercero de los grandes de la ciencia-ficción, Edward Elmer Smith.

Smith había escrito una novela llamada *The Skylark of Space* cuando se estaba doctorando en química de la alimentación (por lo que cuando sus relatos finalmente aparecieron, lo hicieron siempre bajo el nombre de «doctor

E.E. Smith»), pero no había un lugar donde pudiera publicarse, porque su estilo no era habilidoso, la trama era fantástica y, además, no había mercado para este tipo de escritos.

Amazing Stories, sin embargo, tenía precisamente ese objetivo, y el mercado se encontró con su hombre cuando *The Skylark of Space* apareció en sus páginas en 1928. Smith tenía en ese momento treinta y ocho años. Los lectores saltaron de contento. Y la revista de ciencia-ficción, que tenía su primera «superestrella», dejó de ser un fenómeno pasajero. Había llegado para quedarse.

El relato de Smith fue el primero que trató el tema de los viajes interestelares. Tenía «superciencia», «superarmas» y «superhéroes». Era una historia del salvaje Oeste con naves espaciales. Tenía una trama que se expandía rápidamente, y estableció la tradición de *space opera*, en analogía con las *horse operas* o historias del Oeste.

Smith continuó escribiendo cuentos sobre el espacio, aumentando rápidamente el alcance y la fantasía de la acción, y fue imitado por otros hasta que todo el subgénero comenzó a combarse y desplomarse bajo su propio peso. Sin embargo, Smith había introducido una atmósfera de optimismo en la ciencia-ficción, la sensación de que los seres humanos podían enfrentarse con toda la vastedad del Universo sin temor, haciendo que todo estuviera bajo su dominio. Esta sensación iba a caracterizar en particular a la ciencia-ficción estadounidense durante una generación.

En cierto sentido, Smith llevaba la emoción de Wells hasta el último extremo, pero al precio de abandonar todo realismo, a lo que contribuía su prosa imperfecta.

El escenario ya estaba listo para el cuarto de los grandes de la ciencia-ficción, Stanley Grauman Weinbaum, que era diez años más joven que Smith. Era un ingeniero químico que, como Verne, Wells y Smith, comenzó a escribir muy pronto sin éxito.

Después de 1930, *Amazing Stories* ya no estaba sola en ese ámbito. Otras revistas penetraron en el campo que Smith había abonado, y en 1934 Weinbaum vendió *A Martian Odyssey* a *Wonder Stories*, la menos importante de las tres revistas que se publicaban por aquel entonces. En ese momento, Weinbaum tenía treinta y cuatro años.

A Martian Odyssey era menos ambiciosa que cualquiera de las cosas que escribían Smith o sus imitadores; era simplemente el informe de la primera expedición humana a Marte. En comparación con la *space opera*, sin embargo, el estilo era claro y realista, y se habían perdido los rasgos altisonantes.

Es más: Weinbaum intentó describir a Marte en términos sensatos. Hasta entonces, las criaturas extraterrestres eran por lo general malvados superinteligentes, o bestias superterribles, siempre amenazas enormes que tenían que ser eliminadas también con enormidad. Weinbaum creó un marciano amistoso, tan inteligente como los seres humanos pero de otro modo. Esta criatura prácticamente robaba el relato. Weinbaum también describía otras formas de vida marcianas, cada una de ellas fascinante y sensata a su manera.

Weinbaum fue, según mi opinión, el mejor autor de ciencia-ficción desde Wells, y los lectores respondieron a su estilo con deleite. No tardó en escribir otros relatos, que fueron aceptados por *Astounding Stories*, la revista líder de ciencia-ficción por aquel entonces, y durante un año y medio se aceptó en general que era el escritor más popular del género (y también el mejor).

Pero sólo durante un año y medio. Hacia fines de 1935, Weinbaum, quien todavía no tenía treinta y seis años, murió de cáncer. Nunca sabremos hasta dónde podría haber llegado.

Pero ahora llegamos al quinto grande de la ciencia-ficción. De alguna manera, fue más importante que todo el resto. Hasta entonces, los grandes habían llegado impredeciblemente y trabajando solos, pero apareció John Wood Campbell, Jr., quien puso fin a todo eso.

Diez años más joven que Weinbaum, Campbell había estudiado física en el Instituto Tecnológico de Massachussetts y en Duke. Al contrario de los otros grandes, tuvo éxito con sus escritos desde el comienzo. Su primer cuento publicado, *When the Atoms Failed*, apareció en *Amazing Stories* en 1930, cuando sólo tenía veinte años de edad. En los años siguientes, se hizo rápidamente una buena reputación como escritor de *space operas*, inmediatamente después de Smith. En 1934, con la publicación de su relato *Twilight* –bajo el seudónimo de Don A. Stuart–, comenzó a hacerse una segunda reputación como autor de cuentos más sutiles y psicológicos.

Pero su verdadera carrera comenzó en 1938 cuando, a la edad de veintiocho años, llegó a ser el director de *Astounding Stories*, cuyo nombre cambió rápidamente por *Astounding Science Fiction*.

Como editor de la revista que era líder mundial en ese género, tuvo mucho poder, y comenzó a utilizarlo, inexorablemente, para remodelar la ciencia-ficción y dirigirla hacia donde pensaba que debía ir. No quería meras aventuras. No quería *space operas* (a pesar de que continuó publicando escritos de Smith). Quería relatos que tuvieran que ver con extrapolaciones reflexivas de la ciencia y de la ingeniería. Quería personajes que, si eran científicos e ingenieros, actuaran y pensaran como si realmente lo fueran. Fomentó lo que se ha llamado «ciencia-ficción dura», en la cual el autor no juega con los principios científicos ni los olvida.

En resumen, donde Verne estableció el ámbito, donde Wells agregó ideas, donde Smith agregó un optimismo fantástico, donde Weinbaum sumó la razón, Campbell consiguió añadir respetabilidad científica.

Pero Campbell hizo más que eso. Con esfuerzos infinitos, mimó a nuevos autores en los que veía promesas, dándoles ideas, analizando sus esfuerzos, alentándoles a probar suerte otra vez, hasta que reunió a su alrededor a una constelación sorprendente de hábiles escritores jóvenes que dominaron en el género durante una generación. Tres de ellos, en realidad, han estado activos durante casi medio siglo y todavía son conocidos familiarmente como «los tres grandes»: Robert Heinlein (quien falleció en 1988), Arthur C. Clarke y un servidor.

El éxito de Campbell hizo que la ficción se expandiera en todas las direcciones una vez finalizada la Segunda Guerra Mundial. El número de escritores se multiplicó, así como el número de revistas. La ciencia-ficción comenzó a aparecer en todo tipo de libros publicados por las principales editoriales, e hicieron su aparición en las listas de *best sellers*. La ciencia-ficción también comenzó a aparecer estruendosamente en el cine y en la televisión. Y la mayor de todas las maravillas (para alguien como yo, que comenzó hace medio siglo): los autores de ciencia-ficción comenzaron a ganar fortunas con sus escritos.

A partir de Campbell, el ámbito de la ciencia-ficción ha aumentado demasiado como para que alguien lo domine. Hay docenas de «grandes» ahora, no uno solo. Ése es el resultado de lo que han hecho los cinco grandes por este género.

El éxito de la ciencia-ficción

La ciencia-ficción ha tenido muchas facetas y, de una manera u otra, ha conseguido éxito en todas ellas.

Podemos retroceder siglos si queremos ampliar la definición de ciencia-ficción para incluir en ella cualquier relato que fuera fantasioso e imaginativo en los términos de lo que era conocido del Universo en el momento de ser escrito. Consideremos el público de la época en la que la escritura no era conocida, o al menos restringida a unos pocos. Podemos imaginarnos fácilmente a un poeta tañendo las cuerdas de su lira mientras canta la leyenda de las andanzas de Ulises a un público analfabeto pero extasiado y atento. Aun dos mil años antes, otro poeta debió haber cantado las proezas de Gilgamesh.

¿Éxito? ¿Podemos dudar de que hayan mantenido a su público encantado cuando, en su forma escrita, esas leyendas sobreviven y son admiradas hasta el día de hoy?

¿Qué podemos decir de los tiempos posteriores, cuando la escritura se convirtió en parte del armazón intelectual de toda la gente con educación? Por aquel entonces la ciencia-ficción, como el resto de la literatura, tenía como su principal y casi única forma el relato escrito. Si mantenemos un concepto generoso de la ciencia-ficción que incluya la fantasía, desde los días de Virgilio y Ovidio, pasando por las leyendas de caballeros de la Edad Media y las leyendas góticas de fantasmas de los primeros tiempos de la edad moderna, nos encontramos con una especie de «protociencia-ficción», que estuvo invariablemente entre las formas más populares de la literatura de su tiempo.

Al comienzo del siglo XIX, la Revolución Industrial daba sus primeros pasos, y los observadores reflexivos se daban cuenta de que el mundo estaba cambiando rápidamente y de que lo que daba fuerza al cambio era el avance de la ciencia y la tecnología. Comenzó a existir la ciencia-ficción propiamente dicha: los relatos no trataban solamente de cosas fantásticas, sino de lo fantástico que concebiblemente podía llegar a ser posible debido a un avance científico.

Al principio se escribió poco de esa nueva y significativa variedad de la fantasía. Quizá el primer relato de este tipo fue *Frankenstein*, de Mary Shelley, publicado en 1818, el cual todavía es muy popular.

Durante medio siglo hubo escritos ocasionales de ciencia-ficción de autores importantes como Edgar Allan Poe. Más tarde, en 1863, el francés Jules Verne publicó el primero de sus llamados «viajes extraordinarios», titulado *Cinco semanas en globo*. Escribió un gran número de libros de ese tipo y su fama recorrió el mundo durante el resto del siglo. Fue la primera persona que escribió sobre todo ciencia-ficción, y el primer escritor en hacerse tanto famoso como rico con estos escritos.

Lo que es más, vivió para ver cómo el inglés H.G. Wells lo superaba. Wells, un escritor más dotado, se hizo aún más famoso con su exuberancia de ideas.

En la época de Wells, la alfabetización, al menos en Europa occidental y en los Estados Unidos, era común en casi toda la población. Con ella llegó el fenómeno de la literatura de masas: libros y revistas baratos, quizá escritos de manera precipitada y descuidada, pero que tenían la intención de satisfacer las necesidades de una gran cantidad de personas cuya educación era limitada.

Finalmente, el editor de origen luxemburgués Hugo Gernsback tomó lo que parece una decisión obvia. Había estado publicando ciencia-ficción informal, relacionada con la radio y otras maravillas tecnológicas del nuevo siglo. En 1926 creó *Amazing Stories*, la primera revista de la historia dedicada únicamente a la ciencia-ficción (han pasado sesenta años y la revista todavía existe).

Al comienzo, los únicos relatos que Gernsback podía incluir en las páginas de la revista eran reimpresiones de Poe, Verne, Wells y un grupo de autores menores. Poco a poco, no obstante, los escritores de otras revistas de la época lo intentaron. Lectores atrapados por el género también comenzaron a tratar de escribir relatos.

Lentamente, la ciencia-ficción de revista comenzó a aumentar su popularidad. Era un nuevo tipo de ciencia-ficción, algo cruda y ruda en un comienzo, rica en aventuras y en estereotipos, pobre en caracterizaciones y en sutilezas, pero a los jóvenes les encantaba. Tropecé con mi primera revista de ciencia-ficción a los nueve años y ya no pude dejarlo.

El público inicial envejeció, cambio que fue acelerado por surgimiento de una nueva faceta de la ciencia-ficción, que conquistó a los lectores más jóvenes. Eran tan fácil imprimir gráficos como palabras, y el nuevo siglo vio el comienzo de las tiras cómicas en los diarios. Era inevitable que alguno de los nuevos personajes fuera de ciencia-ficción. Historietas como las de Buck Rogers y Flash Gordon tenían más lectores que las revistas en la década de los treinta.

Las historietas encontraron su camino en las revistas. Al principio eran copias extraídas de revistas, pero inevitablemente algunas comenzaron a publicar tiras originales. En *Action Comics* apareció la tira de Superman, y pronto se convirtió en el más popular de los temas de ciencia-ficción que se hayan publicado de esa manera.

La faceta visual de la ciencia-ficción no se limitó al mundo sin movimiento de las tiras cómicas. Hubo películas y, casi desde el principio, algunas fueron de ciencia-ficción. Las primeras películas de ese género, dada la complejidad del medio y la manera imperfecta en que podía controlarse, eran tan rudas como los primeros ejemplos de las revistas originales de ciencia-ficción. Por ejemplo, las primeras series de Flash Gordon eran poco más que tiras cómicas fotografiadas.

Pero hubo intentos afortunados de producir películas de ciencia-ficción con una calidad sorprendente para la época. Es el caso de *Metropolis*, filmada en Alemania en 1926 (el año en que nació la revista de ciencia-ficción), dirigida por Fritz Lang. Más tarde, en 1936, llegó el filme inglés, curiosamente profético, titulado *Things to Come*, basado en el libro de H.G. Wells.

Las revistas de ciencia-ficción mejoraban rápidamente su calidad. En 1938, John W. Campbell, Jr. se convirtió en director de *Astounding Science Fiction* y luchó con éxito para mejorar el trasfondo científico y tecnológico de los relatos que aparecían en la revista. Reunió a su alrededor a un nuevo grupo de escritores jóvenes, la mayoría de los cuales tenían antecedentes científicos (incluso yo).

La utilización de la bomba nuclear al final de la Segunda Guerra Mundial produjo una nueva actitud en relación con la ciencia-ficción. Ya no se trataba de un «juego de niños». La nueva generación de escritores de ciencia-ficción había previsto la bomba, y durante la guerra habían escrito muchas historias relacionadas con ella. Como resultado, el género logró cierto respeto. El desarrollo de los cohetes durante la guerra y el comienzo de las conversaciones sobre la exploración del espacio aumentó este respeto.

La reputación de la ciencia-ficción se notó en las películas, por supuesto. En 1950 se rodó *Destination Moon*. Parte de su importancia se basaba en el hecho de que estaba basada en un libro de Robert Heinlein, el más importante de los escritores estables de John Campbell, y en que el mismo Heinlein trabajó como asesor durante la filmación.

A pesar de que la mayoría de las películas de ciencia-ficción en el primer período de la posguerra eran películas de «monstruos», con hordas de gorilas y arañas gigantes que llenaban la pantalla, *Destination Moon* intentaba narrar de manera realista un viaje en cohete a la Luna.

A pesar de que la película tuvo un éxito bastante razonable cuando fue estrenada, *Destination Moon* no soporta el paso del tiempo. Por un lado, los efectos especiales son primitivos. De hecho, estos efectos han limitado toda la ciencia-ficción visual. Al escribir uno puede hacer explotar cientos de estrellas con unas cuantas frases; se pueden describir formas extrañas y fenómenos como la ingravidez. Mostrarlo es mucho más trabajoso.

En realidad, la radio era al comienzo el medio no impreso más apropiado para la ciencia-ficción porque, como ocurría con la palabra escrita, no había que mostrar nada. Los efectos de sonido eran suficientes. Los viejos programas radiofónicos de Buck Rogers todavía son recordados afectuosamente por quienes los escuchaban en la década de los treinta.

Pero la tecnología de los efectos especiales estaba avanzando. En 1966 apareció *Viaje alucinante*, con simulaciones espléndidas del interior de un cuerpo humano. Luego, en 1968, llegó *2001, una odisea del espacio*. Era más que lenta, y su final era tan oscuro como nunca hubo otro igual. Sin embargo, sus simulaciones del vuelo espacial y la sensación que proporcionaba de una computadora gigante eran maravillosas. Se convirtió en el primer éxito auténtico de la historia del cine de ciencia-ficción.

La televisión, con menos dinero para gastar en un solo programa, estaba lejos de las películas con efectos especiales. No produjo un verdadero programa de ciencia-ficción de calidad hasta 1966 cuando apareció *Star Trek* en la pantalla. Su popularidad cogió a los propios productores por sorpresa. Cuando se produjo un intento de interrumpirla un año después, la protesta de los televidentes alcanzó tales proporciones que la serie se restableció. En 1969 se acabó, aunque continuó reponiéndose –hasta el día de hoy– y dio lugar a varias películas.

Mientras tanto, la ciencia-ficción impresa se perfeccionaba gracias a la creciente familiaridad y afecto del público hacia el género. A partir de 1949, las principales editoriales comenzaron a publicar novelas de ciencia-ficción, que luego eran reimpresas en ediciones de bolsillo. En la década de los setenta las novelas de ciencia-ficción comenzaron a aparecer en las listas de *best sellers*, y algunos escritores de ciencia-ficción que estaban acostumbrados a una oscura vida de pobreza se sorprendieron (no necesariamente negativamente) al convertirse en ricos y famosos.

Entonces, en 1977, apareció *La guerra de las galaxias*, y se llegó a una cima sorprendente. Los efectos especiales eran tan avanzados, se realizaban con tanta perfección, que por fin se podía ver lo que hasta ese momento la ciencia-ficción sólo había sido capaz de describir. Es perfectamente posible argumentar que los efectos especiales acaban con las sutilezas del género y estimulan la superficialidad, pero esos efectos era lo que la gente quería.

La guerra de las galaxias se convirtió rápidamente en una de las películas más populares y más rentables que se hayan hecho, e inició una nueva moda en este tipo de éxito estrepitoso. Era más popular que cualquier otra historia impresa, que cualquier tira cómica, que cualquier otra cosa que hubiera aparecido en los medios visuales, y sólo rivalizó con sus sucesoras del mismo tipo, *El Imperio contraataca*, *E.T.* y otras similares.

Esta popularidad hace posible –y sin duda necesario– un libro como *The Science Fiction Image*, el cual ofrece una visión enciclopédica de la ciencia-ficción en los medios no impresos. Espero que nuevas ediciones, inevitablemente aumentadas, se publiquen en el futuro a intervalos periódicos.

La ciencia-ficción en la actualidad

La ciencia-ficción ha cambiado enormemente desde que comencé a escribir profesionalmente en este género, hace cincuenta años.

Cuando presenté un relato por primera vez, el 21 de junio de 1938, únicamente existían tres revistas de este género, y sólo una de ellas, *Astounding Science Fiction*, tenía algún valor. Los editores aficionados solían publicar de vez en cuando pequeñas ediciones de novelas de ciencia-ficción bastante mediocres. Había unas pocas tiras cómicas, en las que destacaban *Buck Rogers* y *Flash Gordon*, junto con alguna serie ocasional de películas muy primitivas.

Pero ¿y ahora?

En los medios impresos pueden encontrarse a menudo novelas de ciencia-ficción en las listas de *best sellers*, tanto en ediciones de lujo como de bolsillo. Los estantes de las librerías están llenas de ellas. El cine y la televisión consideran que la ciencia-ficción es un negocio. Se enseñan cursos de ciencia-ficción en las escuelas secundarias y en los niveles preuniversitarios. Existen cientos de antologías de relatos cortos. La ciencia-ficción es un gran éxito.

Por lo tanto, puede parecer que es mucho mas fácil entrar en el ámbito de la ciencia-ficción ahora que cincuenta años atrás. Después de todo, actualmente el objetivo es mucho más amplio.

Desgraciadamente, no creo que sea así. Analicemos la situación más de cerca. Cincuenta años atrás, cuando la ciencia-ficción consistía en tres revistas y prácticamente nada más, había muchas otras publicaciones. La locura por la revista *pulp* estaba en su apogeo. Cada quiosco tenía docenas de ellas, de todos los tipos posibles: de amor, de misterio, del oeste, de la selva, de guerra, de horror, de aventuras. Algunas salían cada mes, otras eran quincenales, y algunas llegaban a ser semanales. Estaban también las «revistas de primera», que publicaban una gran cantidad de ficción y pagaban mucho más que las de pulpa.

De todas ellas, las revistas de ciencia-ficción eran las más pequeñas, las menos lucrativas, las más especializadas y el segmento peor considerado.

Casi nadie de las miríadas de jóvenes que tenían deseos de escribir consideraban la ciencia-ficción como algo viable. Las revistas de ciencia-ficción veían su futuro en sus propios lectores entusiastas, que las seguían desde mucho tiempo atrás, que leían ciencia-ficción desde que habían aprendido a leer y que no estaban interesados en nada más. No les importaba ni la fama ni la riqueza, sólo escribir el material maravilloso que leían y ver su nombre en letras de imprenta en una revista de ciencia-ficción. Esos lectores entusiastas no eran muchos, pero yo era uno de ellos. Había estado leyendo ciencia-ficción con avidez desde los nueve años de edad y tenía dieciocho cuando conseguí vender mi primer relato.

Bajo esas circunstancias, se comprende que no era necesario ser un gran escritor. Había pocos escritores de ciencia-ficción de cualquier tipo en aquellos días, y todavía menos que fueran buenos. Si uno estaba ansioso por escribir ciencia-ficción, y sabía gramática, y había leído una cantidad suficiente de ciencia-ficción como para sacar una idea nueva de una vieja, ya bastaba.

En la actualidad, todo eso ha cambiado. En primer lugar, el mercado de ficción en los medios escritos ha disminuido violentamente en los últimos cincuenta años (debido a la llegada de la revista de historietas y luego, aún más importante, de la televisión). Las revistas *pulp* desaparecieron. Las de «primera» que existen publican muy poca ficción. De hecho, la única rama de ficción popular que se ha expandido en gran manera durante el último medio siglo ha sido la ciencia-ficción (los relatos de misterios y de amor no han hecho más que mantener lo que habían conseguido).

Eso significa que de todos los jóvenes que crecen hoy con el deseo de ser escritores, un porcentaje razonable tiende a inundar el género de la ciencia-ficción. Hoy en día existen cientos de excelentes escritores de ciencia-ficción cuando, medio siglo atrás, había apenas algunas docenas de escritores no tan buenos. Además, muchos de los que entraron en este género varios años atrás todavía se mantienen en él. Los «tres grandes» –Arthur C. Clarke, Robert A. Heinlein y yo–, cuyos libros son con seguridad *best sellers* en el momento de ser lanzados, hemos estado escribiendo constantemente desde hace casi cincuenta años. Clarke, a pesar de su edad avanzada, no muestra señales de aminorar su ritmo y yo, por supuesto, todavía soy joven (Robert Heinlein falleció en 1988).

Lo que es más: todos esos escritores tienden a escribir novelas. Allí están la fama y el dinero. Y las novelas son precisamente lo que un principiante encuentra difícil de escribir. Una novela posee una estructura compleja, con tramas y subtramas que se relacionan; se espera que los personajes se desarrollen y que los diálogos muestren cierta profundidad y talento. Si un principiante arroja la cautela al viento y se decide a intentar escribir una novela de todas formas, encontrará que representa una inversión enorme de tiempo y esfuerzo, todo lo cual puede ser tirado por la borda (existen posibilidades de que eso ocurra), excepto lo que ganará en experiencia.

La forma natural en la que los escritores de ciencia-ficción publicaron al principio fue enviando cuentos cortos a las revistas (no había otra cosa que hacer, después de todo, ya que sólo dos o tres novelas –como mucho– se publicaban cada año como series de revistas). Clarke, Heinlein y yo, todos nosotros, comenzamos como escritores de ciencia-ficción con cuentos cortos publicados en revistas, y llegamos a escribir novelas por etapas.

Entonces, ¿existen revistas de ciencia-ficción hoy en día que publiquen cuentos cortos, por no hablar de las antologías de ciencia-ficción?

Sí, pero dejemos las antologías. La gran mayoría de ellas incluyen reimpresiones, es decir, cuentos que ya han aparecido en las revistas. Por lo que sólo quedan las revistas.

Desgraciadamente, las revistas no han crecido de acuerdo con el resto del género. En la actualidad existen cuatro revistas especializadas en ciencia-ficción. Por orden de antigüedad son: *Amazing Science Fiction Stories*, *Analog Science Fact-Science Fiction* (la que fuera antes *Astounding Science Fiction*), *The Magazine of Fantasy and Science Fiction*, e *Isaac Asimov's Science Fiction Magazine*. Además, hay otras dos revistas que publican algo de ciencia-ficción. La más famosa es *Omni*, que publica dos o tres cuentos por número. Paga mejores tarifas que las demás y busca sus cuentos entre los escritores reconocidos.

Por lo tanto, el campo que ofrecen las revistas no es mucho mayor de lo que era cincuenta años atrás, y la competencia es más aguda. El nivel de lo que se publica en una revista es por lo tanto sustancialmente más alto que antes. Si a los dieciocho años me hubieran transportado al presente con el mismo talento que poseía entonces, quizá no hubiera estado en condiciones de entrar en el género.

Pero no todo está perdido. En los viejos tiempos, cuando un escritor o una escritora se establecía como autor o autora de relatos cortos de ciencia-ficción, permanecía allí (sin tener a donde ir), dejando mucho menos lugar para los recién llegados. En la actualidad, tan pronto como un escritor de ciencia-ficción comienza a hacerse un nombre en las revistas y ha obtenido la experiencia necesaria, pasa a escribir novelas. El resultado es que las revistas se ven forzadas a buscar nuevos escritores jóvenes continuamente. Esos nuevos escritores tienen que ser buenos, por supuesto. Ya no es suficiente que lo parezcan, pero ser desconocidos no los afecta negativamente.

¿Pero qué pasa si la competencia es tan aguda? Eso convierte la tarea en un reto, y hace que el triunfo sea más dulce al final. Las reglas son las mismas. Hay que leer mucha ciencia-ficción para poder tener una perspectiva de lo que es la ciencia-ficción y de lo que hace que sea buena. Y hay que escribir mucha ciencia-ficción, porque sólo escribiendo se pueden aprender gradualmente los trucos del oficio. Y hay que tener una perseverancia inhumana y desarrollar una coraza contra la desilusión y la frustración. Y no piense que el mundo le ha cogido manía. Sospecho que Homero y Esquilo tuvieron las mismas experiencias cuando comenzaron.

Quizá le ocurra algo más. Le puede parecer que cuando yo comencé (allá en la Edad Media), casi no se sabía nada sobre la ciencia y yo podía escribir libremente sobre viajes interplanetarios y robots y todo eso. Pero hoy en día tenemos viajes interplanetarios y robots, de modo que ¿sobre qué se puede escribir? ¿Acaso la ciencia no ha llenado todas las tramas de la ciencia-ficción? ¿No está muerta la ciencia-ficción?

En absoluto. De ninguna manera. El escritor de ciencia-ficción está situado al frente de una locomotora que atraviesa el paisaje a toda velocidad. No importa cuán lejos ni cuán rápido va la locomotora, el escritor mira hacia delante y tiene una perspectiva infinita.

Sin duda, el avance científico nos inspira para que encontremos nuevas y fascinantes circunstancias. Pensábamos que Marte tenía canales; ahora *sabemos* (no *pensamos*) que tiene volcanes extinguidos. Y sabemos que Io tiene volcanes activos. Y sabemos que Venus es tan caliente como el infierno –literalmente– y que no tiene océanos. Podemos liberarnos de los viejos planetas y hacer uso de otros totalmente nuevos, y tener la satisfacción de saber que tenemos menos que adivinar y más cosas por conocer.

Además, piense en todos los nuevos conceptos que la ciencia nos ha proporcionado. Tenemos estrellas de neutrones, y agujeros negros, y quasares, y galaxias que explotan y Big Bangs. Tenemos mesones, e hiperones, y cuarks y gluones. Tenemos el ADN y la biogenética. Tenemos ordenadores y microchips. Tenemos aviones jet y satélites de todo tipo y sondas y lanzaderas. Hemos visto primeros planos de Urano y de sus satélites. No había nada de todo eso cuando yo comenzaba.

Cuando pienso en todos los conocimientos que la ciencia nos ha proporcionado para jugar con ellos, y en lo poco que tenía yo en 1938, me sorprendo de que fuera capaz de imaginar siquiera un cuento en ese período medieval.

Por supuesto, tenemos que cuidar las formas. Cuando empecé a leer ciencia-ficción, todo era aventura y el suplemento de ciencia del diario del domingo. Se escribía con trazos primarios y rayos luminosos mellados. Era ideal para iniciar a un niño listo de nueve años.

Pero cuando comencé a enviar cuentos, estaba de moda cargarlos con auténtica ciencia y hacer que los personajes parecieran verdaderos científicos e ingenieros. En las décadas de los cuarenta y cincuenta, lo último era la «ciencia-ficción dura» y ése era mi fuerte. A decir verdad, todavía escribo así, aunque parezca pasado de moda en la actualidad.

En la década de los sesenta se inició un período de experimentación de estilo llamada «nueva ola», que yo encontraba difícil de leer y no tuvo mucho éxito. Pero se estableció como el estilo literario que tenemos hoy.

De modo que por mucho que quiera leer a los «viejos clásicos» (como Asimov), y por mucho que los disfrute, es mejor que lea y preste atención al tipo de material que aparece en las revistas de ahora. Eso es lo que debería estar escribiendo.

Por supuesto, debe estar preguntándose si hay necesidad de escribir para los medios impresos. ¿No habría que pensar en el cine y en la televisión, donde están las grandes fortunas?

Francamente, no sé cómo se hace eso. Nunca he trabajado en los medios visuales, excepto en dos o tres ocasiones menores, cuando me convencieron contra mi voluntad.

Por lo poco que sé de este medio, sospecho que aunque el cine y la televisión tienen el potencial para ganar grandes cantidades de dinero, eso es todo lo que tienen –el potencial–. También tienen el potencial de producir úlceras y locura, y ese potencial es mucho más frecuente de lo que creemos. Ésa es mi opinión, como comprenderán, fruto de lo que he observado y escuchado acerca de mis amigos que han sido atrapados por la vorágine visual.

Mi propia experiencia es que cuando se escribe para los medios impresos, lo que uno escribe es lo que se publica. Si hay necesidad de hacer una revisión, el director se lo pide a uno, y hay muchas posiblidades de que uno pueda ver una prueba de imprenta de lo escrito, de modo que se puede estar seguro hasta el último minuto de que los cambios editoriales cuentan con nuestra aprobación.

Lo que se escribe para los medios visuales, sin embargo, debe concordar con los requerimientos del productor, del director, de varios actores, del chico de los recados, de los extraños que pasan por la calle y de la suegra de cualquiera de estas personas, cada una de los cuales cambia el producto a su antojo. Si uno es un auténtico escritor, el dinero no va a compensar el hecho de no sentirse nunca libre para escribir lo que uno desea.

En cualquier caso, permítame unas palabras finales. Si va a escribir relatos cortos de ciencia-ficción, no se olvide de probar con *Isaac Asimov's Science Fiction Magazine*, y suscríbase a ella para saber lo que busca. Admito que esto es un poco de publicidad, pero no me importa.

La feminización de la ciencia-ficción

Ya no hay duda del auge de la ciencia-ficción. Desde *La guerra de las galaxias* hasta *E.T.*, la ciencia-ficción ha sido el tema más candente de la pantalla.

Ésa es la cuestión. Está en la pantalla, y lo que ha provocado que se convierta en éxito tremendo son los avances tecnológicos que a su vez han hecho posible la aparición de efectos visuales sorprendentes. Pero ¿qué efecto ha tenido ese éxito en el ámbito más antiguo de la ciencia-ficción impresa?

Desgraciadamente, no ha logrado hacer millonarios en un instante a todos aquellos que escriben ciencia-ficción en revistas y libros, porque las decenas de millones de personas que corren a los cines para ver esos efectos especiales no corren con la misma ansiedad para leer meras palabras.

Pero algunos lo hacen, en un pequeño porcentaje, lo que es una diferencia enorme. Voy a explicarlo.

Las revistas de ciencia-ficción tuvieron sus comienzos en 1926 y durante un tercio del siglo –una generación completa– fueron un género básicamente masculino. Los lectores eran en su mayoría muchachos y, hasta cierto punto, más bien muchachos marginados, que no se sentían cómodos con miembros del sexo opuesto o mostraban un temor activo hacia el mismo.

Eso no quiere decir que las muchachas no leyeran ciencia-ficción. Algunas lo hacían, pero eran tan pocas que parecían no existir. El resultado fue que los cuentos que se escribían demostraban un punto de vista puramente masculino. Si alguna vez se incluían personajes femeninos, eran estereotipos, seres sin identidad –una nulidad con físico atractivo– cuya función era interponerse en el camino del héroe y solicitar su rescate en los momentos más inconvenientes (el personaje de Dale Arden en la tira cómica *Flash Gordon* ejemplifica exactamente lo que quiero decir). E incluso eso era tolerado con impaciencia por el lector medio.

Había pocas mujeres que escribieran ciencia-ficción, pero utilizaban iniciales, seudónimos, o nombres ambiguos para ocultarse. Y escribían esmeradamente el mismo tipo de cuento que los hombres. Hubo todavía menos mujeres directoras –que compraban esmeradamente el mismo tipo de relatos que sus colegas masculinos.

No eran traidoras a la causa del feminismo. Lo que ocurría era que no se podía hacer otra cosa si el 90% o más de los lectores eran muchachos.

Aún a fines de la década de los cincuenta y comienzos de los sesenta, cuando la revolución sexual estaba en sus comienzos, la ciencia-ficción andaba rezagada. Luego apareció algo nuevo.

A mediados de la década de los sesenta apareció *Star Trek* en la televisión. Era ciencia-ficción razonablemente buena, bastante por delante de la serie de *Flash Gordon*. Naturalmente, no fue la primera vez que algo bueno en ciencia-ficción aparecía en la pantalla. Sólo necesito recordar *The Shape of Things to Come* y *2001, una odisea del espacio*.

Pero *Star Trek* aparecía todas las semanas. Creó una audiencia continuada y, como resultó más tarde, entusiasta. Cuando los magnates de la televisión trataron de terminar con ese programa al finalizar el primer año, la enorme protesta fue uno de los fenómenos de la época. Por una vez (y quizá sólo por esa vez), las cadenas de televisión se vieron atemorizadas simplemente por el peso y la fuerza de la irritación popular, que los impulsaba a continuar con un programa que pensaban que no proporcionaría beneficios.

Star Trek continuó durante otras tres temporadas, ha vivido otros veinte años en suposiciones, y recientemente ha dado a luz a cinco grandes películas y a una nueva serie de televisión.

Lo más importante de todo esto no fue que por primera vez una obra de ciencia-ficción obtuviera un público masivo, sino que lo hiciera una obra integrada en un alto porcentaje por mujeres. Por primera vez.

¿Por qué sucedió? Pienso que los autores de Star Trek, en particular Gene Roddenberry, hicieron todo lo que pudieron para dar interés humano a los capítulos, y otorgar a los personajes distintas personalidades que se distinguieran y se desarrollaran de una semana a otra. ¡Y tenían a Mr. Spock!

Mr. Spock era un miembro de los vulcanos, seres superracionales y nada emotivos (a pesar de que él era medio humano) que mantenían la calma bajo todas las condiciones. Por alguna razón (no soy una mujer y no intentaré pontificar sobre la naturaleza de esas razones) eso atraía a las mujeres. Es más: Mr. Spock tenía orejas puntiagudas, y por alguna razón también eso parecía atraer a las mujeres.

En cualquier caso, cuando se celebraron convenciones de *Star Trek*, y miles y miles de *trekkies* asistieron, la mitad o más eran mujeres.

Esas muchachas estaban preparadas para el próximo fenómeno de la ciencia-ficción: *La guerra de las galaxias*. Los cines ya no se vieron colmados por una audiencia en la que predominaban los varones. Las muchachas eran las primeras de la fila y fueron más pertinaces en verla por segunda vez que los varones.

De todas las decenas de millones de personas que la vieron y se sentaron ante las pantallas de televisión y se dirigieron a los cines, apenas unas decenas de miles se dirigieron a los medios impresos, pero quizá la mitad fueron mujeres.

El resultado fue que a partir de 1965 hemos asistido a la feminización gradual de la audiencia de la ciencia-ficción escrita. Como mínimo el 25% de los lectores de revistas y novelas de ciencia-ficción son ahora mujeres. Sospecho que el porcentaje está cercano al 40%.

Este hecho ha introducido cambios enormes. Por un lado, ha dado mayor amplitud a lo que se escribe. Para satisfacer la demanda de los lectores, en los relatos tienen que aparecer mujeres que sean *personas*.

Además, las escritoras se han hecho más importantes. Ursula K. LeGuin, Joanna Russ, Joan Vinge, Connie Willis, Octavia Butler y otras están ahora en la cima. Cada vez más las mujeres se convierten en directoras de revistas y libros de ciencia-ficción, y Judy Lynn del Rey, Shawna McCarthy y Betsy Mitchell se están convirtiendo en personas poderosas dentro de este negocio.

La feminización de la ciencia-ficción está produciendo resultados. La ciencia-ficción en los medios impresos no ha creado los millonarios que resultan de los medios visuales, pero ha progresado. Las novelas de ciencia-ficción aparecen ahora en las listas de los *best sellers*. Frank Herbert, Robert Heinlein, Anne McCaffrey, Arthur Clarke y otros han aparecido en esta lista.

Y el estilo también es mejor. Siempre lo he dicho: liberemos a las mujeres, y los hombres también nos liberaremos.

Viajar hacia atrás en el tiempo

En numerosas ocasiones, los escritores modernos que han intentado escribir ciencia-ficción o relatos fantásticos han creado tramas en las que el héroe o la heroína han viajado hacia atrás en el tiempo. Está, por supuesto, el libro de Mark Twain, *Un yanqui en la corte del rey Arturo*, publicado en 1889, y en 1986 se estrenó la película *Peggy Sue se casó*.

¿Por qué ese interés en viajar hacia atrás en el tiempo? Por un lado, nos permite divertirnos con los anacronismos, por no mencionar la posible confusión hilarante del que viaja por el tiempo y se encuentra desplazado, y la confusión similar de los que tienen trato con esa persona. Más seriamente, permite al escritor ser agudo en la sátira, debido a que el protagonista (y el lector o el público) conoce el futuro, al contrario que el resto de los personajes, excepto el viajero.

Sin embargo, sospecho que el punto principal a partir del cual se forja un relato así está en el hecho de que los seres humanos ansían retornar al pasado, por lo que las historias que están relacionadas con ese deseo tienen muchas posibilidades de ser populares. Estoy seguro de que cada uno de nosotros en un momento u otro ha sentido la urgencia de dar un paso hacia el pasado, aunque fuera brevemente. Pero antes de considerar por qué, déjeme desilusionarlo.

¡Es imposible!

El yanqui de Mark Twain viajó al pasado de una manera bastante involuntaria, cuando recibió un fuerte golpe en la cabeza. Creo que todo lo que habría obtenido en la vida real como resultado de ese hecho habría sido una contusión. Peggy Sue en la película viajó al pasado como resultado de un desmayo que pudo haber sido o no una muerte clínica momentánea. Por supuesto, puede ser que en ambos casos el viaje al pasado haya sido un sueño, un vuelo fantástico, como lo fue para Dorothy cuando visitó la Tierra de Oz. Pero no se puede confiar en tener un sueño apropiado, por lo que no empiece a golpearse la cabeza contra la pared ni a provocarse desmayos. Además, un sueño es engañoso. Lo que queremos es un *verdadero* viaje al pasado.

En muchos relatos de ciencia-ficción, el viaje al pasado se realiza a través de alguna máquina futurística que nos puede llevar a través del tiempo a voluntad, de la misma manera en que un automóvil o un avión nos lleva por el espacio. Ese tipo de máquina se utilizó por primera vez en *La máquina del tiempo* de H.G. Wells, publicado en 1895. Esa máquina, sin embargo, es totalmente imposible desde el punto de vista teórico. No se puede construir y no se podrá construir nunca (si usted es uno de esos románticos que piensa que nada es imposible, no discutiré ese asunto, pero confío en que no decida aguantarse la respiración hasta que se construya una máquina como ésa).

Sin embargo, aunque no sea posible viajar en el tiempo, persiste el ansia común por volver al pasado. Es quizá un sueño imposible, pero hermoso.

Pero debo desilusionarle nuevamente. No creo que sea un sueño hermoso; creo que es una pesadilla. Permítame que se lo explique.

Uno de los motivos para volver al pasado es experimentar de nuevo la juventud. ¿Por qué no? La juventud es mejor que la vejez. ¡Qué maravilla tener miembros jóvenes moviéndose una y otra vez sin cansarse, en lugar de ese viejo cuerpo decrépito que tenemos ahora! Podemos pensar con nostalgia en las alegrías simples de la juventud, en la seguridad de ser cuidados por nuestros padres, en lo divertido que era jugar, y etcétera, etcétera.

Pero para que eso sea significativo, debemos volver al pasado con nuestra memoria adulta intacta (lo que era cierto tanto para el yanqui como para Peggy Sue). Si uno es joven otra vez, pero con la memoria de un joven, vive simplemente la misma vida una vez más, sin sentir la gloria de la juventud, ni la salud, ni la diversión. Pero si poseemos nuestra memoria adulta, podremos apreciar y deleitarnos con el cambio, salvo que, conociendo el futuro, sabemos lo que hay más adelante. Sabemos que en determinado momento sufriremos un accidente serio, o una enfermedad terrible, o que alguien que amamos morirá. Eso haría que la vida fuera insoportable, se lo aseguro. Podemos soportar nuestras vidas ahora sólo porque *no podemos* predecir el futuro.

Además, la juventud puede no haber sido la época tan placentera que uno cree que fue. Nuestra memoria es traicionera, elimina las cosas desagradables y pinta las agradables con colores brillantes y nada realistas. Tomé la precaución de escribir un diario desde los dieciocho años, de modo que lo sé. Si usted tiene un diario, también lo sabrá. Acepte mi consejo y sea como es, viejo y decrépito. ¿Por qué va a exponerse a sufrir desilusiones y a descubrir que sus recuerdos más queridos son meras ilusiones?

Por supuesto que puede decidir si desea regresar y revivir su juventud. Simplemente desea ver a sus padres una vez más, a su hermanita, a sus viejos compinches, regresar al viejo lugar donde iban a nadar, etcétera.

Thornton Wilder lo hizo de una manera magnífica en su drama *Nuestra ciudad*, estrenado en 1938. La heroína, que tuvo la oportunidad de regresar después de la muerte, quedó con el corazón destrozado. No podía soportar que todos vivieran como si la vida fuera eterna, sin apreciarse unos a otros mientras tenían la oportunidad de hacerlo.

La verdad es aún menos romántica. Sin duda, encontraremos que los padres no son como los recordamos, ni nuestra familia, ni nuestros amigos, ni nuestros alrededores. Todo será más pequeño, más opaco, menos interesante. Por ese esfuerzo sólo recibiremos desilusiones. Lejos de recobrar la juventud por segunda vez, perderemos lo que teníamos (en la memoria) por primera vez.

Pero es posible que no deseemos regresar al pasado para revivir nuestra propia vida o renovar nuestros viejos recuerdos. Puede ser que querramos regresar a una época más sencilla –una época anterior a los problemas de hoy en día, anterior a la amenaza nuclear, al terrorismo, a las drogas, a los embotellamientos de tráfico, a la polución y a las miríadas de males que parece haber heredado la sociedad.

Así, Jack Finney, en *The Third Level*, escrito en las postrimerías de la Segunda Guerra Mundial, hace que su héroe regrese a las últimas décadas del siglo XIX, y lo deja sentado en un porche, sorbiendo sidra con una pajita bajo la tranquila luz de las estrellas.

El héroe vive una vida tranquila de clase media. Pero déjenlo visitar los barrios bajos de la ciudad en 1880, y recordar que antes de la Gran Depresión el gobierno de los Estados Unidos no se sentía responsable en absoluto de los pobres. O déjenlo continuar sorbiendo sidra hasta que sienta la necesidad de divertirse, en cuyo caso tendría que ir a una fiesta porque no había ni cine ni televisión para entretenerse. Y mejor que no enfermara. No había antibióticos, ni técnicas quirúrgicas modernas. Además, tiene que vivir sabiendo a ciencia cierta que el siglo XX se acerca con sus guerras mundiales, con el fascismo, el comunismo y todo lo demás. ¿Podrá estar tranquilo? Pienso que no.

Pero esperemos, supongamos que no regresamos al pasado sólo para revivir una época más sencilla o nuestra juventud de una manera pasiva. Supongamos que regresamos con alguna actividad programada. Vamos a cambiar nuestra vida. Vamos a encontrar el momento en el que tomamos la decisión equivocada (¿acaso no nos hemos equivocado todos en algún momento?) y vamos a cambiarla (en el drama *Morning's at Seven* había un personaje que estaba constantemente apoyado contra un árbol, diciendo: «Tengo que encontrar el momento»). Peggy Sue, por ejemplo, al encontrarse en el pasado, está decidida a no casarse con el joven desagradable con quien se había casado, porque el matrimonio no había sido feliz.

Pero tomar otro camino cuando llega el momento de la decisión no cambiará simplemente una de las consecuencias y dejará todo lo demás sin alteraciones. El otro camino nos va a llevar a inumerables consecuencias imprevistas, que a lo mejor no queremos cambiar. Para poner un ejemplo muy simple: decidimos borrar de nuestras vidas a un marido que no nos satisface, pero quizá él nos haya proporcionado el hijo que adoramos. Ese niño se borrará junto con el esposo, por supuesto, y habrá que examinar los pros y los contras. En realidad, según todo lo que sabemos, tomar el otro camino puede producirnos una muerte agonizante al día siguiente. ¿Cómo podemos animarnos a cambiar algo?

Ray Bradbury consideró este tema de una manera maravillosa en *Sound of Thunder*. Unos safaris de cazadores regresan a la era mesozoica para encontrar y posiblemente matar a dinosaurios. Eso tiene lugar en áreas estrictamente restringidas y bajo condiciones calculadas para prevenir cualquier cambio en el futuro. En un descuido, una persona sale de los límites y mata a una mariposa sin querer. El mundo actual cambia en gran manera como resultado de esa acción.

O quizá el que viaja en el tiempo no quiere cambiar su vida sino simplemente utilizar sus conocimientos del futuro para enriquecerse. Así Peggy Sue descubre que en los viejos tiempos de los sesenta no había *pantys*. Una escena muestra a Peggy Sue cosiendo medias para convertirlas en *pantys*, quizá con la intención de hacerse muy, pero que muy rica. Esa idea no tiene continuidad en la película, pero es poco factible que la mera existencia de un par de *pantys* pueda enriquecer a nadie. Podría parecer que, una vez conocidos los hechos, existe una gran demanda de *pantys*, pero esa demanda tenía que ser creada por la publicidad y las campañas publicitarias, que requerían mucho más capital del que seguramente tenía Peggy Sue.

Posiblemente suceda lo mismo con cualquier otro plan para hacerse rico rápidamente que pueda tener cualquier otro viajero del tiempo. Se puede conocer al próximo ganador del Derby o lo que ocurrirá en el mercado de valores, pero esas primeras victorias sin duda cambiarán la realidad de modo que el conocimiento que tengamos del futuro desaparecerá.

Pero puede ser que el viajero del tiempo sea un verdadero idealista. Puede no dar importancia a lo que le ocurra como persona. Puede tener la intención de cambiar el mundo para mejorarlo y traerle sin cuidado las consecuencias particulares.

Así, el sueño del yanqui de Mark Twain era introducir la iniciativa y la tecnología estadounidense del siglo XIX en la corte del rey Arturo, eliminando la esclavitud y las anticuadas tonterías de Merlín (el malo de la historia). Nuevamente, en *Lest Darkness Fall*, de L. Sprague de Camp, el héroe, Martin Padway, regresa a la Italia de los ostrogodos antes de que la campaña de Belisario borre lo que queda de la civilización romana en Occidente e introduzca la «edad oscura». Padway lucha valientemente para introducir tecnología del siglo XX y evitar esa edad oscura.

¿Tendrían éxito estos ambiciosos planes? Personalmente, pienso que no. Es muy improbable que uno pueda injertar la tecnología de un siglo en el sistema social de otro. En otras palabras, «no se pueden tener máquinas de vapor hasta que no sea el momento de las máquinas de vapor».

Además, lo que puede parecer un cambio necesario para algunas personas puede no serlo para otras. Existen algunos relatos acerca de personas que regresan al pasado y tienen la oportunidad (o lo planean desde un comienzo) de impedir el asesinato de Abraham Lincoln. Naturalmente, el plan para prevenirlo siempre fracasa.

Por otro lado, alguien que se encuentre unos años más atrás en el pasado puede ser un ardiente patriota confederado y esforzarse para llevar a cabo el asesinato de Lincoln antes de que asuma su cargo.

¿El primer cambio habría prevenido realmente los males del período de la Reconstrucción? ¿El último cambio habría hecho que la Unión perdiera la guerra civil y se estableciera una Confederación independiente? ¿Lo sabemos realmente? ¿Y qué otras consecuencias habría tenido cualquiera de los dos casos? ¿Podríamos saberlas?

En síntesis: volver al pasado no va a ayudar a nadie. Cualquiera que sea el propósito del viajero del tiempo, seguramente se desilusionará.

Podemos continuar soñando (no se cobra por los sueños), pero alegrémonos de que el viaje a través del tiempo sea imposible.

Séptima parte
Personal

Por último, incluyo cuatro artículos intensamente personales. Los dos primeros han sido escritos conjuntamente por Isaac y Janet Asimov. Janet es mi querida esposa.

Janet es psiquiatra y psicoanalista de profesión, pero desde su adolescencia soñó con ser escritora, y en años recientes, especialmente después de haberse retirado de la práctica activa en 1986, ha trabajado en la ciencia-ficción (fue nuestro interés mutuo por la ciencia-ficción lo que nos unió).

Hasta ahora ha publicado catorce libros y tiene dos más en prensa. Ha firmado cinco con su propio nombre: Janet Asimov o J.O. Jeppson (su nombre de soltera). Los dos más recientes son *Mind Transfer* y *The Package in Hyperspace*, ambos editados por Walker en 1988.

Los nueve libros restantes, y los dos que están en prensa, aparecen con los nombres de ambos. Incluyen una serie de libros acerca de un pequeño y delicioso robot que se llama Norby, una antología de relatos humorísticos de ciencia-ficción, y un ensayo titulado *How to Enjoy Writing* (Walker, 1987). Siempre que aparece el nombre de los dos, Janet y yo discutimos el tema del libro. Después Janet lo escribe y luego yo añado retazos sin importancia.

Eso es lo que ocurrió con los dos primeros artículos que aparecen en esta sección final. Casi todo es fruto de la pluma de Janet.

Los artículos restantes son autobiográficos, y el último, en especial, fue inspirado en el hecho de que el 3 de mayo de 1987 fui declarado «Grand Master» por los Escritores de Ciencia-Ficción de América, un galardón muy importante en mi carrera y que aprecio mucho. Escribí el artículo «Siete pasos para lograr el 'Grand Master'» con intención humorística, pero que eso no engañe a nadie. El premio me hizo muy feliz.

Nuestro Shangri-La
por Janet e Isaac Asimov

A la mayoría de la gente le encanta viajar, pero en nuestra familia es Isaac el que establece la mayor parte de las reglas, y su idea sobre un viaje de aventuras es dar un paseo de quince minutos en taxi para ir a ver a un editor en medio de Manhattan. Es quizá sorprendente, pues, que esté dispuesto a acompañar a Janet sin una queja a un lugar exótico que visitamos varias veces al año: la Casa de la Montaña Mohonk.

Pensamos en Mohonk como una Shangri-La real, un lugar alejado que se alcanza sólo con un viaje de cuerpo y mente, un lugar bello y amable, donde el tiempo no ejerce su deterioro acostumbrado. Mohonk, como Shangri-La, está escondido, no en un lugar recluido del valle del Himalaya, sino en la ladera de un cordón de montañas que se formó hace 450 millones de años.

Nos preparamos para el viaje de dos horas en coche desde Manhattan como si nos estuviéramos aventurando a través de las regiones más primitivas y salvajes. Tenemos mapas, termos, botiquines de primeros auxilios, paraguas, botas y material de lectura, en caso de que nos detenga alguna carretera en construcción o algún hecho adverso en los indómitos suburbios.

Cerramos con llave la puerta de nuestro apartamento, la abrimos y volvemos a entrar para asegurarnos de que lo hemos apagado todo (en especial nuestras máquinas de escribir y procesadores de textos, ya que ambos escribimos para vivir). Luego cerramos nuevamente y dudamos mientras nos preguntamos si realmente no hemos olvidado nada. Luego decidimos ser temerarios y suponer que todo está en orden, y avanzamos valientemente hacia el ascensor.

Una vez que se abre la puerta del ascensor, por lo general Isaac duda de nuevo, y mientras Janet aguanta la puerta evitando su petulante deseo de cerrarse, él vuelve rápidamente al apartamento para asegurarse de que realmente he cerrado la puerta con llave en lugar de haber permanecido allí tramando algún detalle de su nueva novela. Janet le asegura que ella ha oído con nitidez el sonido de la cerradura, pero él simplemente no tiene en cuenta esa evidencia auditiva.

Y luego nos animamos a hacer el viaje en ascensor por treinta y tres pisos y recorrer tres pisos más hacia el subsuelo donde está estacionado nuestro automóvil. Invariablemente se enciende bien (para nuestro alivio, pero después de todo es un Volvo) y conducimos por la autopista de West Side, donde otros especímenes del *Homo sapiens*, que viajan por ella todos los días y que por lo tanto no sienten nuestra emoción por la aventura, pasan a toda velocidad por la dársena de los botes, los cerezos en flor (si es temporada), y la nueva planta procesadora de residuos como si no estuvieran allí. Nosotros lo observamos todo por ellos.

Cruzando el puente de George Washington (sobre la gran entrada del mar conocida como el bajo río Hudson) pasamos justo a través de un corte en la lava inclinada, la gran columna de basalto del acantilado, hacia la carretera del acantilado, bordeada por arbustos en flor, árboles y vistas del Hudson. Eso nos lleva a la autopista, que se dirige hacia las colinas de Ramapo, pero regresa hacia el Parque Interestatal de los Acantilados, cuyo punto principal es la montaña Bear.

Continuamos. El primer vistazo del distante Catskills nos hace mirar hacia la izquierda, sobre los pomares, a la gran cadena rocosa de las montañas de Shawangunk, gastadas por el tiempo ya que tienen cien millones de años más que el Catskills (que no es una cadena de montañas replegadas, sino sólo una meseta erosionada). Encaramada en la cima de las Shawangunks está la torre Skytop, y escondido justo debajo de ella está el lago Mohonk.

Nos desviamos en New Paltz –con sus casas de piedra de doscientos años de antigüedad que pertenecían a los hugonotes, y una universidad moderna– y nos prometemos a nosotros mismos que nos detendremos en la librería más tarde, y continuamos a través del río Wallkill, pasando por los campos de maíz. Si tomamos el camino correcto, enfilamos hacia la cadena y hacia la puerta de entrada de Mohonk, donde nos registramos y partimos con un saludo.

Luego comienza la magia de Mohonk, a medida que el camino es más estrecho y empinado, con un techo de árboles a modo de arcos que parecen formar parte de un bosque interminable. Mientras nuestros oídos empiezan a molestarnos (¿quién necesita subir al Everest o a un avión?), reducimos a segunda y subimos, mirando a través de los árboles la sorprendente vista del valle de Rondout hacia Catskills. En la época del laurel de montaña, las flores blancas se disponen como una masa entre los árboles, y en otoño el verde oscuro de los abetos transforma la gama de colores.

El camino atraviesa una brecha en una pared de piedra, da una curva (con carámbanos que gotean de los riscos de piedra en invierno), y de repente aparece la Casa de la Montaña, casi una creación de Charles Addams que parece reventar con ventanas, torrecillas y balcones. Decimos, con un alivio inmenso: «¡Allí está!», y aminoramos la marcha para admirar la enorme haya de color cobre que hay al lado del camino y los espectaculares jardines. Detenemos el coche bajo el arco de piedra que cubre el camino y penetramos en nuestro Shangri-La.

Escribimos sobre otros mundos en nuestras correrías por separado por la ciencia-ficción; la montaña Mohonk es realmente uno de ellos. Exceptuando las mejoras que se han hecho en las cañerías y demás, está casi igual como lo encontraron los padres de Janet hace cuarenta o cincuenta años: lleno de muebles de roble, con plantas increíbles colocadas en macetas, cuadros antiguos, escondrijos y hendiduras, y una ventana con colibríes que beben de un arroyo que está justo afuera.

Nuestra habitación tiene una vista del Catskills y –por el otro lado– una vista del lago Mohonk con la torre Skytop sobre los riscos blancos llenos de cuarzo del conglomerado de Shawangunk (silúrico), reposando sobre el oscuro Martinsburg Shale (ordovícico). Es la historia de la Tierra lo que hay ante nuestros ojos, y comenzamos a sentirnos muy jóvenes en comparación. Incluso el agua sabe bien. A lo mejor llega de la Fuente de la Juventud.

En distintos momentos hemos disfrutado de vacaciones en Mohonk, y también de muchos acontecimientos especiales, incluyendo el Fin de Semana de la Ciencia-ficción de Diciembre, cuya presidencia Isaac fue persuadido a ejercer.

Quizá lo que más nos gusta es la Semana de la Música en junio. Los conciertos de música de cámara tienen lugar en el Auditorio (uno siempre agradece que no se permita fumar allí) y la acústica es perfecta. Hay paredes y techos en madera repujada, travesaños, ventiladores de techo, ventanas con paneles intrincados, una inmensa chimenea, enormes vasijas orientales e incluso una silla de la vieja Ópera del Metropolitan.

Los hermanos Smiley y sus esposas, quienes fundaron Mohonk en 1870, miran hacia abajo desde los retratos que están sobre la pared, y sus descendientes están con nosotros en el salón, porque la familia Smiley todavía posee y administra Mohonk. Vamos a la capilla por la mañana y cantamos acompañados por el órgano que toca la señora Smiley, quien teóricamente tiene alrededor de noventa años, pero el hecho de que no los aparente nos hace albergar esperanzas respecto al futuro. Ahora que hemos superado nuestra primera juventud, necesitamos toda la esperanza que podamos conseguir.

De las muchas atracciones de Mohonk, Isaac prefiere las comidas. Disfruta con ellas. Un atractivo especial: tampoco se puede fumar en el comedor. Le gusta el desayuno, a veces con la vista de las nubes que llenan el valle de Rondout como un mar blanco que envuelve el Catskills. O la mesa con diferentes platos de comida a la hora del almuerzo. O la cena con las luces que se reflejan de tal manera que parecen estar colgadas también fuera.

También está la hora del té en el Salón del Lago, que nunca nos perdemos, y donde Isaac toma otra galleta cuando Janet sale a comprar comida para peces, con la cual alimentan a las truchas que los esperan al borde del porche de entrada, que penetra sobre el lago.

No jugamos al tenis ni al golf ni nos colgamos de cuerdas delgadas de los peñones, sean de conglomerado o no. Isaac prefiere escribir en nuestro cuarto mientras espera la próxima comida (es mucho más compulsivo como escritor que Janet). Y en cuanto a Janet, le gusta caminar por los alrededores del lago Mohonk o subir por las miríadas de senderos que rodean la Casa de la Montaña (todavía no los hemos explorados todos). Y como Isaac ama a Janet a su modo (aunque sea escritor), por lo general la acompaña, aunque a veces con la actitud poco amorosa del mártir. Afortunadamente, Mohonk no sólo tiene los mejores senderos del Universo por los cuales caminar, sino que hay cantidad de asientos donde sentarse en caso de querer admirar el paisaje, descansar, o (en el caso de Isaac) pensar en una trama.

Isaac, en especial, ha aprendido mucho en Mohonk. Descubrió que casi no tiene miedo de los caballos cuando tiran de su carro. No tiene miedo de estar en un lago en un patín de agua (siempre que Janet se quede cerca de él), a pesar de que no sabe nadar.

Una noche presenciamos una vista que casi nos hace olvidar la avaricia humana y su afán destructivo. En el curso de una caminata, nos encontramos con nueve ciervos, que nos miraron fijamente y de manera agradable a unos treinta pies de distancia y continuaron comiendo. Enseguida vimos a un antílope, a menos de diez pies de distancia en uno de los senderos de la montaña, que ni se preocupó en favorecernos con una mirada. No tuvieron miedo de nuestra cruel y viciosa especie y ambos nos emocionamos y nos sentimos complacidos.

Un año nos recostamos en un terreno cubierto de césped durante media noche, con el rostro hacia arriba, mirando los meteoros de Perseidas pasando rápidamente mientras Mohonk apagaba sus luces para mejorar la visión. Hemos asistido a fines de semana de misterio y hemos recorrido las extrañas y fantásticas cavernas y los altillos interminables de la casa (afortunadamente, Isaac es tan valiente como un león, y coge la mano de Janet con fuerza en caso de que ella tenga miedo). Vimos la película *La Traviata* (con subtítulos) al aire libre y películas clásicas en blanco y negro en una sala.

Algunos años nos hemos parado en el mirador de Cope, observando el daño que hace la lagarta en los lejanos riscos de Shawangunk, y pensamos en la filosofía de Dan Smiley de no utilizar pesticidas (porque la ecología de la Tierra se controla a sí misma, si se le ofrece la oportunidad). Isaac, el químico, no tiene total confianza en esto. Pero parece funcionar en Mohonk. En Mohonk, la interdependencia de las cosas vivas es obvia y es fácil reverenciar la vida.

Y a veces pasamos un par de días para desprendernos de la locura del llamado mundo real, y nos deslizamos hacia un mundo de ensueño donde todavía no ocurrió la Caída y el Edén existe aún.

Janet dice que Mohonk le inspira una aceptación Zen de la realidad que no deja de poseer verdad, belleza y amor, una aceptación mezclada con la alegría de los cuáqueros heredada de la familia Smiley. De modo que siempre parte con una manzana como provisión y último recuerdo en su bolso, mientras Isaac no olvida el manuscrito de su último cuento –después de haber hecho una reserva para la próxima vez.

La visita al tiranosaurio
por Janet e Isaac Asimov

«Escapar» es una palabra que los habitantes de Nueva York toman en serio. La mayor parte de nosotros hablamos sobre ello entre nosotros, y los que son de fuera (o sea, gente que, por alguna extraña razón, no vive en Nueva York) siempre nos preguntan: «¿Por qué no se escapan de la ciudad?».

«Nos gusta vivir aquí» musito, preparándome para la próxima conferencia. Los de fuera hablan sobre todas las cosas que tuvieron que hacer precipitadamente mientras estaban en la ciudad, cosas que les dejaron exhaustos y, lo que es más importante, también a sus carteras (cosa que rara vez ocurre a los tranquilos habitantes de la ciudad); y nos culpan claramente a nosotros. Prosiguen con la lista de problemas de la vida urbana, especialmente la vida urbana al estilo de Manhattan, como el crimen, las multitudes, el ruido, la polución atmosférica, la basura, los impuestos elevados, los servicios, las cañerías de agua que parecen haber sido colocadas por Peter Stuyvesant, y las plazas de aparcamiento, que cobran medio litro de sangre por hora.

«Múdense –dicen de manera perentoria–, o al menos cómprense una casa en el campo para descansar.»

Janet, quien en una época ha vivido en áreas campestres, dice amablemente: «Pero entonces tendríamos que huir de los motores eléctricos de los vecinos, de las visitas que llegan sin avisar por teléfono, de las inevitables fosas sépticas –y tendríamos un largo viaje hasta el Lincoln Center».

A lo que yo agrego: «Además de tener que vivir con pájaros que inician sus conversaciones en tono de soprano por la mañana temprano, cuando estoy tratando de escribir».

Decir eso me enfrenta con Janet, quien opina que las conversaciones de los pájaros son placenteras, por lo que abre nuestras ventanas que dan al este al amanecer para escuchar los graznidos que viene del Central Park (ella los llama «gorjeos»).

«Y deberían viajar –dicen nuestros amigos–. Ésa es la mejor escapada.»

Sabemos que sus hogares en el campo no les impiden viajar. Parecen querer escaparse de los placeres de la existencia fuera de la ciudad para viajar a tierras lejanas, donde pueden experimentar el crimen, el ruido, las multitudes, la polución atmosférica (y del agua también, que no tenemos en Manhattan), los precios elevados, la disentería en sus diversas formas y (lo admito) menos basura.

De modo que digo con firmeza: «Hay muchos lugares donde escaparse aquí mismo en Nueva York. Sin contar el trabajo. En mi caso, mientras tenga papel y alguna máquina que me permita poner palabras sobre él, puedo escaparme dentro de mi propia cabeza cuando se me ocurra, pero olvidémonos de eso. Consideren que...».

Para entonces, por lo general he perdido mi audiencia, pero a quién le importa. Por lo que sé sobre escapadas, se logran bajo las condiciones aparentemente más mundanas. Cuando visitamos las nuevas oficinas de mi editor, Janet (que ha decidido ser geóloga y paleontóloga aficionada) me señala las conchas fósiles que están en la piedra caliza lustrada de las paredes de la entrada principal. Durante unos pocos minutos no estamos en Manhattan, sino flotando en mares cálidos y primitivos.

Vivir en Nueva York brinda innumerables posibilidades de pasar momentos relacionados no sólo con el medio inanimado, sino también con la gente. En ningún lugar se puede contemplar el desfile continuo de gente de todo el mundo como en Manhattan.

Y la naturaleza también. Confíe en Janet. Puede sentir el olor de la naturaleza en los lugares más improbables, pero para no tener que hacerlo se las arregló para conseguirnos un apartamento que da a Central Park.

El resultado es que, por más que esté ostensiblemente muy ocupado, sé que voy a escuchar las fatídicas palabras: «Ven a dar un paseo».

No gano nada si pretendo no haberla oído, porque Janet entonces dirá en un tono más severo: «Tienes que ejercitar algo más que los tendones de tus dedos».

Y tiene razón, supongo. Debo decir que prefiero estar sentado a caminar, pero por alguna razón Janet es de otra opinión, y en una votación de un voto a favor y otro en contra, por lo general ella tiene la mayoría.

Manhattan es una ciudad de caminantes. Tal como está el tráfico, la mejor manera –y más rápida– para ir del punto A al punto B es levantarse y avanzar sobre las dos piernas siguiendo una alternancia rítmica.

La idea que tiene Janet de una escapada ideal para ir a caminar al aire libre es caminar por lugares silvestres (lo que hace con todo el vigor de su herencia vikinga). Yo prefiero hacerlo por la vereda, pero confieso que en

Nueva York hay una cantidad extraordinaria de naturaleza –zoológicos, jardines botánicos, jardines colgantes, incluso el resto de un bosque primitivo, según me cuenta Janet–, pero por lo general no tenemos que buscarla. Cruzamos la calle y nos adentramos en Central Park.

No hay nada domesticado en Central Park, y no me refiero a los que hablan de atracos y de crímenes. Central Park está lleno de estanques y de lagos, de colinas rocosas y glaciares, de jardines y de un lugar donde las aves migratorias se detienen a descansar después de haber dado media vuelta, con altivez, ante las poco acogedoras zonas campestres de fuera de la ciudad. Se puede ver de todo, desde una marmota con sus crías paciendo sobre el césped fuera del Zoo Infantil, hasta gente dando vueltas en uno de los clásicos tiovivos. Almorzar en el cobertizo de los botes me hace sentir como si estuviera en un mundo extraño y rústico –y realmente estoy perdido, porque no tengo sentido de la orientación y debo confiar en Janet para regresar a casa.

El placer que sentimos en Central Park ha aumentado al saber que Frederick Olmstead diseñó y construyó el parque en un lugar sin árboles, lleno de basura, de casuchas, de cabras y de intrusos. Olmstead tuvo que contar con una guardia armada en el territorio.

La naturaleza también existe en las calles. Hemos visto gorriones atacando a un grajo que estaba tratando de alcanzar los huevos que había dentro de un nido, en un poste del tendido eléctrico sobre una calle muy transitada. Éramos las únicas personas que mirábamos esta situación de vida o muerte a pequeña escala.

Janet también visita museos, y a veces la acompaño. En ese oasis tranquilizador llamado Frick, me siento al lado del agua que cae en el jardín cubierto, escuchando las próximas páginas que debo escribir pasando por mi mente, mientras ella se comunica con el *Jinete polaco*, que puede ser o no de Rembrandt, pero que se parece (según ella) a Yul Brynner.

También solemos pasear por el Museo de Arte Metropolitano, más arriba en la Quinta Avenida, donde hay más cuadros de Rembrandt. Janet tiene un cariño especial por *El noble eslavo*, de modo que hago todo lo que puedo por destacar mis pómulos eslavos mientras trato de parecer noble.

Por supuesto, Nueva York consiste en miles de barrios, cada uno con sus rasgos distintivos. El nuestro no puede ser mejor. Al lado del Central Park están el Lincoln Center, la Sociedad de Cultura Étnica de Nueva York y muchos buenos restaurantes (la mayoría deliciosamente étnicos –soy un experto en esto–). Luego está mi banco, donde ingreso un poco más de lo que gasto (la fórmula de Micawber para la felicidad, que también hace que el banco sea feliz). Está el carnicero, que tolera que Janet compre cada semana un pequeño trozo de hígado (para fines medicinales). Y está el edificio de Correos, en el buzón del cual dejo caer mis manuscritos. Que viajen ellos si yo no lo hago.

Luego hay una misteriosa librería no muy al norte, y una librería más surtida al sur. Janet y yo crecimos yendo a las bibliotecas y deseando poder comprar nuestros propios libros, y ahora que podemos hacerlo en una cantidad desenfrenada, las librerías significan más para nosotros que la comida para el gato. Es bueno tener una esposa que prefiere ir a una librería que a los almacenes Bloomingdale.

Pero ¿qué hacemos cuando las vicisitudes de la vida nos agobian, cuando los problemas se acumulan, cuando el procesador de textos no funciona, cuando Janet se preocupa por la suerte de los rinocerontes en el mundo, cuando he llegado a un punto difícil en mi novela y no sé cómo voy a seguir, cuando Janet se da cuenta de que hay un ruido nuevo y molesto que viene de fuera del apartamento, cuando los dos nos preocupamos por el agujero en la capa de ozono? ¿Qué hacemos entonces?

«Tenemos que hacer algo», musita Janet.

Y yo sé exactamente lo que hay que hacer. La experiencia me lo ha enseñado. Es el momento de llevar a cabo la visita al tiranosauro.

«¡Vayámonos del centro! –le digo–. Ponte la ropa de paseo.»

Así que caminamos once manzanas al norte hasta el Museo Americano de Historia Natural. Janet muestra su tarjeta de miembro, y corremos para ver *Octubre en Stissing Mountain*, y revivimos el viaje que hicimos hace tiempo por la carretera 17 en pleno otoño.

Visitamos nuevamente el Nuevo Bosque de Inglaterra, con campanillas azules bajo las hayas de trescientos años de antigüedad. Al lado de los pumas en su cueva, miramos hacia el Gran Cañón, que (me cuenta Janet) se parece al real excepto en que no hay la niebla, provocada por la polución, que oscurece la vista.

Para descansar, nos sentamos al lado de los elefantes africanos, una manada que está ayudando a un camarada herido, y recordamos que los seres humanos a veces también son altruistas. Desde nuestro asiento, podemos ver los gorilas, y Janet me cuenta cómo Carl Akeley planeó la sala e inventó la manera de esculpir las formas de los animales en lugar de colocar simplemente sus pieles.

Y para lo último, que es también lo mejor, la llevo hacia los ascensores. Subimos al cuarto piso y allí está él, con sus catorce metros de largo y sus cinco metros y medio de alto, con su cráneo de 120 centímetros y sus grandes dientes afilados. Es el *Tyrannosaurus rex*, el rey de los grandes saurios, el mayor de los carnívoros que ha habitado la Tierra, aunque no lo bastante inteligente (o lo bastante estúpido) como para inventar bombas nucleares y continuar almacenándolas cuando ya existe la cantidad suficiente para matar veinte veces a cada habitante de la Tierra.

Nos gusta el *Tyrannosaurus Rex*. Él y los suyos dejaron la Tierra sin arruinarla en el proceso, y –quien sabe– quizá, finalmente, nosotros también lo haremos. La humanidad es más feroz que él, a pesar de todos sus dientes, pero quizá seamos lo bastante sabios como para enfrentarnos finalmente con nuestros verdaderos enemigos: la ignorancia y la miseria.

Sonreímos cuando lo pensamos y nos sentimos mejor. La visita al tiranosaurio ha surtido efecto y recobramos nuestro sentido del humor –y ésa es la mejor escapada de todas.

Ellis Island y yo

En 1922, yo tenía dos años de edad y vivía con mi madre y mi padre en Petrovichi, en el límite oriental de Bielorrusia en la Unión Soviética. Mi familia había sobrevivido a la Primera Guerra Mundial, a la Revolución Rusa, a la guerra civil y a la intervención. Las cosas estaban relativamente pacíficas, y nuestra situación económica era razonablemente buena.

Pero mi madre tenía un hermanastro, Joseph, que había emigrado a los Estados Unidos antes de la guerra y que escribió a Petrovichi para interesarse por el bienestar de su hermana. Cuando mi madre le respondió que estaba bien, él le escribió de nuevo y se ofreció a costear nuestra emigración a los Estados Unidos.

Mis padres estudiaron el asunto y decidieron aceptar la oferta. No estaban huyendo de la opresión ni nada parecido. Les pareció simplemente que con el cambio podían mejorar. Tampoco dejaron el país subrepticiamente. Pidieron un pasaporte, lo obtuvieron con las usuales demoras burocráticas y partieron –llevándome consigo, como correspondía.

El 11 de enero de 1923, poco después de mi tercer cumpleaños, dejamos la Unión Soviética y nunca regresamos. Me contaron más tarde que el viaje por mar (por supuesto, no recuerdo nada de él) fue muy desagradable. Mientras viajábamos desde Riga, Letonia, a Liverpool, Inglaterra, mi padre estuvo constantemente mareado. Durante la etapa siguiente, de Liverpool a Nueva York, le tocó a mi madre. Ninguno de los dos había estado antes en el mar, ni lo estarían después.

El 23 de febrero de 1923, el barco (el *Baltic*) entró en la bahía de Nueva York, pasó al lado de la Estatua de la Libertad, que nos saludó en silencio como integrantes de los «miserables deshechos» que habían entrado en cantidad de cientos de miles durante el tercio de siglo en que la estatua había estado allí, y atracó en Ellis Island.

Mi padre caminó por la explanada conmigo en brazos, totalmente confundido por todo lo que ocurría, por todas las órdenes que recibía en una jerga incomprensible. Sólo más tarde se dio cuenta de que mi madre no estaba allí. Los hombres eran separados de las mujeres, y no la vio durante cuatro días. Yo aumenté la alegría de la ocasión desembarcando con sarampión (lo que pudo retrasar el encuentro).

Una vez superada toda la rutina, los exámenes médicos, las preguntas sobre cómo planeaba ganar su sustento («Por medio de cualquier trabajo honesto que encuentre» respondió él, sorprendido de que alguien hubiera juzgado necesario preguntarlo), encontró a mi madre con su hermano Joseph. Y el 7 de febrero fuimos abandonados a nuestra suerte en el nuevo país, que mis padres ya nunca dejarían. Quince meses más tarde se establecieron nuevas leyes de inmigración con cuotas estrictas para los europeos orientales, y sin duda no hubiéramos podido entrar entonces.

No recuerdo nada de Ellis Island. La visité de nuevo muchos años después, cuando era una ruina abandonada, pero no se encendió ninguna chispa en mi memoria.

Pero recuerdo bien el primer lugar donde viví en la nueva tierra. Fue en Van Siclen Avenue, número 425, entre Sutter Avenue y Black Avenue en Brooklyn, al este de Nueva York. Era un lugar muy primitivo, sin electricidad, y cuando caía la noche teníamos que encender luces de gas. Mis padres estaban acostumbrados a ello, de modo que no sufrimos demasiado.

Para mis padres haberse trasladado de un pequeño *shtetl* en Rusia occidental a la enorme ciudad de Nueva York debió de ser como viajar de la Tierra a Marte. El tamaño de la ciudad dejó a mi padre mudo de asombro. Me cuenta que se quedó parado durante un largo rato mirando cómo los trenes pasaban sucesivamente por las vías elevadas y preguntándose de dónde sacaban tanta gente para llenar todos esos coches.

Desde el punto de vista de la cultura, mis padres habían dejado de ser personas cultivadas y educadas para convertirse en humildes analfabetos en un mes. En Rusia mi padre leía, escribía y hablaba en yiddish, hebreo y ruso, todos con fluidez. Tenía una educación talmúdica completa y conocía profundamente la literatura rusa. Él y mi madre participaban en teatro de aficionados con mucho éxito. Mi padre tenía a su cargo una biblioteca en Petrovichi y leía los libros en ruso a los que no podían hacerlo.

En los Estados Unidos vivían en un vecindario judío, donde todos entendían el yiddish, y muchos el ruso, pero el idioma que dominaba era un completo misterio. Incluso el alfabeto latino resultaba confuso para alguien que sólo conocía los alfabetos hebreo y cirílico, de modo que en Ellis Island mi padre escribió mal nuestro nombre transformándolo de «Azimov» en

«Asimov» debido a un malentendido sobre el sonido de la letra «s» (no se preocupen, prefiero con mucho Asimov).

Los signos en los escaparates de las tiendas, en las calles, en todas las direcciones, eran extraños e incomprensibles, de modo que mi padre se apresuraba en dirigirse a los signos que estaban en letras hebreas, sólo para convencerse de que todavía podía leer. Años más tarde me contó que su primer intento le sobrevino en el escaparate de un vidriero. El cartel decía, en letras hebreas: *Vindez gefixt*. Estupefacto, de repente se le ocurrió que tampoco podía leer en yiddish.

Mi padre, que ya no era el líder cultural del pueblo que había trabajado para su padre (un comerciante bien situado) como contable, no podía encontrar ningún trabajo y debía dedicarse a los servicios más sencillos y no muy bien pagados. Probó varios trabajos como vendedor de puerta a puerta (sin saber inglés). Trabajó en máquinas tejedoras en una fábrica de jerseis. Finalmente, en 1926, había conseguido ahorrar dinero suficiente como para comprar al contado un negocio de venta de caramelos. Permaneció a cargo de este negocio durante el siguiente cuarto de siglo, y fue como una bendición. Significaba que toda la familia tenía que trabajar dieciséis horas diarias, siete días por semana (bien, nos tomábamos el Yom Kippur como día libre cuando podíamos), pero nos permitió superar la Gran Depresión sin dejar de comer ni una sola vez.

Este descenso de posición económica, social y cultural no podía considerarse como la «mejora» que había motivado la decisión de mis padres de trasladarse a los Estados Unidos, pero mi padre nunca había sido tan ingenuo como para creer que en América las calles de las ciudades estaban pavimentadas con oro.

De hecho recuerdo, cuando era niño, haber escuchado a mi padre contarme la historia de un inmigrante recién llegado que vio una moneda de oro de veinte dólares en el camino y se negó a tomarse el trabajo de levantar una pieza tan pequeña.

«Puedes imaginarte sus sentimientos –dijo mi padre solemnemente–, cuando descubrió que no había más oro en las calles.»

Me reí, pero mi padre ni siquiera sonrió. Él no pensaba que esas anécdotas estuvieran hechas para reírse. Eran relatos admonitorios inventados para promover formas de vida virtuosas y racionales. La leyenda del inmigrante tenía como objetivo inspirar un comportamiento prudente en mí y advertirme contra las esperanzas insensatas o poco realistas.

En realidad, siempre he pensado que mis padres se mudaron con la esperanza de que sus hijos, y no necesariamente ellos, estuvieran mejor. Eso, al menos, resultó. Mi padre se sintió terriblemente desilusionado cuando no aprobé el ingreso en la escuela de medicina, pero vivió lo suficiente como para verme convertido en profesor y en escritor de éxito.

El amor propio de mi padre tampoco sufrió daño. Era un hombre de fuertes convicciones, que había pasado sus años de formación apreciando su propia inteligencia y valor, y se negaba a cambiar eso simplemente porque se alteraran las circunstancias. Aprendí de él. Cuando fracasé en mi ingreso en una escuela de medicina, simplemente cambié el rumbo de mi carrera, sin alterar la percepción que tenía de mí mismo como un éxito seguro.

Eso llegó gradualmente, por supuesto. Como niño que era, tuve que pasar por un período de adaptación. Recuerdo muy claramente (debía tener cuatro años en aquel momento) que tuve ganas de hacer mis necesidades, y oriné a un lado de la calle (como puede que me hubieran enseñado a hacer en Petrovichi). Me asombró la reacción de una mujer que estaba cerca de mí, pero me di cuenta de que no le había gustado, y no lo hice nunca más.

También me preocupaba ser llamado «novato», como seguramente también llamaban a mis padres. Cuando lo recuerdo, me siento un poco más resentido por el hecho de que la expresión era utilizada con más asiduidad por personas como nosotros que simplemente habían bajado del barco unos pocos años antes.

De alguna manera, lo que más nos molestaba a mi padre y a mí era que él no hablara bien inglés. Se esforzaba por aprenderlo, luchando con periódicos en ese idioma, pero tenía veintiséis años cuando llegó a los Estados Unidos, y durante toda su vida habló inglés con mucho acento.

En cuanto a mí, mi padre había determinado que el inglés iba a ser mi primer idioma. Se negó absolutamente a que aprendiera el ruso, a pesar de que mi madre y él a veces lo hablaban cuando había algo que querían discutir que no era asunto mío. Nunca aprendí el ruso, en consecuencia, y lo lamento, porque ahora me sería útil saber un poco de ruso, pero por otro lado eso significó que el inglés es mi idioma sin competencia, y no soporto pensar que podría no haberlo sido. Piensen en mi profesión actual (por supuesto, no puedo dejar de hablar yiddish, idioma que hablaba al llegar, y que todavía hablo y comprendo hoy, más o menos).

El fracaso de mi padre con el idioma agudizó mi curiosidad por el idioma, y traté de leer lo que él no podía –obviamente sin su ayuda–. Molestaba a los chicos mayores en la avenida Van Siclen para que me dijeran los nombres de la letras y me enseñaran a escribirlas y a pronunciarlas. Me ayudaban con pocas ganas, pero lo hacían –probablemente para quitárseme de encima.

Gradualmente aprendí el sonido de las letras y descubrí que formaban palabras. Cuando pude ver el cartel que decía V-a-n S-i-c-l-e-n, obviamente Van Siclen, la calle en la que yo vivía, me embargó la alegría. Fue como encontrar la llave para una caja llena de caramelos.

Hasta el día de hoy recuerdo la repentina sensación de triunfo que sentí cuando me di cuenta de que existían cosas como las letras mudas. Estaba en un tren con mi madre y me entretenía tratando de pronunciar letras. El cartel de la ventana justo ante mi asiento era C-O-N-E-Y I-S-L-A-N-D. Pronuncié cuidadosamente «sohni island», y eso no tenía sentido. Tampoco podía ayudarme mi madre, porque tampoco podía leer. Pero entonces, pensando en ello, recordé que los chicos hablaban a menudo de un lugar llamado «koni ailand», y de inmediato supe lo que decía el cartel. Y al mismo tiempo me di cuenta de cómo se escribía «Coney Island» y de que la segunda palabra tenía una «s» muda, y también de cómo la gente que tomaba trenes sabía adónde se dirigían.

Antes de comenzar la escuela, podía leer de manera torpe y tropezando de vez en cuando, y se lo hice saber a mi padre. Él se asombró y me preguntó cómo lo había hecho, pero yo no sabía cómo explicárselo. «Simplemente lo he aprendido», le dije.

De modo que me compró un pequeño diccionario. No me dijo que las palabras estaban ordenadas alfabéticamente, quizá porque quería que lo averiguara por mí mismo. Afortunadamente lo hice.

Mi padre, siempre a punto para alardear de mí, le contó a mi tío Joe que podía encontrar cualquier palabra en el diccionario. Mi tío me miró –yo tenía cinco años, era delgado y pequeño para mi edad– y dijo: «Imposible». Pensé que ésa era la palabra que él quería y la encontré rápidamente en el diccionario y se la mostré. Creo que eso no le gustó mucho.

Una vez que comencé en la escuela, me di cuenta de que no teníamos libros en casa (no teníamos dinero para comprarlos). Dije que eso no me hacía muy feliz, y mi padre se las arregló para conseguirme la tarjeta de una biblioteca, a pesar de que sólo tenía seis años en aquel momento.

A partir de entonces, durante los quince años siguientes más o menos, caminaba regularmente hasta la biblioteca cercana a mi hogar y leía indiscriminadamente, dado que mis padres no sabían lo suficiente de literatura inglesa como para guiarme. En una etapa feliz, cuando vivíamos cerca del límite entre Brooklyn y Queens, me las arreglé para obtener una tarjeta de las dos bibliotecas ambulantes. Más tarde, cuando tenía once años y comencé a estudiar noveno, insistí en recibir una tarjeta para adultos como si fuera un estudiante de secundaria, a pesar de que los bibliotecarios, juzgando por mi apariencia, creyeron que yo no era adulto en absoluto e hicieron todo lo que pudieron para negármela.

Cuando recuerdo aquella época me parece que podría argumentar que tuve que superar dificultades del tamaño de una montaña para lograr una educación completa. (La escuela no fue el lugar donde me eduqué. Cada semestre leía todos mis nuevos libros escolares durante la primera semana, y no había nada que la maestra pudiera explicarme después de eso.)

Sin embargo esas dificultades no se interponían en mi camino. Las necesitaba. Era mi consciencia de que éramos «novatos» y de que mi padre no podía leer inglés, lo que me empujaba enloquecidamente a corregir esa carencia mía. Era la consciencia que tenía mi padre sobre eso lo que lo empujaba a animarme para que continuara adelante.

Sólo en un punto discrepamos en esta cuestión de la lectura, y fue sobre el quiosco de diarios de al lado de la tienda de caramelos. Yo quería leer las revistas y mi padre se oponía sin que nada lo hiciera cambiar. Él creía que iba a leer basura y a contaminar lo que obviamente comenzaba a pensar que sería una mente de primera clase.

Durante una temporada mis argumentos cayeron en oídos sordos, y después descubrí las revistas de ciencia-ficción, que hojeaba subrepticiamente mientras mi padre dormía su siesta por la tarde. En especial encontré una llamada *Science Wonder Stories*, y señalé a mi padre que como los relatos eran sobre la ciencia, seguramente serían educativos.

Fue un buen momento para atacar, porque mi madre estaba embarazada del que iba a ser mi hermano menor, y mi padre se sentía como si tuviera demasiadas cosas en la cabeza como para preguntarse si yo estaba en condiciones de leer una revista. Se dio por vencido.

De esa manera, a los nueve años de edad comencé mi carrera como lector de ciencia-ficción. A los once años vi que no podía obtener suficiente ciencia-ficción de las revistas (sólo había tres, y aparecían una sola vez al mes), y se me ocurrió que podía escribir mis propios relatos.

En realidad no escribí verdadera ciencia-ficción al comienzo, pero me las arreglé para hacerlo cuando tenía quince años, y cuando llegué a los dieciocho vendí un cuento a una de las revistas y entonces sentí que había despegado y que mi carrera había empezado.

No puedo decir cómo habrían sido las cosas para mí si no hubiera llegado a los Estados Unidos como inmigrante. No puedo regresar y vivir otra vez la vida con las circunstancias cambiadas. Pero cuando pienso en ello, me parece que necesitaba algo para sobresalir.

Brevemente: estoy contento de estar aquí –y estoy contento de haber tenido que venir aquí–. La vida podría haber sido demasiado fácil para mí si mis antepasados hubieran llegado en el *Mayflower.*

Siete pasos para lograr el «Grand Master»

1. Primer paso: hago un viaje a través del océano

Nací en Rusia. El país acababa de pasar por la Primera Guerra Mundial, una revolución, una guerra civil y la intervención extranjera. Llegar allí en ese momento fue un poco cruel por mi parte, pero no me considero culpable. Mis padres me trajeron al mundo.

A fines de 1922, mis padres decidieron que podría ser una buena idea emigrar a los Estados Unidos. Les estaba yendo bien, no estaban viviendo en la pobreza; pero sospecharon que a largo plazo estarían mejor en los Estados Unidos.

Una de las decisiones que tuvieron que tomar, supongo, fue si me llevaban con ellos. Yo no tenía todavía tres años, y después de contraer neumonía doble (tras caer en un estanque cercano y ser sacado de ahí por mi madre) y de infligirles otras alegrías de este tipo a mis padres, supongo que pensaron que estarían mejor si fueran solos a los Estados Unidos.

Pero principalmente como (sospecho) no pudieron encontrar a nadie lo suficientemente estúpido como para quitarme de sus manos, suspiraron y me pusieron en una mochila para que al menos no tuvieran que pagar el pasaje. Crucé el océano con ellos y llegamos a Brooklyn en febrero de 1923, poco después de mi tercer cumpleaños.

Éste fue mi primer paso hacia el «Grand Master». Si me hubiera quedado en la Unión Soviética, supongo que habría recibido una educación adecuada y habría comenzado a escribir e incluso habría comenzado a escribir ciencia-ficción (utilizando el alfabeto cirílico, sin duda), pero pienso que las cosas no me habrían ido tan bien como aquí. En 1941 los nazis invadieron la Unión Soviética. Tenía veintiún años en ese momento, y sospecho que habría estado combatiendo y podría haber muerto o, peor aún, podría haber sido capturado. O, si sobrevivía, podría haber tenido problemas con el régimen debido a mi tendencia a hablar cuando no debo hacerlo (piense que con frecuencia he tenido problemas en los Estados Unidos por ese motivo).

Y, finalmente, no sé si tienen un «Grand Master» en la Unión Soviética. De modo que, después de todo, ese viaje a través del océano fue esencial.

2. Insisto en mi identidad

Una vez que llegamos a los Estados Unidos, mis padres se dieron cuenta de que habían alcanzado una nueva posición social: eran «novatos». Todos estaban ansiosos por darnos consejos y guiar nuestros titubeantes pasos por el camino de la ciudadanía estadounidense, especialmente los viejos colonos que habían bajado del barco cinco años antes.

Una vecina le dijo a mi madre, cuando yo escuchaba (tenía cuatro o cinco años entonces y era tan pequeño para mi edad que nadie me prestaba atención, de modo que varias veces me pisaron): «¿Por qué lo llaman Isaac, señora Asimov? Un nombre como ése siempre será un estigma para él» (traducción: «Todos sabrán que es judío»).

Mi madre dijo: «¿Cómo debería llamarlo, señora Bindler?».

Y la señora Bindler (o cualquiera que fuera su nombre) dijo: «Llámelo Oiving» (traducción: Irving, un gran apellido inglés, antiguo y aristocrático).

Mi madre se sintió muy impresionada y sin duda habría aceptado la sugerencia, pero, como dije, yo estaba escuchando con las dos orejas. No era lo suficientemente mayor como para comprender el hecho semántico de que el nombre de una cosa no es la cosa misma. No comprendía que yo simplemente me llamaba Isaac y que podía seguir siendo yo con cualquier otro nombre (o como escribí una vez –con bastante claridad, creo–: «Si llamáramos a una rosa con otro nombre tendría un perfume igual de dulce»).

Lo que pensaba era que yo era Isaac y que si me llamaban de otra manera, dejaría de ser yo. Por lo cual elevé en esos días un grito de protesta, negándome en absoluto a permitir que me llamaran Oiving bajo cualquier condición. Yo era Isaac y mi intención era continuar siendo Isaac. Y lo hice. Mi madre simplemente se desanimó ante la fuerza de mi indignación.

Sin saberlo, fue mi segundo paso hacia el «Grand Master». Si hubiera aceptado ser Oiving, este nombre hubiera sido tan estigmatizante como Isaac, porque muchas madres judías habían buscado esta salida para sus hijos, por lo que Oiving se convirtió en un nombre tan judío como Isaac, y sin ocupar el lugar que este último tiene en la Biblia (además, Newton también se llama Isaac, y para mí ése es mejor pedigrí que el que proporciona la Biblia).

Si hubiera abandonado el nombre Isaac, habría terminado odiando el nombre Oiving y lo habría cambiado por Ian. Luego, al darme cuenta de que Ian causaba risa en combinación con Asimov, habría cambiado mi apellido por Ashford, por lo que habría escrito ciencia-ficción bajo el nombre de Ian Ashford.

Ahora bien, creo firmemente en el valor del reconocimiento por el nombre. Nadie habría prestado atención ni recordado un nombre como Ian Ashford. Pero el nombre Isaac Asimov atrae la atención enseguida. La gente se ríe y sostiene largas discusiones sobre cómo se debe pronunciar. Cuando aparece un segundo cuento con el mismo nombre, lo vuelven a ver, y antes de que pase mucho tiempo apenas pueden esperar hasta ver otro relato mío. Aunque el relato no sea bueno, el nombre se convierte en un interesante tema de conversación. Me habría hundido sin dejar ninguna huella si no hubiera tenido el buen sentido de conservar mi nombre.

3. Vivo sobre una línea de metro

Tenía dieciocho años y finalmente había escrito un cuento que deseaba presentar a John W. Campbell, Jr., el nuevo director de *Astounding Science Fiction*. El problema era que no sabía cómo se hacía. La forma lógica habría sido enviarlo por correo, pero el cuento más el sobre pesaba algo más de tres onzas, lo que significaba cuatro sellos de tres centavos, o sea, doce centavos en total.

Si viajaba en metro debía pagar cinco centavos por cada viaje, o sea, diez en total. Por supuesto, el metro me tomaría media hora de mi tiempo en cada viaje, pero en aquellos días el tiempo no tenía ningún valor. Sopesando los valores relativos de doce centavos y de diez centavos, llegué a la conclusión de que dos centavos eran valiosos. Por lo tanto tomé el metro.

Me acerqué a la recepcionista con un miedo terrible y pregunté por el señor Campbell, esperando ser echado de allí, seguido por el manuscrito, con cada página rota en cuatro trozos. Campbell estaba dispuesto a verme y hablamos durante una hora. Procedió a una lectura rápida y me envió una nota de rechazo con una carta muy amable que me ayudó mucho. Después de esto lo visité una vez al mes y tomé la dirección correcta.

¿Por qué sucedió esto? ¿Cuál fue el factor decisivo?

Muy fácil. Yo vivía a media manzana de una estación de metro. Si hubiera vivido en Fargo, Nebraska, el billete de tren me hubiera costado más de doce centavos. Díos mío, si hubiera vivido en Staten Island, el costo del transbordador habría agregado diez centavos al viaje de ida y vuelta, y comparando los doce centavos con los veinte centavos, habría enviado mi sobre por correo. Nunca me habría encontrado con John Campbell y no habría recibido el aliento y el carisma que fluía del gran director.

¡Bien por la estación de metro! Sin ella no habría logrado el «Grand Master».

4. Entro en el momento adecuado

Traté de visitar a Campbell con una nueva idea cada vez. Pero también él tenía ideas propias. En el conflicto entre la idea de un escritor y la de Campbell, ganaba siempre Campbell –al menos por lo que a mí respecta.

Un día, Campbell tuvo una idea sensacional e intentó forzar a algún escritor a que la aceptara. Nunca me contó los detalles, pero la imagen que tengo en la cabeza es la de Campbell sentado allí esperando como un buitre que algún escritor inocente –*cualquier* escritor inocente– entrara en su cubil (suponiendo que los buitres tengan cubiles).

Le debió causar una impresión desagradable cuando yo, que tenía veintiún años y una gran inocencia, entré en su oficina y dije: «Hola, señor Campbell». Tras un momentáneo encogimiento de hombros, desechó la idea que yo le estaba tratando de describir y dijo: «Deja eso, Asimov. Déjame leerte esta cita de uno de los ensayos de Emerson».

La leyó. Era algo acerca de cómo, aunque los seres humanos pudiesen ver las estrellas sólo una vez cada mil años, podrían obtener algo bueno de esa experiencia.

«No podrían –dijo Campbell–. Enloquecerían. Quiero que vuelvas a tu casa y escribas un cuento sobre eso. ¡De frente! ¡Marchen!»

Volví a casa, temblando de miedo, me senté ante mi máquina de escribir y tecleé *Nightfall*. Apareció en el número de septiembre de 1941 en *Astounding* y obtuvo la portada. Fue mi primer éxito, después de casi tres años de intentarlo. Robert Heinlein lo consiguió con su primer cuento; A.E. van Vogt lo logró con su primer relato; Arthur C. Clarke lo hizo también con su primer cuento. Y yo era casi tan bueno como ellos: lo logré con mi cuento número dieciséis.

Nightfall marcó un momento decisivo. Desde que lo vendí, nunca más dejé de vender una sola de las palabras de ciencia-ficción que escribí (a pesar de que en raras ocasiones necesitaba presentarlas dos o tres veces para que fueran aceptadas).

A veces me despierto en medio de la noche gritando porque he soñado que Theodore Sturgeon o Lester del Rey han entrado en la oficina de Campbell media hora antes que yo ese día. Si lo hubieran hecho, mi «Grand Master» habría desaparecido.

5. Un amigo insiste

Uno de los relatos que no vendí al comienzo fue una novela corta titulada *Grow Old Along With Me*. La escribí para *Startling Stories* siguiendo su encargo, y al final la rechazaron. Esto sucedió en 1947, seis años después de *Nightfall*, y me confundió. Decidí que mi oportunidad ya había pasado –después de todo, tenía veintisiete años– y estaba cayendo por el abismo para unirme a Ed Earl Repp y Harl Vincent (dos ídolos de la ciencia-ficción escrita de comienzos de la década de los treinta).

Dos años después, la editorial Doubleday decidió iniciar una colección de libros de tapa dura sobre ciencia-ficción. Para eso necesitaban novelas. Yo, por supuesto, con mi natural habilidad en mantenerme al tanto del pulso de las publicaciones, no sabía nada sobre esto.

Pero tenía un amigo: Fred Pohl.

Vino a verme y me dijo: «Dobleday está buscando una novela. ¿Qué pasó con la que escribiste para *Startling*?».

Dije: «Fred, sólo tiene 40.000 palabras. Y es apestosa».

Él contestó: «Si les gusta, la puedes alargar. Y si no les dices que es apestosa, puede que no lo descubran».

Pero no quería sufrir otro rechazo con ese relato, de modo que dije: «No la presentaré».

«Insisto», dijo Fred.

No tenía argumentos contra la silenciosa perseverancia de Fred, y le cedí el relato. Él lo entregó a Doubleday, la cual me pidió que lo alargara hasta 70.000 palabras, cosa que hice. Apareció en 1950 como *Peeble in the Sky*, y me ha hecho ganar dinero en cada uno de las setenta y ocho propuestas que he recibido de Doubleday desde entonces.

Lo que es más, eso hizo que Doubleday adoptara la agradable costumbre de aceptar mis manuscritos como algo normal. Hasta el día de hoy han publicado ciento siete libros míos y tienen varios en prensa.

Estoy seguro de que hubiera sido un escritor con un éxito razonable en el campo de los cuentos cortos, pero mucho más pobre de lo que soy ahora, si no hubiera escrito mis novelas, y no sería conocido en absoluto. En realidad, si Fred no hubiera insistido en que presentara el relato ese día de 1949, dudo de que hubiera recibido el «Grand Master».

6. Un crítico hace una pregunta

En 1957 publiqué mi novela *The Naked Sun* en forma de libro. Era una novela de misterio de ciencia-ficción. También incluía una especie de historia de amor, con una escena final bastante sentimental entre los amantes.

Damon Knight hizo la crítica del libro, y no se sintió impresionado en absoluto por la ciencia-ficción ni por el misterio (creo que tiene derecho a tener esa opinión, pero no lo creo con demasiada fuerza). Sin embargo, le gustó la historia de amor. «Si Asimov puede escribir así –preguntaba retóricamente en la crítica–, ¿por qué pierde el tiempo escribiendo ciencia-ficción?»

A lo que contesté en una carta que apareció en la misma revista: «Porque amo la ciencia-ficción. No importa lo que ocurra. Nunca dejaré de escribir ciencia-ficción».

En 1958, al año siguiente, de repente yo me sentí cansado de la ciencia-ficción. Una secuela de *The Naked Sun* murió en mi máquina de escribir, y me di cuenta de que estaba ansioso por escribir textos que no fueran ficción. Pero ¿cómo podía dejarlo? Recordaba mi respuesta a la pregunta de Damon, y no podía dar marcha atrás en una declaración de amor.

En medio de mis dudas, Robert P. Mills, el director de *The Magazine of Fantasy and Science Fiction*, me pidió que escribiera una columna mensual sobre ciencia. Salté de alegría, porque eso me permitiría escribir artículos y permanecer al mismo tiempo en la ciencia-ficción. Fue la perfecta solución talmúdica. La primera columna sobre ciencia apareció en el número de noviembre de 1958 de *F & SF*, y continúa todavía en este momento, treinta y un años después. Durante veinte años después de esa primera columna, escribí mayoritariamente textos de no ficción. Pero no dejé para nada la ciencia-ficción. En ese intervalo escribí dos novelas y docenas de cuentos cortos, pero comparado con mi producción anterior esto parece muy poco.

Si no hubiera sido por la columna de *F & SF*, que no habría aparecido, quizá, sin la pregunta de Damon y mi respuesta, seguramente habría sido olvidado por mis seguidores, y sería considerado como otro David H. Keller. La columna me mantuvo en forma hasta que fundé la revista *Isaac Asimov's Science Fiction Magazine*, en 1977, y debido a la insistencia de Doubleday, en 1981, mi retorno a las novelas me colocó nuevamente en el buen camino. Esa columna, al mantenerme constantemente bajo la mirada del público durante un período en el que no tuve mucha inspiración, hizo posible que ganara este «Grand Master».

7. Sobrevivo

Naturalmente, tuve mis vicisitudes. Hubo una hemitiroidectomía en 1972, y un ligero ataque al corazón en 1977. Sobreviví bastante bien. Y luego, en otoño de 1983, mi angina de pecho empeoró tanto que apenas podía caminar por el vestíbulo de mi departamento.

El 14 de diciembre de 1983 sufrí una operación de *bypass* triple y salí en buena forma gracias a un cirujano muy inteligente. A la mañana siguiente, le dije: «Según las enfermeras, la operación salió muy bien».

Y él me contestó: «¿Cómo que muy bien? ¡Fue perfecta!».

Y parece que fue así, porque si no lo hubiera sido, hay pocas posibilidades de que se otorgue un premio a un cadáver. Es a mi cirujano a quien debo este «Grand Master».

* * *

¿La conclusión? Es bien simple. Yo no tuve nada que ver. Si mis padres no me hubieran traído hasta aquí; si mi madre no hubiera decidido conservar mi nombre; si una línea de metro no hubiera estado bajo mis pies; si no hubiera entrado en la oficina de Campbell en el momento oportuno; si Fred Pohl no hubiera insistido; si Damon Knight no me hubiera hecho esa pregunta; y si un cirujano no hubiera tenido un buen día; no habría logrado nada. Pero tengo un «Grand Master», y lo amo como si lo hubiera hecho todo por mí mismo.

Agradecimientos

A continuación ofrecemos una relación de las empresas poseedoras del copyright de cada uno de los artículos incluidos en esta antología.

El futuro de la educación, © 1988, Nightfall, Inc.
La laguna mental, © 1988, Northwestern Mutual Life.
La biblioteca global computadorizada, © 1980, Hearst Magazines, Inc.
Lo que nunca harán los ordenadores, © 1986, Computer-World.
El futuro de la artesanía, © 1988, Nightfall, Inc.
El futuro de la ingeniería química, © 1988, American Inst. of Chemical Engineering.
El matrimonio, © 1987, Conde Nast Publications, Inc.
El atractivo de la exploración, © 1986, Boy Scouts of America.
Nuestro segundo mundo, © 1988, Nightfall, Inc.
Todos a bordo hacia Fobos, © 1988, Endless Vacation Publications, Inc.
¿Qué es lo siguiente que haremos en el espacio?, © 1986, Family Media Publ.
Aventuras en el espacio, © 1987, *New York Times*.
Vuelos a larga distancia, © 1988, Final Frontier.
El teléfono en el espacio, © 1988, Nynex Corporation.
El ciudadano medio como astronauta, © 1979, American Adventurers Association, Inc.
¿Hay otras vidas inteligentes?, © 1978, Montcalm Publishing Corporation.
El gigante Júpiter, © 1987, RCS Rizzoli Periodici, SPA.
Plutón, la sorpresa constante, © 1988, RCS Rizzoli Periodici, SPA.
Un agujero en el cielo, © 1988, American Airlines, Inc.
Nuestra percepción del Universo, © 1984, Nightfall, Inc.
¿Qué es el Universo?, © 1987, Nightfall, Inc.
La revolución de un solo hombre, © 1979, Hearst Corporation.
La quinta fuerza, © 1987, American Airlines, Inc.
Dos a la vez, © 1988, American Airlines, Inc.
Ozono, © 1987, Triangle Publications, Inc.
Los estragos de la naturaleza, © 1987, The American Legion.
El doble descubrimiento de la evolución, © 1980, Triangle Publications, Inc.
El gran saurio, el rey, © 1986, Nightfall, Inc.
Gigantes de sangre caliente, © 1988, American Airlines, Inc.
El profesor distraído, © 1980, American Chemical Society.

Ir a lo seguro, © 1980, American Chemical Society.
El primer científico, © 1981, American Chemical Society.
Mala suerte, © 1982, American Chemical Society.
No basta con verlo, © 1980, American Chemical Society.
A la búsqueda de la fama, © 1980, American Chemical Society.
Pensar en prisión, © 1981, American Chemical Society.
Comenzar, © 1980, American Chemical Society.
El engaño de la Luna, © 1981, American Chemical Society.
Científicos herejes, © 1981, American Chemical Society.
Oro del Sol, © 1980, American Chemical Society.
La alegría de lo inesperado, © 1979, American Chemical Society.
Enfrentarse con el gigante, © 1981, American Chemical Society.
Los científicos son seres humanos, © 1980, American Chemical Society.
A veces lleva tiempo, © 1980, American Chemical Society.
Aprender sobre la ciencia, © 1981, American Chemical Society.
El autocontrol, © 1982, American Chemical Society.
El conocimiento del bien y del mal, © 1981, American Chemical Society.
La ciencia y la tecnología, © 1979, American Chemical Society.
Oportunidades perdidas, © 1981, American Chemical Society.
Shuttle, © 1987, Nightfall, Inc.
La buena acción de Voyager 2, © 1987, Joel Davis.
El viaje más largo, © 1987, Nightfall, Inc.
Propagación a través del espacio, © 1986, Davis Publications.
Primer contacto, © 1987, Steven Popkes.
¡Bienvenidos, forasteros!, © 1988, Nightfall, Inc.
La ciudad perdida, © 1987, Nightfall, Inc.
Final amargo, © 1986, Davis Publications.
La cola mueve al perro, © 1986, John Bernes.
Las conjeturas de la Historia, © 1987, Davis Publications.
Una historia triste, © 1987, Davis Publications.
Astucia, © 1988, Nightfall, Inc.
En tiempos antiguos, © 1984, Nightfall, Inc.
No violencia, © 1987, Davis Publications.
Imperios, © 1983, Nightfall, Inc.
El último hombre de la Tierra, © 1982, Isaac Asimov.
La imagen de uno mismo, © 1987, Victor Serebriakoff.
La psicología, © 1983, Nightfall, Inc.
El mundo del espectáculo, © 1983, Nightfall, Inc.
Super, © 1984, Nightfall, Inc.
Durar más que la vida, © 1984, Nightfall, Inc.

Misterios de ciencia-ficción, © 1987, Andrew Weiner.
El comentarista de temas científicos, © 1987, Adrian Berry.
Científicos escritores, © 1985, Nightfall, Inc.
El hombre de Neandertal, © 1987, Nightfall, Inc.
Cerebros no humanos, © 1983, Nightfall, Inc.
Envidia de las computadoras, © 1987, Davis Publications.
Perros, © 1987, Carroll & Graf Publishers, Inc.
Dragones, © 1982, Isaac Asimov.
El comienzo del año, © 1979, Isaac Asimov.
El Día de San Valentín, © 1988, Nightfall, Inc.
Duende, © 1980, Isaac Asimov.
Cómo las cosas no pueden suceder, © 1986, Nightfall, Inc.
¿La fantasía existirá siempre?, © 1982, Nightfall, Inc.
Ocurrirá si lo deseamos, © 1986, Nightfall, Inc.
Hechiceros, © 1983, Nightfall, Inc.
Brujas, © 1984, Nightfall, Inc.
Maldiciones, © 1985, Nightfall, Inc.
Las fuerzas del mal, © 1983, Nightfall, Inc.
Monstruos, © 1988, Nightfall, Inc.
El poder del mal, © 1987, Nightfall, Inc.
El diablo, © 1987, Nightfall, Inc.
La ciencia-ficción encuentra su voz, © 1988, Nightfall, Inc.
Los cinco grandes de la ciencia-ficción, © 1985, Newsday.
El éxito de la ciencia-ficción, © 1988, Nightfall, Inc.
La ciencia-ficción en la actualidad, © 1988, The Writer, Inc.
La feminización de la ciencia-ficción, © 1982, Conde Nast Publications, Inc.
Viajar hacia atrás en el tiempo, © 1986, New York Times Corp.
Nuestro Shangri-La, © 1987, Washington Post Corp.
La visita al tiranosaurio, © 1988, Washington Post Corp.
Ellis Island y yo, © 1988, Nightfall, Inc.
Siete pasos para lograr el «Grand Master», © 1988, Science Fiction Writers of America.